装备科技译著出版基金

量子天线

Quantum Antennas

[印度] 哈里什 · 帕塔萨拉蒂(Harish Parthasarathy) 著
戴幻尧 喻志远 石 川 肖本龙 许光飞
赵明洋 译

国防工業出版社
· 北京 ·

著作权合同登记　图字:01－2022－4039 号

图书在版编目(CIP)数据

量子天线/(印) 哈里什·帕塔萨拉蒂
(Harish Parthasarathy)著;戴幻尧等译.—北京:
国防工业出版社,2025.1.—ISBN 978－7－118－13486
－5

Ⅰ.TN82

中国国家版本馆 CIP 数据核字第 2024L6Q916 号

※

国防工業出版社出版
(北京市海淀区紫竹院南路 23 号　邮政编码 100048)
三河市天利华印刷装订有限公司印刷
新华书店经售

*

开本 710×1000　1/16　印张 16¾　字数 296 千字
2025 年 1 月第 1 版第 1 次印刷　印数 1—1500 册　定价 165.00 元

(本书如有印装错误,我社负责调换)

国防书店:(010)88540777　书店传真:(010)88540776
发行业务:(010)88540717　发行传真:(010)88540762

前　言

量子天线仅由满足狄拉克(Dirac)二次量子化场方程的电子和正电子构成。可以求出这个场的电流密度,作为狄拉克场算符的二次函数:

$$J^{\mu}(x) = -e\psi(x)^{*}\alpha^{\mu}\psi(s), \alpha^{\mu} = \gamma^{0}\gamma^{u}$$

此电流密度产生了一个由推迟势描述的量子电磁场,即

$$A^{\mu}(t,r) = \int \frac{J^{u}(t - |r - r'|, r')}{4\pi |r - r'|} \mathrm{d}^{3} r'$$

$A^{\mu}(t,r)$是一个玻色子(Bosonic)场,表示为费米子(Fermionic)场算符的二次泛函。除了量子天线产生的这个量子电磁场外,空间中还存在一个由光子场的产生和湮灭算符的线性叠加描述的自由光子场。由于二次量子化的狄拉克场$\psi(x)$可以表示为电子-正电子产生和湮灭算符场的二次泛函,因此空间中的总电磁场可以表示为光子产生和湮灭算符的线性泛函加上电子-正电子产生和湮灭算符的二次泛函。这就意味着,通过利用光子产生和湮灭算符的标准对易规则以及电子-正电子产生和湮灭算符的反对易规则,我们可以计算天线产生的量子电磁场以及自由光子电磁场在任何给定状态下的平均值和均方涨落。例如,在一种状态中,存在特定数量的具有规定的四动量和自旋的电子和正电子以及具有特定的四动量和螺旋度的光子。或者,我们可以假设光子分量的状态是一个包含无穷多个光子的相干态。

哈里什·帕塔萨拉蒂

目 录

第1章 分析量子天线所需的基本量子电动力学

1.1 引言

在本章中,我们将讨论各种量子力学模型,这些模型描述了电子、正电子以及与广义相对论度规张量描述的引力场相互作用的非阿贝尔(non - Abelian)规范粒子的运动在天线中产生的电流场。还将讨论电磁场的量子化、狄拉克场的二次量子化、狄拉克场的电流密度计算以及其对辐射电磁场的量子涨落的影响,并提出一些相关问题,如天线方向图的图像处理算法。同时也提出了一种计算引力场中光子传播子的费曼(Feynman)路径积分方法。这将使我们能够研究引力场对量子电磁场涨落的影响。

1.2 所要讨论的问题

1.2.1 存在背景引力场时电磁场和狄拉克场的量子化

1.2.2 光子与电子和正电子相互作用的拉格朗日量和哈密顿量

1.2.3 利用算符理论和费曼路径积分在库仑和洛伦兹规范中进行量子化

1.2.4 利用相互作用模型的电子、正电子和光子 - 散射矩阵

1.2.5 动量 - 自旋/螺旋域中的光子产生和湮灭算符场以及电子 - 正电子产生和湮灭算符场

1.2.6 光子场的正则对易关系和电子 - 正电子场的正则反对易关系

1.2.7 狄拉克场中的电流 - 二次量子化模型

1.2.8 二次量子化电磁场中的光子

1.2.9 光子场和电子 - 正电子场之间的相互作用拉格朗日量和哈密顿量

1.2.10 利用玻色子福克空间和费米子福克空间进行二次量子化

1.2.11 光子场的相干态

1.2.12 动态模拟光子热环境噪声的哈德逊 - 帕塔萨拉蒂量子随机演算

1.2.13 基于电子和正电子产生和湮灭算符场的狄拉克二次量子化哈密

顿量

1.2.14　狄拉克二次量子化电流场产生的量子电磁四势

由自由光子产生的电磁势和场以及由电子和正电子电流密度产生的辐射场的统计矩。

1.2.15　计算相互作用的电子、正电子和光子的 **S** 矩阵的费曼图解规则

1.2.16　利用算符场和场的费曼路径积分推导费曼规则

1.2.17　狄拉克符号在有约束条件的系统中应用的正当性

1.2.18　电磁场正则位置和动量场的狄拉克符号

1.2.19　受量子随机过程扰动的狄拉克方程

利用含时微扰理论的近似解，计算微扰后的狄拉克电流在电子－正电子－光子场的特定状态下计算狄拉克电流的矩。

1.2.20　电磁场中的原子－利用格劳伯－苏达尚（Glauber－Sudarshan）对角相干表示的解

1.2.21　电子和光子传播子的计算和意义

1.2.22　非阿贝尔规范理论：基于费曼路径积分的杨－米尔斯理论及其二次量子化

1.2.23　非阿贝尔规范理论中的电流

1.2.24　利用偏微分方程的微扰理论求解非阿贝尔规范理论的物质和规范场的近似解

1.2.25　背景引力场中的麦克斯韦方程－光子和引力子的相互作用

光子噪声对引力场的影响－利用哈德逊－帕塔萨拉蒂量子随机微积分研究量子随机光子噪声扰动下的爱因斯坦引力场方程。

1.2.26　背景引力场中的狄拉克方程－引力旋量连接

1.2.27　背景引力场中狄拉克场的二次量子化

1.2.28　作为杨－米尔斯理论示例的电弱理论和强相互作用

规范群 $U(1)\times SU(2)$ 和 $U(1)\times SU(2)\times SU(3)$。

1.2.29　电子、正电子、光子和引力子相互作用的完整模型

引力波对光子场和电子－正电子场的影响。

1.3　电磁场拉格朗日量

$$L_{\mathrm{EM}}=KF_{\mu\nu}F^{\mu\nu},F_{\mu\nu}=A_{\nu,\mu}-A_{\mu,\nu},K=-1/16\pi$$

1.4　狭义相对论中的电场和磁场

$$F_{0r}=E_r,F_{12}=-B_3,F_{23}=-B_1,F_{31}=-B_2$$

$$L_{\mathrm{EM}}=(1/8\pi)(E^2-B^2)$$

对于 $c=1$ 采用国际通用的单位制式,可以得出$\epsilon_0=1/\mu_0=1/4\pi$。我们更倾向于利用另一种单位制式,从而得出 $c=1,\epsilon_0=1/\mu_0=1$,则

$$L_{\mathrm{EM}}=(1/2)(E^2-B^2)=(-1/4)F_{\mu\nu}F^{\mu\nu}=(-1/4)(2F_{0r}F^{0r}+F_{rs}F^{rs})$$

1.5　电动力学中的正则位置和动量场

$$\prod_r=\frac{\partial L_{\mathrm{EM}}}{\partial A^r_{,0}}=-F_{0r}$$

正则位置场为 $A^r(r=1,2,3)$,相应的正则动量场为 $\Pi^r(r=1,2,3)$。在库仑规范中,存在 $A^r_{,r}=\mathrm{div}A=0$ 和$\nabla^2A^0=-J^0$。所以 A^0 变成了一个物质场。正则对易关系存在如下表达式:

$$[A^r(t,r),\Pi_s(t,r')]=\mathrm{i}\delta^r_s\delta^3(r-r')$$

存在约束 $A^r_{,r}=0$ 的情况下,此表达式不正确。电磁场与带电物质相互作用的总拉格朗日量为

$$L_{\mathrm{EMM}}=L_{\mathrm{EM}}-J^\mu A_\mu=(-1/4)F_{\mu\nu}F^{\mu\nu}-J^\mu A_\mu$$

另一个约束是从运动方程获得的,即

$$\partial_r\frac{\partial L_{\mathrm{EMM}}}{\partial A^0_{,r}}=\frac{\partial L_{\mathrm{EMM}}}{\partial A^0}$$

1.6　电动力学中的物质场

注意,J^μ、A^0 是物质场,而 A^r、$\Pi_r(r=1,2,3)$是电磁场。

通过此运动方程可以得出

$$F_{0r,r}-J^0=0$$

或者等效表达式

$$\mathrm{div}\Pi+J^0$$

即

$$\Pi^r_{,r}+J^0=0$$

这是一个约束方程,因为它不涉及时间导数。

1.7 电动力学中的狄拉克(Dirac)符号

令

$$\chi_1 = A^r_{,r}, \chi_2 = \Pi_{r,r} + J^0$$

约束是$\chi_1 = 0, \chi_2 = 0$。为了计算和Π_s之间A^r的狄拉克符号,我们利用

$$\begin{aligned}[\chi_1(t,r), \chi_2(t,r')] &= [A^r_{,r}(t,r), \Pi_{s,s}(t,r')] \\ &= -\mathrm{i}\delta^r_s \partial_r \partial_s \delta^3(r-r') = -\mathrm{i}\nabla^2 \delta^3(r-r')\end{aligned}$$

其傅里叶变换为$\mathrm{i}k^2$。逆矩阵为

$$\begin{pmatrix} 0 & \mathrm{i}k^2 \\ -\mathrm{i}k^2 & 0 \end{pmatrix}$$

即

$$\begin{pmatrix} 0 & \mathrm{i}/k^2 \\ -\mathrm{i}/k^2 & 0 \end{pmatrix}$$

并且

$$\begin{aligned}[A^r(t,r), \chi_1(t,r')] = 0, [A^r(t,r), \chi_2(t,r')] &= -\mathrm{i}\delta^r_s \partial_s \delta^3(r-r') \\ &= -\mathrm{i}\partial_r \delta^3(r-r')\end{aligned}$$

$$\begin{aligned}[\chi_1(t,r), \Pi_s(t,r')] = [A^r_{,r}(t,r), \Pi_s(t,r')] &= \mathrm{i}\delta^r_s \partial_r \delta^3(r-r') \\ &= \mathrm{i}\partial_s \delta^3(r-r')\end{aligned}$$

$$[\chi_2(t,r), \Pi_s(t,r')] = [\Pi_{s,s}(t,r), \Pi_s(t,r')] = 0$$

因此,$\Pi_s(t,r')$和$r-r'$的狄拉克符号关于$A^r(t,r)$的傅里叶变换为

$$\begin{aligned}[A^r(t,\cdot), \Pi_s(t,\cdot)](k) &= \mathrm{i}\delta^r_s - [0, k^r]\begin{pmatrix} 0 & \mathrm{i}/k^2 \\ -\mathrm{i}/k^2 & 0 \end{pmatrix}\begin{pmatrix} -k^s \\ 0 \end{pmatrix} \\ &= \mathrm{i}\delta^r_s - \mathrm{i}k^r k^s / k^2\end{aligned}$$

取逆傅里叶变换,可以得出狄拉克符号为

$$[A^r(t,r), \Pi_s(t,r')] = \mathrm{i}\delta^r_s \delta^3(r-r') - \mathrm{i}\frac{\partial^2}{\partial x^r \partial x^s}(1/4\pi|r-r'|)$$

1.8 电磁场的哈密顿量(Hamiltonian)

令

$$\begin{aligned}\mathcal{H} = \Pi_r A^r_{,0} - L_{\mathrm{EMM}} &= -F_{0r}A^r_{,0} + (1/4)F_{\mu\nu}F^{\mu\nu} + J^\mu A_\mu \\ &= -F_{0r}(A^r_{,0} + A^0_{,r}) + (1/4)(2F_{0r}F^{0r} + F_{rs}F^{rs}) + J^\mu A_\mu + F_{0r}A^0_{,r}\end{aligned}$$

此时,有

$$F_{0r}A^0_{,r} = -\Pi_r A^0_{,r} = -(\Pi_r A^0)_{,r} + \Pi_{r,r}A^0$$

在忽略总散度之后（其空间积分将因此消失），我们继续利用约束条件 $\Pi_{r,r} = -J^0$ 得出

$$\mathcal{H} = (1/2)(\Pi^2 + (\nabla \times A)^2) - (J^r A^r)$$

单独物质场的哈密顿量为 J^0A^0，因此与带电物质相互作用场的总哈密顿量为

$$\mathcal{H}_{\text{EMM}} = (1/2)(\Pi^2 + (\nabla \times A)^2) + J^\mu A_\mu$$

在一般的洛伦兹规范中，这一项 $J^\mu A_\mu$ 作为场－荷电物质相互作用的哈密顿量，我们将其表达为

$$\Pi_\perp = \Pi - \nabla A^0$$

则

$$= \text{div}\Pi_\perp = \text{div}\Pi - \nabla^2 A^0 = -J^0 + J^0 = 0$$

并且进一步得到

$$\int \Pi^2 \text{d}^3 r = \int (\Pi_\perp^2 + (\nabla A^0)^2 + 2(\Pi_\perp, \nabla A^0))\text{d}^3 r$$

$$= \int (\Pi_\perp^2 - A^0 \nabla^2 A^0)\text{d}^3 r = \int (\Pi_\perp^2 + J^0 A^0)\text{d}^3 r$$

其中，我们利用了如下一项事实：

$$\int (\Pi_\perp, \nabla A^0)\text{d}^3 r = -\int A^0 \text{div}\Pi_\perp \text{d}^3 r = 0$$

因此，在忽略完全空间散度之后（对哈密顿量没有贡献），哈密顿量的另一种更有用的表达式由下式给出：

$$\mathcal{H}_{\text{EMM}} = (1/2)(\Pi_\perp^2 + (\nabla \times A)^2) + J^0 A^0 - J^r A^r$$

1.9　电流场和电磁场之间的相互作用哈密顿量

这证明了将 $H_I(t) = (\int J^\mu A_\mu \text{d}^3 r$ 作为我们所说的光子场与电子－正电子场相互作用的哈密顿量是正确的。

注意，如果将 Π 替换为 $\Pi_\perp$，那么场对易关系不受影响，因为 $\Pi_\perp$ 和 Π 之间的差异在库仑规范中是一个物质场，而物质场与电磁场的位置和动量场是对易的。

练习：自由光子场 $A_f^r(x)$ 满足波动方程

$$\Box A_f^r = 0$$

其解可以表示为平面波的叠加：

$$A_f^r(t,r) = \int ((2|K|)^{-1} \text{e}^r(K,\sigma)c(K,\sigma)\exp(-\text{i}k.x)$$

$$+ (2|K|)^{-1} \bar{\text{e}}^r(K,\sigma)c(K,\sigma)^* \exp(\text{i}k.x))\text{d}^3 K$$

其中

$$k=(|K|,K),k.x=k_\mu x^\mu=|K|t-K.r$$

1.10 动量自旋域中电磁场产生和湮灭算符场的玻色子(Boson)对易关系

通过简单的计算,可以得出电磁场哈密顿量为

$$\begin{aligned}H_{\mathrm{EM}}&=(1/2)\int((A_{,t})^2+(\nabla\times A)^2)\mathrm{d}^3r\\&=\int|K|c(K,\sigma)^*c(K,\sigma)\mathrm{d}^3K\end{aligned}$$

其形式类似于一个连续的量子谐振子系统的能量,每个空间频率 K 都有两个谐振子与之相关联。如果假设算符 $c(K,\sigma)$、$c(K,\sigma)^*$ 满足正则对易关系,那么可以进一步证明

$$[c(K,\sigma),c(K',\sigma')^*]=\delta^3(K-K')\delta_{\sigma,\sigma'}$$

$$[c(K,\sigma),c(K',\sigma')]=0,[c(K,\sigma)^*,c(K',\sigma')^*]=0$$

海森堡(Heisenberg)矩阵力学所描述的动力学行为如下:

$$\mathrm{d}c_t(K,\sigma)/\mathrm{d}t=\mathrm{i}[H_{\mathrm{EM}},c(K,\sigma)]=-\mathrm{i}|K|c_t(K,\sigma)$$

进而得出

$$c_t(K,\sigma)=c(K,\sigma)\exp(-\mathrm{i}|K|t),c_t(K,\sigma)^*=c(K,\sigma)^*\exp(\mathrm{i}|K|t)$$

因此,我们得到了 $A_f^r(t,r)$ 的正确时间依赖性,可以验证这些正则对易关系也为 $\Pi_s(t,r)$ 和 $A_f^r(t,r)$ 提供了正确的提供了正确的正则对易关系。

1.11 库仑(Coulomb)规范下的电动力学

注意:我们可以得到以下表达式

$$\begin{aligned}\int\Pi_\perp^2\,\mathrm{d}^3r&=\int(\Pi-\nabla A^0)^2\mathrm{d}^3r\\&=\int(F_{0r}+A_{0,r})^2\mathrm{d}^3r=\int(A_{r,0})^2=\int(A_{,0})^2\mathrm{d}^3r\end{aligned}$$

这就是为什么我们可以将电磁场哈密顿量

$$(1/2)\int(\Pi_\perp^2+(\nabla\times A)^2)\mathrm{d}^3r$$

表示为

$$(1/2)\int((A_{,0})^2+(\nabla\times A)^2)\mathrm{d}^3r$$

条件是在库仑规范下。注意,库仑规范条件 $A^r_{f,r}=0$ 意味着场偏振矢量 $\mathrm{e}^r(\boldsymbol{K},\boldsymbol{\sigma})$ 满足 $\boldsymbol{K}^r\mathrm{e}^r=0$,因此对于每个波矢 $\boldsymbol{K}$,只有两个独立的光子偏振方向。这些方向由 $\boldsymbol{\sigma}=1,2$ 确定,并且可以通过选择使得 $(\mathrm{e}^r(\boldsymbol{K},1))$,$(\mathrm{e}^r(\boldsymbol{K},2))$,$(\boldsymbol{K}^r)$ 为相互正交的 3 矢量。

1.12　狄拉克的二次量子化场

电子的自由狄拉克方程为

$$(\mathrm{i}\boldsymbol{\gamma}^{\mu}\partial_{\mu}-m)\psi(x)=0$$

其中,$\boldsymbol{\gamma}^{\mu}$ 是狄拉克矩阵,满足反对易关系

$$\{\boldsymbol{\gamma}^{\mu},\boldsymbol{\gamma}^{\nu}\}=2\boldsymbol{\eta}^{\mu\nu}$$

和 $\psi(x)\in\mathbb{C}^4$。

这个方程预乘 $(\mathrm{i}\boldsymbol{\gamma}^{\nu}\partial_{\nu}+m)$ 以后得到的是狭义相对论的克莱因 - 戈登(Klein - Gordon)方程:

$$(\Box+m^2)\psi(x)=0$$

与爱因斯坦能量 - 动量关系一致

$$(E^2-P^2-m^2)\psi=0,E=\mathrm{i}\partial_t,P=-\mathrm{i}\nabla$$

自由狄拉克波的解为

$$\psi(x)=\int(\boldsymbol{u}(P,\boldsymbol{\sigma})a(P,\boldsymbol{\sigma})\exp(-\mathrm{i}p.x)+\boldsymbol{v}(P,\boldsymbol{\sigma})b(P,\boldsymbol{\sigma})^*\exp(\mathrm{i}p.x))\mathrm{d}^3P$$

其中

$$p=(E,P),E=E(P)=\sqrt{P^2+m^2}$$

并且,$\boldsymbol{u}(P,\boldsymbol{\sigma})$、$\boldsymbol{v}(P,\boldsymbol{\sigma})$ 满足狄拉克方程:

$$(\boldsymbol{\gamma}^{\mu}p_{\mu}-m)\boldsymbol{u}(P,\boldsymbol{\sigma})=0$$

$$(\boldsymbol{\gamma}^{\mu}p_{\mu}+m)\boldsymbol{v}(P,\boldsymbol{\sigma})=0$$

第二个方程意味着

$$(\boldsymbol{\gamma}^{\mu}p_{\mu}+m)\boldsymbol{v}(-P,\boldsymbol{\sigma})=0$$

因此 $\boldsymbol{u}(P,\sigma)$,$(\sigma=1,2)$ 是矩阵 $\boldsymbol{m}$ 的正交特征矢量,具有特征值 $\boldsymbol{\gamma}^{\mu}p_{\mu}$,并且 $\boldsymbol{v}(-P,\sigma)$,$(\sigma=1,2)$ 是矩阵 $-\boldsymbol{m}$ 的正交特征矢量,具有特征值 $\boldsymbol{\gamma}^{\mu}p_{\mu}$。因此,$a(P,\boldsymbol{\sigma})$ 湮灭了一个具有动量 P、能量 $E(P)$、自旋 $\boldsymbol{\sigma}$ 和质量 m 的电子,同时 $b(-P,\boldsymbol{\sigma})^*$ 产生了一个具有动量 P、能量 $E(P)$、自旋 $\boldsymbol{\sigma}$ 和质量 m 的正电子。

通过将 p_{μ} 替换为 $p_{\mu}+eA_{\mu}$,电磁场中的狄拉克方程由标准量子力学规则给出,因此可以通过下式得出

$$[\boldsymbol{\gamma}^{\mu}(\mathrm{i}\partial_{\mu}+eA_{\mu}(x))-m]\psi(x)=0$$

通过这个方程很容易验证电流

$$J^{\mu} = -e\psi(x)^{*}\alpha^{\mu}\psi(x), \alpha^{\mu} = \boldsymbol{\gamma}^{0}\boldsymbol{\gamma}^{\mu}$$

是守恒的，即

$$J^{\mu}_{,\mu} = 0$$

狄拉克方程可以从拉格朗日量推导出来，即

$$L_{\mathrm{D}} = \psi(x)^{*}\boldsymbol{\gamma}^{0}(\boldsymbol{\gamma}^{\mu}(\mathrm{i}\partial_{\mu} + eA_{\mu}) - m)\psi(x)$$

练习：验证 L_{D} 的时空积分是实数。通过应用勒让德（Legendre）变换，验证与电磁场相互作用的狄拉克方程的哈密顿量为

$$H_{\mathrm{DEM}} = (\alpha, P + eA) + \beta m - eA^{0}$$

其中

$$(\alpha, P + eA) = \alpha^{r}(P^{r} + eA^{r}) = \boldsymbol{\gamma}^{0}\boldsymbol{\gamma}^{r}(P^{r} + eA^{r}), \beta = \gamma^{0}$$

练习：验证如果我们定义泡利自旋矩阵为

$$\boldsymbol{\sigma}^{0} = I_{2}, \boldsymbol{\sigma}^{1} = \begin{pmatrix} 0 & 1 \\ 1 & 0 \end{pmatrix}$$

$$\boldsymbol{\sigma}^{2} = \begin{pmatrix} 0 & -i \\ i & 0 \end{pmatrix}, \boldsymbol{\sigma}^{3} = \begin{pmatrix} 1 & 0 \\ 0 & -1 \end{pmatrix}$$

并且

$$\sigma_{\mu} = \eta_{\mu\nu}\boldsymbol{\sigma}^{\nu}$$

则

$$\boldsymbol{\sigma}_{0} = \boldsymbol{\sigma}^{0}, \boldsymbol{\sigma}_{r} = -\boldsymbol{\sigma}^{r}, r = 1,2,3$$

最后得到狄拉克矩阵为

$$\boldsymbol{\gamma}^{\mu} = \begin{pmatrix} 0 & \sigma^{\mu} \\ \sigma_{\mu} & 0 \end{pmatrix}$$

那么，期望的反对易关系由 $\boldsymbol{\gamma}^{\mu}$ 满足，并且 $\alpha^{0} = I$ 和 α^{r} 是厄米（Hermitian）矩阵中的共轭复数，这保证了狄拉克哈密顿算符是厄米算符。

1.13 电磁场中的狄拉克方程利用微扰理论的近似解

在弱电磁场存在的情况下，狄拉克电流会出现扰动。我们假设 A^{μ} 为一阶小量。那么有如下表达式：

$$\psi(x) = \psi_{0}(x) + \delta\psi(x)$$

则零阶部分 ψ_{0} 满足自由狄拉克方程，因此可表示为和 $b(P,\sigma)^{*}$ 的 $a(P,\sigma)$ 线性泛函。一阶部分 $\delta\psi[(x)$满足

$$\mathrm{i}\delta\psi_{,t}(x) = [(\alpha, -\mathrm{i}\nabla) + \beta m]\delta\psi(x) + e[(\alpha, A) - A^{0}]\psi_{0}(x)$$

此式可以在四个动量域中求解,具体如下:

$$\hat{\delta}\psi(p) = (\mathrm{i}p^0 - (\alpha, P) - \beta m)^{-1}\mathcal{F}[(\mathrm{e}(\alpha, A) - A^0)\psi_0](p)$$

1.14　电磁扰动下的狄拉克电流

利用上述公式,可以计算量子天线与光子场相互作用引起的狄拉克电流的一阶位移:

$$\delta J^\mu = -2e\mathrm{Re}(\delta\psi(x)^* \alpha^\mu \psi_0(x))$$

其中,Re 称为“厄米部分”。

第❷章

引力场对量子天线的影响以及一些基本的非阿贝尔(non - Abelian)规范理论

2.1 引力场对光子路径的影响

根据广义相对论(GTR),我们知道单个光子的路径在引力场中会发生弯曲。其路径由零测地线定义:

$$g_{\mu\nu}(x)(\mathrm{d}x^\mu/\mathrm{d}\lambda)(\mathrm{d}x^\nu/\mathrm{d}\lambda)=0,$$

接下来求解以下测地线方程:

$$\mathrm{d}^2x^\mu/\mathrm{d}\tau^2+\Gamma^\mu_{\alpha\beta}(\mathrm{d}x^\alpha/\mathrm{d}\tau)(\mathrm{d}x^\beta/\mathrm{d}\tau)=0$$

然后取极限 $\mathrm{d}\tau\to 0$。假设度规不依赖于 t,那么,其中一个欧拉 - 拉格朗日方程形式如下:

$$\mathrm{d}/\mathrm{d}\lambda(g_{0\nu}(r)\mathrm{d}x^\nu/\mathrm{d}\tau)=0$$

或者等效表达式

$$g_{00}(r)\mathrm{d}t/\mathrm{d}\tau+g_{0m}(r)\mathrm{d}x^m/\mathrm{d}\tau=K$$

其中,K 是一个常数($K\to\infty$),此时 $\mathrm{d}\tau\to 0$。利用这个方程,可以用来从其他方程中消除 $\mathrm{d}/\mathrm{d}\tau$。例如,如果存在度规不依赖某个空间坐标如 x^s,那么,我们可以得到另一个第一积分:

$$g_{s0}\mathrm{d}t/\mathrm{d}\tau+g_{sm}\mathrm{d}x^m/\mathrm{d}\tau=K'$$

其中,K'是另一个无穷大的常数。因此,取这两个常数的比值可以得到

$$\frac{g_{00}+g_{0m}\mathrm{d}x^m/\mathrm{d}t}{g_{s0}+g_{sm}\mathrm{d}x^m/\mathrm{d}t}=K/K'=\beta$$

其中,β 是一个有限常数,尽管它是两个无穷大的常数的比值。通过这一比值,可以用来确定光线在引力场中的路径。

2.2 引力与光子场的相互作用

引力场和电磁场之间的相互作用包含在麦克斯韦 - 拉格朗日量之中:

$$L_{\text{EM}} = (-1/4)F_{\mu\nu}F^{\mu\nu} = (-1/4)g^{\mu\alpha}g^{\nu\beta}F_{\mu\nu}F_{\alpha\beta}\sqrt{-g}$$
$$= L_{\text{EM0}} + L_{\text{EMG}}$$

对于弱引力场(与光子强度相比)有如下表达式,即

$$g_{\mu\nu} = \eta_{\mu\nu} + h_{\mu\nu}(x)$$

然后有

$$g^{\mu\nu} = \eta_{\mu\nu} - h^{\mu\nu}$$

其中

$$h^{\mu\nu} = \eta_{\mu\alpha}\eta_{\nu\beta}h_{\alpha\beta}$$

具体形式如下:

$$h^{00} = h_{00}, h^{0r} = h^{r0} = -h_{0r} = h_{r0}, h^{rs} = h_{rs}$$

那么,相互作用拉格朗日量为

$$L_{\text{EMG}} = F_{\mu\nu}(x)F_{\alpha\beta}(x)C_{\mu\nu\alpha\beta}(x)$$

其中,$C_{\mu\nu\alpha\beta}(x)$是中$(-1/4)g^{\mu\nu}g^{\alpha\beta}\sqrt{-g}$的分量,在$h_{\mu\nu}(x)$中是线性的。

计算结果如下:

$$(-1/4)g^{\mu\nu}g^{\alpha\beta}\sqrt{-g} \approx (-1/4)(\eta_{\mu\nu} - h^{\mu\nu})(\eta_{\alpha\beta} - h^{\alpha\beta})(1 - h/2)$$
$$\approx (-1/4)\eta_{\mu\nu}\eta_{\alpha\beta} - (1/4)(\eta_{\mu\nu}h^{\alpha\beta} + \eta_{\alpha\beta}h^{\mu\nu} + \eta_{\mu\nu}\eta_{\alpha\beta}h/2)$$

得出

$$C_{\mu\nu\alpha\beta}(x) = (-1/4)(\eta_{\mu\nu}h^{\alpha\beta} + \eta_{\alpha\beta}h^{\mu\nu} + \eta_{\mu\nu}\eta_{\alpha\beta}h/2)$$

其中

$$h = \eta_{\mu\nu}h_{\mu\nu} = h^{\mu}_{\mu}$$

我们可以进一步扩展到L_{EMG}的二次阶,该值位于$h_{\mu\nu}$中,其结果如下:

$$C_{\mu\nu\alpha\beta}(x) = C_1(\mu\nu\alpha\beta\rho\sigma)h_{\rho\sigma}(x) + C_2(\mu\nu\alpha\beta\rho\sigma\delta\zeta)h_{\rho\sigma}(x)h_{\delta\zeta}(x)$$

其中,$C_1(\mu\nu\alpha\beta\rho\sigma)$和$C_2(\mu\nu\alpha\beta\rho\sigma\delta\zeta)$是数值常数。对于这种相互作用$L_{\text{EMG}}$对光子的经典波传播方程的影响,利用欧拉 - 拉格朗日方程可以很容易地进行计算:

$$\partial_\mu \frac{\partial L_{\text{EM0}}}{\partial A^{\nu}_{,\mu}} = -\partial_\mu \frac{\partial L_{\text{EMG}}}{\partial A^{\nu}_{,\mu}}$$

或者采用另一种等效形式,利用标准的广义相对论麦克斯韦方程

$$(F^{\mu\nu}\sqrt{-g})_{,\nu} = 0$$

此式可以近似为

$$(\eta_{\mu\alpha} - h^{\mu\alpha})(\eta_{\nu\beta} - h^{\nu\beta})(1 - h/2)F_{\alpha\beta})_{,\nu} = 0$$

或者采用等效形式,在引力场中扩展到二次阶

$$(\eta_{\mu\alpha}\eta_{\nu\beta}F_{\alpha\beta})_{,\nu} = [(D_1(\mu\nu\rho\sigma\alpha\beta)h_{\rho\sigma} + D_2(\mu\nu\rho\sigma\delta\zeta\alpha\beta)h_{\rho\sigma}h_{\delta\zeta})F_{\alpha\beta}]_{,\nu}$$

利用一阶和二阶微扰理论,并结合广义相对论下的洛伦兹规范条件,可以

求解该方程

$$(A^{\mu}\sqrt{-g})_{,\mu}=0$$

此式在引力势的二阶项中近似为

$$\eta_{\mu\nu}A_{\nu,\mu}=[(E_1(\mu\alpha\beta)h_{\alpha\beta}+E_2(\mu\alpha\beta\rho\sigma)h_{\alpha\beta}h_{\rho\sigma})A_{\nu}]_{,\mu}$$

通过微扰求解这个问题的方法是做如下展开

$$A_{\mu}=A_{\mu}^{(0)}+A_{\mu}^{(1)}+A_{\mu}^{(2)}+O(|h|^3)$$

其中:$A_{\mu}^{(0)}$ 是满足常规的狭义相对论波动方程;$A_{\mu}^{(1)}$ 是对电磁势的修正,该电磁势是 $h_{\mu\nu}$的线性泛函;$A_{\mu}^{(2)}$ 是 $h_{\mu\nu}$的二次泛函。

2.3 光子传播子受到引力场作用的量子描述

由于背景引力场的存在,修正后的光子传播子由下式给出:

$$\begin{aligned}<0|T\{A_{\mu}(x)A_{\nu}(x')\}|0> &= \int\exp(\mathrm{i}(S_{\mathrm{EM0}}+S_{\mathrm{EMG}}))A_{\mu}(x)A_{\nu}(x')\Pi_{\mu,z}\mathrm{d}A_{\mu}(z)\\ &\approx\int\exp(\mathrm{i}S_{\mathrm{EM0}})(A_{\mu}(x)A_{\nu}(x')+\mathrm{i}S_{\mathrm{EMG}}A_{\mu}(x)A_{\nu}(x')-S_{\mathrm{EMG}}^2A_{\mu}(x)A_{\nu}(x')/2)\\ &\quad\cdot\Pi_{\mu,z}\delta((A^{\nu}(z)\sqrt{-g(z)})_{,\nu})\mathrm{d}A_{\mu}(z)\end{aligned}$$

其中,δ 函数部分说明了洛伦兹规范。这个路径积分可以利用高斯积分的标准理论来计算。δ 函数部分可以被替换为

$$\Pi_{\mu,z}\delta((A^{\nu}(z)\sqrt{-g(z)})_{,\nu})=C\int\exp(\mathrm{i}\int\boldsymbol{\eta}_{,\mu}(z)(A^{\mu}(z)\sqrt{-g(z)})\mathrm{d}^4z)\Pi_z\mathrm{d}\boldsymbol{\eta}(z)$$

2.4 引力场和电磁场混合状态下的电子和正电子以及背景引力场中的电磁场量子天线

利用拉格朗日量这一概念,可以描述背景引力场 $g_{\mu\nu}(x)$ 中电子、正电子和光子的相互作用,即

$$\begin{aligned}&L_{\mathrm{EM}}+L_{\mathrm{EMG}}+L_{\mathrm{D}}+L_{\mathrm{DG}}+L_{\mathrm{DEM}}\\ &=(-1/4)F_{\mu\nu}F^{\mu\nu}\sqrt{-g}+Re(\psi^*(x)\boldsymbol{\gamma}^0(\boldsymbol{\gamma}^aV_a^{\mu}(x)(\mathrm{i}\partial_{\mu}+eA_{\mu}(x)\\ &\quad+\mathrm{i}\Gamma_{\mu}(x))-m)\psi(x))\end{aligned}$$

其中

$$\Gamma_{\mu}=(-1/2)V^{a\nu}(x)V_{\nu:\mu}^b(x)J^{ab}$$

其中,V_{μ}^a 是引力场的四元数,即局部惯性坐标系:

$$g_{\mu\nu}(x)=\eta_{ab}V_{\mu}^a(x)V_{\nu}^b(x)$$

并且

$$J^{ab}=(1/4)[\boldsymbol{\gamma}^a,\boldsymbol{\gamma}^b]$$

是洛伦兹变换基元的狄拉克旋量李代数表示：

$$(\sigma^{ab})_{\mu\nu}=\delta_\mu^a\delta_\nu^b-\delta_\nu^a\delta_\mu^b$$

将洛伦兹群的狄拉克旋量表达式写为 $\Lambda\to D(\Lambda)$，我们可以得到

$$J^{ab}=\mathrm{d}D(\sigma^{ab})$$

并且和 σ^{ab} 一样，它们满足洛伦兹代数的标准对易关系：

$$[J^{ab},J^{cd}]=\boldsymbol{\eta}^{ac}J^{bd}+\boldsymbol{\eta}^{bd}J^{ac}-\boldsymbol{\eta}^{ad}J^{bc}-\boldsymbol{\eta}^{bc}J^{ad}$$

引力连接满足规范协变性质：

$$D(\Lambda(x))V_a^\mu(x)(\partial_\mu+\Gamma_\mu(x)))D(\Lambda(x))^{-1}=\Lambda(x)_a^bV_b^\mu(x)(\partial_\mu+\Gamma'_\mu(x))$$

对应于任何局部洛伦兹变换 $\lambda(x)$，这里，$\Gamma'_\mu(x)$ 是转换后的引力连接：

$$\Gamma'_\mu(x)=(-1/2)J^{ab}V_a^{\nu\prime}(x)V'_{b\nu:\mu}(x)$$

其中

$$V_a^{\mu\prime}(x)=\Lambda_b^a(x)V_b^\mu(x)$$

通过取局部洛伦兹变换 $\Lambda(x)$ 为无穷小来验证此式：

$$\Lambda_b^a(x)=\delta_b^a+\omega_b^a(x)$$

其中

$$\omega_{ab}(x)+\omega_{ba}(x)=0,\omega_{ab}(x)=\boldsymbol{\eta}_{ac}\omega_b^c(x)$$

通过上面得到的拉格朗日量，可以写出电子和正电子在引力场和电磁场中的狄拉克方程：

$$(\boldsymbol{\gamma}^aV_a^\mu(x)(\mathrm{i}\partial_\mu+eA_\mu(x)+\mathrm{i}\Gamma_\mu(x))-m)\psi(x)=0$$

这个方程既是微分同胚的，又是洛伦兹协变的。利用该方程，可以计算由引力修正引起的狄拉克电流，并且因此可以确定引力场对由包括电子和正电子的量子天线辐射电磁场的影响。

2.5　哈德逊 - 帕塔萨拉蒂(Hudson - Parthasarathy)公式中描述的引力场和量子白噪声光子场中的狄拉克方程

哈德逊 - 帕塔萨拉蒂理论如下：引力场中的狄拉克方程，与被建模为量子噪声的电磁场以及包括经典分量和量子噪声分量的麦克斯韦场相互作用，可以由以下量子随机微分方程联合表示：

$$\begin{aligned}&\boldsymbol{\gamma}^aV_a^0(t,r)\mathrm{i}\mathrm{d}\psi_t(r))+\boldsymbol{\gamma}^aV_a^m(t,r)\mathrm{i}\partial_m\psi_t(r)\mathrm{d}t\\&+\boldsymbol{\gamma}^aV_a^\mu(t,r)L_{\mu\alpha}^\beta(t,r)\psi_t(r)\mathrm{d}\Lambda_\alpha^\beta(t)\\&+\boldsymbol{\gamma}^aV_a^\mu(t,r)\mathrm{i}\Gamma_\mu(t,r)\psi_t(r)\mathrm{d}t-m\psi_t(r)\mathrm{d}t=0\end{aligned}$$

其中，$L_{\mu\alpha}^\beta(t,r)$ 是系统算符，它由乘法算符和空间微分算符构成。我们可以只将

它们视为乘法算符，这样更自然，因为这样可以将 $e^{-1}L^{\beta}_{\mu\alpha}(t,r)\mathrm{d}\Lambda^{\beta}_{\alpha}(t)/\mathrm{d}t$ 正式地解释为对应于噪声光子浴的四矢势 $A_\mu(t,r)$。这里，$\Lambda^{\alpha}_{\beta},\alpha,\beta\geqslant 0$ 是满足量子伊藤(Ito)公式的标准哈德逊－帕塔萨拉蒂噪声算符：

$$\mathrm{d}\Lambda^{\alpha}_{\beta}(t).\ \mathrm{d}\Lambda^{\mu}_{\nu}(t)=\epsilon^{\alpha}_{\nu}\mathrm{d}\Lambda^{\mu}_{\beta}(t)$$

其中，$\epsilon^{\alpha}_{\beta}=0$，条件是 $\alpha=0$ 或 $\beta=0$，否则为 δ^{α}_{β}。由于该方程描述了一个幺正演化，所以算符 $L^{\beta}_{\mu\alpha}(t,r)$ 必须满足相应的约束条件。利用量子伊藤公式，可以容易地推导出这些约束。

2.6 非阿贝尔(non－Abelian)规范理论的狄拉克－杨－米尔斯(Dirac－Yang－Mills)电流密度

如果我们考虑的不是电子和正电子，而是天线所具有的其他类型的基本粒子，这些粒子可以通过杨－米尔斯类型的非阿贝尔规范理论描述，如弱力和强力，那么其动力学就可以通过拉格朗日量来描述，即

$$L_{\mathrm{YM}}=Tr(F_{\mu\nu}F^{\mu\nu})+L_{\mathrm{M}}(\psi,\nabla_\mu\psi)$$

其中的连接由下式给出

$$\nabla_\mu=\partial_\mu+A_\mu(x)$$

其中

$$A_\mu(x)\in\mathfrak{g}$$

$\mathfrak{g}$是规范群 $G\subset U(N)$ 和 $F_{\mu\nu}(x)\in\mathfrak{g}$的李代数，场张量定义为连接所具有的曲率：

$$F_{\mu\nu}=[\nabla_\mu,\nabla_\nu]=A_{\nu,\mu}-A_{\mu,\nu}+[A_\mu,A_\nu]$$

物质场方程形式如下：

$$[\mathrm{i}\boldsymbol{\gamma}^\mu\nabla_\mu-m]\psi(x)=0$$

此式可以解释为

$$[\mathrm{i}\boldsymbol{\gamma}^\mu\partial_\mu\otimes I_N+\mathrm{i}\boldsymbol{\gamma}^\mu\otimes A_\mu(x)-m]\psi(x)=0$$

狄拉克电流必须扩展到这种非阿贝尔环境，并且杨－米尔斯场方程必须利用微扰方法求解，因为与麦克斯韦方程不同，其中包含了非线性项。

需要注意的是，在局部规范变换 $g(x)\in G$ 下，物质场变换为 $\psi(x)\rightarrow g(x)\psi(x)$，而规范场 $A_\mu(x)$ 必须变换为 $A'_\mu(x)$，以确保场方程保持不变，即

$$g(x)\nabla_\mu g(x)^{-1}=\nabla'_\mu$$

从而得出

$$A'_\mu(x)=g(x)A_\mu(x)g(x)^{-1}+g(x)\partial_\mu(g(x)^{-1})$$

并且扩展了电磁场的洛伦兹规范变换应用场合。

2.7　狄拉克符号

假设拉格朗日量为 $L=L(q,Q,p,P)$,其中(q,Q)是位置变量,(p,P)是动量变量,其中 $q=(q_1,\cdots,q_n)$,$p=(p_1,\cdots,p_n)$,并且 $Q=(Q_1,\cdots,Q_r)$,$P=(P_1,\cdots,P_r)$。约束条件为 $Q=Q(q,p)$,$P=P(q,p)$,即 Q、P 是 q、p 的函数。考虑到这些约束条件,不能假设$\{Q,u\}=\partial u/\partial P$ 和$\{u,P\}=\partial u/\partial Q$。因此,我们必须修改泊松括号的定义,以考虑这些约束条件。如果我们表达成 $Q=Q(q,p)$和 $P=P(q,p)$,并只基于(q,p)计算我们的泊松括号,那么我们可以得到

$$\begin{aligned}(u,v)=&(\boldsymbol{u}^{\mathrm{T}}_{,q}+\boldsymbol{u}^{\mathrm{T}}_{,\boldsymbol{Q}}\boldsymbol{Q}_{,q}+\boldsymbol{u}^{\mathrm{T}}_{,\boldsymbol{P}}\boldsymbol{P}_{+q})(\boldsymbol{v}_{,p}+\boldsymbol{Q}^{\mathrm{T}}_{,p}\boldsymbol{v}_{,\boldsymbol{Q}}+\boldsymbol{P}^{\mathrm{T}}_{,p}\boldsymbol{v}_{,\boldsymbol{P}})\\&-(\boldsymbol{u}^{\mathrm{T}}_{,p}+\boldsymbol{u}^{\mathrm{T}}_{,\boldsymbol{Q}}\boldsymbol{Q}_{,p}+\boldsymbol{u}^{\mathrm{T}}_{,\boldsymbol{P}}\boldsymbol{P}_{,p})(\boldsymbol{v}_{,q}+\boldsymbol{Q}^{\mathrm{T}}_{,q}\boldsymbol{v}_{,\boldsymbol{Q}}+\boldsymbol{P}^{\mathrm{T}}_{,q}\boldsymbol{v}_{,\boldsymbol{P}})\\=&\boldsymbol{u}^{\mathrm{T}}_{,q}\boldsymbol{v}_{,p}-\boldsymbol{u}^{\mathrm{T}}_{,p}\boldsymbol{v}_{,q}+\boldsymbol{u}^{\mathrm{T}}_{,q}\boldsymbol{Q}^{\mathrm{T}}_{,p}\boldsymbol{v}_{,\boldsymbol{Q}}+\boldsymbol{u}^{\mathrm{T}}_{,q}\boldsymbol{P}^{\mathrm{T}}_{,p}\boldsymbol{v}_{,\boldsymbol{P}}\\&-\boldsymbol{u}^{\mathrm{T}}_{,p}\boldsymbol{Q}^{\mathrm{T}}_{,q}\boldsymbol{v}_{,\boldsymbol{Q}}-\boldsymbol{u}^{\mathrm{T}}_{,p}\boldsymbol{P}^{\mathrm{T}}_{,q}\boldsymbol{v}_{,\boldsymbol{P}}+\boldsymbol{v}^{\mathrm{T}}_{,p}\boldsymbol{Q}^{\mathrm{T}}_{,q}\boldsymbol{u}_{,\boldsymbol{Q}}+\boldsymbol{v}^{\mathrm{T}}_{,p}\boldsymbol{P}^{\mathrm{T}}_{,q}\boldsymbol{u}_{,\boldsymbol{P}}\\&-\boldsymbol{v}^{\mathrm{T}}_{,q}\boldsymbol{Q}^{\mathrm{T}}_{,p}\boldsymbol{u}_{,\boldsymbol{Q}}-\boldsymbol{v}^{\mathrm{T}}_{,q}\boldsymbol{P}^{\mathrm{T}}_{,p}\boldsymbol{u}_{,\boldsymbol{P}}+\boldsymbol{u}^{\mathrm{T}}_{,\boldsymbol{Q}}(\boldsymbol{Q}_{,q}\boldsymbol{Q}^{\mathrm{T}}_{,p}-\boldsymbol{Q}_{,p}\boldsymbol{Q}^{\mathrm{T}}_{,q})\boldsymbol{v}_{,\boldsymbol{Q}}\\&+\boldsymbol{u}^{\mathrm{T}}_{,\boldsymbol{Q}}(\boldsymbol{Q}_{,q}\boldsymbol{P}^{\mathrm{T}}_{,p}-\boldsymbol{Q}_{,p}\boldsymbol{P}^{\mathrm{T}}_{,q})\boldsymbol{v}_{,\boldsymbol{P}}+\boldsymbol{u}^{\mathrm{T}}_{,\boldsymbol{P}}(\boldsymbol{P}_{,q}\boldsymbol{Q}^{\mathrm{T}}_{,p}-\boldsymbol{P}_{,p}\boldsymbol{Q}^{\mathrm{T}}_{,q})\boldsymbol{v}_{,\boldsymbol{Q}}\\&+\boldsymbol{u}^{\mathrm{T}}_{,\boldsymbol{P}}(\boldsymbol{P}_{,q}\boldsymbol{P}^{\mathrm{T}}_{,p}-\boldsymbol{P}_{,p}\boldsymbol{P}^{\mathrm{T}}_{,q})\boldsymbol{v}_{,\boldsymbol{P}}\end{aligned}$$

现在,定义矩阵如下:

$$\boldsymbol{D}=\boldsymbol{D}(q,p)=\begin{pmatrix}(\boldsymbol{Q},\boldsymbol{Q}^{\mathrm{T}}) & (\boldsymbol{Q},\boldsymbol{P}^{\mathrm{T}})\\(\boldsymbol{P},\boldsymbol{Q}^{\mathrm{T}}) & (\boldsymbol{P},\boldsymbol{P}^{\mathrm{T}})\end{pmatrix}$$

然后,我们可以得出以下表达式:

$$\begin{aligned}(\boldsymbol{u},\boldsymbol{v})=&(\boldsymbol{u},\boldsymbol{v})_{(q,p)}+[\boldsymbol{u}^{\mathrm{T}}_{,\boldsymbol{Q}},\boldsymbol{u}^{\mathrm{T}}_{,\boldsymbol{P}}].\boldsymbol{D}.\begin{pmatrix}\boldsymbol{v}_{,\boldsymbol{Q}}\\\boldsymbol{v}_{,\boldsymbol{P}}\end{pmatrix}\\&+(\boldsymbol{u},\boldsymbol{Q}^{\mathrm{T}})\boldsymbol{v}_{,\boldsymbol{Q}}+(\boldsymbol{u},\boldsymbol{P}^{\mathrm{T}})\boldsymbol{v}_{,\boldsymbol{P}}-(\boldsymbol{v},\boldsymbol{Q}^{\mathrm{T}})\boldsymbol{u}_{,\boldsymbol{Q}}-(\boldsymbol{v},\boldsymbol{P}^{\mathrm{T}})\boldsymbol{u}_{,\boldsymbol{P}}\\=&(\boldsymbol{u},\boldsymbol{v})_{(q,p)}+[\boldsymbol{u}^{\mathrm{T}}_{,\boldsymbol{Q}},\boldsymbol{u}^{\mathrm{T}}_{,\boldsymbol{P}}].\boldsymbol{D}.\begin{pmatrix}\boldsymbol{v}_{,\boldsymbol{Q}}\\\boldsymbol{v}_{,\boldsymbol{P}}\end{pmatrix}\\&+[\boldsymbol{u}^{\mathrm{T}}_{,\boldsymbol{Q}},\boldsymbol{u}^{\mathrm{T}}_{,\boldsymbol{P}}]\begin{pmatrix}(\boldsymbol{Q},\boldsymbol{v})\\(\boldsymbol{P},\boldsymbol{v})\end{pmatrix}\\&+[(\boldsymbol{u},\boldsymbol{Q}^{\mathrm{T}}),(\boldsymbol{u},\boldsymbol{P}^{\mathrm{T}})]\begin{pmatrix}\boldsymbol{v}_{,\boldsymbol{Q}}\\\boldsymbol{v}_{,\boldsymbol{P}}\end{pmatrix}\end{aligned}$$

在这个公式中,我们假设可观察量 $\boldsymbol{u}$、$\boldsymbol{v}$ 明确依赖于$(q,p,\boldsymbol{Q},\boldsymbol{P})$。如果这些量只依赖于 q、p,那么这是期望发生的自然结果,因为 $\boldsymbol{Q}$,$\boldsymbol{P}$ 都是通过约束而形成的(q,p)的函数,那么可以自然地定义

$$\begin{pmatrix}\boldsymbol{u}_{,\boldsymbol{Q}}\\\boldsymbol{u}_{,\boldsymbol{P}}\end{pmatrix}=\boldsymbol{D}^{-1}\begin{pmatrix}(\boldsymbol{u},\boldsymbol{Q})\\(\boldsymbol{u},\boldsymbol{P})\end{pmatrix}$$

因为这就等价于以下表达

$$(\boldsymbol{u},\boldsymbol{Q})=(\boldsymbol{Q},\boldsymbol{Q}^{\mathrm{T}})\boldsymbol{u}_{,Q}+(\boldsymbol{Q},\boldsymbol{P}^{\mathrm{T}})\boldsymbol{u}_{,P}$$

并且对于 v 也是如此。注意,这个等式与下式是一样的

$$(\boldsymbol{u},\boldsymbol{Q})^{\mathrm{T}}=(\boldsymbol{u},\boldsymbol{Q}^{\mathrm{T}})=\boldsymbol{u}_{,Q}^{\mathrm{T}}(\boldsymbol{Q},\boldsymbol{Q}^{\mathrm{T}})+\boldsymbol{u}_{,P}^{\mathrm{T}}(\boldsymbol{P},\boldsymbol{Q}^{\mathrm{T}})$$

在这个定义的基础上,我们从上式可以得到

$$(\boldsymbol{u},\boldsymbol{v})_{(q,p)}=(\boldsymbol{u},\boldsymbol{v})-[(\boldsymbol{u},\boldsymbol{Q})^{\mathrm{T}},(\boldsymbol{u},\boldsymbol{P})^{\mathrm{T}}]\boldsymbol{D}^{-1}\begin{pmatrix}(\boldsymbol{v},\boldsymbol{Q})\\(\boldsymbol{v},\boldsymbol{P})\end{pmatrix}$$

这就是所谓的狄拉克符号,在涉及约束的问题中非常有效。

其他需要讨论的相关问题:在热方程的基础上,统一引力与电弱力和强力,即轻子场、夸克场、光子场、规范玻色子场和胶子场的谱作用量原理。

天线方向图的图像处理:目的是通过测量远场电磁辐射方向图来估计天线参数,如天线的形状和其表面上的电流分布。

量子力学中的散射理论及其与天线理论的关系:这两种理论都涉及到求解有源的亥姆霍兹(Helmholtz)方程。

2.8 哈里什-钱德拉(Harish-Chandra)的 SL(2,R) 离散级数表示及其在平面上洛伦兹(Lorentz)变换模式识别中的应用

结论:由二次量子化狄拉克场描述的天线是由电子和正电子组成,其所产生的电磁场方向图中存在量子涨落,在本节中我们已经对此进行了分析,并提出了以下方法:利用引力场的旋量连接,研究电子和正电子与引力场和麦克斯韦电磁场相互作用的狄拉克场。

2.9 入射电磁场在天线上感应出表面电流密度的情况下,根据散射电磁场估计天线表面的形状,此时表面电流密度由波克林顿(Pocklington)积分方程确定,此积分方程基于将表面总入射加散射电场的切向分量设置为零

假设天线表面通过以下形式得以参数化:$(u,v)\rightarrow R(u,v)$。假设入射电磁场 $E_i(\omega,r)$、$H_i(\omega,r)$ 落在该天线表面,感应的表面电流密度为 $J_s(u,v)$。该表面电流密度产生的电场(散射)由下式给出:

$$E_s(\omega,r) = \int G_m(\omega,r,u,v)J_{sm}(u,v)\mathrm{d}S(u,v)$$

其中,G_m 是 3×1 复矢量值函数,求和是在 $m=1,2$ 上进行的;J_{sm},$m=1,2$ 是表面电流密度相对于表面切线基础 $R_{,u}$,$R_{,v}$的分量。这意味着

$$J_s(u,v) = J_{s1}(u,v)R_{,u}(u,v) + J_{s2}(u,v)R_{,v}(u,v)$$

核函数 $G_m(m=1,2)$ 通过如下方式确定:首先,散射磁矢势为

$$A_s(\omega,r) = (\mu/4\pi)\int J_s(u,v)\exp(-\mathrm{j}k\,|\,r-R(u,v)\,|)\mathrm{d}S(u,v)/\,|\,r-R(u,v)\,|$$

那么散射电场可以表示为

$$E_s(\omega,r) = \nabla\times(\nabla\times A_s)/\mathrm{j}\omega\epsilon = (\nabla(\nabla.A_s)+k^2A_s)/\mathrm{j}\omega\epsilon$$

如果介质是非均匀且各向异性的,则 $\boldsymbol{\epsilon}(\omega,r)$ 为一个 3×3 矩阵,并且

$$E_s(\omega,r) = (\mathrm{j}\omega\boldsymbol{\epsilon}(\omega,r))^{-1}\nabla\times(\nabla\times A_s(\omega,r))$$

因此,我们可以得到如下表达式:

$$\begin{aligned} G_1(\omega,r,u,v) &= (\mathrm{j}\omega\epsilon)^{-1}(\mu/4\pi)\nabla\times(\nabla(\exp(-\mathrm{j}k|r-R(u,v)|)/\\ &\quad |r-R(u,v)|)\times R_{,u}(u,v))\\ &= (j\omega\epsilon)^{-1}(\mu/4\pi)[(R_{,u}(u,v),\nabla)+k^2](\exp(-\mathrm{j}k\\ &\quad |r-R(u,v)|)/|r-R(u,v)|) \end{aligned} \tag{2-1}$$

并且

$$\begin{aligned} G_2(\omega,r,u,v) &= (\mathrm{j}\omega\epsilon)^{-1}(\mu/4\pi)\nabla\times(\nabla(\exp(-\mathrm{j}k|r-R(u,v)|)\\ &\quad /|r-R(u,v)|)\times R_{,v}(u,v)) \end{aligned} \tag{2-2}$$

现在,通过将天线表面上的电场的切向分量设置为零,即可确定表面电流密度的分量 $J_{sm}(u,v)(m=1,2)$,即

$$(E_s(\omega,R(u,v))+E_i(\omega,R(u,v)),R_{,u}(u,v))=0$$

$$(E_s(\omega,R(u,v))+E_i(\omega,R(u,v)),R_{,v}(u,v))=0$$

这些方程可以表示为积分方程:

$$\begin{aligned} &\sum_{m=1,2}\int_S(G_m(\omega,r,u',v'),R_{,u}(u,v))J_{sm}(u',v')\mathrm{d}S(u',v')\\ &\quad =(E_i(\omega,R(u,v)),R_{,u}(u,v)) \end{aligned} \tag{2-3}$$

$$\begin{aligned} &\sum_{m=1,2}\int_S(G_m(\omega,r,u',v'),R_{,v}(u,v))J_{sm}(u',v')\mathrm{d}S(u',v')\\ &\quad =(E_i(\omega,R(u,v)),R_{,v}(u,v)) \end{aligned} \tag{2-4}$$

根据这些方程,我们可以确定天线表面上的感应电流密度 $J_s(u,v)$,从而确定散射电磁场 $E_s(\omega,r)$、$H_s(\omega,r)$。现在,如果表面形状未知,那么我们假设其通过以下参数形式给出

$$R(u,v) = \sum_{k=1}^{p}\theta_k\psi_k(u,v) = R(u,v,\theta)$$

其中，ψ_k 是矩量法中的测试/基函数，θ'_k 是要估计的未知参数。我们注意到由式(2-1)和式(2-2)定义的格林函数 $G_m(m=1,2)$ 可以显式地表示为和 $R_{,v}(u,v)$ 的 ω、r、$R(u,v)$、$R_{,u}(u,v)$ 函数。因此，可以将这种关系表示为

$$G_m(\omega,r,u,v) = F_m(\omega,r,R(u,v),R_{,u}(u,v),R_{,v}(u,v))$$
$$= F_m(\omega,r,u,v,\theta), \theta = (\theta_1,\cdots,\theta_p)^{\mathrm{T}}$$

如此一来，当求解式(2-3)和式(2-4)时，得到表面电流密度 $J_{sm}(u,v)$ 作为(u,v,θ)的函数，因此散射电场

$$E_s(\omega,r) = \int F_m(\omega,r,u,v,\theta) J_{sm}(u,v,\theta) | R_{,u}(u,v,\theta) \times R_{,v}(u,v,\theta) | \mathrm{d}u\mathrm{d}v$$

作为 θ 的函数是已知的。然后可以通过将这个散射电场与给定的测量相匹配来进行估算，从而可以得到天线表面的形状。

2.10 量子电磁场入射到量子天线时在其表面上感应的表面电流密度算符

问题：如果入射场是由产生和湮灭算符叠加而成的量子电磁场，那么表面电流密度 $J_s(u,v)$ 也将是产生和湮灭算符的叠加。这一结论可以从式(2-3)和式(2-4)中看出，这两个公式告诉我们 $J_s(u,v)$ 是 E_i 的线性泛函，而式(2-4)又是产生和湮灭算符的线性泛函。因此，我们可以得出以下表达式：

$$J_s(\omega,u,v) = \sum_{k=1}^{N} (a_k \chi_k(\omega,u,v) + a_k^* \bar{\chi}_k(\omega,u,v))$$

其中

$$[a_k, a_j^*] = \delta_{kj}, [a_k, a_m] = 0, [a_k^*, a_m^*] = 0$$

现在假设入射场处于相干态，即

$$| \phi(u) > = \exp(-| u |^2/2) \sum_{n_1,\cdots,n_p \geqslant 0} a_1^{*n_1} \cdots a_p^{*n_p} | 0 > / n_1! \cdots n_p!$$

其中，$u \in \mathbb{C}^p$。那么在这种状态下，表面电流密度的平均值由下式给出：

$$<\phi(u) | J_s(\omega,u,v) | \phi(u)> = \sum_k (\chi_k(\omega,u,v) < \phi(u) | a_k | \phi(u) >$$
$$+ \bar{\chi}_k(\omega,u,v) < \phi(u) | a_k^* | \phi(u) >)$$
$$= \sum_k (\chi_k(\omega,u,v) u_k + \bar{\chi}_k(\omega,u,v) \bar{u}_k)$$

问题：计算这种相干态中表面电流密度的高阶矩，即

$$<\phi(u) | J_s(\omega_1,u_1,v_1) \otimes \cdots \otimes J_s(\omega_m,u_m,v_m) \otimes \bar{J}_s(\omega'_1,u'_1,v'_1) \otimes \cdots \otimes \bar{J}_s (\omega'_n,u'_n,v'_n) | \phi(u) >$$

为了做到这一点，在应用适当的对易关系后，将需要计算以下内容：

$$<\phi(u)|a_1^{*m_1}\cdots a_p^{*m_p}a_1^{n_1}\cdots a_p^{n_p}|\phi(u)> = u_1^{n_1}\cdots u_p^{n_p}\bar{u}_1^{m_1}\cdots\bar{u}_p^{m_p}$$

问题:利用公式计算入射场的相干态中的表面电流密度的矩,以及在远场区域内散射电磁势和场的矩,即

$$E_s(\omega,r) = (\mu\exp(-jkr)/4\pi r)\int J_s(\omega,u,v)\exp(jk\hat{r}.R(u,v))\mathrm{d}S(u,v)$$

现在考虑狄拉克第二量子化电流密度场

$$J^\mu(x) = -e\psi(x)^*\alpha^\mu\psi(x)$$

我们将其表达为

$$\psi(x) = \int(u(P,\sigma)a(P,\sigma)\exp(-\mathrm{i}p.x) + v(P,\sigma)b(P,\sigma)^*\exp(\mathrm{i}p.x))\mathrm{d}^3P$$

利用傅里叶变换的乘积定理表示 $J^\mu(\omega,r)$,即频域中的电流密度:

$$J^\mu(\omega,r) = (-e/2\pi)\int_{\mathbb{R}}\hat{\psi}(\omega',r)^*\alpha^\mu\psi(\omega+\omega',r)\mathrm{d}\omega'$$

现在用电子和正电子的产生和湮灭算符来表示这个傅里叶变换的电流密度:

$$\begin{aligned}\hat{\psi}(\omega,r) = \int[&u(P,\sigma)a(P,\sigma)\delta(\omega+E(P))\exp(\mathrm{i}P.r)\\&+v(P,\sigma)b(P,\sigma)^*\delta(\omega-E(P))\exp(-\mathrm{i}P.r)]\mathrm{d}^3P\end{aligned}$$

$J^\mu(\omega,r)$的最终表达式形式为

$$\begin{aligned}J^\mu(\omega,r) = \int[&K_1^\mu(\omega,P,P',\sigma,\sigma',r)a(P,\sigma)^*a(P',\sigma')\\&+K_2^\mu(\omega,P,P',\sigma,\sigma',r)a(P',\sigma')^*b(P,\sigma)\\&+K_3^\mu(\omega,P,P',\sigma,\sigma',r)b(P,\sigma)a(P',\sigma')^*\\&+K_4^\mu(\omega,P,P',\sigma,\sigma',r)b(P,\sigma)b(P',\sigma')^*]\mathrm{d}^3P\mathrm{d}^3P'\end{aligned}$$

如前言中所提到的,除了由这个电流场产生的电磁场之外,还存在由光子产生和湮灭算符 $c(K,s)$线性叠加构成的自由光子电磁场。因此,总的电磁四势将有如下形式:

$$\begin{aligned}A^\mu(\omega,r) &= (\mu/4\pi)\int J^\mu(\omega,r')\exp(-\mathrm{j}\omega|r-r'|/c)\mathrm{d}^3r'/|r-r'|\\&\quad+\int(c(P,s)F^\mu(\omega,P,s,r)+c(P,s)^*\bar{F}^\mu(\omega,P,s,r))\mathrm{d}^3P\\&=\int[K_1^\mu(\omega,P,P',\sigma,\sigma',r')a(P,\sigma)^*a(P',\sigma')\\&\quad+K_2^\mu(\omega,P,P',\sigma,\sigma',r')a(P',\sigma')^*b(P,\sigma)\\&\quad+K_3^\mu(\omega,P,P',\sigma,\sigma',r')b(P,\sigma)a(P',\sigma')^*\\&\quad+K_4^\mu(\omega,P,P',\sigma,\sigma',r')b(P,\sigma)b(P',\sigma')^*]\\&\quad G(\omega,r-r')\mathrm{d}^3P\mathrm{d}^3P'\mathrm{d}^3r'\end{aligned}$$

$$+\int (c(P,s)F^{\mu}(\omega,P,s,r)+c(P,s)^{*}\overline{F}^{\mu}(\omega,P,s,r))\mathrm{d}^3P$$

其中

$$G(\omega,r)=(\mu.\exp(-\mathrm{j}K|r|)/4\pi|r|),K=\omega,c=1$$

其等价形式如下:

$$L_r^{\mu}(\omega,P,P',\sigma,\sigma',r)=\int G(\omega,r-r')K_r^{\mu}(\omega,P,P',\sigma,\sigma',r')\mathrm{d}^3r'$$

对于总的量子电磁四势,我们可以得到以下最终表达式:

$$\begin{aligned}A^{\mu}(\omega,r)=&\int[L_1^{\mu}(\omega,P,P',\sigma,\sigma',r)a(P,\sigma)^{*}a(P',\sigma')\\&+L_2^{\mu}(\omega,P,P',\sigma,\sigma',r)a(P',\sigma')^{*}b(P,\sigma)\\&+L_3^{\mu}(\omega,P,P',\sigma,\sigma',r)b(P,\sigma)a(P',\sigma')^{*}\\&+L_4^{\mu}(\omega,P,P',\sigma,\sigma',r)b(P,\sigma)b(P',\sigma')^{*}]\mathrm{d}^3P\mathrm{d}^3P'\\&+\int(c(P,s)F^{\mu}(\omega,P,s,r)+c(P,s)^{*}\overline{F}^{\mu}(\omega,P,s,r))\mathrm{d}^3P\end{aligned}$$

现在我们引入以下符号:

$$|p_{1e},\sigma_{1e},\cdots,p_{ne},\sigma_{ne},p_{1p},\sigma_{1p},\cdots,p_{mp},\sigma_{mp}>$$

表示存在这样一种状态,其中存在 n 个电子,具有四动量 p_{ke} 以及相应的自旋 $\sigma_{ke}(k=1,2,\cdots,n)$,并且存在 m 个正电子,具有四动量 p_{kp} 以及相应的自旋 $\sigma_{kp}(k=1,2,\cdots,m)$。此外,我们知道存在以下关系:

$$a(P,\sigma)|p_e,\sigma_e>=\delta(\sigma,\sigma_e)\delta^3(P-P_e)|0>$$

$$a(P,\sigma_e)^{*}|0>=|p_e,\sigma_e>$$

正电子的情况也是如此。在更普遍的情况下,我们知道存在以下关系:

$$\begin{aligned}&a(P_e,\sigma_e)|p_{1e},\sigma_{1e},\cdots,p_{ne},\sigma_{ne},p_{1p},\sigma_{1p},\cdots,p_{mp},\sigma_{mp}>\\&=\sum_{k=1}^{n}(-1)^{k-1}\delta(\sigma_e,\sigma_{ke})\delta^3(P_e,P_{ke})|p_{1e},\sigma_{1e},\cdots,\hat{p}_{ke},\hat{\sigma}_{ke},\cdots,\\&\quad p_{ne},\sigma_{ne},p_{1p},\sigma_{1p},\cdots,p_{mp},\sigma_{mp}>\end{aligned}$$

其中,p_{ke}、σ_{ke}尖帽符号表示这些变量不会出现,并且

$$\begin{aligned}&a(P_e,\sigma_e)^{*}|p_{1e},\sigma_{1e},\cdots,p_{ne},\sigma_{ne},p_{1p},\sigma_{1p},\cdots,p_{mp},\sigma_{mp}>\\&=|p_e,\sigma_e,p_{1e},\sigma_{1e},\cdots,\hat{p}_{ke},\hat{\sigma}_{ke},\cdots,p_{ne},\sigma_{ne},p_{1p},\sigma_{1p},\cdots,p_{mp},\sigma_{mp}>\end{aligned}$$

正电子的情况也是如此。我们还有反对易规则:

$$\{a(P,\sigma),a(P',\sigma')^{*}\}=\delta^3(P-P')\delta(\sigma,\sigma')$$

$$\{b(P,\sigma),b(P',\sigma')^{*}\}=\delta^3(P-P')\delta(\sigma,\sigma')$$

并且所有其他反对易关系都为零。原则上,这些反对易规则以及产生和湮灭算符的作用,可以利用费米子福克空间以严格的数学方式实现。

2.11　二次量子化狄拉克场概述

推导狄拉克场算符的反对易规则。自由狄拉克方程如下:

$$(\mathrm{i}\boldsymbol{\gamma}^{\mu}\partial_{\mu}-m)\psi(x)=0$$

或者采用等价形式,用反对易的厄米矩阵表示

$$\beta=\boldsymbol{\gamma}^{0},\alpha^{r}=\boldsymbol{\gamma}^{0}\boldsymbol{\gamma}^{r},1\leqslant r\leqslant 3$$

我们可以得到如下表达

$$\mathrm{i}\partial_{0}\psi=((\alpha,-\mathrm{i}\nabla)+\beta m)\psi$$

$\psi(x)$的解表示为平面波的叠加:

$$\psi(x)=\int(\boldsymbol{u}(P,\sigma)a(P,\sigma)\exp(-\mathrm{i}p.x)+\boldsymbol{v}(P,\sigma)b(P,\sigma)^{*}\exp(\mathrm{i}p.x))\mathrm{d}^{3}P$$

其中

$$p^{0}=E(P)=\sqrt{m^{2}+P^{2}}>0$$

在第二量子化模型中,$a(P,\sigma)$、$b(P,\sigma)$是费米子福克空间中的算符,同样,它们的伴随算符$a(P,\sigma)^{*}$、$b(P,\sigma)^{*}$也是如此。我们需要注意

$$E(-P)=E(P)$$

为了使上述波场满足狄拉克方程,我们显然可以明确地得出以下关系:

$$(\boldsymbol{\gamma}^{\mu}p_{\mu}-m)\boldsymbol{u}(P,\sigma)=0,\quad(\boldsymbol{\gamma}^{\mu}p_{\mu}+m)\boldsymbol{v}(P,\sigma)=0,\quad\sigma=1,2$$

或者等效表达式:

$$((\alpha,P)+\beta m)\boldsymbol{u}(P,\sigma)=E(P)\boldsymbol{u}(P,\sigma),\quad\sigma=1,2$$

$$((\alpha,P)+\beta m)\boldsymbol{v}(-P,\sigma)=-E(P)\boldsymbol{v}(-P,\sigma),\quad\sigma=1,2$$

由于厄米矩阵的特征矢量可以被选择为底层矢量空间的正交归一基,而且对应于不同特征值的厄米矩阵的特征矢量是正交的,我们可以得出以下关系:

$$\boldsymbol{u}(P,\sigma)^{*}\boldsymbol{v}(P,\sigma')=0,\sigma、\sigma'=1,2$$

并且我们可以确保

$$\boldsymbol{u}(P,\sigma)^{*}\boldsymbol{u}(P,\sigma')=0,\sigma\neq\sigma' \tag{2-5}$$

$$\boldsymbol{v}(P,\sigma)^{*}\boldsymbol{v}(P,\sigma')=0,\sigma\neq\sigma' \tag{2-6}$$

狄拉克场的第二量子化哈密顿量由下式给出:

$$H_{\mathrm{D}}=\int\psi(x)^{*}((\alpha,-\mathrm{i}\nabla)+\beta m)\psi(x)\mathrm{d}^{3}r$$

其中

$$x=(t,r)=(t,x^{1},x^{2},x^{3})$$

我们观察到$p.x=E(P)t-P.r$,并且

$$((\alpha,-\mathrm{i}\nabla)+\beta m)\boldsymbol{u}(P,\sigma)\exp(\mathrm{i}P.r)=\exp(\mathrm{i}P.r)((\alpha,P)+\beta m)\boldsymbol{u}(P,\sigma)$$

$$= E(P)\boldsymbol{u}(P,\sigma).\exp(\mathrm{i}P.r)$$

$$((\alpha,-\mathrm{i}\nabla)+\beta m)\boldsymbol{v}(P,\sigma)\exp(-\mathrm{i}P.r)=\exp(-\mathrm{i}P.r)(-(\alpha,P)+\beta m)\boldsymbol{v}(P,\sigma)$$

$$= -E(P)\boldsymbol{v}(P,\sigma).\exp(-\mathrm{i}P.r)$$

因此,时间 $t=0$ 处的哈密顿量的表达式如下:

$$H_{\mathrm{D}} = \int(\boldsymbol{u}(P,\sigma)a(P,\sigma)\exp(\mathrm{i}P.r) + \boldsymbol{v}(P,\sigma)b(P,\sigma)^*\exp(-\mathrm{i}P.r))^*$$

$$.E(P')(\boldsymbol{u}(P',\sigma')a(P',\sigma')\exp(\mathrm{i}P'.r) - \boldsymbol{v}(P',\sigma')b(P',\sigma')$$

$$\exp(-\mathrm{i}P'.r))\mathrm{d}^3P\mathrm{d}^3P'\mathrm{d}^3r$$

$$= \int E(P')[\boldsymbol{u}(P,\sigma)^*\boldsymbol{u}(P',\sigma')a(P,\sigma)^*a(P',\sigma')\exp(\mathrm{i}(P'-P).r)$$

$$+\boldsymbol{v}(P,\sigma)^*\boldsymbol{u}(P',\sigma')b(P,\sigma)a(P',\sigma')\exp(\mathrm{i}(P'+P).r)$$

$$-\boldsymbol{u}(P,\sigma)^*\boldsymbol{v}(P',\sigma')a(P,\sigma)^*b(P',\sigma')^*\exp(-\mathrm{i}(P'+P).r)$$

$$-\boldsymbol{v}(P,\sigma)^*\boldsymbol{v}(P',\sigma')b(P,\sigma)b(P',\sigma')^*\exp(\mathrm{i}(P-P').r)]\mathrm{d}^3P\mathrm{d}^3P'\mathrm{d}^3r$$

$$= (2\pi)^3\int E(P)[\boldsymbol{u}(P,\sigma)^*\boldsymbol{u}(P,\sigma)a(P,\sigma)^*a(P,\sigma)$$

$$-\boldsymbol{v}(P,\sigma)^*\boldsymbol{v}(P,\sigma)b(P,\sigma)b(P,\sigma)^*]\mathrm{d}^3P$$

在这里我们使用了恒等式

$$\int\exp(\mathrm{i}(P-P').r)\mathrm{d}^3r = (2\pi)^3\delta^3(P-P')$$

以及正交关系式(2-5)和式(2-6)。我们现在希望确定和 v 的 u 归一化,即评估 $\boldsymbol{u}(P,\sigma)^*\boldsymbol{u}(P,\sigma)$ 和 $\boldsymbol{v}(P,\sigma)^*\boldsymbol{v}(P,\sigma)$。这些评估过程如下。首先注意自由狄拉克场的拉格朗日量为

$$L_{\mathrm{D}}(\psi,\psi^*,\psi_{,\mu},\psi^*_{,\mu}) = \psi(x)^*\boldsymbol{\gamma}^0(\mathrm{i}\gamma^\mu\partial_\mu - m)\psi(x)$$

由此可见 ψ 的动量共轭为

$$\pi = \frac{\partial L_{\mathrm{D}}}{\partial\psi_{,0}} = \mathrm{i}\psi^*$$

因此,正则反对易规则如下:

$$\{\psi_l(t,r),\pi_m(t,r)\} = \mathrm{i}\delta_{lm}\delta^3(r-r')$$

从而得出

$$\{\psi_l(t,r),\psi_m(t,r')^*\} = \delta_{lm}\delta^3(r-r') \tag{2-7}$$

所以我们可以得到以下关系:

$$\int[u_l(P,\sigma)u_m(P',\sigma')^*\{a(P,\sigma),a(P',\sigma')^*\}\exp(\mathrm{i}(P.r-P'.r'))$$

$$+u_l(P,\sigma)v_m(P',\sigma')^*\{a(P,\sigma),b(P',\sigma')\}\exp(\mathrm{i}(P.r+P'.r'))$$

$$+v_l(P,\sigma)u_m(P',\sigma')^*\{b(P,\sigma)^*,a(P',\sigma')^*\}\exp(-\mathrm{i}(P.r+P'.r'))$$

$$+v_l(P,\sigma)v_m(P',\sigma')^*\{b(P,\sigma)^*,b(P',\sigma')\}\exp$$

$$(-\mathrm{i}(P.r-P'.r'))]\mathrm{d}^3P\mathrm{d}^3P'$$
$$=\delta_{lm}\delta^3(r-r') \tag{2-8}$$

因此,我们必须引入反对易关系:

$$\{a(P,\sigma),a(P',\sigma')^*\}=\delta_{\sigma,\sigma'}\delta^3(P-P')$$
$$\{b(P,\sigma),b(P',\sigma')^*\}=\delta_{\sigma,\sigma'}\delta^3(P-P')$$

并且所有其他的反对易子随着归一化一起消失,则

$$\sum_{\sigma=1,2}(u_l(P,\sigma)u_m(P,\sigma)^*+v_l(-P,\sigma)v_m(-P,\sigma)^*)=\delta_{lm}$$

我们注意到

$$\Pi(P)=\sum_{\sigma=1,2}\boldsymbol{u}(P,\sigma)\boldsymbol{u}(P,\sigma)^{*\mathrm{T}}$$

是对应于能量本征值 $E(P)$ 的动量空间自由狄拉克哈密顿量的本征矢量在空间上的正交投影,而

$$I-\Pi(P)=\sum_{\sigma=1,2}\boldsymbol{v}(-P,\sigma)\boldsymbol{v}(-P,\sigma)^{*\mathrm{T}}$$

则是对应于能量本征值 $-E(P)$ 的动量空间中的自由狄拉克哈密顿量的本征矢量在空间上的正交投影。

2.12　电子传播子的计算

电子传播子定义如下:

$$S_{lm}(x|x')=<0|T(\psi_l(x)\psi_m(x')^*)|0>$$

其中,T 表示时间排序运算符。换句话说,利用 θ 表示的赫维赛德(Heaviside)阶跃函数,我们可以得出以下关系:

$$S_{lm}(t,r|t',r')=\theta(t-t')<0|\psi_l(t,r)\psi_m(t',r')^*|0>$$
$$-\theta(t'-t)<0|\psi_m(t',r')\psi_l(t,r)|0>$$

我们将用两种方法来计算这个传播子。首先,纯粹的算符理论方法结合狄拉克特征矢量的性质;其次,微分方程方法结合算符理论方法。

第一种方法:我们注意到

$$\psi_l(t,r)\psi_m(t',r')^*=(\int[u_l(P,\sigma)a(P,\sigma)\exp(-\mathrm{i}p.x)$$
$$+v_l(P,\sigma)b(P,\sigma)^*\exp(\mathrm{i}p.x)]\mathrm{d}^3P)$$
$$\cdot\int(u_m(P',\sigma')^*a(P',\sigma')^*\exp(\mathrm{i}p'.x')$$
$$+v_m(P',\sigma')^*b(P',\sigma')\exp(-\mathrm{i}p'.x'))\mathrm{d}^3P\mathrm{d}^3P'$$

那么

$$<0|\psi_l(t,r)\psi_m(t',r')^*|0\geqslant\int[u_l(P,\sigma)u_m(P',\sigma')^*\exp(-\mathrm{i}p.x+\mathrm{i}p'.x')$$

$$< 0 \mid a(P,\sigma)a(P',\sigma')^* \mid 0 > \mathrm{d}^3P\mathrm{d}^3P'$$

$$= \int u_l(P,\sigma)u_m(P',\sigma')^* \exp(-\mathrm{i}p.x + p'.x')\delta^3(P - P')\delta_{\sigma,\sigma'}\mathrm{d}^3P\mathrm{d}^3P'$$

$$= \int u_l(P,\sigma)u_m(P,\sigma)^* \exp(-\mathrm{i}E(P)(t - t') - \mathrm{i}P.(r - r'))\mathrm{d}^3P$$

$$= \int \Pi_{lm}(P)\exp(-\mathrm{i}(E(P)(t - t') + P.(r - r')))\mathrm{d}^3P$$

同样地,有

$$<0|\psi_m(t',r')^*\psi_l(t,r)|0>$$

$$= \int v_m(P',\sigma')^* v_l(P,\sigma) < 0 \mid b(P',\sigma')b(P,\sigma)^* \mid 0 >$$

$$\exp(-\mathrm{i}p'.x' + \mathrm{i}p.x)\mathrm{d}^3P\mathrm{d}^3P'$$

$$= \int v_l(P,\sigma)v_m(P,\sigma)^* \exp(\mathrm{i}(E(P)(t - t') - P.(r - r')))\mathrm{d}^3P$$

$$= \int (\delta_{lm} - \Pi_{lm}(P))\exp(\mathrm{i}(E(P)(t - t') + P.(r - r')))\mathrm{d}^3P$$

因此,电子传播子的最终表达式为

$$S_{lm}(x \mid x') = \theta(t - t')\int \Pi_{lm}(P)\exp(-\mathrm{i}(E(P)(t - t') + P.(r - r')))\mathrm{d}^3P$$
$$- \theta(t' - t)\int (\delta_{lm} - \Pi_{lm}(P))\exp(\mathrm{i}(E(P)(t - t') + P.(r - r')))\mathrm{d}^3P$$

因此,我们可以将积分变量 P 改为 $-P$,并将这个传播子以矩阵形式表示为

$$S(x \mid x') = \theta(t - t')\int \Pi(-P)\exp(-\mathrm{i}p.(x - x'))\mathrm{d}^3P - \theta(t' - t)$$
$$\int (I - \Pi(-P))\exp(\mathrm{i}p.(x - x'))\mathrm{d}^3P$$

其中,积分是在质量壳上进行的,即 $p^0 = E(P)$。

第二种方法:我们将其表达为

$$S_{lm}(x|x') = S_{lm}(t,r|t',r') = \theta(t-t') <0|\psi_l(t,r)\psi_m(t',r')^*|0>$$
$$-\theta(t'-t) <0|\psi_m(t',r')^*\psi_l(t,r)|0>$$

因此

$$(\mathrm{i}\gamma^\mu\partial_\mu - m)S(x|x')$$
$$= \mathrm{i}\gamma^0\partial_0 S(x|x') + (\mathrm{i}\gamma^r\partial_r - m)S(x|x')$$
$$= \mathrm{i}\boldsymbol{\gamma}^0\delta(t-t') <0|\psi_l(t,r)\psi_m(t,r')^*|0> + \mathrm{i}\boldsymbol{\gamma}^0\delta(t-t') <0|\psi_m(t,r')^*\psi_l(t,r)|0>$$
$$+ \theta(t-t') <0|((\mathrm{i}\boldsymbol{\gamma}^\mu\partial_\mu - m)\psi(t,r))_l\psi_m(t',r')^*|0>$$
$$-\theta(t'-t) <0|\psi_m(t',r')^*((\mathrm{i}\boldsymbol{\gamma}^\mu\partial_\mu - m)\psi(t,r))_l|0>$$
$$= \mathrm{i}\boldsymbol{\gamma}^0\delta(t't') <0|\{\psi_l(t,r),\psi_m(t,r')^*\}|0> = -\mathrm{i}\boldsymbol{\gamma}^0\delta(t-t')\delta_{lm}\delta^3(r-r')$$
$$= \mathrm{i}\boldsymbol{\gamma}^0\delta^4(x-x')$$

其中,我们利用了 $\psi(t,r)$ 满足自由狄拉克方程这一条件。接着进行四维时空傅里叶变换,然后进行傅里叶反变换,我们得到

$$S(x \mid x') = (2\pi)^{-4}\int i\gamma^0 (i\gamma^\mu p_\mu - m - i\epsilon)^{-1}\exp(ip.(x-x'))d^4p$$

其中,$i\epsilon$ 在此时 $\epsilon \to 0+$,其原因是为了确保传播算符在 $t-t' \to \infty$ 过程中的正则性。我们将利用围道积分来详细说明这一点。

2.13 狄拉克粒子通过施瓦茨柴尔德(Schwarzchild)黑洞临界半径的量子力学隧穿

众所周知(见 Steven Weinberg 的《引力和宇宙学 - 广义相对论的原理和应用》),质量为 m 的粒子的狄拉克相对论方程在具有度规 $g_{\mu\nu}(x)$ 的弯曲时空中由下式给出:

$$[\boldsymbol{\gamma}^a V_a^\mu(x)(i\partial_\mu + i\Gamma_\mu(x)) - m]\psi(x) = 0$$

其中,$V_a^\mu(x)$ 是度规 $g_{\mu\nu}$ 的四元数,即

$$\boldsymbol{\eta}^{ab} V_a^\mu(x) v_b^\nu(x) = g^{\mu\nu}(x)$$

并且 $\Gamma_\mu(x)$ 是引力场的旋量联络。这一参数可以通过下式计算:

$$\Gamma_\mu(x) = (-1/2) J^{ab} V_a^\nu(x) V_{b\nu:\mu}(x)$$

其中

$$J^{ab} = (1/4)[\boldsymbol{\gamma}^a, \boldsymbol{\gamma}^b]$$

是洛伦兹群的狄拉克旋量表示的标准李代数生成元。很容易证明这个狄拉克方程在局部洛伦兹变换下是不变的。

现在,让我们考虑一个施瓦茨希尔德黑洞的度规 $g_{\mu\nu}$,它的质量 M 用笛卡儿坐标系表示,即通过坐标系 x、y、z、t 表示,其中

$$x = r.\cos(\phi)\sin(\theta), y = r.\sin(\phi)\sin(\theta), z = r.\cos(\theta)$$

我们确定了对应于这个度规的四元数 $V_a^\mu(x)$,以及相应的旋量连接 $\Gamma_\mu(x)$。通过这个度规求解含时狄拉克方程,并假设在时间 $t=0$ 处,狄拉克波函数 $\psi(t,r)$ 为零,此时 $|r| > 2GM/c^2$,求出粒子在时间 $t>0$ 处 r 各点的概率密度,其中 $|r| > 2GM/c^2$。这个概率密度其实就是 $\psi(t,r)^*\psi(t,r)$。在更普遍的情况下,确定狄拉克四电流密度如下:

$$J^\mu(t,r) = \psi(t,r)^* \boldsymbol{\gamma}^0 \boldsymbol{\gamma}^\mu \psi(t,r)$$

其中,$|r| > 2GM/c^2$。这个问题说明了这样一个事实:尽管经典广义相对论预测粒子无法在有限的坐标时间内通过黑洞的事件视界逃逸,然而,量子广义相对论却预测出粒子有一个小的概率能够穿越事件视界。

2.14 包括基本粒子的超伴子在天线中的超对称电流

超对称性为各种场理论的统一提供了完善的数学基础。许多类型的场,如具有希格斯(Higgs)势的标量克莱因-戈尔登(Klein-Gordon,KG)场、狄拉克费米子场、麦克斯韦电磁场、非阿贝尔物质和规范场以及引力场,在超对称性中作为一个大超场的组成部分出现,该超场是马约拉纳费米子变量的多项式。除了这些场,在超对称性中,我们还必须引入其他分量场,如规范微子场和引力微子场,这些场称为相应规范场和引力度规张量场的超伴子以及其他辅助场。由于超伴子的引入,我们必须假设每个粒子都有一个超伴子。更准确地说,玻色子有一个超伴子,也就是费米子,反之亦然。在天线的研究领域,超对称性的重要意义来自于这样一个事实:当人们表达出手征超场的超对称拉格朗日量时,这个拉格朗日量包含了狄拉克场的拉格朗日量的运动学部分,以及标量 KG 场的拉格朗日量,还有其他一些辅助场。当人们将这个拉格朗日量相对于辅助场的变分导数设为零时,所得到的拉格朗日量包含了狄拉克拉格朗日量,其质量通过超势依赖于标量场。因此狄拉克场的电流密度取决于标量 KG 场,并且由这种电流产生的相应辐射也将取决于标量场。天线中的超对称效应还有另一个现象值得关注。这一现象基于超电流概念。根据诺特(Noether)定理,当拉格朗日量在场的李群变换下不变时,则存在一个相关的守恒电流。在由 Salam Strathdhee 超对称生成元定义的分量场的变换下,超对称作用量积分是不变的,因此我们可以将诺特电流密度与此相关联。在超场的超对称变换下,与分量场变换相关的诺特电流密度将具有四维散度,该散度等于在无限小超对称变换下拉格朗日量的变化,这保证了作用积分在超对称变换下是不变的。假设对于给定的超对称拉格朗日量,分量超场满足欧拉-拉格朗日运动方程,则满足上述关系。这个电流密度将不守恒,因为它只是在超对称变换下不变的作用量积分,而不是拉格朗日量。通过诺特电流密度的四维散度,我们可以知道超对称变换下拉格朗日量的微小变化。另外,拉格朗日量本身作为分量场的函数,在超对称性下经历了变换,这种微小的变化是另一种电流的四维散度。因此两个电流的四维散度之间的差必须为零,其中一个电流是诺特电流,另一个电流是在超对称性下由拉格朗日量的变化引起的电流。这样,我们就得到一个守恒定律。这个定律是超电流的守恒,我们想要通过这种超电流计算其所产生的辐射场。当人们考虑规范场和它们的超伴子规范微子场时,超对称性还有另一个特点需要考虑。电磁场是一种 $U(1)$ 规范场。另外,在弱核相互作用和强核相互作用中都存在非阿贝尔规范场。这些非阿贝尔规范场是传递核力的信使场,就像电磁场是传递电荷之间电磁力的阿贝尔规范场一样。在超对称性中,我们讨论在超对称规范变换下的不变性。正如物质和规范场的总拉格朗日量在狄拉克理论及其广义非阿贝尔杨 - 米尔斯理论中的规范变换下是不变的一样，我们也必须寻找仅由规范场和规范微子场构成的拉格朗日量，这种密度不仅在超对称规范变换下不变，而且在一般超对称变换下也不变。这样的拉格朗日量确实存在，并且它除了包含麦克斯韦场的拉格朗日量和杨 - 米尔斯非阿贝尔规范场的拉格朗日量外，还包含规范微子场和辅助场的拉格朗日量。如前所述，当我们谈论量子天线中的物质辐射时，除了将物质流视为电子和正电子的狄拉克电流，将相应的辐射场视为麦克斯韦场外，我们还应讨论来自超场的其他组成部分(如标量 KG 场)的物质流，以及相应的辐射场，这种辐射场不仅是麦克斯韦场，而且是其他规范场、规范微子场和辅助场。物质场和规范场、规范微子场和辅助场之间的关系，将取决于物质场和规范场、规范微子场和辅助场的总拉格朗日量。这样的拉格朗日量可以从超场中导出，并且它同时满足超对称不变性和超对称规范不变性。

马约拉纳费米子表达式如下：

$$\boldsymbol{\theta} = \begin{pmatrix} \zeta \\ -e\zeta^* \end{pmatrix}$$

其中

$$\boldsymbol{e} = \mathrm{i}\boldsymbol{\sigma}^2 = \begin{pmatrix} 0 & 1 \\ -1 & 0 \end{pmatrix}$$

那么，我们可以得到

$$\boldsymbol{\theta}^* = \begin{pmatrix} \zeta^* \\ -\boldsymbol{e}\zeta \end{pmatrix} = \begin{pmatrix} 0 & \boldsymbol{e} \\ -\boldsymbol{e} & 0 \end{pmatrix}\boldsymbol{\theta}$$

我们假设马约拉纳费米子 $\boldsymbol{\theta} = (\theta^a, a = 0,1,2,3)$ 的分量相互反对易：

$$\boldsymbol{\theta}^a\boldsymbol{\theta}^b + \boldsymbol{\theta}^b\boldsymbol{\theta}^a = 0$$

定义

$$\boldsymbol{\epsilon} = \begin{pmatrix} \boldsymbol{e} & 0 \\ 0 & \boldsymbol{e} \end{pmatrix}$$

需要注意

$$\boldsymbol{\sigma}^{2\mathrm{T}} = -\boldsymbol{\sigma}^2, \boldsymbol{e}^{\mathrm{T}} = -\boldsymbol{e}$$

其中，* 表示复共轭，不表示共轭转置。对于共轭转置，我们将采用符号 $\boldsymbol{a} \to \boldsymbol{a}^{\mathrm{H}}$。同时，我们定义狄拉克伽玛矩阵：

$$\boldsymbol{\gamma}^\mu = \begin{pmatrix} 0 & \boldsymbol{\sigma}^\mu \\ \boldsymbol{\sigma}_\mu & 0 \end{pmatrix}$$

其中

$$\boldsymbol{\sigma}^0=\boldsymbol{\sigma}_0=\boldsymbol{I},\boldsymbol{\sigma}^1=-\boldsymbol{\sigma}_1=\begin{pmatrix}0&1\\1&0\end{pmatrix}$$

$$\boldsymbol{\sigma}^2=-\boldsymbol{\sigma}_2=\begin{pmatrix}0&-\mathrm{i}\\\mathrm{i}&0\end{pmatrix}$$

$$\boldsymbol{\sigma}^3=-\boldsymbol{\sigma}_3=\begin{pmatrix}1&0\\0&-1\end{pmatrix}$$

是通常的泡利(Pauli)自旋矩阵。我们可以得到以下表达式:

$$\boldsymbol{\sigma}^{\mu\mathrm{H}}=\boldsymbol{\sigma}^{\mu},$$

$$\boldsymbol{\sigma}^{0\mathrm{T}}=\boldsymbol{\sigma}^0,\boldsymbol{\sigma}^{1\mathrm{T}}=\boldsymbol{\sigma}^1,\boldsymbol{\sigma}^{2\mathrm{T}}=-\boldsymbol{\sigma}^2,\boldsymbol{\sigma}^{3\mathrm{T}}=\boldsymbol{\sigma}^3$$

$$\boldsymbol{\sigma}^2\boldsymbol{\sigma}^0\boldsymbol{\sigma}^2=\boldsymbol{\sigma}^0,\boldsymbol{\sigma}^2\boldsymbol{\sigma}^1\boldsymbol{\sigma}^2=\mathrm{i}\boldsymbol{\sigma}^2\boldsymbol{\sigma}^3=-\boldsymbol{\sigma}^1=\boldsymbol{\sigma}_1$$

$$\boldsymbol{\sigma}^2\boldsymbol{\sigma}^2\boldsymbol{\sigma}^2=\boldsymbol{\sigma}^2=-\boldsymbol{\sigma}_2,\boldsymbol{\sigma}^2\boldsymbol{\sigma}^3\boldsymbol{\sigma}^2=\mathrm{i}\boldsymbol{\sigma}^1\boldsymbol{\sigma}^2=-\boldsymbol{\sigma}^3=\boldsymbol{\sigma}_3$$

其中我们利用了标准关系

$$\boldsymbol{\sigma}^1\boldsymbol{\sigma}^2=-\boldsymbol{\sigma}^2\boldsymbol{\sigma}^1=\mathrm{i}\boldsymbol{\sigma}^3,\boldsymbol{\sigma}^2\boldsymbol{\sigma}^3=-\boldsymbol{\sigma}^3\boldsymbol{\sigma}^2=\mathrm{i}\boldsymbol{\sigma}^1$$

$$\boldsymbol{\sigma}^3\boldsymbol{\sigma}^1=-\boldsymbol{\sigma}^1\boldsymbol{\sigma}^3=\mathrm{i}\boldsymbol{\sigma}^2$$

以及

$$\boldsymbol{\sigma}^{\mu2}=\boldsymbol{I},\mu=0,1,2,3$$

我们还利用共轭关系:

$$\boldsymbol{\sigma}^2\boldsymbol{\sigma}^{1*}\boldsymbol{\sigma}^2=\boldsymbol{\sigma}_1$$

$$\boldsymbol{\sigma}^2\boldsymbol{\sigma}^{2*}\boldsymbol{\sigma}^2=\boldsymbol{\sigma}_2$$

$$\boldsymbol{\sigma}^2\boldsymbol{\sigma}^{3*}\boldsymbol{\sigma}^2=\boldsymbol{\sigma}_3$$

因此有

$$\boldsymbol{\sigma}^2\boldsymbol{\sigma}^{\mu*}\boldsymbol{\sigma}^2=\boldsymbol{\sigma}_\mu$$

从而得到

$$\boldsymbol{e}\boldsymbol{\sigma}^{\mu*}\boldsymbol{e}=-\boldsymbol{\sigma}_\mu$$

其中,我们利用

$$\boldsymbol{\sigma}^{0*}=\boldsymbol{\sigma}^0,\boldsymbol{\sigma}^{1*}=\boldsymbol{\sigma}^1,\boldsymbol{\sigma}^{2*}=-\boldsymbol{\sigma}^2,\boldsymbol{\sigma}^{3*}=\boldsymbol{\sigma}^3$$

我们还利用以下条件:$\boldsymbol{\epsilon}$、$\boldsymbol{\gamma}_5\boldsymbol{\epsilon}$、$\boldsymbol{\epsilon}\boldsymbol{\gamma}^\mu$是6个线性无关的4×4反对称矩阵,因此形成了复数域上所有4×4反对称矩阵的矢量空间的基础。在这里,我们定义

$$\boldsymbol{\gamma}^5=\boldsymbol{\gamma}^0\boldsymbol{\gamma}^1\boldsymbol{\gamma}^2\boldsymbol{\gamma}^3=\begin{pmatrix}\boldsymbol{I}&0\\0&-\boldsymbol{I}\end{pmatrix}$$

我们需要注意

$$\boldsymbol{\gamma}^5\boldsymbol{\epsilon}=\begin{pmatrix}\boldsymbol{e}&0\\0&-\boldsymbol{e}\end{pmatrix}$$

练习:验证狄拉克伽玛矩阵满足双线性形式的$((\boldsymbol{\eta}^{\mu\nu}))=\mathrm{diag}[1,-,1-,1,-1]$:克利福德(Clifford)代数反对易关系:

$$\boldsymbol{\gamma}^{\mu}\boldsymbol{\gamma}^{\nu}+\boldsymbol{\gamma}^{\nu}\boldsymbol{\gamma}^{\mu}=2\boldsymbol{\eta}^{\mu\nu}$$

现在设 $\boldsymbol{M}$ 是任何对称 4 ×4 矩阵(玻色子),那么

$$\boldsymbol{\theta}^{\mathrm{T}}M\boldsymbol{\theta}=0$$

由于

$$\boldsymbol{\theta}^{\mathrm{T}}\boldsymbol{M}\boldsymbol{\theta}=\sum_{a,b}\boldsymbol{M}_{ab}\boldsymbol{\theta}^{a}\boldsymbol{\theta}^{b}=\sum\boldsymbol{M}_{ba}\boldsymbol{\theta}^{a}\boldsymbol{\theta}^{b}=\sum\boldsymbol{M}_{ba}(-\boldsymbol{\theta}^{b}\boldsymbol{\theta}^{a})=-\boldsymbol{\theta}^{\mathrm{T}}\boldsymbol{M}\boldsymbol{\theta}$$

因此,$\boldsymbol{\theta}$ 的任何二次函数都可以表示为

$$\boldsymbol{\theta}^{\mathrm{T}}\boldsymbol{M}\boldsymbol{\theta}$$

其中,$\boldsymbol{M}$ 是一个反对称矩阵。从而得出以下结论:由于 $\boldsymbol{\gamma}^{5}\boldsymbol{\epsilon}$、$\boldsymbol{\epsilon}$、$\boldsymbol{\epsilon}\boldsymbol{\gamma}^{\mu}(\mu=0,1,2,3)$ 构成 4 ×4 反对称矩阵的六维复矢量空间的基,$\boldsymbol{\theta}$ 中的任何二次型都可以表示为 6 个二次型 $\boldsymbol{\theta}^{\mathrm{T}}\boldsymbol{\epsilon}\boldsymbol{\theta}$、$\boldsymbol{\theta}^{\mathrm{T}}\boldsymbol{\gamma}^{5}\boldsymbol{\epsilon}\boldsymbol{\theta}$、$\boldsymbol{\theta}^{\mathrm{T}}\boldsymbol{\epsilon}\boldsymbol{\gamma}^{\mu}\boldsymbol{\theta}(\mu=0,1,2,3)$ 的线性组合。

特别是,我们可以得到如下表达式:

$$\boldsymbol{\theta}\boldsymbol{\theta}^{\mathrm{T}}=c_1.\ \boldsymbol{\theta}^{\mathrm{T}}\boldsymbol{\epsilon}\boldsymbol{\theta}+c_2.\ \boldsymbol{\gamma}^{5}\boldsymbol{\epsilon}\boldsymbol{\theta}^{\mathrm{T}}\boldsymbol{\gamma}^{5}\boldsymbol{\epsilon}\boldsymbol{\theta}+c_3\boldsymbol{\gamma}_{\mu}\boldsymbol{\epsilon}\boldsymbol{\theta}^{\mathrm{T}}\boldsymbol{\epsilon}\boldsymbol{\gamma}^{\mu}\boldsymbol{\theta}$$

注意,右侧是一个反对称矩阵,因为费米子变量 $\boldsymbol{\theta}^{a}$ 是反对易的。为了验证这个恒等式并计算标量系数 c_1、c_2、c_3,我们将两边都乘以 $\boldsymbol{\epsilon}$、$\boldsymbol{\gamma}^{5}\boldsymbol{\epsilon}$ 和 $\boldsymbol{\epsilon}\boldsymbol{\gamma}^{\nu}$ 并进行取迹。然后,我们利用 $\boldsymbol{\epsilon}^{2}=-\boldsymbol{I}_4=(\boldsymbol{\gamma}^{5}\boldsymbol{\epsilon})^{2}$ 得到

$$\boldsymbol{\theta}^{\mathrm{T}}\boldsymbol{\epsilon}\boldsymbol{\theta}=-4c_1\boldsymbol{\theta}^{\mathrm{T}}\boldsymbol{\epsilon}\boldsymbol{\theta}$$

$$\boldsymbol{\theta}^{\mathrm{T}}\boldsymbol{\gamma}^{5}\boldsymbol{\epsilon}\boldsymbol{\theta}=-4c_2\boldsymbol{\theta}^{\mathrm{T}}\boldsymbol{\gamma}^{5}\boldsymbol{\epsilon}\boldsymbol{\theta}$$

那么

$$c_1=c_2=-1/4$$

最后得到

$$\begin{aligned}\boldsymbol{\theta}^{\mathrm{T}}\boldsymbol{\epsilon}\boldsymbol{\gamma}^{\nu}\boldsymbol{\theta}&=c_3.\ Tr(\boldsymbol{\epsilon}\boldsymbol{\gamma}^{\nu}\boldsymbol{\gamma}_{\mu}\boldsymbol{\epsilon})\boldsymbol{\theta}^{\mathrm{T}}\boldsymbol{\epsilon}\boldsymbol{\gamma}^{\mu}\boldsymbol{\theta}\\&=-c_3Tr(\boldsymbol{\gamma}^{\nu}\boldsymbol{\gamma}_{\mu})\boldsymbol{\theta}^{\mathrm{T}}\boldsymbol{\epsilon}\boldsymbol{\gamma}^{\mu}\boldsymbol{\theta}\\&=-4c_3\delta_{\mu}^{\nu}\boldsymbol{\theta}^{\mathrm{T}}\boldsymbol{\epsilon}\boldsymbol{\gamma}^{\mu}\boldsymbol{\theta}\\&=-4c_3\boldsymbol{\theta}^{\mathrm{T}}\boldsymbol{\epsilon}\boldsymbol{\gamma}^{\nu}\boldsymbol{\theta}\end{aligned}$$

那么

$$c_3=-1/4$$

注意,我们正在利用以下恒等式:

$$\boldsymbol{\theta}^{\mathrm{T}}\boldsymbol{\epsilon}\boldsymbol{\theta}.\ \boldsymbol{\theta}^{\mathrm{T}}\boldsymbol{\gamma}^{5}\boldsymbol{\epsilon}\boldsymbol{\theta}=0$$

$$\boldsymbol{\theta}^{\mathrm{T}}\boldsymbol{\epsilon}\boldsymbol{\theta}.\ \boldsymbol{\theta}^{\mathrm{T}}\boldsymbol{\epsilon}\boldsymbol{\gamma}^{\mu}\boldsymbol{\theta}=0$$

$$\boldsymbol{\theta}^{\mathrm{T}}\boldsymbol{\gamma}^{5}\boldsymbol{\epsilon}\boldsymbol{\theta}.\ \boldsymbol{\theta}^{\mathrm{T}}\boldsymbol{\epsilon}\boldsymbol{\gamma}^{\mu}\boldsymbol{\theta}=0$$

很容易验证以下关系:

$$\boldsymbol{\epsilon}\boldsymbol{\gamma}^{\mu\mathrm{T}}\boldsymbol{\epsilon}=-\boldsymbol{\gamma}^{\mu}$$

从而得到

$$\boldsymbol{\epsilon}\boldsymbol{\gamma}^{\mu}\boldsymbol{\epsilon}=-\boldsymbol{\gamma}^{\mu\mathrm{T}}$$

并且

$$\boldsymbol{\gamma}^{0*}=\boldsymbol{\gamma}^{0},\boldsymbol{\gamma}^{1*}=\boldsymbol{\gamma}^{1},\boldsymbol{\gamma}^{2*}=-\boldsymbol{\gamma}^{2},\boldsymbol{\gamma}^{3*}=\boldsymbol{\gamma}^{3}$$

$$\boldsymbol{\gamma}^{0\mathrm{T}}=\boldsymbol{\gamma}^{0},\boldsymbol{\gamma}^{1\mathrm{T}}=-\boldsymbol{\gamma}^{1},\boldsymbol{\gamma}^{2\mathrm{T}}=\boldsymbol{\gamma}^{2},\boldsymbol{\gamma}^{3\mathrm{T}}=-\boldsymbol{\gamma}^{3}$$

从而得到

$$\boldsymbol{\gamma}^{0\mathrm{H}}=\boldsymbol{\gamma}^{0},\boldsymbol{\gamma}^{1\mathrm{H}}=-\boldsymbol{\gamma}^{1},\boldsymbol{\gamma}^{2\mathrm{H}}=-\boldsymbol{\gamma}^{2},\boldsymbol{\gamma}^{3\mathrm{H}}=-\boldsymbol{\gamma}^{3}$$

或者等效表达式

$$\boldsymbol{\gamma}^{\mu\mathrm{H}}=\boldsymbol{\gamma}_{\mu}$$

超对称生成元:我们需要注意

$$(\boldsymbol{\gamma}^{5}\boldsymbol{\epsilon})^{2}=\boldsymbol{\epsilon}^{2}=-\boldsymbol{I}_{4},(\boldsymbol{\gamma}^{5}\boldsymbol{\epsilon})^{\mathrm{T}}=-\boldsymbol{\gamma}^{5}\boldsymbol{\epsilon},\boldsymbol{\gamma}^{5\mathrm{T}}=\boldsymbol{\gamma}^{5},\boldsymbol{\epsilon}^{\mathrm{T}}=-\boldsymbol{\epsilon},\boldsymbol{\gamma}^{5}\boldsymbol{\epsilon}=\boldsymbol{\epsilon}\boldsymbol{\gamma}^{5}$$

此时

$$\boldsymbol{L}=\boldsymbol{\gamma}^{5}\boldsymbol{\epsilon}\partial/\partial\boldsymbol{\theta}+\boldsymbol{\gamma}^{\mu}\boldsymbol{\theta}\partial/\partial x^{\mu}$$

$$\overline{\boldsymbol{L}}=-\boldsymbol{\gamma}^{5}\boldsymbol{\epsilon}\boldsymbol{L}=\partial/\partial\boldsymbol{\theta}-\boldsymbol{\gamma}^{5}\boldsymbol{\epsilon}\boldsymbol{\gamma}^{\mu}\boldsymbol{\theta}\partial/\partial x^{\mu}$$

或者等效表达式

$$\overline{\boldsymbol{L}}^{\mathrm{T}}=\boldsymbol{L}^{\mathrm{T}}\boldsymbol{\gamma}^{5}\boldsymbol{\epsilon}$$

定义

$$\overline{\boldsymbol{\theta}}=-\boldsymbol{\gamma}^{5}\boldsymbol{\epsilon}\boldsymbol{\theta}$$

或者等效表达式

$$\overline{\boldsymbol{\theta}}^{\mathrm{T}}=\boldsymbol{\theta}^{\mathrm{T}}\boldsymbol{\gamma}^{5}\boldsymbol{\epsilon}$$

现在,我们已经看到

$$\boldsymbol{\epsilon}\boldsymbol{\gamma}^{\mu}\boldsymbol{\epsilon}=-\boldsymbol{\gamma}^{\mu\mathrm{T}}$$

因此有

$$\boldsymbol{\gamma}^{5}\boldsymbol{\epsilon}\boldsymbol{\gamma}^{\mu}\boldsymbol{\gamma}^{5}\boldsymbol{\epsilon}=\boldsymbol{\gamma}^{\mu\mathrm{T}}$$

因为 $\boldsymbol{\gamma}^{5}$ 与 $\boldsymbol{\gamma}^{\mu}$'s 反对易,且其平方为 $\boldsymbol{I}$。注意 $\boldsymbol{\gamma}^{5\mathrm{T}}=\boldsymbol{\gamma}^{5}$。

所以有

$$\boldsymbol{\gamma}^{5}\boldsymbol{\epsilon}\boldsymbol{\gamma}^{\mu}=\boldsymbol{\gamma}^{\mu\mathrm{T}}\boldsymbol{\gamma}^{5}\boldsymbol{\epsilon}$$

则

$$\begin{aligned}\overline{\boldsymbol{L}}&=\partial/\partial\boldsymbol{\theta}+\boldsymbol{\gamma}^{\mu\mathrm{T}}\boldsymbol{\gamma}^{5}\boldsymbol{\epsilon}\boldsymbol{\theta}\partial/\partial x^{\mu}\\&=-\boldsymbol{\gamma}^{5}\boldsymbol{\epsilon}\partial/\partial\overline{\boldsymbol{\theta}}-\boldsymbol{\gamma}^{\mu\mathrm{T}}\overline{\boldsymbol{\theta}}\partial/\partial x^{\mu}\end{aligned}$$

超对称生成元之间的反对易关系:我们利用基本恒等式

$$\{\partial/\partial\boldsymbol{\theta}^{a},\boldsymbol{\theta}^{b}\}=\delta_{a}^{b},$$

$$\{\boldsymbol{\theta}^{a},\boldsymbol{\theta}^{b}\}=0,\{\partial/\partial\boldsymbol{\theta}^{a},\partial/\partial\boldsymbol{\theta}^{b}\}=0$$

因此有

$$\begin{aligned}\{\boldsymbol{L}_{a},\overline{\boldsymbol{L}}_{b}\}&=\{(\boldsymbol{\gamma}^{5}\boldsymbol{\epsilon})_{ac}\partial/\partial\boldsymbol{\theta}^{c},(\boldsymbol{\gamma}^{\mu\mathrm{T}}\boldsymbol{\gamma}^{5}\boldsymbol{\epsilon})_{bd}\boldsymbol{\theta}^{d}\partial/\partial x^{\mu}\}\\&\quad+\{(\boldsymbol{\gamma}^{\mu})_{ac}\boldsymbol{\theta}^{c}\partial/\partial x^{\mu},\partial/\partial\boldsymbol{\theta}^{b}\}\\&=(\boldsymbol{\gamma}^{5}\boldsymbol{\epsilon})_{ac}(\boldsymbol{\gamma}^{\mu\mathrm{T}}\boldsymbol{\gamma}^{5}\boldsymbol{\epsilon})_{bd}\boldsymbol{\delta}_{c}^{d}\partial/\partial x^{\mu}+(\boldsymbol{\gamma}^{\mu})_{ac}\boldsymbol{\delta}_{b}^{c}\partial/\partial x^{\mu}\end{aligned}$$

$$=[(\boldsymbol{\gamma}^5\boldsymbol{\epsilon})_{ac}(\boldsymbol{\gamma}^{\mu\mathrm{T}}\boldsymbol{\gamma}^5\boldsymbol{\epsilon})_{bc}+(\boldsymbol{\gamma}^{\mu})_{ab}]\partial/\partial x^{\mu}$$
$$=((\boldsymbol{\gamma}^5\boldsymbol{\epsilon}(\boldsymbol{\gamma}^{\mu\mathrm{T}}\boldsymbol{\gamma}^5\boldsymbol{\epsilon})^{\mathrm{T}})+\boldsymbol{\gamma}^{\mu})_{ab}\partial/\partial x^{\mu}$$
$$=2\boldsymbol{\gamma}^{\mu}_{ab}\partial/\partial x^{\mu}$$

并且

$$\{\boldsymbol{L}_a,\boldsymbol{L}_b\}=\{(\boldsymbol{\gamma}^5\boldsymbol{\epsilon})_{ac}\partial/\partial\boldsymbol{\theta}^c,\boldsymbol{\gamma}^{\mu}_{bd}\boldsymbol{\theta}^d\partial/\partial x^{\mu}\}+\{\boldsymbol{\gamma}^{\mu}_{ac}\boldsymbol{\theta}^c\partial/\partial x^{\mu},(\boldsymbol{\gamma}^5\boldsymbol{\epsilon})_{bd}\partial/\partial\boldsymbol{\theta}^d\}$$
$$=[(\boldsymbol{\gamma}^5\boldsymbol{\epsilon})_{ac}\boldsymbol{\gamma}^{\mu}_{bd}\boldsymbol{\delta}^d_c+\boldsymbol{\gamma}^{\mu}_{ac}(\boldsymbol{\gamma}^5\boldsymbol{\epsilon})_{bd}\boldsymbol{\delta}^c_d]\partial/\partial x^{mu}$$
$$=[\boldsymbol{\gamma}^5\boldsymbol{\epsilon}\boldsymbol{\gamma}^{\mu\mathrm{T}}+\boldsymbol{\gamma}^{\mu}(\boldsymbol{\gamma}^5\boldsymbol{\epsilon})^{\mathrm{T}}]_{ab}\partial/\partial x^{\mu}=0$$

由于

$$\boldsymbol{\epsilon}\boldsymbol{\gamma}^{\mu\mathrm{T}}\boldsymbol{\epsilon}=-\boldsymbol{\gamma}^{\mu}$$

意味着

$$\boldsymbol{\gamma}^5\boldsymbol{\epsilon}\boldsymbol{\gamma}^{\mu\mathrm{T}}\boldsymbol{\gamma}^5\boldsymbol{\epsilon}=-\boldsymbol{\gamma}^5\boldsymbol{\gamma}^{\mu}\boldsymbol{\gamma}^5=\boldsymbol{\gamma}^{\mu}$$
$$\boldsymbol{\gamma}^5\boldsymbol{\epsilon}\boldsymbol{\gamma}^{\mu\mathrm{T}}=-\boldsymbol{\gamma}^{\mu}\boldsymbol{\gamma}^5\boldsymbol{\epsilon}=\boldsymbol{\gamma}^{\mu}(\boldsymbol{\gamma}^5\boldsymbol{\epsilon})^{\mathrm{T}}$$

这些方程直接意味着

$$\{\bar{\boldsymbol{L}}_a,\bar{\boldsymbol{L}}_b\}=0$$

超场:超场是 $\boldsymbol{\theta}=(\boldsymbol{\theta}^a)$ 和 $x=(x^{\mu})$ 的函数 $S(x,\boldsymbol{\theta})$。以 $\boldsymbol{\theta}$ 的幂展开 S,其中系数单独是 x 的函数,我们发现 $\boldsymbol{\theta}$ 的五次和更高次幂的所有系数都可以取为零,因为 $\boldsymbol{\theta}$ 中的任何五次和更高次单项式都是零。因此,我们可以将一般超场展开为

$$S[x,\boldsymbol{\theta}]=C(x)+\boldsymbol{\theta}^{\mathrm{T}}\boldsymbol{\epsilon}\boldsymbol{\omega}(x)+\boldsymbol{\theta}^{\mathrm{T}}\boldsymbol{\epsilon}\boldsymbol{\theta}M(x)$$
$$+\boldsymbol{\theta}^{\mathrm{T}}\boldsymbol{\gamma}^5\boldsymbol{\epsilon}\boldsymbol{\theta}N(x)+\boldsymbol{\theta}^{\mathrm{T}}\boldsymbol{\epsilon}\boldsymbol{\gamma}^{\mu}\boldsymbol{\theta}V_{\mu}(x)+\boldsymbol{\theta}^{\mathrm{T}}\boldsymbol{\epsilon}\boldsymbol{\theta}\boldsymbol{\theta}^{\mathrm{T}}\boldsymbol{\gamma}^5\boldsymbol{\epsilon}(\boldsymbol{\lambda}(x)+a\boldsymbol{\gamma}.\,\partial\boldsymbol{\omega}(x))$$
$$+(\boldsymbol{\theta}^{\mathrm{T}}\boldsymbol{\epsilon}\boldsymbol{\theta})^2(D(x)+b\Box C(x))$$

其中,$\boldsymbol{\lambda}(x)$、$\boldsymbol{\omega}(x)\in\mathbb{C}^4$ 是旋量。设 $\boldsymbol{\alpha}$ 是一个马约拉纳旋量变量,我们将一个无限小超对称变换定义为算符

$$\boldsymbol{\alpha}^{\mathrm{T}}\boldsymbol{\gamma}^5\boldsymbol{\epsilon}\boldsymbol{L}=\bar{\boldsymbol{\alpha}}^{\mathrm{T}}\boldsymbol{L}=\boldsymbol{\delta}\boldsymbol{L}$$

我们希望研究玻色子分量 C、$\boldsymbol{\omega}$、M、N、V_{μ}、$\boldsymbol{\lambda}$、D 在超对称变换下进行变换的机理。可以适当地选择常数 a、b。我们可以得到以下表达式:

$$\boldsymbol{\delta}\boldsymbol{L}C(x)=\boldsymbol{\alpha}^{\mathrm{T}}\boldsymbol{\gamma}^{\mu}\boldsymbol{\theta}C_{,\mu}(x)$$
$$\boldsymbol{L}\boldsymbol{\theta}^{\mathrm{T}}\boldsymbol{\epsilon}\omega(x)=-\boldsymbol{\gamma}^5\omega(x)+\boldsymbol{\gamma}^{\mu}\boldsymbol{\theta}\boldsymbol{\theta}^{\mathrm{T}}\boldsymbol{\epsilon}\omega_{,\mu}(x)$$
$$=-\boldsymbol{\gamma}^5\omega(x)+(-1/4)\boldsymbol{\gamma}^{\mu}(\boldsymbol{\theta}^{\mathrm{T}}\boldsymbol{\epsilon}\boldsymbol{\theta}\boldsymbol{\epsilon}+\boldsymbol{\theta}^{\mathrm{T}}\boldsymbol{\gamma}^5\boldsymbol{\epsilon}\boldsymbol{\theta}\boldsymbol{\gamma}^5\boldsymbol{\epsilon}$$
$$+\boldsymbol{\theta}^{\mathrm{T}}\boldsymbol{\epsilon}\boldsymbol{\gamma}^{\nu}\boldsymbol{\theta}\boldsymbol{\gamma}_{\nu}\boldsymbol{\epsilon})\boldsymbol{\epsilon}\omega_{,\mu}(x)$$
$$\boldsymbol{L}\boldsymbol{\theta}^{\mathrm{T}}\boldsymbol{\epsilon}\boldsymbol{\theta}M(x)=2\boldsymbol{\gamma}^5\boldsymbol{\epsilon}.\,\boldsymbol{\epsilon}\boldsymbol{\theta}M(x)+\boldsymbol{\gamma}^{\mu}\boldsymbol{\theta}\boldsymbol{\theta}^{\mathrm{T}}\boldsymbol{\epsilon}\boldsymbol{\theta}M_{,\mu}(x)$$
$$=-2\boldsymbol{\gamma}^5\boldsymbol{\theta}M(x)+\boldsymbol{\gamma}^{\mu}\boldsymbol{\theta}\boldsymbol{\theta}^{\mathrm{T}}\boldsymbol{\epsilon}\boldsymbol{\theta}M_{,\mu}(x)$$

那么

$$\boldsymbol{\delta}\boldsymbol{L}\boldsymbol{\theta}^{\mathrm{T}}\boldsymbol{\epsilon}\boldsymbol{\theta}M(x)=\boldsymbol{\alpha}^{\mathrm{T}}\boldsymbol{\gamma}^5\boldsymbol{\epsilon}\boldsymbol{L}\boldsymbol{\theta}^{\mathrm{T}}\boldsymbol{\epsilon}\boldsymbol{\theta}M(x)=-2\boldsymbol{\alpha}^{\mathrm{T}}\boldsymbol{\epsilon}\boldsymbol{\theta}M(x)+\boldsymbol{\alpha}^{\mathrm{T}}\boldsymbol{\gamma}^5\boldsymbol{\epsilon}\boldsymbol{\gamma}^{\mu}\boldsymbol{\theta}\boldsymbol{\theta}^{\mathrm{T}}\boldsymbol{\epsilon}\boldsymbol{\theta}M_{,\mu}(x)$$

$$=2\boldsymbol{\theta}^{\mathrm{T}}\boldsymbol{\epsilon\alpha}M(x)-\boldsymbol{\theta}^{\mathrm{T}}\boldsymbol{\epsilon\theta\theta}^{\mathrm{T}}\boldsymbol{\gamma}^{\mu\mathrm{T}}\boldsymbol{\gamma}^{5}\boldsymbol{\epsilon\alpha}M_{,\mu}(x)$$
$$=2\boldsymbol{\theta}^{\mathrm{T}}\boldsymbol{\epsilon\alpha}M(x)+\boldsymbol{\theta}^{\mathrm{T}}\boldsymbol{\epsilon\theta\theta}^{\mathrm{T}}\boldsymbol{\gamma}^{5}\boldsymbol{\epsilon\gamma}^{\mu}\boldsymbol{\alpha}M_{,\mu}(x)$$

接下来

$$\boldsymbol{L\theta}^{\mathrm{T}}\boldsymbol{\gamma}^{5}\boldsymbol{\epsilon\theta}N(x)=2\boldsymbol{\gamma}^{5}\boldsymbol{\epsilon\gamma}^{5}\boldsymbol{\epsilon\theta}N(x)+\boldsymbol{\gamma}^{\mu}\boldsymbol{\theta\theta}^{\mathrm{T}}\boldsymbol{\gamma}^{5}\boldsymbol{\epsilon\theta}N_{,\mu}(x)$$
$$=-2\boldsymbol{\theta}N(x)+\boldsymbol{\theta}^{\mathrm{T}}\boldsymbol{\gamma}^{5}\boldsymbol{\epsilon\theta\gamma}^{\mu}\boldsymbol{\theta}N_{,\mu}(x)$$

从而得到

$$\boldsymbol{\delta L\theta}^{\mathrm{T}}\boldsymbol{\gamma}^{5}\boldsymbol{\epsilon\theta}N(x)=-2\boldsymbol{\alpha}^{\mathrm{T}}\boldsymbol{\gamma}^{5}\boldsymbol{\epsilon\theta}N(x)+\boldsymbol{\theta}^{\mathrm{T}}\boldsymbol{\gamma}^{5}\boldsymbol{\epsilon\theta\alpha}^{\mathrm{T}}\boldsymbol{\gamma}^{5}\boldsymbol{\epsilon\gamma}^{\mu}\boldsymbol{\theta}N_{,\mu}(x)$$
$$=2\boldsymbol{\theta}^{\mathrm{T}}\boldsymbol{\gamma}^{5}\boldsymbol{\epsilon\alpha}N(x)-\boldsymbol{\theta}^{\mathrm{T}}\boldsymbol{\gamma}^{5}\boldsymbol{\epsilon\theta\alpha}^{\mathrm{T}}\boldsymbol{\gamma}^{\mu\mathrm{T}}\boldsymbol{\gamma}^{5}\boldsymbol{\epsilon\theta}N_{,\mu}(x)$$
$$=2\boldsymbol{\theta}^{\mathrm{T}}\boldsymbol{\gamma}^{5}\boldsymbol{\epsilon\alpha}N(x)+\boldsymbol{\theta}^{\mathrm{T}}\boldsymbol{\gamma}^{5}\boldsymbol{\epsilon\theta\theta}^{\mathrm{T}}\boldsymbol{\gamma}^{5}\boldsymbol{\epsilon\gamma}^{\mu}\boldsymbol{\alpha}N_{,\mu}(x)$$

接下来

$$\boldsymbol{L\theta}^{\mathrm{T}}\boldsymbol{\epsilon\gamma}^{\mu}\boldsymbol{\theta}V_{\mu}(x)=2\boldsymbol{\gamma}^{5}\boldsymbol{\epsilon\epsilon\gamma}^{\mu}\boldsymbol{\theta}V_{\mu}(x)+\boldsymbol{\gamma}^{\nu}\boldsymbol{\theta\theta}^{\mathrm{T}}\boldsymbol{\epsilon\gamma}^{\mu}\boldsymbol{\theta}V_{\mu,\nu}(x)$$
$$=-2\boldsymbol{\gamma}^{5}\boldsymbol{\gamma}^{\mu}\boldsymbol{\theta}V_{\mu}(x)+\boldsymbol{\gamma}^{\nu}\boldsymbol{\theta\theta}^{\mathrm{T}}\boldsymbol{\epsilon\gamma}^{\mu}\boldsymbol{\theta}V_{\mu,\nu}(x)$$

所以

$$\boldsymbol{\delta L\theta}^{\mathrm{T}}\boldsymbol{\epsilon\gamma}^{\mu}\boldsymbol{\theta}V_{\mu}(x)=-2\boldsymbol{\alpha}^{\mathrm{T}}\boldsymbol{\epsilon\gamma}^{\mu}\boldsymbol{\theta}V_{\mu}(x)+\boldsymbol{\theta}^{\mathrm{T}}\boldsymbol{\epsilon\gamma}^{\mu}\boldsymbol{\theta\alpha}^{\mathrm{T}}\boldsymbol{\gamma}^{5}\boldsymbol{\epsilon\gamma}^{\nu}\boldsymbol{\theta}V_{\mu,\nu}(x)$$
$$=2\boldsymbol{\theta}^{\mathrm{T}}\boldsymbol{\epsilon\gamma}^{\mu}\boldsymbol{\alpha}V_{\mu}(x)-\boldsymbol{\theta}^{\mathrm{T}}\boldsymbol{\epsilon\gamma}^{\mu}\boldsymbol{\theta\alpha}^{\mathrm{T}}\boldsymbol{\gamma}^{\nu\mathrm{T}}\boldsymbol{\gamma}^{5}\boldsymbol{\epsilon\theta}V_{\mu,\nu}(x)$$
$$=2\boldsymbol{\theta}^{\mathrm{T}}\boldsymbol{\epsilon\gamma}^{\mu}\boldsymbol{\alpha}V_{\mu}(x)+\boldsymbol{\theta}^{\mathrm{T}}\boldsymbol{\epsilon\gamma}^{\mu}\boldsymbol{\theta\theta}^{\mathrm{T}}\boldsymbol{\gamma}^{5}\boldsymbol{\epsilon\gamma}^{\nu}\boldsymbol{\alpha}V_{\mu,\nu}(x)$$

为了进一步简化这些公式,我们可以利用以下条件:如果 $\boldsymbol{M}$ 是任意反对称斜对称 4×4 矩阵,那么 $\boldsymbol{\theta}^{\mathrm{T}}\boldsymbol{M\theta\theta}^{\mathrm{T}}\beta$ 可以表示为 $\boldsymbol{\theta}^{\mathrm{T}}\boldsymbol{\epsilon\theta\theta}^{\mathrm{T}}\boldsymbol{\delta}$,因为在 $\boldsymbol{\theta}$ 中只有四个线性无关的三次单项式。现在,我们将根据 $\boldsymbol{M}$ 和 $\boldsymbol{\beta}\in\mathbb{C}^{4}$ 来确定 $\boldsymbol{\delta}\in\mathbb{C}^{4}$。为此,我们首先考虑以下形式的矩阵 $\boldsymbol{M}$:

$$\boldsymbol{M}=\begin{pmatrix}0 & \boldsymbol{M}_{12}\\ -\boldsymbol{M}_{12}^{\mathrm{T}} & 0\end{pmatrix}$$

那么

$$\boldsymbol{\theta}^{\mathrm{T}}\boldsymbol{M\theta\theta}^{\mathrm{T}}\boldsymbol{\beta}=2\boldsymbol{\theta}_{0:1}^{\mathrm{T}}\boldsymbol{M}_{12}\boldsymbol{\theta}_{2:3}(\boldsymbol{\theta}_{0:1}^{\mathrm{T}}\boldsymbol{\beta}_{0:1}+\boldsymbol{\theta}_{2:3}^{\mathrm{T}}\boldsymbol{\beta}_{2:3})$$
$$=2\boldsymbol{\beta}_{0:1}^{\mathrm{T}}\boldsymbol{\theta}_{0:1}\boldsymbol{\theta}_{0:1}^{\mathrm{T}}\boldsymbol{M}_{12}\boldsymbol{\theta}_{2:3}-2\boldsymbol{\beta}_{2:3}^{\mathrm{T}}\boldsymbol{\theta}_{2:3}\boldsymbol{\theta}_{2:3}^{\mathrm{T}}\boldsymbol{M}_{12}^{\mathrm{T}}\boldsymbol{\theta}_{0:1}$$
$$=2\boldsymbol{\theta}^{0}\boldsymbol{\theta}^{1}\boldsymbol{\beta}_{0:1}^{\mathrm{T}}\boldsymbol{eM}_{12}\boldsymbol{\theta}_{2:3}-2\boldsymbol{\theta}^{2}\boldsymbol{\theta}^{3}\boldsymbol{\beta}_{2:3}^{\mathrm{T}}\boldsymbol{eM}_{12}^{\mathrm{T}}\boldsymbol{\theta}_{0:1}$$

另外

$$\boldsymbol{\theta}^{\mathrm{T}}\boldsymbol{\epsilon\theta\theta}^{\mathrm{T}}\boldsymbol{\delta}=(\boldsymbol{\theta}_{0:1}^{\mathrm{T}}\boldsymbol{e\theta}_{0:1}+\boldsymbol{\theta}_{2:3}^{\mathrm{T}}\boldsymbol{e\theta}_{2:3})(\boldsymbol{\theta}_{0:1}^{\mathrm{T}}\boldsymbol{\delta}_{0:1}+\boldsymbol{\theta}_{2:3}^{\mathrm{T}}\boldsymbol{\delta}_{2:3})$$
$$=\boldsymbol{\theta}_{0:1}^{\mathrm{T}}\boldsymbol{e\theta}_{0:1}\boldsymbol{\theta}_{2:3}^{\mathrm{T}}\boldsymbol{\delta}_{2:3}+\boldsymbol{\theta}_{2:3}^{\mathrm{T}}\boldsymbol{e\theta}_{2:3}\boldsymbol{\theta}_{0:1}^{\mathrm{T}}\boldsymbol{\delta}_{0:1}$$
$$=2\boldsymbol{\theta}^{0}\boldsymbol{\theta}^{1}\boldsymbol{\theta}_{2:3}^{\mathrm{T}}\boldsymbol{\delta}_{2:3}+2\boldsymbol{\theta}^{2}\boldsymbol{\theta}^{3}\boldsymbol{\theta}_{0:1}^{\mathrm{T}}\boldsymbol{\delta}_{0:1}$$

比较这两个表达式,我们得到

$$\boldsymbol{\delta}_{0:1}=\boldsymbol{M}_{12}\boldsymbol{e\beta}_{2:3},\ \boldsymbol{\delta}_{2:3}=-\boldsymbol{M}_{12}^{\mathrm{T}}\boldsymbol{e\beta}_{0:1}$$

因此

$$\begin{aligned}\boldsymbol{\delta} &= \begin{pmatrix}\boldsymbol{\delta}_{0:1}\\ \boldsymbol{\delta}_{2:3}\end{pmatrix}\\ &= \begin{pmatrix}0 & \boldsymbol{M}_{12}\boldsymbol{e}\\ -\boldsymbol{M}_{12}^{\mathrm{T}}\boldsymbol{e} & 0\end{pmatrix}\boldsymbol{\beta}\\ &= \begin{pmatrix}0 & \boldsymbol{M}_{12}\\ -\boldsymbol{M}_{12}^{\mathrm{T}} & 0\end{pmatrix}\begin{pmatrix}\boldsymbol{e} & 0\\ 0 & \boldsymbol{e}\end{pmatrix}\boldsymbol{\beta}\\ &= \boldsymbol{M}\boldsymbol{\epsilon}\boldsymbol{\beta}\end{aligned}$$

更具体地可以表示为

$$\boldsymbol{\theta}^{\mathrm{T}}\boldsymbol{\epsilon}\boldsymbol{\gamma}^{\mu}\boldsymbol{\theta}\boldsymbol{\theta}^{\mathrm{T}}\boldsymbol{\beta} = \boldsymbol{\theta}^{\mathrm{T}}\boldsymbol{\epsilon}\boldsymbol{\theta}\boldsymbol{\theta}^{\mathrm{T}}\boldsymbol{\epsilon}\boldsymbol{\gamma}^{\mu}\boldsymbol{\epsilon}\boldsymbol{\beta} = -\boldsymbol{\theta}^{\mathrm{T}}\boldsymbol{\epsilon}\boldsymbol{\theta}\boldsymbol{\theta}^{\mathrm{T}}\boldsymbol{\gamma}^{\mu\mathrm{T}}\boldsymbol{\beta}$$

现在设 $\boldsymbol{M}$ 是一个 4×4 反对称矩阵,其形式为

$$\boldsymbol{M} = \begin{pmatrix}\boldsymbol{M}_{11} & 0\\ 0 & \boldsymbol{M}_{22}\end{pmatrix}$$

其中

$$\boldsymbol{M}_{11}^{\mathrm{T}} = -\boldsymbol{M}_{11},\boldsymbol{M}_{22}^{\mathrm{T}} = -\boldsymbol{M}_{22}$$

因此,有

$$\begin{aligned}\boldsymbol{\theta}^{\mathrm{T}}\boldsymbol{M}\boldsymbol{\theta}\boldsymbol{\theta}^{\mathrm{T}}\boldsymbol{\beta} &= (\boldsymbol{\theta}_{0:1}^{\mathrm{T}}\boldsymbol{M}_{11}\boldsymbol{\theta}_{0:1} + \boldsymbol{\theta}_{2:3}^{\mathrm{T}}\boldsymbol{M}_{22}\boldsymbol{\theta}_{2:3})(\boldsymbol{\theta}_{0:1}^{\mathrm{T}}\boldsymbol{\beta}_{0:1} + \boldsymbol{\theta}_{2:3}^{\mathrm{T}}\boldsymbol{\beta}_{2:3})\\ &= (2(\boldsymbol{M}_{11})_{12}\boldsymbol{\theta}^{0}\boldsymbol{\theta}^{1} + 2(\boldsymbol{M}_{22})_{12}\boldsymbol{\theta}^{2}\boldsymbol{\theta}^{3})(\boldsymbol{\theta}_{0:1}^{\mathrm{T}}\boldsymbol{\beta}_{0:1} + \boldsymbol{\theta}_{2:3}^{\mathrm{T}}\boldsymbol{\beta}_{2:3})\\ &= 2(\boldsymbol{M}_{11})_{12}\boldsymbol{\theta}^{0}\boldsymbol{\theta}^{1}\boldsymbol{\theta}_{2:3}^{\mathrm{T}}\boldsymbol{\beta}_{2:3} + 2(\boldsymbol{M}_{22})_{12}\boldsymbol{\theta}^{2}\boldsymbol{\theta}^{3}\boldsymbol{\theta}_{0:1}^{\mathrm{T}}\boldsymbol{\beta}_{0:1}\end{aligned}$$

将此式与下式进行比较

$$\boldsymbol{\theta}^{\mathrm{T}}\boldsymbol{\epsilon}\boldsymbol{\theta}\boldsymbol{\theta}^{\mathrm{T}}\boldsymbol{\delta} = 2\boldsymbol{\theta}^{0}\boldsymbol{\theta}^{1}\boldsymbol{\theta}_{2:3}^{\mathrm{T}}\boldsymbol{\delta}_{2:3} + 2\boldsymbol{\theta}^{2}\boldsymbol{\theta}^{3}\boldsymbol{\theta}_{0:1}^{\mathrm{T}}\boldsymbol{\delta}_{0:1}$$

我们可以得到

$$\boldsymbol{\delta}_{0:1} = (\boldsymbol{M}_{22})_{12}\boldsymbol{\beta}_{0:1}$$
$$\boldsymbol{\delta}_{2:3} = (\boldsymbol{M}_{11})_{12}\boldsymbol{\beta}_{2:3}$$

从而得到

$$\delta = \begin{pmatrix}(\boldsymbol{M}_{22})_{12}\boldsymbol{I}_2 & 0\\ 0 & (\boldsymbol{M}_{11})_{12}\boldsymbol{I}_2\end{pmatrix}\boldsymbol{\beta}$$

更具体地说,如果 $\boldsymbol{M} = \boldsymbol{\gamma}^{5}\boldsymbol{\epsilon},\boldsymbol{M}_{11} = \boldsymbol{e},\boldsymbol{M}_{22} = -\boldsymbol{e}$,我们得到

$$\boldsymbol{\theta}^{\mathrm{T}}\boldsymbol{\gamma}^{5}\boldsymbol{\epsilon}\boldsymbol{\theta}\boldsymbol{\theta}^{\mathrm{T}}\boldsymbol{\beta} = \boldsymbol{\theta}^{\mathrm{T}}\boldsymbol{\epsilon}\boldsymbol{\theta}\boldsymbol{\theta}^{\mathrm{T}}\boldsymbol{\delta}$$

其中

$$\boldsymbol{\delta} = \begin{pmatrix}-\boldsymbol{I}_2 & 0\\ 0 & \boldsymbol{I}_2\end{pmatrix}\boldsymbol{\beta} = -\boldsymbol{\gamma}^{5}\boldsymbol{\beta}$$

简而言之,我们将上面进行的讨论总结如下:

$$\boldsymbol{\delta}\boldsymbol{L}\boldsymbol{\theta}^{\mathrm{T}}\boldsymbol{\epsilon}\boldsymbol{\gamma}^{\mu}\boldsymbol{\theta}\boldsymbol{V}_{\mu}(x) = 2\boldsymbol{\theta}^{\mathrm{T}}\boldsymbol{\epsilon}\boldsymbol{\gamma}^{\mu}\boldsymbol{\alpha}V_{\mu}(x) + \boldsymbol{\theta}^{\mathrm{T}}\boldsymbol{\epsilon}\boldsymbol{\gamma}^{\mu}\boldsymbol{\theta}\boldsymbol{\theta}^{\mathrm{T}}\boldsymbol{\gamma}^{5}\boldsymbol{\epsilon}\boldsymbol{\gamma}^{\nu}\boldsymbol{\alpha}V_{\mu,\nu}(x)$$

$$
\begin{aligned}
&= 2\boldsymbol{\theta}^{\mathrm{T}}\boldsymbol{\epsilon}\boldsymbol{\gamma}^{\mu}\boldsymbol{\alpha}V_{\mu}(x) - \boldsymbol{\theta}^{\mathrm{T}}\boldsymbol{\epsilon}\boldsymbol{\theta}\boldsymbol{\theta}^{\mathrm{T}}\boldsymbol{\gamma}^{\mu\mathrm{T}}\boldsymbol{\gamma}^{5}\boldsymbol{\epsilon}\boldsymbol{\gamma}^{\nu}\boldsymbol{\alpha}V_{\mu,\nu}(x) \\
&= 2\boldsymbol{\theta}^{\mathrm{T}}\boldsymbol{\epsilon}\boldsymbol{\gamma}^{\mu}\boldsymbol{\alpha}V_{\mu}(x) - \boldsymbol{\theta}^{\mathrm{T}}\boldsymbol{\epsilon}\boldsymbol{\theta}\boldsymbol{\theta}^{\mathrm{T}}\boldsymbol{\gamma}^{5}\boldsymbol{\epsilon}\boldsymbol{\gamma}^{\mu}\boldsymbol{\gamma}^{\nu}\boldsymbol{\alpha}V_{\mu,\nu}(x) \\
&= 2\boldsymbol{\theta}^{\mathrm{T}}\boldsymbol{\epsilon}\boldsymbol{\gamma}^{\mu}\boldsymbol{\alpha}V_{\mu}(x) \\
&\quad - \boldsymbol{\theta}^{\mathrm{T}}\boldsymbol{\epsilon}\boldsymbol{\theta}\boldsymbol{\theta}^{\mathrm{T}}\boldsymbol{\gamma}^{5}\boldsymbol{\epsilon}([\boldsymbol{\gamma}^{\mu},\boldsymbol{\gamma}^{\nu}]f_{\nu\mu}(x) + \boldsymbol{\gamma}.\,\partial(\boldsymbol{\gamma}.\,V))\boldsymbol{\alpha}
\end{aligned}
$$

并且

$$
\begin{aligned}
\boldsymbol{\delta L\theta}^{\mathrm{T}}\boldsymbol{\epsilon}\boldsymbol{\theta}\boldsymbol{\theta}^{\mathrm{T}}M(x) &= \boldsymbol{\delta L\theta}^{\mathrm{T}}\boldsymbol{\epsilon}\boldsymbol{\theta}M(x) \\
&= 2\boldsymbol{\theta}^{\mathrm{T}}\boldsymbol{\epsilon}\boldsymbol{\alpha}M(x) + \boldsymbol{\theta}^{\mathrm{T}}\boldsymbol{\epsilon}\boldsymbol{\theta}\boldsymbol{\theta}^{\mathrm{T}}\boldsymbol{\gamma}^{5}\boldsymbol{\epsilon}\boldsymbol{\gamma}.\,\partial M(x)\boldsymbol{\alpha}
\end{aligned}
$$

$$
\boldsymbol{\delta L\theta}^{\mathrm{T}}\boldsymbol{\gamma}^{5}\boldsymbol{\epsilon}\boldsymbol{\theta}N(x) = 2\boldsymbol{\theta}^{\mathrm{T}}\boldsymbol{\gamma}^{5}\boldsymbol{\epsilon}\boldsymbol{\alpha}N(x) + -\boldsymbol{\theta}^{\mathrm{T}}\boldsymbol{\epsilon}\boldsymbol{\theta}\boldsymbol{\theta}^{\mathrm{T}}\boldsymbol{\epsilon}(\boldsymbol{\gamma}.\,\partial N)\boldsymbol{\alpha}
$$

根据这些方程，我们得到在无限小超对称变换下超场分量变化的下列公式：

$$
\boldsymbol{\delta}C(x) = -\boldsymbol{\alpha}^{\mathrm{T}}\boldsymbol{\gamma}^{5}\boldsymbol{\epsilon}\boldsymbol{\gamma}^{5}\omega(x) = -\boldsymbol{\alpha}^{\mathrm{T}}\boldsymbol{\epsilon}\omega(x)
$$

$$
\boldsymbol{\epsilon\delta}\omega(x) = 2\boldsymbol{\epsilon\alpha}M(x) + 2\boldsymbol{\gamma}^{5}\boldsymbol{\epsilon\alpha}N(x) + 2\boldsymbol{\epsilon\gamma}.\,V(x)\boldsymbol{\alpha}
$$

或者等效表达式

$$
\boldsymbol{\delta}\omega(x) = 2(M(x) + \boldsymbol{\gamma}^{5}N(x) + \boldsymbol{\gamma}.\,V(x))\boldsymbol{\alpha}
$$

同样地

$$
\begin{aligned}
\boldsymbol{L\theta}^{\mathrm{T}}\boldsymbol{\epsilon}\boldsymbol{\theta}\boldsymbol{\theta}^{\mathrm{T}}\beta(x) &= -2\boldsymbol{\gamma}^{5}\boldsymbol{\theta}\boldsymbol{\theta}^{\mathrm{T}}\beta(x) + \boldsymbol{\theta}^{\mathrm{T}}\boldsymbol{\epsilon}\boldsymbol{\theta}\boldsymbol{\gamma}^{5}\boldsymbol{\epsilon}\boldsymbol{\beta} + \boldsymbol{\theta}^{\mathrm{T}}\boldsymbol{\epsilon}\boldsymbol{\theta}\boldsymbol{\gamma}^{\mu}\boldsymbol{\theta}\boldsymbol{\theta}^{\mathrm{T}}\boldsymbol{\beta}_{,\mu} \\
&= (1/2)(\boldsymbol{\gamma}^{5}\boldsymbol{\theta}^{\mathrm{T}}\boldsymbol{\epsilon}\boldsymbol{\theta}\boldsymbol{\epsilon}\beta(x) + \boldsymbol{\gamma}^{5}\boldsymbol{\theta}^{\mathrm{T}}\boldsymbol{\gamma}^{5}\boldsymbol{\epsilon}\boldsymbol{\theta}\boldsymbol{\gamma}^{5}\boldsymbol{\epsilon}\beta(x) \\
&\quad + \boldsymbol{\gamma}^{5}\boldsymbol{\theta}^{\mathrm{T}}\boldsymbol{\epsilon}\boldsymbol{\gamma}^{\nu}\boldsymbol{\theta}\boldsymbol{\gamma}_{\nu}\boldsymbol{\epsilon}\beta(x)) \\
&\quad + \boldsymbol{\theta}^{\mathrm{T}}\boldsymbol{\epsilon}\boldsymbol{\theta}\boldsymbol{\gamma}^{5}\boldsymbol{\epsilon}\beta(x) - (1/4)(\boldsymbol{\theta}^{\mathrm{T}}\boldsymbol{\epsilon}\boldsymbol{\theta})^{2}\boldsymbol{\gamma}^{\mu}\boldsymbol{\epsilon}\beta_{,\mu}(x)
\end{aligned}
$$

因此，可以得出

$$
\begin{aligned}
\boldsymbol{\delta L}(\boldsymbol{\theta}^{\mathrm{T}}\boldsymbol{\epsilon}\boldsymbol{\theta}\boldsymbol{\theta}^{\mathrm{T}}\boldsymbol{\gamma}^{5}\,\boldsymbol{\epsilon}\beta(x)) &= \boldsymbol{\alpha}^{\mathrm{T}}\boldsymbol{\gamma}^{5}\boldsymbol{\epsilon}\boldsymbol{L}(\boldsymbol{\theta}^{\mathrm{T}}\boldsymbol{\epsilon}\boldsymbol{\theta}\boldsymbol{\theta}^{\mathrm{T}}\boldsymbol{\gamma}^{5}\boldsymbol{\epsilon}\beta(x)) \\
&= -(1/2)(\boldsymbol{\alpha}^{\mathrm{T}}\boldsymbol{\epsilon}\boldsymbol{\theta}^{\mathrm{T}}\boldsymbol{\epsilon}\boldsymbol{\theta}\boldsymbol{\gamma}^{5}\beta(x) + \boldsymbol{\alpha}^{\mathrm{T}}\boldsymbol{\epsilon}\boldsymbol{\theta}^{\mathrm{T}}\boldsymbol{\gamma}^{5}\boldsymbol{\epsilon}\boldsymbol{\theta}\beta(x) \\
&\quad + \boldsymbol{\alpha}^{\mathrm{T}}\boldsymbol{\epsilon}\boldsymbol{\theta}^{\mathrm{T}}\boldsymbol{\epsilon}\boldsymbol{\gamma}^{\nu}\boldsymbol{\theta}\boldsymbol{\gamma}_{\nu}\boldsymbol{\gamma}^{5}\beta(x)) \\
&\quad - \boldsymbol{\theta}^{\mathrm{T}}\boldsymbol{\epsilon}\boldsymbol{\theta}\boldsymbol{\alpha}^{\mathrm{T}}\boldsymbol{\gamma}^{5}\boldsymbol{\epsilon}\beta(x) + (1/4)(\boldsymbol{\theta}^{\mathrm{T}}\boldsymbol{\epsilon}\boldsymbol{\theta})^{2}\boldsymbol{\alpha}^{\mathrm{T}}\boldsymbol{\gamma}^{5}\boldsymbol{\epsilon}\boldsymbol{\gamma}^{\mu}\boldsymbol{\gamma}^{5}\beta_{,\mu}(x) \\
&= (1/2)(\boldsymbol{\theta}^{\mathrm{T}}\boldsymbol{\epsilon}\boldsymbol{\theta}(\boldsymbol{\gamma}^{5}\boldsymbol{\epsilon}\boldsymbol{\alpha})^{\mathrm{T}}\beta(x) + \boldsymbol{\theta}^{\mathrm{T}}\boldsymbol{\gamma}^{5}\boldsymbol{\epsilon}\boldsymbol{\theta}(\boldsymbol{\epsilon}\boldsymbol{\alpha})^{\mathrm{T}}\beta(x) \\
&\quad + \boldsymbol{\theta}^{\mathrm{T}}\boldsymbol{\epsilon}\boldsymbol{\gamma}^{\mu}\boldsymbol{\theta}\,(\boldsymbol{\gamma}^{5}\boldsymbol{\epsilon}\boldsymbol{\gamma}_{\mu}\boldsymbol{\alpha})^{\mathrm{T}}\beta(x)) \\
&\quad + \boldsymbol{\theta}^{\mathrm{T}}\boldsymbol{\epsilon}\boldsymbol{\theta}(\boldsymbol{\gamma}^{5}\boldsymbol{\epsilon}\boldsymbol{\alpha})^{\mathrm{T}}\beta(x) + (1/4)(\boldsymbol{\theta}^{\mathrm{T}}\boldsymbol{\epsilon}\boldsymbol{\theta})^{2}(\boldsymbol{\epsilon}\boldsymbol{\gamma}^{\mu}\boldsymbol{\alpha})^{\mathrm{T}}\beta_{,\mu}(x)
\end{aligned}
$$

因此，通过设置$\boldsymbol{\beta} = \boldsymbol{\gamma} + a.\,\boldsymbol{\gamma}.\,\partial\omega$，我们可以得到

$$
\boldsymbol{\delta}M(x) = (3/2)(\boldsymbol{\gamma}^{5}\boldsymbol{\epsilon}\boldsymbol{\alpha})^{\mathrm{T}}\beta(x) + (1/4)(\boldsymbol{\gamma}^{5}\boldsymbol{\epsilon}\boldsymbol{\alpha})^{\mathrm{T}}\boldsymbol{\gamma}.\,\partial\omega
$$

$$
\boldsymbol{\delta}N(x) = (1/2)(\boldsymbol{\epsilon}\boldsymbol{\alpha})^{\mathrm{T}}\beta(x) + (1/4)(\boldsymbol{\epsilon}\boldsymbol{\alpha})^{\mathrm{T}}\boldsymbol{\gamma}.\,\partial\omega
$$

$$
\begin{aligned}
\boldsymbol{\delta}V_{\mu}(x) &= (1/2)(\boldsymbol{\gamma}^{5}\boldsymbol{\epsilon}\boldsymbol{\gamma}_{\mu}\boldsymbol{\alpha})^{\mathrm{T}}\beta(x) + (1/4)\boldsymbol{\alpha}^{\mathrm{T}}\boldsymbol{\gamma}^{5}\boldsymbol{\epsilon}\boldsymbol{\gamma}^{\nu}\boldsymbol{\gamma}_{\mu}\omega_{,\nu} \\
&= (1/2)\boldsymbol{\alpha}^{\mathrm{T}}\boldsymbol{\gamma}^{5}\boldsymbol{\epsilon}\boldsymbol{\gamma}_{\mu}\beta(x) + (1/4)\boldsymbol{\alpha}^{\mathrm{T}}\boldsymbol{\gamma}^{5}\boldsymbol{\epsilon}\boldsymbol{\gamma}^{\nu}\boldsymbol{\gamma}_{\mu}\omega_{,\nu} \\
&= (1/2)\boldsymbol{\alpha}^{\mathrm{T}}\boldsymbol{\gamma}^{5}\boldsymbol{\epsilon}\boldsymbol{\gamma}_{\mu}(\lambda + a.\,\boldsymbol{\gamma}.\,\partial\omega) \\
&\quad + (1/4)\boldsymbol{\alpha}^{\mathrm{T}}\boldsymbol{\gamma}^{5}\boldsymbol{\epsilon}(\{\boldsymbol{\gamma}^{\nu},\boldsymbol{\gamma}_{\mu}\} - \boldsymbol{\gamma}_{\mu}\boldsymbol{\gamma}^{\nu})\omega_{,\nu}
\end{aligned}
$$

$$
\begin{aligned}
&=(1/2)\boldsymbol{\alpha}^{\mathrm{T}}\boldsymbol{\gamma}^5\boldsymbol{\epsilon}\boldsymbol{\gamma}_\mu\lambda+(a/2)\boldsymbol{\alpha}^{\mathrm{T}}\boldsymbol{\gamma}^5\boldsymbol{\epsilon}\boldsymbol{\gamma}_\mu\boldsymbol{\gamma}.\,\partial\omega\\
&+(1/4)\boldsymbol{\alpha}^{\mathrm{T}}\boldsymbol{\gamma}^5\boldsymbol{\epsilon}(2\boldsymbol{\delta}_\mu^\nu\omega_{,\nu}-\boldsymbol{\gamma}_\mu\boldsymbol{\gamma}.\,\partial\omega)\\
&=(1/2)\boldsymbol{\alpha}^{\mathrm{T}}\boldsymbol{\gamma}^5\boldsymbol{\epsilon}\boldsymbol{\gamma}_\mu\boldsymbol{\lambda}+(a/2)\boldsymbol{\alpha}^{\mathrm{T}}\boldsymbol{\gamma}^5\boldsymbol{\epsilon}\boldsymbol{\gamma}_\mu\boldsymbol{\gamma}.\,\partial\omega\\
&+(1/4)\boldsymbol{\alpha}^{\mathrm{T}}\boldsymbol{\gamma}^5\boldsymbol{\epsilon}(2\omega_{,\mu}-\boldsymbol{\gamma}_\mu\boldsymbol{\gamma}.\,\partial\omega)
\end{aligned}
$$

取 $a=1/2$,我们可以得到

$$
\boldsymbol{\delta}V_\mu(x)=(1/2)\boldsymbol{\alpha}^{\mathrm{T}}\boldsymbol{\gamma}^5\boldsymbol{\epsilon}\boldsymbol{\gamma}_\mu\lambda+(1/2)\boldsymbol{\alpha}^{\mathrm{T}}\boldsymbol{\gamma}^5\boldsymbol{\epsilon}\omega_{,\mu}
$$

由此可见

$$
\boldsymbol{\delta}f_{\mu\nu}=\boldsymbol{\delta}V_{\nu,\mu}-\boldsymbol{\delta}V_{\mu,\nu}=(1/2)\boldsymbol{\alpha}^{\mathrm{T}}\boldsymbol{\gamma}^5\boldsymbol{\epsilon}(\boldsymbol{\gamma}_\nu\boldsymbol{\lambda}_{,\mu}(x)-\boldsymbol{\gamma}_\mu\boldsymbol{\lambda}_{,\nu}(x))
$$

现在,我们计算 $\boldsymbol{\delta\lambda}(x)$ 和 $\boldsymbol{\delta}D(x)$。根据 $\beta(x)=\boldsymbol{\lambda}(x)+a.\,\boldsymbol{\gamma}.\,\partial\omega(x)$,我们可以得到

$$
\begin{aligned}
\boldsymbol{\theta}^{\mathrm{T}}\boldsymbol{\epsilon}\boldsymbol{\theta}\boldsymbol{\theta}^{\mathrm{T}}\boldsymbol{\gamma}^5\boldsymbol{\epsilon}\boldsymbol{\delta}\beta(x)&=\boldsymbol{\alpha}^{\mathrm{T}}\boldsymbol{\gamma}^5\boldsymbol{\epsilon}\partial_\theta(\boldsymbol{\theta}^{\mathrm{T}}\boldsymbol{\epsilon}\boldsymbol{\theta})^2(b\Box C(x)+D(x))\\
&-\boldsymbol{\theta}^{\mathrm{T}}\boldsymbol{\epsilon}\boldsymbol{\theta}\boldsymbol{\gamma}^5\boldsymbol{\epsilon}\boldsymbol{\gamma}.\,\partial M(x)\alpha\\
&-\boldsymbol{\theta}^{\mathrm{T}}\boldsymbol{\epsilon}\boldsymbol{\theta}\boldsymbol{\theta}^{\mathrm{T}}\boldsymbol{\epsilon}(\boldsymbol{\gamma}.\,\partial N)\boldsymbol{\alpha}\\
&-\boldsymbol{\theta}^{\mathrm{T}}\boldsymbol{\epsilon}\boldsymbol{\theta}\boldsymbol{\theta}^{\mathrm{T}}\boldsymbol{\gamma}^5\boldsymbol{\epsilon}([\boldsymbol{\gamma}^\mu,\boldsymbol{\gamma}^\nu]f_{\nu\mu}(x)+\boldsymbol{\gamma}.\,\partial(\gamma.\,V))\boldsymbol{\alpha}\\
&=-2\boldsymbol{\gamma}^5(\boldsymbol{\theta}^{\mathrm{T}}\boldsymbol{\epsilon}\boldsymbol{\theta})(b\Box C(x)+D(x))\\
&-\boldsymbol{\theta}^{\mathrm{T}}\boldsymbol{\epsilon}\boldsymbol{\theta}\boldsymbol{\gamma}^5\boldsymbol{\epsilon}\boldsymbol{\gamma}.\,\partial M(x)\boldsymbol{\alpha}\\
&-\boldsymbol{\theta}^{\mathrm{T}}\boldsymbol{\epsilon}\boldsymbol{\theta}\boldsymbol{\theta}^{\mathrm{T}}\boldsymbol{\epsilon}(\boldsymbol{\gamma}.\,\partial N)\boldsymbol{\alpha}\\
&-\boldsymbol{\theta}^{\mathrm{T}}\boldsymbol{\epsilon}\boldsymbol{\theta}\boldsymbol{\theta}^{\mathrm{T}}\boldsymbol{\gamma}^5\boldsymbol{\epsilon}([\boldsymbol{\gamma}^\mu,\boldsymbol{\gamma}^\nu]f_{\nu\mu}(x)+\boldsymbol{\gamma}.\,\partial(\boldsymbol{\gamma}.\,V))\boldsymbol{\alpha}
\end{aligned}
$$

我们得出以下推论

$$
\begin{aligned}
\boldsymbol{\gamma}^5\boldsymbol{\epsilon}\boldsymbol{\delta}(\lambda(x)+a.\,\boldsymbol{\gamma}.\,\partial\omega(x))&=-2\boldsymbol{\gamma}^5(b\Box C(x)+D(x))\\
&-\boldsymbol{\gamma}^5\boldsymbol{\epsilon}\boldsymbol{\gamma}.\,\partial M(x)\boldsymbol{\alpha}-\boldsymbol{\epsilon}(\boldsymbol{\gamma}.\,\partial N)\boldsymbol{\alpha}\\
&-\boldsymbol{\gamma}^5\boldsymbol{\epsilon}([\boldsymbol{\gamma}^\mu,\boldsymbol{\gamma}^\nu]f_{\nu\mu}(x)+\boldsymbol{\gamma}.\,\partial(\boldsymbol{\gamma}.\,V))\boldsymbol{\alpha}
\end{aligned}
$$

第③章 用作量子天线的导电流体

3.1 基础非相对论和相对论流体动力学与天线理论应用

3.1.1 流体的基本物理量

流体的基本物理量有：密度、压力、速度场、动量密度、质量通量、动量通量、能量密度、熵密度、焓密度、温度场。

密度 $\rho(t,r)$，$r=(x,y,z)$ 是在某一时刻 t 位于某一点 r 处流体单位体积内的质量。如果 $M(t,r,\delta V)$ 是在某一时刻 t 包围 r 的体积 δV 内的流体质量的数值，则

$$\rho(t,r)=\lim_{|\delta V|\to 0}\frac{M(t,r,\delta V)}{|\delta V|}$$

3.1.2 流体的各项参数

如果流体是不可压缩的，那么黏度、热导率、密度等都是基本物理量所依赖的参数，这些参数可以通过运动方程进行估算。

3.1.3 流体相关物理量的普通时间导数和物质导数

q 是一个物理量，其密度为 $Q(t,r)$。当不同的流体粒子进入某一固定点和离开该点时，流体中固定点 r 的 Q 变化率由 $\frac{\partial Q(t,r)}{\partial t}$ 给出。

沿着固定流体粒子的轨迹，在时间 t 位于 r 处，在时间 $t+\mathrm{d}t$ 位于 $r+\mathrm{d}r$ 处，其变化率由下式给出：

$$\begin{aligned}\mathrm{D}Q/\mathrm{D}t&=\lim_{\delta t\to 0}\frac{Q(t+\mathrm{d}t,r+\mathrm{d}r)-Q(t,r)}{\mathrm{d}t}\\&=\frac{\partial Q(t,r)}{\partial t}+(\mathrm{d}r/\mathrm{d}t,\nabla_r)Q(t,r)\end{aligned}$$

$$= \frac{\partial Q(t,r)}{\partial t} + (v(t,r), \nabla_r) Q(t,r)$$

此式称为 Q 的物质导数。

3.1.4　质量守恒方程/连续性方程

任何物理量密度的一般守恒方程，都会考虑到单位体积生成率。

3.1.5　根据牛顿第二运动定律得出的动量方程

非黏性流体的欧拉方程。动量方程会考虑流体应力张量、对角应力张量的特殊情况 – 压力项。

3.1.6　根据动量通量守恒导出的动量方程

动量通量张量为

$$T^{ij} = \rho v^i v^j$$

动量密度或等效的质量通量为

$$T^{0i} = T^{i0} = \rho v^i$$

设定 σ^{ij} 表示由于压力和黏性力引起的应力张量，我们可以得到明显的动量守恒定律/第二运动定律，即

$$T^{i0}_{,0} + T^{ij}_{,j} = \sigma^{ij}_{,j}$$

或者采用二元符号表示，即

$$(\rho v^i)_{,0} + \mathrm{div}\boldsymbol{T} = \mathrm{div}\boldsymbol{\sigma}$$

积分形式所对应的微分形式为

$$\frac{\mathrm{d}}{\mathrm{d}t}\int_V T^{i0} \mathrm{d}^3 r + \int_{\partial V} T^{ij} \boldsymbol{n}_j \mathrm{d}S = \int_{\partial V} \sigma^{ij} \boldsymbol{n}_j \mathrm{d}S$$

其中，$\boldsymbol{n}_j$ 是垂直于限制体积 V 的曲面 ∂V 的单位法矢量。对于流体，我们可以将应力张量表示为

$$\sigma^{ij} = \eta(v^i_{,j} + v^j_{,i}) + \chi(\mathrm{div} v)\delta^{ij} - p\delta^{ij}$$

其中：η、χ 是黏度；p 是压力。

根据上述动量守恒定律可以得出

$$(\rho v^i)_{,0} + (\rho v^i v^j)_{,j} = \eta \nabla^2 v^i + (\eta + \chi)(\mathrm{div} v)_{,i} - p_{,i}$$

并将其与连续性方程相结合，即

$$\rho_{,0} + (\rho v^i)_{,i} = 0$$

由此我们可以得到纳维尔 – 斯托克斯(Navier – Stokes)方程，即

$$\rho v^i_{,0} + \rho v^j v^i_{,j} = \eta \nabla^2 v^i + (\eta + \chi)(\mathrm{div} v)_{,i} - p_{,i}$$

或以矢量形式表示：

$$\rho v_{,0} + \rho(v,\nabla)v = -\nabla p + \eta\,\nabla^2 v + (\eta + \chi)\nabla(\mathrm{div}v)$$

3.1.7 黏度、应变率、剪切和体积黏度、黏性流体的纳维尔－斯托克斯方程及其在不同正交曲线坐标系中的表达式

3.1.8 考虑黏性效应和热效应的流体动力学方程、热导率、基于热力学第一和第二定律的流体能量方程

3.1.9 涡量、涡量方程、无旋流、速度势、伯努利方程

3.1.10 不可压缩流,流函数,旋流沿流线的伯努利方程

这里,我们考虑以下内容:

$$\mathrm{div}v = 0$$

此式由 $\rho = \mathrm{const}t$ 条件下的连续性方程和纳维尔－斯托克斯方程得出

$$(v,\nabla)v + v_{,t} = -\nabla p/\rho + \nu\,\nabla^2 v$$

其中

$$\nu = \eta/\rho$$

不可压缩条件意味着存在一个流函数场 $\psi(t,r) \in \mathbb{R}^3$,使得

$$v = \nabla \times \psi$$

此外,我们可以假设 $\mathrm{div}\psi = 0$,对应于替换 ψ 为 $\psi + \nabla f$,我们不会改变 $v = \nabla \times \psi$,并且我们可以选择 f,使得

$$0 = \mathrm{div}(\psi + \nabla f) = \mathrm{div}\psi + \nabla^2 f$$

即

$$f(t,r) = (4\pi)^{-1}\int |r - r'|^{-1}\mathrm{div}\psi(t,r')\,\mathrm{d}^3 r'$$

纳维尔－斯托克斯方程可以表示为

$$\Omega \times v + \nabla v^2/2 + v_{,t} = -\nabla p/\rho + \nu\,\nabla^2 v - \nabla V$$

其中

$$\Omega = \nabla \times v$$

Ω 是涡量;$V(t,r)$ 是外力(如重力)的势能。

我们注意到,即使流体不是不可压缩的,这个方程仍然有效。此外,在流体不可压缩的情况下,通过取与平行于速度场的单位矢量场的标量积 $\hat{l}$,我们得到

$$(1/2)\frac{\partial v^2}{\partial l} + v_{,t}.\,\hat{l} + \rho^{-1}\frac{\partial p}{\partial l} + \nu\,\hat{l}.\ \nabla^2 v - \frac{\partial V}{\partial l} = 0$$

在特殊情况下,除了流体不可压缩外,流体处于稳定状态,即 $v_{,t} = 0$,并且是非黏性的,即 $\eta = 0$,根据以上内容,我们可以得到

$$\frac{\partial}{\partial l}(v^2/2+p/\rho+V)=0$$

因此,以下参量

$$p/\rho+v^2/2+V$$

是一个沿每条流线的常数,这是伯努利原理的一种受限制的形式。如果除了流体不可压缩之外,流体还是无旋的,那么 $\Omega=0$,并且 $v=-\nabla\phi$ 是速度势,那么我们得到

$$\nabla(p/\rho+v^2/2-\phi_{,t}V+\eta\nabla^2\phi)=0$$

即使流体是黏性的并且不处于稳定状态,这也是成立的。但是,根据流体不可压缩条件可以得到 $\nabla^2\phi=\mathrm{div}v=0$,因此,我们得到以下的不可压缩无旋流体的伯努利原理,该流体不一定处于稳定状态:

$$p/\rho+v^2/2-\phi_{,t}+V=\mathrm{const}t$$

实际上,该式右侧的常数可以依赖于时间而不是空间,将这个常数表示为 $c(t)$,可以重新定义相应的速度势为 $\phi(t,r)-\int_0^t c(s)\mathrm{d}s$,而不影响速度场,因此得到

$$p/\rho+v^2/2-\phi_{,t}+V=0$$

对应于流体中的所有点和所有时间。这是伯努利方程的最一般形式。

3.1.11　流体流动的一些示例

1. 关于在黏性流体中运动的球体所受阻尼力的斯托克斯定律的推导

练习:假设半径为 R 的球体放置在具有恒定速度场 $v_0\hat{z}$ 的黏性流体中。放置球体后,流体的速度场变为 $v(r,\theta)=v_r(r,\theta)\hat{r}+v_\theta(r,\theta)\hat{\theta}$。这个修正后的速度场上的边界条件为 $\lim_{r\to\infty}v(r,\theta)=v_0\hat{z}$ 和 $v_r=0$,此时 $r=R$。假设流场是无旋的,我们可以通过速度势 $\phi(r,\theta)$ 推导出

$$v=\nabla\phi=\phi_{,r}\hat{r}+r^{-1}\phi_{,\theta}\hat{\theta}$$

不可压缩条件 $\nabla.v=0$ 变为

$$\nabla^2\phi=0$$

因此,考虑到 ϕ 的方位角对称性,利用勒让德(Legendre)多项式可以将其展开为

$$\phi(r,\theta)=v_0r\cos(\theta)+\sum_{l\geqslant 0}c(l)r^{-l-1}P_l(\cos(\theta)),r\geqslant R$$

注意,当 $r\to\infty$ 时,我们必然得出 $\nabla\phi\to v_0\hat{z}$,这意味着 $\phi\to v_0z=v_0r\cos(\theta)$,这就是我们在勒让德级数展开式中省略了 $r^lP_l(\cos(\theta)),l\geqslant 2$ 项的原因。如果我们应用边界条件,那么可以得出 $\phi_{,r}(R,\theta)=0$(球体表面上速度场的法向分量变

为零)。

$$(v,\nabla)v = -\nabla p/\rho + (\eta/\rho)\nabla^2 v$$

转换为

$$\Omega \times v + \nabla v^2/2 + \nabla p/\rho = (\eta/\rho)\nabla^2 v$$

其中,$\Omega = \nabla \times v = 0$ 且$\nabla^2 v = \nabla\nabla^2 \phi = 0$,所以这个方程的成立条件为

$$\nabla^2(v^2/2 + p/\rho) = 0$$

或者等效表达式

$$p = -\rho v^2/2 + C$$

其中,C 是一个常数。

速度场一旦已知,那么就可以确定压力场。现在应用上面的边界条件 $\phi_{,r}(R,\theta) = 0$,我们可以得到

$$c(0) = 0, v_0 - 2c(1)R^{-3} = 0, c(l) = 0, l \geqslant 2$$

因此

$$c(1) = v_0 R^3/2$$

那么,速度势的完整解由下式给出:

$$\begin{aligned}\phi &= v_0 r\cos(\theta) + v_0 R^3\cos(\theta)/2r^2 \\ &= v_0\cos(\theta)(r + R^3/2r^2)\end{aligned}$$

因此,球极坐标系中速度场的非零分量由下式给出:

$$v_r(r,\theta) = \phi_{,r}(r,\theta) = v_0\cos(\theta)(1 - R^3/r^3)r \geqslant R$$

$$v_\theta(r,\theta) = r^{-1}\phi_{,\theta}(r,\theta) = -v_0\sin(\theta)(1 + R^3/2r^3), r \geqslant R$$

现在,利用这个速度场,我们可以计算黏性应力张量的球极分量,即在球体表面的每个点上单位面积的力,将其定义为

$$\boldsymbol{\sigma}_{nm} = \boldsymbol{\sigma}_{ij}\boldsymbol{n}_i\boldsymbol{m}_j$$

其中,$\boldsymbol{n}$、$\boldsymbol{m}$ 是单位矢量,并采用求和约定。具体而言,在球体的表面区域上积分之后,我们只剩下球体上的黏性力的 z 分量,即

$$f_z = \int_S (\sigma_{zx}n_x + \sigma_{zy}n_y + \sigma_{zz}n_z)\mathrm{d}S$$

其中

$$\boldsymbol{\sigma}_{ab} = \boldsymbol{\eta}(v_{a,b} + v_{b,a})$$

在笛卡儿坐标系中,应力张量的分量在 $r = R$、θ、ϕ,$\mathrm{d}S = \sin(\theta)\mathrm{d}\theta\mathrm{d}\phi$ 处进行计算,并且

$$n_x = \cos(\phi)\sin(\theta), n_y = \sin(\phi)\sin(\theta), n_z = \cos(\theta)$$

执行此项计算,从而证明斯托克斯公式:

$$f_z = 6\pi\eta R v_0$$

注意:假设我们设定边界条件 $v_\theta = 0$ 对应于 $r = R$,而不是 $v_r = 0$ 对应于

$r=R$。这意味着 $\phi(R,\theta)=\mathrm{const}t$。我们会得到一个不同的解，即

$$\phi(r,\theta)=v_0\cos(\theta)(r-R^2/r)$$

这个边界条件意味着球体的表面是一个等势面。然而，我们很自然地认为球体表面上流体速度的法向分量为零，否则将产生局部湍流。

2. 锥形喷流的稳定流动

球极坐标中的速度场具有以下形式：

$$v=v_r(r,\theta)\hat{r}+v_\theta(r,\theta)\hat{\theta}$$

并且我们可以得到

$$(v,\nabla)v=v_r(v_{r,r}\hat{r}+v_{\theta,r}\hat{\theta})+r^{-1}v_\theta(v_{r,\theta}\hat{r}+v_{\theta,\theta}\hat{\theta})+r^{-1}v_\theta(v_r\hat{\theta}-v_\theta\hat{r})$$

我们利用

$$\hat{\theta}_{,\theta}=-\hat{r},\hat{r}_{,\theta}=\hat{\theta}$$

$$\hat{r}_{,r}=0,\hat{\theta}_{,r}=0$$

$$\nabla^2 v=v_{,rr}+2v_{,r}/r+r^{-2}v_{,\theta\theta}+r^{-2}\cos(\theta)v_{,\theta}$$

可以发现

$$v_{,r}=v_{r,r}\hat{r}+v_{\theta,r}\hat{\theta}$$

$$v_{,rr}=v_{r,rr}\hat{r}+v_{\theta,rr}\hat{\theta}$$

$$v_{,\theta}=v_{r,\theta}\hat{r}+v_{\theta,\theta}\hat{\theta}+v_r\hat{\theta}-v_\theta\hat{r}$$

$$=(v_{r,\theta}-v_\theta)\hat{r}+(v_{\theta,\theta}+v_r)\hat{\theta}$$

$$v_{,\theta\theta}=(v_{r,\theta\theta}-2v_{\theta,\theta}-v_r)\hat{r}+(v_{r,\theta}-v_\theta-v_{\theta,\theta\theta}+v_r)\hat{\theta}$$

此外，对于压力 $p(r,\theta)$，我们可以得出

$$\nabla p=p_{,r}\hat{r}+r^{-1}p_{,\theta}\hat{\theta}$$

另外

$$\mathrm{div}v=r^{-2}(r^2v_r)_{,r}+(r.\sin(\theta))^{-1}(\sin(\theta)v_\theta)_{,\theta}$$

练习：将这些表达式代入纳维尔－斯托克斯方程和不可压缩性方程

$$(v,\nabla)v=-\nabla p/\rho+\nu\nabla^2 v,\mathrm{div}v=0$$

针对三个函数 v_r、v_θ、p，推导出关于 r、θ 的三个偏微分方程，推导出解决这些问题的数值算法。

注意：利用不可压缩性方程，我们可以用一个函数 $\psi(r,\theta)$ 来代替这两个函数 v_r、v_θ，由此得到

$$r^2\sin(\theta)v_r=\psi_{,\theta},r.\sin(\theta)v_\theta=-\psi_{,r}$$

然后，针对 (r,θ) 的两个函数 ψ、p 得到两个偏微分方程。

3. 搅拌后圆柱杯内的流动

在这里，根据圆柱坐标 (ρ,ϕ,z)，在圆柱对称的情况下，我们引入速度场

$$v=v_\rho(t,\rho,z)\hat{\rho}+v_\phi(t,\rho,z)\hat{\phi}+v_z(t,\rho,z)\hat{z}$$

注意到

$$
\begin{aligned}
\nabla^2 v &= (\rho^{-1}\partial_\rho + \partial_\rho^2 + \rho^{-2}\partial_\phi^2 + \partial_z^2)(v_\rho\hat{\rho} + v_\phi\hat{\varphi} + v_z\hat{z}) \\
&= \hat{\rho}(\rho^{-1}v_{\rho,\rho} + v_{\rho,\rho\rho} + v_{\rho,zz} - \rho^{-2}v_\rho) \\
&\quad + \hat{\phi}(\rho^{-1}v_{\phi,\rho} + v_{\phi,\rho\rho} + v_{\phi,zz} - \rho^{-2}v_\phi) \\
&\quad + \hat{z}(\rho^{-1}v_{z,\rho} + v_{z,\rho\rho} + v_{z,zz})
\end{aligned}
$$

并且

$$
\begin{aligned}
(v,\nabla)v &= (v_\rho\partial_\rho + \rho^{-1}v_\phi\partial_\phi + v_z\partial z)(v_\rho\hat{\rho} + v_\phi\hat{\varphi} + v_z\hat{z}) \\
&= \hat{\rho}(v_\rho v_{\rho,\rho} - \rho^{-1}v_\phi^2 + v_z v_{\rho,z}) \\
&\quad + \hat{\phi}(v_\rho v_{\phi,\rho} + \rho^{-1}v_\phi v_\rho + v_z v_{\phi,z}) \\
&\quad + \hat{z}(v_\rho v_{z,\rho} + v_z v_{z,z})
\end{aligned}
$$

现在,将这些表达式代入纳维尔－斯托克斯方程:

$$
(v,\nabla)v + v_{,t} = -\nabla p/\rho_0 + \nu\,\nabla^2 v - g\,\hat{z}
$$

其中,$p = p(t,\rho,z)$,所以

$$
\nabla p = p_{,\rho}\hat{\rho} + p_{,z}\hat{z}
$$

从而获得四个函数 v_ρ、v_φ、v_z、p 的三个偏微分方程。第四个方程由不可压缩性条件提供:

$$
\rho^{-1}(\rho v_\rho)_{,\rho} + v_{z,z} = 0
$$

这个等式意味着这两个函数 v_ρ、v_z 可以用一个函数 $\psi(t,\rho,z)$来代替,即

$$
\rho v_\rho = \psi_{,z},\ \rho v_z = -\psi,\rho
$$

这样,最终得到了关于(t,ρ,z)的三个函数 ψ、p、v_φ 的三个偏微分方程。

3.1.12 利用速度势和流函数描述的二维不可压缩无旋流动、复变量解析函数的不同边界条件的解、柯西－黎曼(Cauchy－Riemann)方程以及流线和恒定速度势线正交性的证明,利用公式将不可压缩和无旋流动作为二维拉普拉斯方程、源和汇的解

练习:通过积分 $r^{-1} = (\rho^2 + z^2)^{-1}$进行证明:通过在ℝ上关于 z 进行积分,并利用

$$
\nabla^2 r^{-1} = -4\pi\delta(x)\delta(y)\delta(z)
$$

和

$$
\nabla^2 \lg(\rho) = 2\pi\delta(x)\delta(y)
$$

现在考虑二维不可压缩流动。不可压缩性意味着存在这样一个流函数 $\psi(t,x,y)$,使得

$$
v = \nabla\psi \times \hat{z}
$$

或者等效表达式

$$v_x(t,x,y)=\psi_{,y},v_y(t,x,y)=-\psi_{,x}$$

对于涡度,利用以下关系

$$\Omega=\nabla\times v=-\nabla^2\psi\hat{z}$$

因此,对纳维尔－斯托克斯方程取旋度,得到,

$$\nabla\times(\Omega\times v)+\Omega_{,t}=\nu\nabla^2\Omega+g$$

其中

$$g(t,x,y)=\nabla\times f(t,x,y)/\rho$$

f 是单位体积的外力(位于 xy 平面内)。

我们可以把这个方程表示为

$$\nabla^2\psi_{,t}+(\hat{z},\nabla\times(\nabla^2\psi\hat{z}\times(\nabla\psi\times\hat{z})))=\nu(\nabla^2)^2\psi-g$$

具体而言,证明这个方程等同于

$$\nabla^2\psi_{,t}+(\hat{z},\nabla^2\nabla\psi\times\nabla\psi)-\nu(\nabla^2)^2\psi-g$$

或者等效表达式

$$\nabla^2\psi_{,t}+\psi_{,y}\nabla^2\psi_{,x}-\psi_{,x}\nabla^2\psi_{,y}-\nu(\nabla^2)^2\psi+g=0$$

可以推导出:如果 K 是作用在 $\mathbb{R}^2$ 上的具有以下核的函数的线性算符

$$K(x-x',y-y')=4\pi\log((x-x')^2+(y-y')^2)$$

那么

$$\psi_{,t}(t,x,y)+K.(\psi_{,y}\nabla^2\psi_{,x}-\psi_{,x}\nabla^2\psi_{,y})(t,x,y)-\nu\nabla^2\psi(t,x,y)+g(t,x,y)=0$$

现在,在上述方程的非线性项中引入一个扰动参数 δ,并通过将扰动级数中的流函数展开为

$$\psi(t,x,y)=\sum_{n\geqslant 0}\delta^n\psi_n(t,x,y)$$

以及

$$\psi_{0,t}-\nu\nabla^2\psi_0+g=0,$$

$$\psi_{n,t}-\nu\nabla^2\psi_n+\sum_{k=0}^{n-1}K.(\psi_{k,y}\nabla^2\psi_{n-k,x}-\psi_{k,x}\nabla^2\psi_{n-k,y})=0,n\geqslant 1$$

3.2　二维导电流体的流动

现在考虑电场中的二维导电流体,其形式为

$$E=E_x(t,x,y)\hat{x}+E_y(t,x,y)\hat{y}$$

并且磁场的形式如下:

$$B=B_z(t,x,y)\hat{z}$$

写出平面运动方程

$$(v,\nabla v)+v_{,t}=-\nabla p/\rho+(\sigma/\rho)(E+v\times B)+\nu\nabla^2 v$$

根据 $\psi(t,x,y)$、$E_x(t,x,y)$、$E_y(t,x,y)$、$B_z(t,x,y)$以及麦克斯韦方程：

$$E_{x,x}+E_{y,y}=0$$

$$E_{y,x}-E_{x,y}=-B_{z,t}$$

$$-B_{z,x}=E_{y,t}+\sigma(E_y-v_xB_z),B_{z,y}=E_{x,t}+\sigma(E_x+v_yB_z)$$

第一个麦克斯韦方程意味着存在一个标量场$\chi(t,x,y)$，使得

$$E_x=\chi_{,y},E_y=-\chi_{,x}$$

现在利用上述内容证明，我们有三个方程正好对应三个函数 ψ、χ、B_z。

注意，现在利用上述内容证明，我们有三个方程正好对应三个函数 p，即利用 $\Omega=-\nabla^2\hat{\psi}z$ 和

$$\nabla\times(\Omega\times v)+\Omega_{,t}=-\nu\,\nabla^2\Omega+\nabla\times(E+v\times B)$$

注意

$$\begin{aligned}\nabla\times(E+v\times B)&=\hat{z}(-B_{z,t}-(v_xB_z)_{,x}-(v_yB_z)_{,y})\\&=-\hat{z}(B_{z,t}+v_xB_{z,x}+v_yB_{z,y})\end{aligned}$$

其中

$$v_x=\psi_{,y},v_y=-\psi_{,x}$$

利用 $K=(\nabla^2)^{-1}$核，解释我们如何得到对 ψ、χ、B_z 的一阶时间动力学方程。

3.2.1 非黏性和黏性导电流体的边界条件

3.2.2 雷诺数、湍流的产生、导电流体方程的量纲分析

3.3 利用有限元法求解流体动力学方程

例如，考虑流体在一维结构中的流动，其速度场为 $v(t,x)\in\mathbb{R}$，其密度场为 $\rho(t,x)\in\mathbb{R}$。设状态方程为 $p=p(\rho)$，那么，运动方程和连续性方程可以表示为

$$\rho(v_{,t}+vv_{,x})=-p'(\rho)\rho_{,x}+\eta v_{,xx}+f(t,x)$$

$$(\rho v)_{,x}+\rho_{,t}=0$$

其中，f 是单位体积的外力。

我们可以假设：在未扰动状态下，ρ 和 v 是常数，$f=0$，并将它们的扰动值分别写为 $\rho_0+\delta\rho(t,x)$和 $v_0+\delta v(t,x)$。然后展开到二次项，并将空间和时间指标离散化，得到 δv 和 $\delta\rho$ 的二阶沃尔泰拉（Volterra）差分方程。基于以上考虑，我们研究了矢量值二维二阶沃尔泰拉差分方程模拟中的有限寄存器效应，其形式如下：

$$Y[n,m]=\sum_{k,m=1}^{p}A_1[k,l]Y[n\quad k,m-l]$$

$$+\sum_{k,l,r,s=1}^{p} A_2[k,l,r,s](Y[n-k,m-l]\otimes Y[n-r,m-s])$$
$$+\sum_{k,l=0}^{p} B_1[k,l]X[n-k,m-l]$$
$$+\sum_{k,l,r,s=0}^{p} B_2[k,l,r,s](X[n-k,m-l]\otimes X[n-r,m-s])$$

在数字计算机上实现该差分方程时,截断误差和舍入误差的影响是将该差分方程修改为

$$\begin{aligned}Y[n,m] = &\sum_{k,l=1}^{p} A_1[k,l]Y[n-k,m-l] + \sum_{k,l,r,s=1}^{p} A_2[k,l,r,s]\\ &(Y[n-k,m-l]\otimes Y[n-r,m-s])\\ &+\sum_{k,l=0}^{p} B_1[k,l]X[n-k,m-l] + \sum_{k,l,r,s=0}^{p} B_2[k,l,r,s]\\ &(X[n-k,m-l]\otimes X[n-r,m-s])\\ &+\sum_{k,l} E_{1,kl}[n,m] + \sum_{k,l,r,s} A_2[k,l,r,s]E_{2,klrs}[n,m] + \sum_{klrs} E_{3,klrs}[n,m]\\ &+\sum_{k,l} E_{4,kl}[n,m] + \sum_{klrs} B_2[k,l,r,d]E_{5,klrs}[n,m] + \sum_{klsr} E_{6,klrs}[n,m]\end{aligned}$$

其中,$E_{j,kl}[n,m]$,$E_{j,klrs}[n,m]$为截断误差和舍入过程,假设其在$[0,\Delta]$或$[-\Delta/2,\Delta/2]$上具有均匀分布或取决于所用截断或舍入的独立分量,其中$\Delta=2^{-b}$,b表示每个寄存器中的位数。我们得到以下表达式:

$$Y[n,m]=Y_x[n,m]+Y_e[n,m]$$

其中,Y_x是输出的信号部分,其具有比输出的噪声部分$Y_e[n,m]$更大的幅度,我们分别使信号部分和一阶噪声部分相等, 即

$$\begin{aligned}Y_x[n,m] = &\sum_{k,l=1}^{p} A_1[k,l]Y[n-k,m-l]\\ &+\sum_{k,l,r,s=1}^{p} A_2[k,l,r,s](Y[n-k,m-l]\otimes Y[n-r,m-s])\\ &+\sum_{k,l=0}^{p} B_1[k,l]X[n-k,m-l]\\ &+\sum_{k,l,r,s=0}^{p} B_2[k,l,r,s](X[n-k,m-l]\otimes X[n-r,m-s])\end{aligned}$$

$$\begin{aligned}Y_e[n,m] = &\sum_{klrs} A_2[k,l,r,s](Y_x[n-k,m-l]\otimes Y_e[n-r,m-s]\\ &+Y_e[n-k,m-l]\otimes Y_x[n-r,m-s])\\ &+\sum_{k,l} E_{1,kl}[n,m] + \sum_{k,l,r,s} A_2[k,l,r,s]E_{2,klrs}[n,m] + \sum_{klrs} E_{3,klrs}[n,m]\\ &+\sum_{k,l} E_{4,kl}[n,m] + \sum_{klrs} B_2[k,l,r,d]E_{5,klrs}[n,m] + \sum_{klsr} E_{6,klrs}[n,m]\end{aligned}$$

上面第二个方程可用于推导输出噪声自相关函数的差分方程。

3.4 研究不可压缩流体运动时引入一个无散度的单一流函数矢量场以消除压力的影响

$$\mathrm{div}v=0$$

$\mathrm{div}v=0$ 是不可压缩性方程。纳维尔－斯托克斯方程如下：

$$v_{,t}+(v,\nabla)v=-\nabla p/\rho+\nu\nabla^2 v+f$$

其中，f 是单位质量所受的外力。这个纳维尔－斯托克斯方程可以重新排列为

$$v_{,t}+\Omega\times v+(1/2)\nabla(v^2)=-\nabla p/\rho+\nu\nabla^2 v+f$$

其中

$$\Omega=\nabla\times v$$

是流体涡度。不可压缩条件意味着

$$v=\nabla\times\psi$$

其中，鉴于 ψ 可以被替换为 $\psi+\nabla\eta$ 这一条件，我们可以假设 $\mathrm{div}\psi=0$，其中 η 是任意标量场，不影响 v。因此，我们得到

$$\Omega=-\nabla^{\psi}$$

根据关于旋度的纳维尔－斯托克斯方程，我们可以得到流函数矢量场 ψ 的非线性偏微分方程：

$$\Omega_{,t}+\nabla\times(\Omega\times v)=\nu\nabla^2\omega+g,g=\nabla\times f$$

或

$$\nabla^2\psi_{,t}+\nabla\times((\nabla^2\psi)\times(\nabla\times\psi))=\nu(\nabla^2)^2\psi-g$$

此式可以利用格林函数 $G(r)=-1/4\pi|r|$ 对 ∇^2 进行求逆：

$$\nabla^2\int G(r-r')\eta(r')\mathrm{d}^3r'=\eta(r)$$

得到

$$\psi_{,t}+G.(\nabla\times((\nabla^2\psi)\times(\nabla\times\psi)))=-\nu\nabla^2\psi-G.g$$

3.5 受随机外部力场驱动的流体

如果在上述方程中 f 是随机场，那么 $g(t,r)$ 也是随机场，并且假设 g 是具有自相关 $R_g(t,r|t',r')=<g(t,r).g(t',r')>$ 的零均值高斯场，我们的目的是计算流函数场 $\psi(t_1,r_1)\otimes\cdots\psi(t_n,r_n)$ 的所有矩，由此可以计算速度场的所有统计矩。通过利用微扰理论求解 ψ，可以实现这一目的，即

$$\psi_{,t}+\delta.G.\ \nabla\times((\nabla^2\psi)\times(\nabla\times\psi))=\nu(\nabla^2)\psi-G.g$$

$$\psi=\psi_0+\delta.\psi_1+\delta^2.\psi_2+\cdots$$

所以,通过 $\delta^n, n=0,1,\cdots$ 的连续等化系数,我们可以得到

$$\psi_{0,t}-\nu\nabla^2\psi_0+G.g=0$$

$$\psi_{n+1,t}-\nu\nabla^2\psi_{n+1}=G.\ \nabla\times((\nabla^2\psi_n)\times(\nabla\times\psi_n)), n=0,1,\cdots$$

因此,如果 $K(t,r)$ 表示扩散方程的格林函数,即

$$K_{,t}(t,r)-\nu\nabla^2K(t,r)=\delta^3(r)$$

那么,我们可以得到

$$\psi_0(t,r)=-K.G.g(t,r)=-\int K(t-t',r-r')G.g(t',r')\mathrm{d}^3r'\mathrm{d}^3r',$$

$$\psi_{n+1}(t,r)=\nu.K.G.\ \nabla\cdot((\nabla^2\psi_n)\times(\nabla\times\psi_n))(t,r), n=1,2,\cdots$$

对于该扰动级数的收敛性需要加以研究。

3.6　相对论流体的张量方程

设定 $T^{\mu\nu}$ 表示不考虑黏性和热效应的流场的能量动量张量,并且设定 $\Delta T^{\mu\nu}$ 表示由于黏性和热效应对能量动量张量的贡献。然后,通过能量动量守恒,可以得到基本的狭义相对论流体方程,即

$$(T^{\mu\nu}+\Delta T^{\mu\nu})_{,\nu}=f^\mu$$

其中,f^μ 是外部施加的四个力。设定 v^μ 表示四速度 $\mathrm{d}x^\mu/\mathrm{d}\tau$,而 $\mathrm{d}\tau=\mathrm{d}t\sqrt{1-u^2}$,其中 $u=(u^r)_{r=1}^3, u^r=\mathrm{d}x^r/\mathrm{d}t=v^r\mathrm{d}\tau/\mathrm{d}t$。那么

$$T^{\mu\nu}=(\rho+p)v^\mu v^\nu-p\eta^{\mu\nu}$$

我们写出上面的能量 - 动量守恒方程,将其作为一个练习,并将其分为动量守恒部分和质量守恒部分。关于如何利用粒子数守恒 $(nv^\mu)_{,\mu}=0$ 和热力学第一定律和第二定律计算 $\Delta T^{\mu\nu}$ 的详细说明如下:

$$T\mathrm{d}S=\mathrm{d}U+p\mathrm{d}V, \mathrm{d}S\geqslant 0$$

可以表达成以下形式,即

$$T\mathrm{d}\sigma=\mathrm{d}(\rho/n)+p\mathrm{d}(1/n)$$

其中,σ 是每个粒子的熵,n 是每单位体积的粒子数,由史蒂文 · 温伯格(Steven Weinberg)在其著作《引力与宇宙学:广义相对论的原理与应用》(Wiley 出版社)中对此进行了详细介绍。

3.7　广义相对论流体的特殊解

对于径向运动的物质场,坐标系 (t,r,θ,ϕ) 中的能量动量张量具有以下

形式：

$$T^{00}=(\rho+p)v^{02}-pg^{00},T^{11}=(\rho+p)v^{12}-pg^{11},$$
$$T^{22}=-pg^{22},T^{33}=-pg^{33},T^{01}=T^{10}=(\rho+p)v^{0}v^{1}$$

其中

$$g_{00}v^{02}+g_{11}v^{12}=1$$

即

$$v^{0}=g_{00}^{-1/2}(1-g_{11}(v^{1})^{2})^{1/2}$$

我们假设一个径向对称度规，即以下形式的度规

$$\mathrm{d}\tau^{2}=A(t,r)\mathrm{d}t^{2}-B(t,r)\mathrm{d}r^{2}-r^{2}(\mathrm{d}\theta^{2}+\sin^{2}(\theta)\mathrm{d}\phi^{2})$$

爱因斯坦场方程如下：

$$R_{\mu\nu}-(1/2)Rg_{\mu\nu}=-8\pi GT_{\mu\nu}$$

假设ρ,p仅为(t,r)的函数。唯一非平凡的爱因斯坦场方程对应于指数$(0,0)$、$(0,1)$、$(1,1)$、$(2,2)$，这是四个函数A、B、ρ、v^1的四个方程。这里，假设v^1只是(t,r)的函数。

注意，爱因斯坦场方程的$(3,3)$分量与$(2,2)$相同，因为

$$R_{33}=R_{22}\sin^{2}(\theta),T_{33}=T_{22}\sin^{2}(\theta),T_{22}=-pg^{22}=p/r^{2}$$

问题：此外，当电磁场具有径向对称性时，爱因斯坦－麦克斯韦场方程如何表达？

3.8 利用扰动流体动力学色散关系分析星系演化（未扰动的度规对应于均匀且各向同性宇宙的罗伯逊－沃克（Roberson－Walker）度规

令

$$g_{00}=1,g_{11}=-f(r)S^{2}(t),g_{22}=-S^{2}(t)r^{2},f(r)=1/(1-kr^{2})$$

设定$\delta g_{\mu\nu}$表示由非均匀性引起的扰动度规张量，对坐标系进行稍微扰动，以确保$\delta g_{0\mu}=0$。那么，非平凡扰动度规张量分量的数目是6个，即$\delta g_{rs}(1\leqslant r\leqslant s\leqslant 3)$。这些分量满足具有扰动能量动量张量的扰动爱因斯坦场方程：

$$\delta R_{\mu\nu}=-8\pi G(\delta T_{\mu\nu}-\delta\Delta T_{\mu\nu}-(1/2)\delta(T+\Delta T)g_{\mu\nu}-(1/2)(T+\Delta T)\delta g_{\mu\nu})$$

这些方程的数目是10个。要求解的函数是δg_{rs}、δv^{r}和$\delta\rho$，即数量为10个。

注意，压力是利用状态方程通过密度确定的。如果我们将电磁场的二次分量视为一阶，并包括电磁场，则我们必须将电磁场的能量－动量张量添加到上述扰动的爱因斯坦场方程的右侧，并且还要考虑麦克斯韦方程

$$(F^{\mu\nu}\sqrt{-g})_{,\nu}=0$$

我们将 A_μ 视为基本的电磁四势，它们具有小的$(1/2)^{th}$阶数，指数的升高和降低包括利用未扰动的罗伯逊－沃克度规进行度规行列式 g 的计算。由此，我们可以得到额外的四个电磁四势方程。我们注意到扰动的爱因斯坦场方程蕴含着扰动的流体方程，即

$$[\delta T^{\mu\nu}+\delta\Delta T^{\mu\nu}+S^{\mu\nu}]_{;\nu}=0$$

其中，协变导数是使用未扰动度规计算的。

3.9　磁流体动力学－磁场和涡旋的扩散

非相对论性的磁流体动力学方程为

$$\begin{aligned}v_{,t}+(v,\nabla)v&=-\nabla p/\rho+\nu\nabla^2 v+(\sigma/\rho)(J\times B)J\\&=\sigma(E+v\times B)\end{aligned}$$

并且不可压缩性条件为

$$\mathrm{div}v=0$$

并且麦克斯韦方程如下：

$$\mathrm{div}E=\rho_q/\epsilon,\mathrm{div}B=0,\mathrm{curl}E=-B_{,t},\mathrm{curl}B=\mu J+\mu\epsilon E_{,t}$$

其中

$$\rho_{q,t}=-\mathrm{div}J$$

我们可以得到以下表达式：

$$\begin{aligned}B&=\mathrm{curl}A,E=-\nabla\Phi-A_{,t},A(t,r)\\&=(\mu/4\pi)\int J(t-|r-r'|/c,r')\mathrm{d}^3r'/|r-r'|\end{aligned}$$

$$\Phi(t,r)=(1/4\pi\epsilon)\int\rho_q(t-|r-r'|/c,r')\mathrm{d}^3r'/|r-r'|$$

因此

$$\begin{aligned}B&=(\mu/4\pi)\int J(t-|r-r'|/cr')(r'-r)\mathrm{d}^3r'/|r-r'|^3\\&\quad+(\mu/4\pi)\int J_{,t}(t-|r-r'|/c,r')(r-r')/|r-r'|^2)\mathrm{d}^3r'\end{aligned}$$

如果相对于零电场和恒定磁场的电磁场扰动很弱，那么我们可以假设它们是一阶小扰动，如 δE、δB，并且流体速度场表现为恒定速度场 V 的小扰动，则

$$v(t,r)=V+\delta v(t,r),B(t,r)=B_0+\delta B(t,r),E(t,r)=\delta E(t,r)$$

然后，直到线性阶，我们都已经考虑了密度涨落，即

$$\begin{aligned}\delta v_{,t}+(V,\nabla)\delta v&=-\nabla\delta p/\rho+(p/\rho^2)\nabla\delta\rho+\nu\nabla^2\delta v\\&\quad+(\sigma/rho)[(\delta E+V\times\delta B)+\delta v\times B_0]\times B_0-(\sigma/\rho^2)(V\times B_0)\delta\rho\\&\quad+(\sigma/\rho)(V\times B_0)\times\delta B\end{aligned}$$

$$\mathrm{div}\delta B=0, \mathrm{curl}\delta E=-\mu\delta B_{,t}, \mathrm{curl}\delta B=\mu\delta J+\mu\epsilon\delta E_{,t}$$

其中

$$\delta J=\sigma(\delta E+V\times\delta B+\delta V\times B_0)$$

3.10 利用扰动牛顿(Newton)流体建立星系方程

根据哈勃定律,未受扰动的速度场具有以下形式

$$V(t,r)=H(t)r$$

设定 $\delta v(t,r)$ 表示其扰动,$\delta\rho$ 表示密度扰动。那么,纳维尔-斯托克斯方程和物质守恒方程可以表达为

$$\delta v,t(t,r)+H(t)(r,\nabla)\delta v(t,r)+H(t)\delta v(t,r)=-p'(\rho)\nabla\delta\rho(t,r)+\nu\nabla^2\delta v(t,r)$$

$$\rho\mathrm{div}\delta v(t,r)+H(t)r.\ \nabla\rho+\delta\rho,t(t,r)=0$$

3.11 绘制流体粒子的轨迹

如果 $v(t,r)$ 是速度场,那么流体粒子的轨迹是通过求解常微分方程得到的,即

$$\mathrm{d}r(t)/\mathrm{d}t=v(t,r(t))$$

我们可以用一个差分方程来得到近似表达:

$$r(t+\Delta)=r(t)+\Delta v(t,r(t))+\Delta^2(\partial/\partial t+(v(t,r(t)),\nabla))v(t,r(t))/2!$$
$$+\cdots+(\Delta^{n+1}/(n+1)!)(\partial/\partial t+(v(t,r(t)),\nabla))^n v(t,r(t))+O(\Delta^{n+2})$$

通过这种方式,可以绘制流体粒子的轨迹。

3.12 流体湍流统计理论、速度场矩方程、柯尔莫戈洛夫-奥布霍夫(Kolmogorov-Obhukov)谱

就分量而言,不可压缩稳态流体方程为

$$v_{k,k}(r)=0, v_k(r)v_{i,k}(r)=-p_{,i}(r)/\rho+\nu v_{i,kk}(r)$$

方程采用了求和约定。假设速度场和压力场仅取决于空间位置 $r=(x,y,z)$,而不取决于时间。我们假设湍流是均匀的,即

$$<v_i(r)v_j(r')>=B_{ij}(r-r')$$

$$<v_i(r)v_j(r')v_k(r'')>=C_{ijk}(r-r',r'-r'')$$

通过消除压力,我们可以得到

$$(v_k v_{i,k})_{,j}-(v_k v_{j,k})_{,i}=\nu(v_{i,jkk}-v_{j,ikk})$$

另一种假设如下:

$$<v_i(r)p(r')> = A_i(r-r'), <v_i(r)v_j(r')p(r'')> = A_{ij}(r-r', r'-r'')$$

根据不可压缩性方程,我们得到

$$<v_{k,k}(r)v_j(r')> = 0$$

或

$$B_{kj,k}(r) = 0$$

$$<v_{k,k}(r)v_i(r')v_j(r'')> = 0$$

或

$$C_{kij,k}(r,r') = 0$$

根据纳维尔 - 斯托克斯方程,有

$$<v_k(r)v_{i,k}(r)> = -<p_{,i}(r)>/\rho + \nu <v_{i,kk}(r)>$$

假设零平均压力和零平均速度,我们可以得到

$$B_{ik,k}(0) = 0$$

并且

$$<v_{i,k}(r)v_k(r)v_j(r')> = -<p_{,i}(r)v_j(r')>/\rho + \nu <v_{i,kk}(r)v_j(r')>$$

或

$$C_{ikj,k}(0, r-r') - A_{j,i}(r'-r) - vB_{ij,kk}(r-r') = 0$$

我们现在可以得到更具体的结果,假设速度相关性 $B_{ij}(r-r')$ 可以用各向同性形式表示为

$$B_{ij}(r-r') = <v_i(r)v_j(r')> = P(|r-r'|)\boldsymbol{n}_i\boldsymbol{n}_j + Q(|r-r'|)\delta_{ij}$$

其中,n_i 是沿着 $r-r'$ 的单位矢量,即

$$\boldsymbol{n} = (\boldsymbol{n}_i) = (r-r')/|r-r'|$$

并进一步假设

$$A_i(r-r') = <v_i(r)p(r')> = S(|r-r'|)n_i$$

和 $C_{ijk}(r,r') = 0$。

练习:推导出函数 $P(|r|)$、$Q(|r|)$、$S(|r|)$ 所满足的方程。

3.13 利用基于离散化和扩展卡尔曼(Kalman)滤波器的离散空间速度测量以估计受随机强迫的流体的速度场

3.14 量子流体动力学(通过引入辅助拉格朗日乘子场对流体速度场进行量子化)

流体方程如下:

$$(v,\nabla)v+v_{,t}=-\nabla p/\rho+\nu\,\nabla^2 v+f \tag{3-1}$$

其中,f 是外部力场。这需要用不可压缩性条件来进行补充,即

$$\mathrm{div}v=0 \tag{3-2}$$

利用拉格朗日乘子场 $\lambda(t,r)\in\mathbb{R}^3$ 和 $\mu(t,r)\in\mathbb{R}$,从中推导出流体方程的拉格朗日量为

$$L(\mu,\boldsymbol{\lambda},v,p)=\boldsymbol{\lambda}^{\mathrm{T}}((v,\nabla)v+v_{,t}+\nabla p/\rho-\nu\,\nabla^2 v-f)-\mu\mathrm{div}v \tag{3-3}$$

或者采用等效方式,在分部积分之后利用爱因斯坦求和约定,即

$$L=\lambda_i v_j v_{i,j}+\lambda_i v_{i,t}+\lambda_i p_{,i}/\rho+\nu\boldsymbol{\lambda}_{i,j}v_{i,j}-\lambda_i f_i-\mu v_{j,j}$$

状态方程为约束方程:

$$\frac{\partial L}{\partial\lambda}=0,\frac{\partial L}{\partial\mu}=0$$

共态方程形式如下:

$$\partial_t\frac{\partial L}{\partial v_{i,t}}+\partial_j\frac{\partial L}{\partial v_{i,j}}=\frac{\partial L}{\partial v_i}$$

从而得出

$$\boldsymbol{\lambda}_{i,t}+(\boldsymbol{\lambda}_i v_j)_{,j}+\nu\boldsymbol{\lambda}_{i,jj}-\boldsymbol{\mu}_{,i}-\boldsymbol{\lambda}_j v_{j,i}=0$$

利用矢量符号,上式可以表示为

$$\boldsymbol{\lambda}_{,t}+\boldsymbol{\lambda}.\ \mathrm{div}v+(v,\nabla)\boldsymbol{\lambda}+\nu\,\nabla^2\boldsymbol{\lambda}-\nabla\mu-\nabla_v((\boldsymbol{\lambda},v))=0$$

其中,微分算符∇_v只作用于 v。最后,共态方程形式如下

$$\partial_i\frac{\partial L}{\partial p_{,i}}=0$$

从而得出

$$\mathrm{div}\boldsymbol{\lambda}=\lambda_{i,i}=0$$

为了对此进行量子化,我们必须利用勒让德变换求出哈密顿量:

$$\pi_i=\frac{\partial L}{\partial v_{i,t}}=\boldsymbol{\lambda}_i$$

所以哈密顿量为

$$H=\pi_i v_{i,t}-L=-\pi_i v_j v_{i,j}-\pi_i p_{,i}/\rho-\nu\pi_{i,j}v_{i,j}+\pi_i f_i+\mu v_{j,j}$$

哈密顿方程如下:

$$\pi_{i,t}=-\frac{\delta H}{\delta v_i}=-\frac{\partial H}{\partial v_i}+\partial_j\frac{\partial L}{\partial v_{i,j}}$$

$$v_{i,t}=\frac{\delta H}{\delta\pi_i}=\frac{\partial H}{\partial\pi_i}-\partial_j\frac{\partial H}{\partial\pi_{i,j}}$$

$$\frac{\partial H}{\partial\mu}=0$$

我们留给读者去检验这些表达式是否产生了正确的运动方程。设定 $\pi_{\lambda i}$ 表

示与 λ_i 共轭的动量密度，并设定 π_μ 表示与 μ 共轭的动量密度。我们注意到，π_i 是与 v_i 共轭的动量密度：另外还设定 π_p 表示与 p 共轭的动量密度。那么，我们得到如下约束方程

$$\pi_\mu = 0, \pi_{\lambda i} = 0, \pi_p = 0$$

我们还可以得到以下约束方程：

$$\chi = v_{i,i} = 0, M_i = \pi_i - \lambda_i = 0$$

然后，考虑到这些约束条件，我们得出狄拉克符号。例如，一些标准的泊松括号如下：

$$[v_i(t,r), \chi(t,r')] = 0, [\chi(t,r), \pi_i(t,r')] = \mathrm{i}\partial_i \delta^3(r - r')$$

$$[\chi(t,r), M_i(t,r')] = [v_{j,j}(t,r), \pi_i(t,r')] = \mathrm{i}\partial_i \delta^3(r - r')$$

这些公式可用于形成量子化的狄拉克符号。

（参考文献：史蒂文·温伯格(Steven Weinberg)《场的量子理论》第 1 卷，剑桥大学出版社）

3.15　流体动力学的最优控制问题

问题：在时间间隔 $[0,T]$ 和空间区域 $B \subset \mathbb{R}^3$ 上，将流体速度场 $v(t,r)$ 与给定的/期望的速度场 $v_d(t,r)$ 相匹配。假设流体是不可压缩的，我们可以得出 $\mathrm{div} v = 0$。我们还假设所需的速度场 v_d 是不可压缩的，即 $\mathrm{div} v_d = 0$。这意味着，利用以下关系，我们可以从流场 ψ、ψ_d 中推导出

$$v = \mathrm{curl}\psi, v_d = \mathrm{curl}\psi_d$$

我们可以不失一般性地假设 $\mathrm{div}\psi = \mathrm{div}\psi_d = 0$，然后速度场的匹配问题相当于流矢量场 $\psi(t,r)$ 和 $\psi_d(t,r)$ 的匹配。通过取纳维尔－斯托克斯方程的旋度，我们可以得出

$$\nabla^2 \psi_{,t} + \nabla \times (\nabla^2 \psi \times (\mathrm{curl}\psi)) = \nu (\nabla^2)^2 \psi - g(t,r)$$

其中

$$g = \mathrm{curl} f$$

其中，f 开始控制力场。我们现在把 g 看作是控制力场，并且应该满足约束 $\mathrm{div} g = 0$。因此，目标是对下式进行最小化：

$$\begin{aligned} S(g,\psi,\boldsymbol{\lambda},\mu) = & \int_{[0,T]\times B} \| \psi(t,r) - \psi_d(t,r) \|^2 \mathrm{d}t\mathrm{d}^3 r \\ & - \int_{[0,T]\times B} \boldsymbol{\lambda}(t,r)^{\mathrm{T}} (\nabla^2 \psi_{,t}(t,r) + \nabla \times (\nabla^2 \psi(t,r) \times (\mathrm{curl}\psi(t,r))) \\ & - \nu (\nabla^2)^2 \psi(t,r) - g(t,r)) \mathrm{d}t\mathrm{d}^3 r \\ & - \int_{[0,T]\times B} \mu(t,r) \mathrm{div} g(t,r) \mathrm{d}t\mathrm{d}^3 r \end{aligned}$$

我们需要进行输入量和共态方程的 S 变化和推导，将此项任务留作一个练习。

3.16 简单排除模型的流体动力学标度限制

作为排除过程运行载体的晶格是$\mathbb{Z}_N^d$,排除过程是$\eta_t:\mathbb{Z}_N^d\to\{0,1\}$,其中$\eta_t(x)$是1或0,这取决于该位置$x\in\mathbb{Z}_N^d$是否被粒子占据。在时间$t$,如果位置$x$被占据,而位置$y$没有被占据,即$\eta_t(x)=1,\eta_t(y)=0$,则粒子在位置$x$有概率$p(x,y)\mathrm{d}t$跳到位置$y$,否则不会出现这种情况。因此,我们可以定义一族独立的泊松过程$\{N_t(x,y):t\geqslant 0\}$,$x$、$y\in\mathbb{Z}_N^d$,其速率为$\lambda p(x,y)$,而$\sum_{y\in\mathbb{Z}_N^d}p(x,y)=1$,并且排除过程$\eta_t$满足随机微分方程:

$$\mathrm{d}\eta_t(x)=\sum_{y:y\neq x}(-\eta_t(x)(1-\eta_t(y))\mathrm{d}N_t(x,y)+\eta_t(y)(1-\eta_t(x))\mathrm{d}N_t(y,x))$$

该过程η_t具备马尔可夫(Markov)性质,并且具有无穷小生成元L,其中对于$f:\{0,1\}^{\mathbb{Z}_N^d}\to\mathbb{R}$,我们可以得到

$$Lf(\eta)=\lambda\sum_{x\neq y}\eta(x)(1-\eta(y))p(x,y)(f(\eta^{(x,y)})-f(\eta))$$

其中

$$\eta^{(x,y)}:\mathbb{Z}_N^d\to\{0,1\}$$

是一种映射,按照以下方式定义:如果$z\neq x,z\neq y$,那么$\eta^{(x,y)}(z)$等于$\eta(z)$,如果$z=y$,那么等于$\eta(x)$,而如果$z=x$,那么等于$\eta(y)$。换句话说,$\eta^{(x,y)}$是这样一种状态:交换位置x和y的状态并保持其他位置状态不变。我们将其表达为

$$\rho(t,x/N)=c(N)\mathbb{E}(\eta_t(x)),x\in\mathbb{Z}_N^d$$

其中,$c(N)$是归一化常数。然后,在极限$N\to\infty$,$\rho(t,.)$中收敛于d维环面$\mathbb{T}^d=[0,1]^d$上的一个函数,我们称这个函数$\rho(t,\theta)(\theta\in\mathbb{T}^d)$为排除过程的极限密度。Varadhan和其他研究人员通过利用大偏差理论对转移概率$p(x,y)$施加各种条件,推导出了类似于伯格斯(Burgers)方程的非线性偏微分方程$\rho(t,\theta)$(参考文献:S. R. S. Varadhan的论文集,Hindustan Book Agency出版)。其基本思想是从一个平滑函数$J:\mathbb{T}^d\to\mathbb{R}$开始,并考虑

$$\int_{[0,1]^d}J(\theta)\rho(t,\theta)\mathrm{d}^d\theta$$

作为下式的极限

$$\sum_{x\in\mathbb{Z}_N^d}J(x/N)\rho(t,x/N)N^{-d}$$

此时$N\to\infty$。利用针对η_t的随机微分方程,我们可以很容易地得出

$$\begin{aligned}\mathrm{d}\rho(t,x/N)/\mathrm{d}t=c(N)\lambda\,\mathbb{E}\sum_{y:y\neq x}[&(\eta_t(y)(1-\eta_t(x))p(y,x)\\&-\eta_t(x)(1-\eta_t(y))p(x,y)]\end{aligned}$$

3.17　附录：正交曲线坐标系中专门用于柱面和球面极坐标的完全流体动力学方程

设定(q_1,q_2,q_3)为正交曲线坐标系。设定$\boldsymbol{\sigma}_{ab}$为笛卡儿系统中的压力和粘度的应力张量，并设定$\tilde{\boldsymbol{\sigma}}_{ij}$为曲线坐标系中的相关应力张量。那么，我们可以得到

$$\tilde{\boldsymbol{\sigma}}_{ij} = \boldsymbol{\sigma}_{ab}\boldsymbol{e}_{ia}\boldsymbol{e}_{jb}$$

其中，$(\boldsymbol{e}_{i1},\boldsymbol{e}_{i2},\boldsymbol{e}_{i3})$是沿笛卡儿基表示的$q_i$方向的单位矢量。因此

$$(\boldsymbol{e}_{ia}, a=1,2,3) = \nabla q_i / |\nabla q_i| = \boldsymbol{H}_i^{-1}\left(\frac{\partial x_a}{\partial q_i}\right)_{a=1}^{3}$$

其中

$$\boldsymbol{H}_i = \left|\frac{\partial r}{\partial q_i}\right| = \sum_{a=1}^{3}\left(\frac{\partial x_a}{\partial q_i}\right)^2$$

沿着$\boldsymbol{e}_i$方向每单位体积的总压力和黏性力由下式给出，即

$$\tilde{\boldsymbol{s}}_i = \boldsymbol{\sigma}_{ab,b}\boldsymbol{e}_{ia} = (\boldsymbol{\sigma}_{ab}\boldsymbol{e}_{ia})_{,b} - \boldsymbol{\sigma}_{ab}\boldsymbol{e}_{ia,b}$$

现在注意到，由于矩阵$((\boldsymbol{e}_{ia}))$是正交的，我们可以得到

$$\boldsymbol{\sigma}_{ab} = \tilde{\boldsymbol{\sigma}}_{ij}\boldsymbol{e}_{ia}\boldsymbol{e}_{jb}$$

因此可以进行如下表达

$$\boldsymbol{\sigma}_{ab}\boldsymbol{e}_{ia} = \tilde{\boldsymbol{\sigma}}_{ij}\boldsymbol{e}_{jb}$$

所以

$$\begin{aligned}(\boldsymbol{\sigma}_{ab}\boldsymbol{e}_{ia})_{,b} &= (\tilde{\boldsymbol{\sigma}}_{ij}\boldsymbol{e}_{jb})_{,b} = \tilde{\boldsymbol{\sigma}}_{ij,k}q_{k,b}\boldsymbol{e}_{jb} + \tilde{\boldsymbol{\sigma}}_{ij}e_{jb,b}\\ &= \tilde{\boldsymbol{\sigma}}_{ij,k}(\nabla q_k, \boldsymbol{e}_j) + \tilde{\boldsymbol{\sigma}}_{ij}\boldsymbol{e}_{jb,b}\end{aligned}$$

此时

$$(\nabla q_k, \boldsymbol{e}_j) = |\nabla q_k|(\boldsymbol{e}_k, \boldsymbol{e}_j) = \boldsymbol{H}_k^{-1}\delta_{kj}$$

并且

$$\boldsymbol{e}_{jb,b} = \mathrm{div}\boldsymbol{e}_j = (\boldsymbol{H}_1\boldsymbol{H}_2\boldsymbol{H}_3)^{-1}\boldsymbol{\epsilon}(jrs)(\boldsymbol{H}_r\boldsymbol{H}_s)_{,j}$$

其中利用了正交曲线坐标系中的散度公式。这里，j、r、s 表示曲线指数，a、b、c 表示笛卡儿指数。因此，有

$$(\boldsymbol{\sigma}_{ab}\boldsymbol{e}_{ia})_{,b} = \boldsymbol{H}_k^{-1}\tilde{\boldsymbol{\sigma}}_{ik,k} + (\boldsymbol{H}_1\boldsymbol{H}_2\boldsymbol{H}_3)^{-1}\tilde{\boldsymbol{\sigma}}_{ij}\boldsymbol{\epsilon}(jrs)(\boldsymbol{H}_r\boldsymbol{H}_s)_{,j}$$

另外

$$\boldsymbol{\sigma}_{ab}\boldsymbol{e}_{ia,b} = \tilde{\boldsymbol{\sigma}}_{rs}\boldsymbol{e}_{ra}\boldsymbol{e}_{sb}\boldsymbol{e}_{ia,b}$$

此时

$$\boldsymbol{e}_{sb}\boldsymbol{e}_{ia,b} = (\boldsymbol{e}_s, \nabla)\boldsymbol{e}_{ia} = \boldsymbol{H}_s^{-1}\boldsymbol{e}_{ia,s} = \boldsymbol{H}_s^{-1}\frac{\partial \boldsymbol{e}_{ia}}{\partial q_s}$$

其中利用了正交曲线坐标系中的梯度公式。此时

$$\boldsymbol{e}_{ra}\boldsymbol{e}_{ia,s}$$

如果 $r=a$，那么该值为零，而如果 $r\neq a$，我们可以进行如下计算。例如，考虑

$$\boldsymbol{e}_{2a}\boldsymbol{e}_{2a,1}=0$$

因为 $\boldsymbol{e}_{2a}\boldsymbol{e}_{2a}=1$，并且因此 $\boldsymbol{e}_{2a}\boldsymbol{e}_{2a,1}=0$，这意味着 $\boldsymbol{e}_{2,1}$ 与 $\boldsymbol{e}_2$ 正交，因此在 $\boldsymbol{e}_3$ 和 $\boldsymbol{e}_1$ 的线性跨度内，我们可以得出以下表达式：

$$\boldsymbol{e}_{2,1}=\boldsymbol{c}_1\boldsymbol{e}_1+\boldsymbol{c}_3\boldsymbol{e}_3$$

其中

$$\boldsymbol{c}_1=(\boldsymbol{e}_{2,1},\boldsymbol{e}_1),\boldsymbol{c}_3=(\boldsymbol{e}_{2,1},\boldsymbol{e}_3)$$

此时

$$(\boldsymbol{e}_{2,1},\boldsymbol{e}_1)=-(\boldsymbol{e}_2,\boldsymbol{e}_{1,1})$$

注意：根据正交曲线坐标系中的旋度公式，我们知道

$$\mathrm{curl}(\boldsymbol{e}_k/\boldsymbol{H}_k)=0, k=1,2,3$$

同样根据正交曲线系统的散度公式，我们知道

$$\mathrm{div}(\boldsymbol{e}_1/\boldsymbol{H}_2\boldsymbol{H}_3)=\mathrm{div}(\boldsymbol{e}_2/\boldsymbol{H}_3\boldsymbol{H}_1)=\mathrm{div}(\boldsymbol{e}_3/\boldsymbol{H}_1\boldsymbol{H}_2)=0$$

通过这些方程，根据 $\boldsymbol{H}'_j s$ 以及它们相对于 $q's$ 的偏导数，我们可以得到曲线系统中的 $\mathrm{div}\boldsymbol{e}_k$ 和 $\mathrm{curl}\boldsymbol{e}_k$。

我们现在得到

$$(\boldsymbol{e}_{1,1},\boldsymbol{e}_2)=-(\boldsymbol{e}_1,\boldsymbol{e}_{2,1})$$

$$\begin{aligned}(\boldsymbol{e}_1,\boldsymbol{e}_{2,1}) &= (\boldsymbol{e}_1,(\boldsymbol{H}_2^{-1}r_{,2})_{,1})=\boldsymbol{H}_2^{-1}(e_1,r_{,21})=\boldsymbol{H}_2^{-1}\boldsymbol{H}_1^{-1}(r_{,1},r_{,21})\\ &=(2\boldsymbol{H}_1\boldsymbol{H}_2)^{-1}(r_{,1},r_{,1})_{,2}=(2\boldsymbol{H}_1\boldsymbol{H}_2)^{-1}(\boldsymbol{H}_1^2)_{,2}=\boldsymbol{H}_{1,2}/\boldsymbol{H}_2\end{aligned}$$

$$\begin{aligned}(\boldsymbol{e}_{1,3},\boldsymbol{e}_2) &= -(\boldsymbol{e}_1,\boldsymbol{e}_{2,3})=-\boldsymbol{H}_1^{-1}(r_{,1},(\boldsymbol{H}_2^{-1}r_{,2})_{,3})=-(\boldsymbol{H}_1\boldsymbol{H}_2)^{-1}(r_{,1},r_{,23})\\ &=(\boldsymbol{H}_1\boldsymbol{H}_2)^{-1}(r_{,12},r_{,3})\end{aligned}$$

我们现在观察到以下情况：

$$(r_{,1},r_{,2})=0$$
$$(r_{,13},r_{,2})+(r_{,1},r_{,23})=0$$
$$(r_{,1},r_{,3})=0$$
$$(r_{,12},r_{,3})+(r_{,1},r_{,23})=0$$
$$(r_{,2},r_{,3})=0$$
$$(r_{,12},r_{,3})+(r_{,2},r_{,13})=0$$

根据这些内容，我们推断出

$$(r_{,1},r_{,23})=0$$

并且同样地

$$(r_{,12},r_3)=0,(r_{,13},r_{,2})=0$$

因此,我们可以得到如下表达式:

$$(\boldsymbol{e}_{1,3},\boldsymbol{e}_2)=0,(\boldsymbol{e}_{1,2},\boldsymbol{e}_3)=0,(\boldsymbol{e}_{3,2},\boldsymbol{e}_1)=0,(\boldsymbol{e}_{2,1},\boldsymbol{e}_3)=0$$

即

$$(\boldsymbol{e}_{r,s},\boldsymbol{e}_m)=0$$

条件是 r、s、m 都各不相同。因此,我们可以计算 $\boldsymbol{e}_{r,s}$,将其作为 $\boldsymbol{e}_1$、$\boldsymbol{e}_2$、$\boldsymbol{e}_3$ 的线性组合,并因此根据 $\tilde{\boldsymbol{\sigma}}'_{ij}s$、$\boldsymbol{H}'_js$ 及其相对于的 q'_js 偏导数,对 $\tilde{\boldsymbol{s}}_i$ 进行计算。我们把这个任务作为练习留给读者。最后,将纳维尔 - 斯托克斯方程表达成以下形式,即

$$\rho((v,\nabla)v+v_{,t})=\tilde{\boldsymbol{s}}_i\boldsymbol{e}_i+f$$

我们需要在正交曲线系统中表达 $(v,\nabla)v$,如果我们利用形如 $-\nabla p+\boldsymbol{\eta}\nabla^2 v$ 的 $\tilde{\boldsymbol{s}}_i\boldsymbol{e}_i$ 显式形式,那么我们也必须在正交曲线系统中表达 $\nabla^2 v$。p 部分的梯度计算相对简单,可以表示为

$$\nabla p=\boldsymbol{H}_i^{-1}p_{,i}\boldsymbol{e}_i$$

另一个术语是

$$\begin{aligned}\nabla^2 v&=\nabla^2(v_i\boldsymbol{e}_i)=(\boldsymbol{H}_1\boldsymbol{H}_2\boldsymbol{H}_3)^{-1}((\boldsymbol{H}_2\boldsymbol{H}_3(v_i\boldsymbol{e}_i)_{,1}/\boldsymbol{H}_1)_{,1}\\&\quad+(\boldsymbol{H}_3\boldsymbol{H}_1(v_i\boldsymbol{e}_i)_{,2}/\boldsymbol{H}_2)_{,2}+(\boldsymbol{H}_1\boldsymbol{H}_2(v_i\boldsymbol{e}_i)_{,3}/\boldsymbol{H}_3)_{,3})\end{aligned}$$

因为我们已经计算了作为 $\boldsymbol{e}'_js$ 的线性组合的 $\boldsymbol{e}_{i,j}$,$1\leqslant i,j\leqslant 3$,所以根据 v 的曲线分量 v_i 相对于 q'_js 的偏导数来计算 $\nabla^2 v$ 的曲线分量,我们把这个任务作为一个练习留给读者。

第4章

承载狄拉克电流的运动状态量子机器人用作量子天线

4.1 应用天线理论的经典机器人学和量子机器人学简介

4.1.1 刚体的拉格朗日量

设定 $B \subset \mathbb{R}^3$ 表示刚体在某一时刻 $t=0$ 的体积,并且设定 $\boldsymbol{R}(t)(B)$ 为同一时刻 t 的体积,因此,$\boldsymbol{R}(t) \in SO(3)$,则刚体在某一时刻 t 的动能为

$$\boldsymbol{K}(t) = (\rho/2)\int_B |\boldsymbol{R}'(t)r|^2 \mathrm{d}^3 r = (1/2)\mathrm{Tr}(\boldsymbol{R}'(t)\boldsymbol{J}R'(t)^{\mathrm{T}})$$

其中

$$\boldsymbol{J} = \rho\int_B r\boldsymbol{r}^{\mathrm{T}} \mathrm{d}^3 r$$

是刚体的转动惯量矩阵。考虑到引力势和外力矩,我们可以将拉格朗日量表达为

$$\boldsymbol{L} = \boldsymbol{K}(t) - \boldsymbol{V}(t)$$

其中

$$\boldsymbol{V}(t) = mgd\boldsymbol{R}_{33}(t) + \boldsymbol{\tau}(t)^{\mathrm{T}}(\boldsymbol{\phi}(t),\boldsymbol{\theta}(t),\boldsymbol{\psi}(t))^{\mathrm{T}}$$

其中

$$\boldsymbol{R}(t) = \boldsymbol{R}_z(\phi(t))\boldsymbol{R}_x(\theta(t))\boldsymbol{R}_z(\psi(t))$$

$\boldsymbol{\phi}$、θ、ψ 是欧拉角。

4.1.2 刚体的哈密顿量

研究项目:

(1)将刚体上每个点的速度表示为旋转矩阵对该点初始位置的时间导数,然后在整个刚体上对其范数平方进行积分,以获得刚体的动能,该动能是旋转矩阵的时间导数的二次函数,该二次函数由刚体的转动惯量矩阵确定。

(2)将刚体的引力势表示为旋转矩阵的线性函数,从而根据瞬时旋转矩阵及其时间导数确定刚体的总拉格朗日量。

(3)利用李群理论中的指数映射的微分公式,用标准的三个李代数坐标及其时间导数表示刚体的拉格朗日量。

(4)对该拉格朗日量执行勒让德变换,以根据李代数坐标及其相应的正则动量获得刚体的哈密顿量。

4.1.3　具有三维刚体连杆的 d 连杆机器人拉格朗量和哈密顿量

研究项目:将 4.1.2 小节的结果推广到由 d 三维刚性连杆组成的机器人,每个连杆在前一连杆的顶部转动。根据旋转矩阵描述给定时间每个连杆的状态,并因此获得机器人的动能作为 d 个旋转矩阵的时间导数的二次函数。同样,将机器人的总势能表示为 d 个旋转矩阵的线性函数,并利用指数映射的微分,根据每个旋转矩阵的李代数坐标建立拉格朗日量和哈密顿量。

4.1.4　受重力、外力和扭矩影响的 d 连杆机器人的运动方程

从前 4.1.3 小节的结果出发,向拉格朗日量添加额外的项,这些项来自于每个枢轴上由电机提供的扭矩,从而在李代数坐标中建立欧拉 - 拉格朗日运动方程。如果外力作用在每个连杆上,使得机器人在其基座处获得平移速度,那么就以第一个连杆的枢轴的坐标和速度来描述这些力对拉格朗日量的贡献。

4.1.5　存在机器扭矩噪声和人手操作力噪声情况下的 d 连杆机器人的随机微分方程

在前 4.1.4 小节的运动方程中的扭矩项中添加高斯白噪声项,并注意到高斯白噪声乘以 $\mathrm{d}t$ 是布朗运动的微分,将得到的运动方程表示为一个三维耦合的随机微分方程系统。

4.1.6　主从机器人在具有反馈的遥操作中的随机分析

描述两个 d 连杆机器人的运动,其中施加到第二个机器人上的扭矩具有一个误差反馈分量,该分量来自于两个机器人的李代数坐标及其速度之间的差异。利用李雅普诺夫(Lyapunov)能量理论,可以解释如何使用这些反馈扭矩来实现轨迹跟踪。

4.2　交互机器人的流体

如果在时间 t 时,晶格位置 $x \in \mathbb{Z}^d$ 被机器人占据,那么我们设定 $\eta_t(x) = 1$,

否则,设定 $\eta_t(x)=0$。从一个位置 x 到另一个位置 y 的转移符合具有速率 $p(x,y)$ 的泊松过程 $N_t(x,y)$,并且当且仅当 $\eta_t(x)=1$ 和 $\eta_t(y)=0$ 时,转移发生在时间 t。因此,该过程 $\eta_t:\mathbb{Z}^d\to\{0,1\}$ 满足随机微分方程:

$$\mathrm{d}\eta_t(x)=\sum_{y\neq x}\eta_t(y)(1-\eta_t(x))\mathrm{d}N_t(y,x)-\eta_t(x)(1-\eta_t(y))\mathrm{d}N_t(x,y)$$

设定 X 表示所有映射 $\eta:\mathbb{Z}^d\to\{0,1\}$ 的空间,即

$$X=\{0,1\}^{\mathbb{Z}^d}$$

因此,由上述随机微分方程描述的马尔可夫过程 η_t 的生成元由下式给出:

$$Lf(\eta)=\sum x\neq yp(x,y)\eta(x)(1-\eta(y))(f(\eta^{(x,y)})-f(\eta))$$

为了利用这个模型描述流体动力学,我们通过以下方程引入经验密度 $\tilde{\rho}_t$,即

$$N^{-d}\sum_{y\in\mathbb{Z}_N^d}J(y/N)\tilde{\rho}_t(y/N)=N^{-d}\sum_{y\in\mathbb{Z}_N^d}J(y/N)\eta_t(y)$$

其中

$$J:[0,1]^d\to\mathbb{R}$$

是任何函数。我们期望,当 $N\to\infty$ 时,经验密度将收敛于 $\int_{[0,1]^d}J(\theta)\rho_t(\theta)\mathrm{d}\theta$,其中 $\rho_t(\theta)$ 满足相应的偏微分方程,该方程是标准热方程的非线性版本。我们需要注意

$$\tilde{\rho}_t(y/N)=\eta_t(y)$$

因此我们得到

$$d(N^{-d}\sum_{y\in\mathbb{Z}_N^d}J(y/N)\rho_t(y/N))=N^{-d}\sum_{x\neq y}J(y/N)(\eta_t(x)(1-\eta_t(y))\mathrm{d}N_t(x,y)$$
$$-\eta_t(y)(1-\eta_t(x))\mathrm{d}N_t(y,x))$$

所以在上式两边取数学期望,并设定

$$\rho_t(x/N)=\mathbb{E}[\tilde{\rho}_t(x/N)]=\mathbb{E}[\eta_t(x)]=Pr(\eta_t(x)=1)$$

我们可以得到

$$\mathrm{d}/\mathrm{d}t(N^{-d}\sum_{y\in\mathbb{Z}_N^d}J(y/N)\rho_t(y/N))$$
$$=\sum_{x=y}J(y/N)-J(x/N))p(x,y)\ \mathbb{E}[\eta_t(x)(1-\eta_t(y))]$$

4.3 机器人中的干扰观测器

机器人的动力学表达式如下:

$$M(q)q''+N(q,q')=\tau(t)+d(t)$$

其中,$q(t)\in\mathbb{R}^d$ 且 $M(q)\in\mathbb{R}^{d\times d}$,此时 $M(q)>0$,对应于 $q\in[0,2\pi)^d$,$d(t)$ 是需

要估计的干扰。定义

$$\hat{d}(t)=z(t)+p(q'(t))$$

其中

$$z'=\boldsymbol{L}(q,q')(N(q,q')-\boldsymbol{\tau}-\hat{d})$$

因此

$$\begin{aligned}\mathrm{d}\hat{d}/\mathrm{d}t&=\boldsymbol{z}'+p'(q')q''\\&=\boldsymbol{L}(q,q')(N-\boldsymbol{\tau}-\hat{\boldsymbol{d}})+p'(q')M(q)^{-1}(\boldsymbol{\tau}+d-N))\end{aligned}$$

假设

$$p'(q')M(q)^{-1}=\boldsymbol{L}(q,q')$$

那么,我们得到

$$\mathrm{d}\hat{d}/\mathrm{d}t=\boldsymbol{L}(q,q')(d-\hat{d})$$

因此,如果 $\boldsymbol{L}(q,q')$ 是对于所有 q、q' 的正定矩阵,那么我们可以预期随着 $t\to\infty$ 会出现 $d(t)-\hat{d}(t)\to 0$。在 $\boldsymbol{L}(q,q')=\boldsymbol{C}\boldsymbol{M}(q)^{-1}$ 的情况下,C 是常数矩阵,我们的干扰观测器可以简化为

$$\boldsymbol{z}'=\boldsymbol{C}(N(q,q')-\boldsymbol{\tau}-\hat{d}),\hat{d}=z+p(q')$$

然后我们设定

$$p'(q')=\boldsymbol{C}$$

或者等效表达式

$$p(q')=\boldsymbol{C}q'$$

这意味着这个干扰观测器可以简单地表达为

$$\boldsymbol{z}'=\boldsymbol{C}(N(q,q')-\boldsymbol{\tau}-\hat{d}),\hat{d}=z+\boldsymbol{C}q'$$

并且由此得出

$$\mathrm{d}\hat{d}/\mathrm{d}t=\boldsymbol{C}\boldsymbol{M}(q)^{-1}(d-\hat{d})$$

因此,我们可以期望 $d-\hat{d}$ 收敛到零,前提是对于所有 q,矩阵 $\boldsymbol{C}\boldsymbol{M}(q)^{-1}$ 的所有特征值都具有负实部。

4.4 连接到阻尼系统质量弹簧的机器人

原始机器人动力学状态方程为

$$\boldsymbol{X}'(t)=\boldsymbol{\psi}(t,\boldsymbol{X}(t))+G(t,\boldsymbol{X}(t))\boldsymbol{\tau}(t)$$

其中:$\boldsymbol{X}(t)=[\boldsymbol{q}(t)^{\mathrm{T}},\boldsymbol{q}'^{\mathrm{T}}(t)]^{\mathrm{T}}\in\mathbb{R}^{2d}$ 是 d 连杆机器人角度和角速度;$\boldsymbol{\tau}(t)$ 是来自机器人关节处的电机以及来自环境的外部扭矩。机器人的末端执行器位置为

$$\boldsymbol{\eta}(\boldsymbol{X}(t))\in\mathbb{R}^3$$

并且,该位置连接到由动力学方程定义的弹簧质量系统:

$$\boldsymbol{x}'(t)=\boldsymbol{v}(t),\boldsymbol{v}'(t)=-\gamma\boldsymbol{v}(t)-k\boldsymbol{x}(t)+\boldsymbol{f}_{\mathrm{e}}(t)-\boldsymbol{f}_{\mathrm{rob}}(t)$$

其中：$\boldsymbol{x}(t)=\eta(\boldsymbol{X}(t))=\eta(\boldsymbol{q}(t))$；$\boldsymbol{f}_{\mathrm{e}}(t)$是作用在质量弹簧系统上的来自环境的外力，$-\boldsymbol{f}_{\mathrm{rob}}(t)$是作用在质量弹簧系统上的机器人末端执行器的反作用力。因此

$$\begin{aligned}\boldsymbol{f}_{\mathrm{rob}}(t)&=\boldsymbol{f}_{\mathrm{e}}(t)-\gamma\boldsymbol{x}'(t)-k\boldsymbol{x}(t)-\boldsymbol{x}''(t)\\&=\boldsymbol{f}_{\mathrm{e}}(t)-\gamma\eta'(\boldsymbol{q}(t))\boldsymbol{q}'(t)-k\eta(\boldsymbol{q}(t))-(\eta'(\boldsymbol{q}(t))\boldsymbol{q}(t))'\\&=\boldsymbol{f}_{\mathrm{e}}(t)-\chi(\boldsymbol{X}(t),\boldsymbol{X}'(t))\end{aligned}$$

是作用在机器人末端执行器上的净外力，如果$\boldsymbol{J}(\boldsymbol{X}(t))=\boldsymbol{J}(\boldsymbol{q}(t))$表示变换$\boldsymbol{q}(t)\to\boldsymbol{x}(t)$的雅可比矩阵，该变换涉及从机器人的角度到末端执行器位置，那么从其末端执行器作用在机器人上的净扭矩由达朗贝尔（D－Alembert）虚功原理给出，可以表示为$\boldsymbol{J}(\boldsymbol{X}(t))^{\mathrm{T}}\boldsymbol{f}_{\mathrm{rob}}(t)$，因此，当我们考虑到计算扭矩和轨迹跟踪误差反馈扭矩$\boldsymbol{u}_{\mathrm{c}}(t)$时，机器人的动力学方程由下式给出，即

$$\begin{aligned}\boldsymbol{X}'(t)=\psi(t,\boldsymbol{X}(t))+G(t,\boldsymbol{X}(t))(&\boldsymbol{J}(\boldsymbol{X}(t))^{\mathrm{T}}\boldsymbol{f}_{\mathrm{rob}}(t)\\&+G(t,\hat{\boldsymbol{X}}(t))^{-1}(K(t)(\boldsymbol{X}_d(t)\\&-\hat{\boldsymbol{X}}(t))+\boldsymbol{X}'_d(t)-\psi(t,\hat{\boldsymbol{X}}(t)))\end{aligned}$$

或者等效表达式

$$\begin{aligned}\boldsymbol{X}'(t)=&\psi(t,\boldsymbol{X}(t))+G(t,\boldsymbol{X}(t))\boldsymbol{J}(\boldsymbol{X}(t))^{\mathrm{T}}(\boldsymbol{f}_{\mathrm{e}}(t)-\chi(\eta(\boldsymbol{X}_d(t),\boldsymbol{X}'_d(t)))\\&+G(t,\boldsymbol{X}(t))G(t,\hat{\boldsymbol{X}}(t))^{-1}(K(t)(\boldsymbol{X}_d(t)-\hat{\boldsymbol{X}}(t))+\boldsymbol{X}'_d(t)-\psi(t,\hat{\boldsymbol{X}}(t)))\end{aligned}$$

这里，计算的扭矩为

$$\boldsymbol{\tau}_{\mathrm{c}}(t)=G(t,\hat{\boldsymbol{X}}(t))^{-1}(K(t)(\boldsymbol{X}_d(t)-\hat{\boldsymbol{X}}(t))+\boldsymbol{X}'_d(t)-\psi(t,\hat{\boldsymbol{X}}(t)))$$

如果我们希望消除外力$\boldsymbol{f}_{\mathrm{e}}(t)$，即我们将这个力视为对机器人动力学的干扰，那么我们应该从这个动力学中减去它的估计值$\hat{\boldsymbol{f}}_{\mathrm{e}}(t)$，从而得到修正后的动力学数据：

$$\begin{aligned}\boldsymbol{X}'(t)=&\psi(t,\boldsymbol{X}(t))+G(t,\boldsymbol{X}(t))\boldsymbol{J}(\boldsymbol{X}(t))^{\mathrm{T}}(\boldsymbol{f}_{\mathrm{e}}(t)-\hat{\boldsymbol{f}}_{\mathrm{e}}(t))\\&+G(t,\boldsymbol{X}(t))G(t,\hat{\boldsymbol{X}}(t))^{-1}(K(t)(\boldsymbol{X}_d(t)-\hat{\boldsymbol{X}}(t))+\boldsymbol{X}'_d(t)-\psi(t,\hat{\boldsymbol{X}}(t))\end{aligned}$$

应当注意，$\hat{\boldsymbol{X}}(t)$是观测器输出，即基于到时间t：$\{z(s):s\leqslant t\}$为止，收集的测量数据的状态$\boldsymbol{X}(t)$估计值，其中

$$\mathrm{d}z(t)=h(t,\boldsymbol{X}(t))\mathrm{d}t+\boldsymbol{\sigma}_v\mathrm{d}V(t)$$

是测量模型。观测器动力学是扩展卡尔曼滤波器的一般化版本，即

$$\mathrm{d}\hat{\boldsymbol{X}}(t)=\psi(t,\hat{\boldsymbol{X}}(t))+\boldsymbol{L}(t)(\mathrm{d}z(t)-h(t,\hat{\boldsymbol{X}}(t))\mathrm{d}t)$$

其中，$\boldsymbol{L}(t)$为输出误差反馈系数矩阵。当跟踪良好且观测器也良好时，我们可以得到$\boldsymbol{X}(t)\approx\hat{\boldsymbol{X}}(t)\approx\boldsymbol{X}_d(t)$，$\boldsymbol{f}_{\mathrm{e}}(t)\approx\hat{\boldsymbol{f}}_{\mathrm{e}}(t)$，在这种情况下，我们基本上可以得到$\boldsymbol{X}'(t)=\boldsymbol{X}'_d(t)$，或等效表达式$\boldsymbol{X}(t)\approx\boldsymbol{X}_d(t)$，这证明了自我一致性。在实践中，外力/扰动$\boldsymbol{f}_{\mathrm{e}}(t)$将是一些未知参数$\boldsymbol{\theta}(t)$（如正弦曲线的振幅、频率和相位）的函数，然后我们将其表示为$\boldsymbol{f}_{\mathrm{e}}(t,\boldsymbol{\theta}(t))$，并将其估计值表示为$\boldsymbol{f}_{\mathrm{e}}(t,\hat{\boldsymbol{\theta}}(t))$，其

中参数估计值 $\hat{\boldsymbol{\theta}}(t)$ 将是扩展状态矢量估计值的一部分。应当注意,在机器人状态动力学中通常存在过程噪声,因此,在不减去外力的估计的情况下,根据计算的扭矩和轨迹跟踪误差反馈的正确动力学方程将由下式给出:

$$\begin{aligned}\boldsymbol{X}'(t) = & \psi(t,\boldsymbol{X}(t)) + G(t,\boldsymbol{X}(t))\boldsymbol{J}(\boldsymbol{X}(t))^{\mathrm{T}}(\boldsymbol{f}_{\mathrm{e}}(t) - \chi(\eta(\boldsymbol{X}_d(t),\boldsymbol{X}'_d(t))) \\ & + G(t,\boldsymbol{X}(t))G(t,\hat{\boldsymbol{X}}(t))^{-1}(K(t)(\boldsymbol{X}_d(t) - \hat{\boldsymbol{X}}(t)) + \boldsymbol{X}'_d(t) \\ & - \psi(t,\hat{\boldsymbol{X}}(t))) + G(t,\boldsymbol{X}(t))W(t)\end{aligned}$$

其中,$W(t) = \sigma \mathrm{d}B(t)/\mathrm{d}t$;$B(.)$ 是矢量值布朗运动。更准确地说,这个方程应该乘以 $\mathrm{d}t$,并以伊藤随机微分方程的形式表示。

第❺章

利用电子、正电子、光子、量子信息理论和量子随机滤波设计量子门

5.1 量子门、量子计算和量子信息与天线理论应用简介

5.1.1 单量子比特的量子态和量子门:示例包括非门、相位门、哈达玛门

5.1.2 多量子比特的量子门:受控非门、其他受控酉门、交换门、量子傅里叶变换门

5.1.3 混合量子态的信息/冯 · 诺伊曼熵

5.1.4 量子系统中的熵计算示例和噪声量子演化的熵计算

假设系统 1 按照以下动力学进行演化

$$\rho'(t) = -\mathrm{i}[H_1, \rho(t)] + \theta_1(\rho(t))$$

并且系统 2 按照以下动力学进行演化

$$\sigma'(t) = -\mathrm{i}[H_2, \sigma(t)] + \theta_2(\sigma(t))$$

其中,θ_1、θ_2 是林德布拉德映射:

$$\theta_1(\rho) = (-1/2)\sum_{k=1}^{N}(L_k^* L_k\rho + \rho L_k^* L_k - 2L_k\rho L_k^*)$$

$$\theta_2(\sigma) = (-1/2)\sum_{k=1}^{M}(P_k^* P_k\sigma + \sigma P_k^* P_k - 2P_k\sigma P_k^*)$$

然后计算在时间 t 时两个状态之间的相对熵的变化率:

$$H(\rho(t), \sigma(t)) = Tr(\rho(t)(\log(\rho(t)) - \log(\sigma(t))))$$

提示:利用以下形式的指数映射的微分公式:

$$\frac{\mathrm{d}}{\mathrm{d}t}\exp(Z(t)) = \exp(Z(t))g(ad(Z(t))^{-1}(Z'(t)))$$

其中

$$g(z) = \frac{z}{1-\exp(-z)}$$

等效表达式为

$$Z'(t)=g(ad(Z(t))(\exp(-Z(t)).\ \frac{\mathrm{d}}{\mathrm{d}t}\exp(Z(t)))$$

取 $\rho(t)=\exp(Z(t))$ 并推导出

$$\frac{\mathrm{d}}{\mathrm{d}t}\lg(\rho(t))=g(ad(\log(\rho(t))))(\rho(t)^{-1}\rho'(t))$$

注意

$$g(z)=\frac{1}{1-z/2!+z^2/3!+\cdots}=1+\sum_{k\geqslant 1}c[k]z^k$$

$\rho(t)$ 具有范围内 $[0,1]$ 的特征值。

所以，$\log(\rho(t))$ 的所有的特征值都在 $(-\infty,0]$ 范围内，因此，$ad(\log(\rho(t)))$ 具有 $\mathbb{R}=(-\infty,\infty)$ 范围内的特征值。为了能够在上述方程中替换 $ad(\log(\rho(t)))z$，我们要求 $g(z)$ 的泰勒级数对所有可能不收敛的 $z\in\mathbb{R}$ 都是收敛的。

注意，$\mathrm{Tr}(\rho'(t))=0$，并且对于 $k\geqslant 1$，有

$$\mathrm{Tr}(\rho(t)ad(\log(\rho(t))^k(\rho(t)^{-1}\rho'(t)))=\mathrm{Tr}(ad(\log(\rho(t)))^k(\rho'(t)))=0$$

因为两个算符的对易子的迹为零（假设算符是有界的）。因此，我们可以得到如下表达式：

$$\mathrm{Tr}\left(\rho(t)\frac{\mathrm{d}}{\mathrm{d}t}\log(\rho(t))\right)=0$$

所以

$$\begin{aligned}\frac{\mathrm{d}}{\mathrm{d}t}\mathrm{Tr}(\rho(t).\log(\rho(t)))&=\mathrm{Tr}(\rho'(t).\log(\rho(t)))\\&=\mathrm{Tr}(T(\rho(t)).\log(\rho(t)))\end{aligned}$$

其中

$$T(X)=-\mathrm{i}[H_1,X]+\theta_1(X)$$

此时

$$\mathrm{Tr}([H_1,\rho].\log(\rho))=\mathrm{Tr}([H_1.\log(\rho),\rho])=0$$

所以

$$\frac{\mathrm{d}}{\mathrm{d}t}\mathrm{Tr}(\rho(t).\log(\rho(t)))=\mathrm{Tr}(\theta_1(\rho(t)).\log(\rho(t)))$$

5.1.5　与光子浴相互作用的量子天线的熵

量子电磁场中的天线：天线由 N 电子和 N 正电子组成，二者以给定的纯态开始，这些粒子具有预设的动量和自旋。根据相互作用哈密顿量，该系统在与光子浴进行相互作用演化，即

$$H_I(t)=\int J^\mu(x)A_\mu(x)\mathrm{d}^3r=-e\int\psi(t,r)^*\alpha^\mu\psi(t,r)A_\mu(t,r)\mathrm{d}^3r$$

其中

$$\psi(t,r) = \sum_{k=1}^{N} a_k f_k(t,r) + b_k^* g_k(t,r)$$

a_k、b_k 分别表示 k^{th} 电子和 k^{th} 正电子的湮没算符；

$$A_\mu(t,r) = \sum_{k=1}^{p} c_k h_k(t,r) + c_k^* \bar{h}_k(t,r)$$

c_k 表示光子浴中 k^{th} 光子的湮灭算符。

我们将天线和光子浴的初始状态表达为

$$|\psi_i> = |e_1,\cdots,e_N,p_1,\cdots,p_N,\phi(\boldsymbol{u})>$$

其中，根据 i^{th} 电子是否存在，e_i 为 1 或 0；根据 i^{th} 正电子是否存在，p_i 为 1 或 0；而

$$\boldsymbol{u} = (u_1,\cdots,u_p)^{\mathrm{T}} \in \mathbb{C}^p$$

定义光子浴的相干态。具体形式如下：

$$|\phi(u)> = \sum_n \boldsymbol{u}^n \boldsymbol{c}^{*n} |0>/n!$$

其中

$$\boldsymbol{c}^{*n} = c_1^{*n_1}\cdots c_p^{*n_p}$$

算符 a_k、a_k^*、b_k、b_k^*、c_k、c_k^* 在 $|\psi_i>$ 上的作用如下：

$$a_k|e_1,\cdots,e_N,p_1,\cdots,p_N,\phi(\boldsymbol{u})> = \delta(1-e_k))|e_1,\cdots,1-e_k\cdots,e_N,p_1,\cdots p_N,\phi(\boldsymbol{u})>$$

$$a_k^*|e_1,\cdots,e_N,p_1,\cdots,p_N,\phi(\boldsymbol{u})> = \delta(e_k)|e_1,\cdots,1-e_k,\cdots e_N,p_1,\cdots,p_N,\phi(\boldsymbol{u})>$$

并且，对于 a_k，b_k^* 是同样的情况，即

$$c_k|e_1,\cdots,e_N,p_1,\cdots,p_N,\phi(\boldsymbol{u})> = u_k|e_1,\cdots,e_N,p_1,\cdots,p_N,\phi(u)>$$

量子天线内部的电子和正电子系统的哈密顿量为

$$H_A = \sum_{k=1}^{N}(a_k^* a_k - b_k^* b_k)$$

其中，满足规范反对易规则（CAR）：

$$\{a_k,a_j^*\} = \delta_{kj}, \{b_k,b_j^*\} = \delta_{kj}$$

$$\{a_k,a_j\} = 0, \{b_k,b_j\} = 0, \{a_k,b_j\} = 0, \{a_k,b_j^*\} = 0$$

$$\{a_k^*,a_j^*\} = 0, \{b_k,b_j^*\} = 0, \{a_k^*,b_j\} = 0$$

并且规范对易规则（CCR）由 c_k，c_k^* 满足

$$[c_k,c_j^*] = \delta_{kj}, [c_k,c_j] = 0, [c_k^*,c_j^*] = 0$$

练习：将 $H_I(t)$ 表示为 $\{c_k,c_k^*\}$、$\{a_k^*,b_k\}$、$\{a_k,b_k^*\}$ 的三次泛函，并因此设计一种微扰理论技术来计算相互作用模型中时间 t 的状态：

$$|\psi(t)> = T\{\exp(-\mathrm{i}\int_0^t H_I(s)\mathrm{d}s)\}|\psi_i>$$

因此,计算天线在时间 t 的状态为

$$\rho_A(t) = \mathrm{Tr}_B(|\psi(t)><\psi(t)|)$$

其中,Tr_B 表示光子态上的偏迹。同时,计算天线在某一时刻 t 的熵,最后,利用表达式

$$J^\mu(t,r) = -e\psi(t,r)^*\alpha^\mu\psi(t,r)$$

(在相互作用表象中,可观测量 $\psi(t,r)$ 根据电子和正电子的未扰动哈密顿量进行演化)计算天线辐射出的远场电磁场和状态 $|\psi(t)>$ 或等效状态 $\rho_A(t)$ 中相关的坡印廷矢量的矩。我们可以用林德布拉德(Lindblad)算符来表示 $\rho_A(t)$ 的演化,林德布拉德算符是通过在光子浴上追踪得到的,因此可以评估其熵变 $-\frac{\mathrm{d}}{\mathrm{d}t}$ $\mathrm{Tr}(\rho(t).\log(\rho(t)))$ 的速率。

5.1.6　纠缠量子态和约翰 · 贝尔(John Bell)不等式:在量子力学中构建隐变量理论的不可能性

设定 $\boldsymbol{X}_1$、$\boldsymbol{X}_2$、$\boldsymbol{X}_3$ 是给定概率空间上的三个经典伯努利随机变量,即,这三个变量只能取值为 1。那么,很容易看出

$$\boldsymbol{X}_1(\boldsymbol{X}_2-\boldsymbol{X}_3)\leqslant 1-\boldsymbol{X}_2\boldsymbol{X}_3$$

并因此取以下期望值

$$\mathbb{E}(\boldsymbol{X}_1\boldsymbol{X}_2)-\mathbb{E}(\boldsymbol{X}_1\boldsymbol{X}_3)\leqslant 1-\mathbb{E}(\boldsymbol{X}_2\boldsymbol{X}_3)$$

因此,互换 $\boldsymbol{X}_2$、$\boldsymbol{X}_3$,我们可以得到

$$|\mathbb{E}(\boldsymbol{X}_1\boldsymbol{X}_2)-\mathbb{E}(\boldsymbol{X}_1\boldsymbol{X}_3)|\leqslant 1-\mathbb{E}(\boldsymbol{X}_2\boldsymbol{X}_3)$$

此式称为贝尔不等式。只有在量子可观测量取值为 1 的情况下,才会违反贝尔不等式。例如,设 $\boldsymbol{\sigma}_k(k=1,2,3)$ 是泡利自旋矩阵,这些矩阵的特征值为 1。现在考虑希尔伯特空间 $\mathbb{C}^2$ 中的混合态 $\rho = I_2/2$。设 $\boldsymbol{a}$、$\boldsymbol{b}$、$\boldsymbol{c}$ 是 $\mathbb{R}^3$ 中的单位矢量,并定义可观测量

$$\boldsymbol{X}_1 = (\boldsymbol{a},\boldsymbol{\sigma}) = \sum_{k=1}^{3}\boldsymbol{a}_k\boldsymbol{\sigma}_k,\boldsymbol{X}_2 = (\boldsymbol{b},\boldsymbol{\sigma}),\boldsymbol{X}_3 = (\boldsymbol{c},\boldsymbol{\sigma})$$

那么 $\boldsymbol{X}_1$、$\boldsymbol{X}_2$、$\boldsymbol{X}_3$ 都只有特征值 1,因此它们都是量子伯努利随机变量。此外,它们在状态 ρ 中的相关性为

$$\boldsymbol{r}(k,j) = \mathrm{Tr}(\rho\boldsymbol{X}_k\boldsymbol{X}_j)$$

我们发现

$$\boldsymbol{r}(1,2) = \boldsymbol{r}(2,1) = (\boldsymbol{a},\boldsymbol{b}),\boldsymbol{r}(2,3) = \boldsymbol{r}(3,2) = (\boldsymbol{b},\boldsymbol{c}),\boldsymbol{r}(3,1) = \boldsymbol{r}(1,3) = (\boldsymbol{a},\boldsymbol{c})$$

现在,将 θ_{kj} 定义如下:

$$\boldsymbol{r}(k,j) = \cos(\theta_{kj})$$

那么，如果这些量子相关性满足贝尔不等式，我们必然得到

$$|\cos(\theta_{12})-\cos(\theta_{13})|\leqslant 1-\cos(\theta_{23})$$

注意，θ_{12}是$\boldsymbol{a}$、$\boldsymbol{b}$两个矢量之间的角度，θ_{23}是$\boldsymbol{b}$、$\boldsymbol{c}$两个矢量之间的角度，θ_{13}是$\boldsymbol{a}$、$\boldsymbol{c}$两个矢量之间的角度。证明可以选择单位矢量$\boldsymbol{a}$、$\boldsymbol{b}$、$\boldsymbol{c}$以违反贝尔不等式。

5.1.7　利用纠缠态进行通信：量子隐形传态与超密编码

5.1.8　量子熵的性质

如果A、B是两个系统，并且$|\boldsymbol{e}_i^A>(i=1,2,\cdots,n)$是$A$的希尔伯特空间中的标准正交矢量，而$|\boldsymbol{e}_i^B>(i=1,2,\cdots,n)$是$B's$希尔伯特空间中的标准正交矢量，那么考虑$A's$和$B's$希尔伯特空间的张量积中的以下纯态：

$$|\psi>=\sum_{i=1}^{n}\sqrt{p}(i)\,|\,\boldsymbol{e}_i^A\otimes\boldsymbol{e}_i^B>$$

其中，$p(i)\geqslant 0,\sum p(i)=1$。

证明

$$<\psi|\psi>=1$$

并且$A's$状态为

$$\boldsymbol{\rho}_A=\mathrm{Tr}_B(|\psi><\psi|)=\sum_i p(i)\,|\,\boldsymbol{e}_i^A><\boldsymbol{e}_i^A|$$

而$B's$状态为

$$\boldsymbol{\rho}_B=\mathrm{Tr}_A(|\psi><\psi|)=\sum_i p(i)\,|\,\boldsymbol{e}_i^B><\boldsymbol{e}_i^B|$$

由此推断

$$S(\rho_A)=S(\rho_B)$$

其中，$S(.)$表示冯·诺伊曼熵。

如果A和B的联合系统按照哈密顿量演化

$$H=H_A+H_B+V_{AB}$$

其中，H_A仅在$A's$希尔伯特状态中起作用，H_B仅在$B's$希尔伯特空间中起作用，V_{AB}在两个空间的张量积中起作用，那么在相互作用模型中表达出上述状态$|\psi>$的演化，假设$|\boldsymbol{e}_i^A>.,i=1,2,\cdots,n$是$H_A$的本征态，并$|\boldsymbol{e}_i^B>,i=1,2,\cdots,n$是$H_B$的本征态。

5.1.9　纠缠辅助的量子通信

计算发射器和接收器共享纠缠态时的信息传输最大速率。

(1)设定$|e_a>(a=1,2,\cdots,N)$是A的希尔伯特空间的正交归一基，并且$|f_a>,a=1,2,\cdots,N$是B的希尔伯特空间的正交归一基。A和B共享最大纠缠态为

$$|\Phi> = N^{-1/2}\sum_{a=1}^{N}|e_a \otimes f_a>$$

A 添加以下状态

$$|\psi> = \sum_{a=1}^{N} C(a)|e_a>$$

现在,A 将这个状态添加到其与 B 共享的纠缠态 $|\Phi>$ 中。A 和 B 的结果状态为

$$|\chi> = N^{-1/2}\sum_{a}|\psi>|e_a>|f_a>$$

A 将酉算符 $\boldsymbol{W}$ 应用于由 $N^2\times N^2$ 矩阵定义的该状态 $\boldsymbol{W}$ 中的部分,即

$$\boldsymbol{W}(a,b|c,d)$$

其定义如下:

$$\boldsymbol{W}(|e_a>|e_b>) = \sum_{c,d}\boldsymbol{W}(c,d|a,b)|c>|d>$$

然后,A 和 B 的结果状态变为

$$(\boldsymbol{W}\otimes\boldsymbol{I}_B)|\chi> = N^{-1/2}\sum\boldsymbol{W}(|\psi>|e_a>)|f_a>$$

由于

$$\boldsymbol{W}(|\psi>|e_a>) = \sum_{b} C(b)\boldsymbol{W}(|e_b>|e_a>)$$
$$= \sum_{b,c,d}\boldsymbol{W}(c,d|a,b)|e_c>|e_d>$$

因此 A 和 B 的结果状态可以表达为

$$(\boldsymbol{W}\otimes\boldsymbol{I}_B)|\chi> = N^{-1/2}\sum_{abcd} C(a)\boldsymbol{W}(c,d|a,b)|e_c>|e_d>|f_a>$$

现在假设 A 将测量 $\{|e_a>|e_b>:1\leqslant a,b\leqslant N\}$ 应用于其在该状态中的部分(即投影 $|e_a>|e_b><e_a|<e_b| = |e_a><e_a|\otimes|e_b><e_b|:1\leqslant a,b\leqslant N$)。那么,如果 $|e_c>|e_d>$ A 的结果,那么在应用塌缩假设后 B 的状态变为

$$|\eta(c,d)> = N^{-1/2}\sum_{a,b} C(a)\boldsymbol{W}(c,d|a,b)|f_a>$$

A 通过经典通信向 B 报告其测量结果 (c,d),因此 B 知道数字 $|\psi>$,从中 A 得知状态 $C(a)\sum_{b}\boldsymbol{W}(c,d|a,b)(a=1,2,\cdots,N)$,即 A 想要传输给 B 的数字 $\{C(a):a=1,2,\cdots,N\}$。

(2)超密集编码和量子隐形传态的其他描述。设 $|e_a>,a=1,2,\cdots,d$ 为 $\mathbb{C}^d$ 的正交归一基。假设 A 和 B 共享爱因斯坦–波多尔斯基–罗森态,即

$$\Phi_{AB} = d^{-1/2}\sum_{a=a}^{d}|e_a>^A|e_a>^B$$

对于$0 \leqslant \alpha \leqslant d-1$,设定

$$\alpha = \sum_{k=0}^{r-1} \alpha[k] 2^k, \alpha[k] = 0,1$$

是其二进制扩展。这里,我们假设$d = 2^r$。设X、Y、Z表示2×2泡利自旋矩阵,并定义

$$\boldsymbol{X}(\alpha) = \bigotimes_{k=0}^{r-1} X^{\alpha[k]}, \boldsymbol{Y}(\alpha) = \bigotimes_{k=0}^{r-1} Y^{\alpha[k]}$$
$$\boldsymbol{Z}(\alpha) = \bigotimes_{k=0}^{r-1} Z^{\alpha[k]}$$

那么,对于$a,b,c,d=0,1$,我们可以得到

$$\sum_{m=0,1} < m \mid \boldsymbol{Z}^c \boldsymbol{X}^d \boldsymbol{X}^a \boldsymbol{Z}^b \mid m > = 2\delta[a-d]\delta[b-c]$$

事实上,如果$a \neq d$或$b \neq c$,那么$\boldsymbol{Z}^c \boldsymbol{X}^d \boldsymbol{X}^a \boldsymbol{Z}^b$要么与$\boldsymbol{X}$、$\boldsymbol{Y}$成比例,要么与$\boldsymbol{Z}$成比例。$\boldsymbol{Z}$和$\boldsymbol{X}$的对角元素为零,而$\boldsymbol{Y}$的对角元素之和为零。另外,如果$a=d$且$b=c$,那么$\boldsymbol{Z}^c \boldsymbol{X}^d \boldsymbol{X}^a \boldsymbol{Z}^b = \boldsymbol{I}_2$和的对角元素之和为2。由此证明了上述论断。因此可以推论出恒等式:

$$\begin{aligned}
&\sum_{j=0}^{d-1} < j \mid \boldsymbol{Z}(\beta')\boldsymbol{X}(\alpha')\boldsymbol{X}(\alpha)\boldsymbol{Z}(\beta) \mid j > \\
&= \Pi_{k=0}^{r-1} \sum_{j[k]=0,1} < j[k] \mid \boldsymbol{Z}^{\beta'[k]} \boldsymbol{X}^{\alpha'[k]} \boldsymbol{X}^{\alpha[k]} \boldsymbol{Z}^{\beta[k]} \mid j[k] > \\
&= 2^r \Pi_{k=0}^{r-1} \delta[\alpha[k] - \alpha'^{[k]}]\delta[\beta[k] - \beta'^{[k]}] \\
&= d\delta[\alpha - \alpha']\delta[\beta - \beta']
\end{aligned}$$

(我们用$|a-1>$表示$|e_a>$,使得$a=0,1,\cdots,d-1$)。根据这一观察结果可知矢量为

$$\begin{aligned}
|\boldsymbol{\Phi}_{AB}^{\alpha,\beta}> &= (\boldsymbol{X}(\alpha)\boldsymbol{Z}(\beta) \otimes \boldsymbol{I}_d) \mid \boldsymbol{\Phi}_{AB}> \\
&= d^{-1/2} \sum_{j=0}^{d-1} (\boldsymbol{X}(\alpha)\boldsymbol{Z}(\beta) \mid j >^A) \mid j >^B, \alpha,\beta = 0,1,\cdots,d-1
\end{aligned}$$

对于$\mathbb{C}^d \otimes \mathbb{C}^d = \mathbb{C}^{d^2}$形成一组正交归一基。注意,如果$T$是$\mathbb{C}^d$中的线性变换,并且如果$T^t$表示其在基$|j>$中的转置$(j=0,1,\cdots d-1)$,那么

$$\sum_{j=0}^{d-1} (T \mid j >^A) \mid j >^B = \sum_{j=0}^{d-1} \mid j >^A T^t \mid j >^B$$

现在假设A希望将一对数字(μ,ν),$\mu, nu = 0,1,\cdots,d-1$传输给B。A将门$\boldsymbol{X}(\mu)\boldsymbol{Z}(\nu)$应用于其在共享状态$\boldsymbol{\Phi}_{AB}$中的量子比特部分,使得$A$和$B$的总状态变为

$$\mid \boldsymbol{\Phi}_{AB}^{\mu,\nu} > = d^{-1/2} \sum_{j=0}^{d-1} (\boldsymbol{X}(\alpha)\boldsymbol{Z}(\beta) \mid j >^A) \mid j >^B$$

然后将A在状态$\log_2(d)$中的部分(量子比特)传输给B。因此,B具有状态$|\boldsymbol{\Phi}_{AB}^{\mu,\nu}>$,并且$B$根据上面$\{|\boldsymbol{\Phi}_{AB}^{\alpha,\beta}>, \alpha,\beta = 0,1,\cdots,d-1\}$定义的贝尔(Bell)基进

行测量，并且 B 的测量结果是 (μ,ν)。

注意，测量 B 的投影测量运算符为 $|\boldsymbol{\Phi}_{AB}^{\alpha,\beta}><\boldsymbol{\Phi}_{AB}^{\alpha,\beta}|(\alpha,\beta=0,1,\cdots,d-1)$。因此，通过与 B 共享 $\log_2 d$ 量子比特，A 可以通过仅传输 $\log_2(d)$ 量子比特来向 B 传输 $2\log_2(d)$ 经典比特。这一事实可以用资源不等式来表示：

$$[qq,\log_2(d)]+[q\to q,\log_2(d)]\geqslant[c\to c,2\log_2(d)]$$

或者更简洁地表示为

$$[qq]+[q\to q]\geqslant[2c\to 2c]$$

5.1.10 量子神经网络(QNN)示例

针对训练目的，输入状态为 $|e_a>(a=1,2,\cdots,N)$，相应的期望输出概率分布为 $P_Y(a,k)(k=1,2,\cdots,N,a=1,2,\cdots,N)$，即 $P_Y(a,k)$ 是当输入为 $|e_a>$ 时获得输出 $|f_k>$ 的期望概率。这里，$|e_a>(a=1,2,\cdots,N)$ 是输入希尔伯特空间 $\mathcal{H}_{\mathrm{i}}$ 的一组正交归一基，而 $|f_k>(k=1,2,\cdots,N)$ 是输出希尔伯特空间 $\mathcal{H}_{\mathrm{o}}$ 的一组正交归一基。量子神经网络是大小为 $N\times N$ 的酉矩阵 $\boldsymbol{W}$，将 $\mathcal{H}_{\mathrm{i}}$ 映射到 $\mathcal{H}_{\mathrm{o}}$。我们通过 p 个厄米矩阵 $\boldsymbol{X}_1,\cdots,\boldsymbol{X}_p$ 来参数化 $\boldsymbol{W}$，所以

$$\boldsymbol{W}=\boldsymbol{W}(\theta_1,\cdots,\theta_p)=\boldsymbol{W}(\theta)=\exp\left(\mathrm{i}\sum_{k=1}^{p}\theta_k X_k\right)$$

需要选择“权重”$\boldsymbol{\theta}=(\theta_1,\cdots,\theta_p)^{\mathrm{T}}$，使得

$$|<f_k|\boldsymbol{W}(\boldsymbol{\theta})|e_a>|^2\approx P_Y(a,k),a、k=1,2,\cdots,N$$

这意味着必须训练权重 $\boldsymbol{\theta}$，使得“误差能量”

$$E(\boldsymbol{\theta})=\sum_{k,a=1}^{N}|<f_k|\boldsymbol{W}(\boldsymbol{\theta})|e_a>|^2-P_Y(a,k)|^2$$

达到最小值。例如，可以利用梯度搜索算法来实现这样的训练。我们还可以讨论自适应量子神经网络，如以下方式。假设期望的量子系统具有哈密顿量 $H(t)$，使得薛定谔演化具有如下形式

$$|\psi'(t)>=-\mathrm{i}H(t)|\psi(t)>,t\geqslant 0$$

其中，$H(t)$ 需要在实时的基础上进行估算。让我们采用相应的幺正演化算符的近似形式

$$U(t)=T\{\exp(-\mathrm{i}\int_0^t H(s)\mathrm{d}s)\}$$

上述近似形式由 $\boldsymbol{W}(\boldsymbol{\theta}(t))$ 实现。然后 $\boldsymbol{\theta}(t)$ 需要随时间变化，使得 $\boldsymbol{W}(\boldsymbol{\theta}(t))|\psi(0)>$ 可以得出 $|\psi(t)>$。例如，可以使用梯度算法来实现这一目的：

$$\boldsymbol{\theta}(t+\Delta)=\boldsymbol{\theta}(t)-\mu\nabla_\theta\||\psi(t)>-\boldsymbol{W}(\boldsymbol{\theta}(t))|\psi(0)>\|^2$$

其中，μ 是自适应常数。

5.1.11 利用电子、正电子、光子和引力子的相互作用设计量子门

引力场的度规张量为

$$g_{\mu\nu}(x)=\eta_{\mu\nu}+h_{\mu\nu}(x)$$

其中：$\eta_{\mu\nu}$是平坦时空的闵可夫斯基(Minkowski)度规；$h_{\mu\nu}(x)$是平坦时空的小扰动。在选择适当的坐标系(调和坐标)之后，线性化的爱因斯坦场方程可以简化为

$$\Box h_{\mu\nu}(x)=0$$

通过平面波展开可以得出以上方程的解：

$$h_{\mu\nu}(x)=\int(\mathrm{d}(\boldsymbol{K},\sigma)e_{\mu\nu}(\boldsymbol{K},\sigma)\exp(-\mathrm{i}k.x)+\mathrm{d}(\boldsymbol{K},\sigma)^{*}\bar{e}_{\mu\nu}(\boldsymbol{K},\sigma)\exp(\mathrm{i}k.x))\mathrm{d}^3\boldsymbol{K}$$

其中，$k=(|\boldsymbol{K}|,\boldsymbol{K})$，$k.x=k_\mu x^\mu=|\boldsymbol{K}|t-\boldsymbol{K}.r$。针对$\sigma$的求和涵盖了五个值$-2$、$-1$、0、1、2。根据四个坐标条件所施加的约束条件，可以得出

$$h^{\mu}_{\nu,\mu}-h_{,\nu}/2=0$$

需要从爱因斯坦场方程的线性化版本获得波动方程。这些约束导致以下条件：对于三个矢量$\boldsymbol{K}$的给定值，只有$e_{\mu\nu}(\boldsymbol{K})'s$的五个线性无关的线性组合。例如，我们可以取一个沿$z$方向传播的波，并根据上述条件来推导上述情况。这也意味着引力子的自旋为2。现在，我们可以写出包含在有限体积内的引力场的能量密度。为了做到这一点，我们必须首先写出引力场的能量-动量张量。这一张量来自于存在物质和辐射时的爱因斯坦场方程。假设物质和电磁辐射具有总能量-动量$T^{\mu\nu}$。那么，爱因斯坦场方程如下：

$$R^{\mu\nu}-(1/2)Rg^{\mu\nu}=-8\pi GT^{\mu\nu}$$

由于比安基(Bianchi)恒等式，双方的协变散度消失：

$$(R^{\mu\nu}-(1/2)Rg^{\mu\nu})_{;\nu}=0$$

现在定义爱因斯坦张量：

$$G^{\mu\nu}=R^{\mu\nu}-(1/2)Rg^{\mu\nu}$$

并将其表示为

$$G^{\mu\nu}=G_{\mu\nu(1)}+G^{\mu\nu(2)}$$

其中，$G^{\mu\nu(1)}$在$h_{\mu\nu}$中是线性的，并且其一阶和二阶偏导数相对于时空。那么，$G^{\mu\nu(2)}=G^{\mu\nu}-G^{\mu\nu(1)}$。很容易证明$G^{\mu\nu(1)}$的普通四维散度为零：

$$G^{\mu\nu(1)}_{,\nu}=0$$

因此，我们得到了守恒定律：

$$(T^{\mu\nu}+G^{\mu\nu(2)}/8\pi G)_{,\nu}=0$$

这意味着$\tau^{\mu\nu}=G^{\mu\nu(2)}/8\pi G$必须被解释为引力场的伪张量，因为这种解释将保证

物质、电磁辐射和引力的总能量和动量守恒。现在我们可以计算引力场的能量密度 $\boldsymbol{\tau}^{00}$，精确到 $\boldsymbol{h}_{\mu\nu}$ 的二次项，从而计算引力场 $\int \boldsymbol{\tau}^{00} \mathrm{d}^3 r$ 的总能量，精确到系数 $d(\boldsymbol{K},\sigma)$、$d(\boldsymbol{K},\sigma)^*$ 中的二次项。这将确保：在精确到二次项的情况下，引力场的哈密顿量等同于谐振子集合的哈密顿量。这个计算的结果将产生引力场的哈密顿量，其形式为

$$\boldsymbol{H}_G = \int f(\boldsymbol{K},\sigma) d(\boldsymbol{K} < \sigma)^* d(\boldsymbol{K},\sigma) \mathrm{d}^3 \boldsymbol{K}$$

具有玻色子对易关系：

$$[d(\boldsymbol{K},\sigma), d(\boldsymbol{K}',\sigma')^*] = \delta^3(\boldsymbol{K}-\boldsymbol{K}')\delta(\sigma,\sigma')$$

将其离散化后，我们可以写出

$$\boldsymbol{H}_G = \sum_{k=1}^{N_G} f_1[k] d[k]^* d[k]$$

现在，电子－正电子场（狄拉克场）的总无扰哈密顿量由下式给出：

$$\boldsymbol{H}_D = \sum_{k=1}^{N_D} E[k](\boldsymbol{a}[k]^* \boldsymbol{a}[k] - \boldsymbol{b}[k]^* \boldsymbol{b}[k])$$

光子场（麦克斯韦场）的无扰哈密顿量由下式给出：

$$\boldsymbol{H}_M = \sum_{k=1}^{M} f_2[k] \boldsymbol{c}[k]^* \boldsymbol{c}[k]$$

利用引力场的旋量联络，得到了狄拉克场与引力场之间的相互作用哈密顿量。这个量在狄拉克场中是二次的，但在引力场中是高度非线性的，可以表示为

$$\boldsymbol{H}_{DG}(t) = -e\int V_a^\mu(x) Re(\psi(x)^* \alpha^a \boldsymbol{\Gamma}_\mu(x)\psi(x)) \sqrt{-g(x)}\,\mathrm{d}^3 r$$

其中：$\alpha^a = \gamma^0 \gamma^a$ 和 $V_a^\mu(x)$ 是引力度规 $g_{\mu\nu}(x)$ 的四元数；$\boldsymbol{\Gamma}_\mu(x) = (-1/2) V^\nu) a(x) v_{b\nu;\mu}(x) J^{ab}$ 是引力场的旋量联络，$J^{ab} = (1/4)[\gamma^a, \gamma^b]$ 是洛伦兹群的狄拉克旋量表示的李代数生成元。我们可以将 $\boldsymbol{H}_{DG}$ 表达为

$$\begin{aligned}\boldsymbol{H}_{DG}(t) = \sum_{r,s} (&F_{1rs}(t, d[m], d[m]^*, m = 1,2,\cdots,N_G) a[r]^* a[s] \\ &+ F_{2rs}(t, d[m], d[m]^*, m = 1,2,\cdots,N_G) b[r] b[s]^* \\ &+ F_{3rs}(t, d[m], d[m]^*, \\ &\quad m = 1,2,\cdots,N_G) a[r]^* b[s]^*) + cc\end{aligned}$$

其中，cc 表示前面各项的伴随。狄拉克场与光子场之间的相互作用哈密顿量比较简单，此项由下式给出

$$\boldsymbol{H}_{DEM}(t) = -e\int V_a^\mu(x)\psi(x)^* \alpha^a \psi(x) A_\mu(x)\,\mathrm{d}^3 r$$

我们将其表达为

$$V_a^{\mu}(x)=\delta_a^{\mu}+U_a^{\mu}(x)$$

然后表达为

$$\boldsymbol{H}_{DEM}(t)=\boldsymbol{H}_{DEM0}(t)+\boldsymbol{H}_{DEMG}(t)$$

其中：$\boldsymbol{H}_{DEM0}(t)$不涉及引力四元数 V_a^{μ}，即 V_a^{μ} 被替换为 δ_a^{μ}；$\boldsymbol{H}_{DEMG}(t)$涉及所有三个场 U_a^{μ}、$\psi(x)$、$A_{\mu}(x)$。因此 $\boldsymbol{H}_{DEM}(t)$可以利用量子麦克斯韦场表示来表示，即

$$A_{\mu}(x)=\sum_k(c[k]\chi_{k\mu}(x)+c[k]^*\bar{\chi}_{k\mu}(x))$$

因此，我们可以得到

$$\begin{aligned}\boldsymbol{H}_{DEM0}(t)=&\sum_{kml}(g_1(t)a[k]^*a[m]c[l]+g_2(t)b[k]b[m]^*c[l]\\&+g_3(t)a[k]^*b[m]^*c[l]+g_4(t)b[k]a[m]c[l])+cc\end{aligned}$$

$$\begin{aligned}\boldsymbol{H}_{DEMG}(t)=&\sum_{kml}(L_1(t,d[m],d[m]^*,m=1,2,\cdots,N_G))a[k]^*a[m]c[l]\\&+L_2(t,d[m],d[m]^*,m=1,2,\cdots,N_G)b[k]b\end{aligned}$$

最后，我们描述了麦克斯韦光子场与引力场之间的相互作用能量。相应的拉格朗日量正比于 $F_{\mu\nu}F^{\mu\nu}\sqrt{-g}$。这个量在电磁势中是二次的，但在时空度规中是高度非线性的。如果从中减去不涉及度规扰动 $\boldsymbol{h}_{\mu\nu}$ 的部分，我们可以得到自由电磁场的拉格朗日量，即平坦时空中的电磁场。因此，麦克斯韦场和引力场之间的相互作用哈密顿量可以表示为

$$\begin{aligned}\boldsymbol{H}_{GEM}(t)=&\sum_{k,r}(G_{1kr}(t,d[m],d[m]^*,m=1,2,\cdots,N_G)c[k]c[r]\\&+G_{2kr}(t,d[m],d[m]^*,m=1,2,\cdots,N_G)c[k]^*c[r])\end{aligned}$$

总哈密顿量为

$$\boldsymbol{H}(t)=\boldsymbol{H}_G+\boldsymbol{H}_D+\boldsymbol{H}_{EM}+\boldsymbol{H}_{DG}(t)+\boldsymbol{H}_{DEM0}(t)+\boldsymbol{H}_{DEMG}(t)$$

需要注意的是，在上面对于 $\boldsymbol{H}_G$ 的表达式中，我们只考虑了 $d[m]$、$d[m]^*$ 中的二次项。更准确地说，我们必须将引力场 τ^{00} 的能量密度表示为 $d[m]$、$d[m]^*$ 中的幂级数，即 $\boldsymbol{H}_G$ 将被替换为 $\boldsymbol{H}_{G0}+\boldsymbol{H}_{G1}$，其中 $\boldsymbol{H}_{G0}$ 是上面的 $\boldsymbol{H}_G$，即 $d[m]$、$d[m]^*$ 中的二次项，而 $\boldsymbol{H}_{G1}$ 包含 $d[m]$，$d[m]^*$ 的三次项和更高次项。

5.1.12 量子理论中的测量概念

设定 ρ 是一个希尔伯特空间 $\mathcal{H}$ 中的混合态，并且设定 $|\psi>$ 是另一个希尔伯特空间 $\mathcal{K}$ 中的纯态。那么，$\rho\otimes|\psi><\psi|$ 是 $\mathcal{H}\otimes\mathcal{K}$ 中的混合态。设定 U 是这个张量积空间中的酉算符，并考虑以下状态

$$T(\rho)=Tr_{\kappa}(U(\rho\otimes|\psi><\psi|)U^*)$$

我们可以得到以下表达式：

$$U=\sum_{m=1}^{N}\boldsymbol{V}_m\otimes\boldsymbol{W}_m$$

其中，V_m、W_m 分别是空间 $\mathcal{H}$ 和 $\mathcal{K}$ 中的线性算符。然后，我们可以发现

$$\begin{aligned}\boldsymbol{T}(\rho) &= \sum_{m,n=1}^{N} \boldsymbol{V}_m \rho \boldsymbol{V}_n jTr(\boldsymbol{W}_m | \psi > < \psi | \boldsymbol{W}_n^*) \\ &= \sum_{m,n=1}^{N} < \psi | \boldsymbol{W}_n^* \boldsymbol{W}_m | \psi > \boldsymbol{V}_m \rho \boldsymbol{V}_n^*\end{aligned}$$

现在，$(< \psi | \boldsymbol{W}_n^* \boldsymbol{W}_m | \psi >)$ 显然是一个 $N \times N$ 正定的复矩阵，因此，它有一个特征分解

$$\sum_{r=1}^{N} \lambda[r] | e_r > < e_r |, \lambda[r] \geqslant 0, \ < e_r | e_s > = \delta_{rs}$$

或者有分量的等效形式：

$$< \psi | \boldsymbol{W}_n^* \boldsymbol{W}_m | \psi > = \sum_{r=1}^{N} \lambda[r] \bar{e}_r[n] e_r[m]$$

由此，我们得到

$$\begin{aligned}\boldsymbol{T}(\rho) &= \sum_{m,n,r=1}^{N} \lambda[r] \bar{e}_r[n] e_r[m] \boldsymbol{V}_m \rho \boldsymbol{V}_n^* \\ &= \sum_{r=1}^{N} \boldsymbol{E}_r \rho \boldsymbol{E}_r^*\end{aligned}$$

其中，$\boldsymbol{E}_r$ 是由下式定义的 $\mathcal{H}$ 中的线性算符：

$$\boldsymbol{E}_r = \sqrt{\lambda[r]} \sum_{m=1}^{N} e_r[m] \boldsymbol{V}_m$$

显然，条件 $Tr(\rho) = 1$ 意味着 $Tr(\boldsymbol{T}(\rho)) = 1$，因此

$$\sum_{r=1}^{N} \boldsymbol{E}_r^* \boldsymbol{E}_r = \boldsymbol{I}_{\mathcal{H}}$$

5.2 贝克 – 坎贝尔 – 豪斯多夫(Baker – Campbell – Hausdorff)公式(A、B 是 $n \times n$ 矩阵)

通过以下公式定义矩阵 $\boldsymbol{C}(t)$，即

$$\exp(\boldsymbol{C}(t)) = \exp(tA).\exp(tB)$$

或者等效表达式：

$$\boldsymbol{C}(t) = \log(\exp(tA).\exp(tB))$$

并获得具有矩阵系数的 $\boldsymbol{C}(t)$ 的泰勒展开式。我们注意到，利用指数映射的微分公式，即

$$\begin{aligned}\frac{\mathrm{d}}{\mathrm{d}t}(\exp(tA).\exp(tB)) &= \exp(tA)(A+B)\exp(tB) \\ &= \exp(\boldsymbol{C}(t))((\boldsymbol{I} - \exp(-ad(\boldsymbol{C}(t))/ad(\boldsymbol{C}(t)))(\boldsymbol{C}'(t))\end{aligned}$$

或者等效表达式

$$\begin{aligned}\exp(-t.\,ad(B))(A)+B &= \exp(-tB)(A+B).\exp(tB)\\ &= g(ad(\boldsymbol{C}(t))^{-1}(\boldsymbol{C}'(t))\end{aligned}$$

其中

$$g(z)=\frac{z}{1-\exp(-z)}$$

因此

$$\boldsymbol{C}'(t)=g(ad(\boldsymbol{C}(t))(\exp(-tad(B))(A)+B) \qquad (5-1)$$

通过以下表达式

$$C(t)=\sum_{m\geqslant 0}C_m t^m$$

并将其代入式(5-1),我们可以连续地确定系数 $C_m(m=0,1,\cdots)$。注意 $\boldsymbol{C}_0=\boldsymbol{I}$,当然还需要 $g(z)$ 的泰勒展开式。

5.3 杨-米尔斯(Yang-Mills)辐射场(近似值)

$\tau_a(a=1,2,\cdots,N)$ 是规范群 $G\subset U(N)$ 的厄米生成元,$C(abc)$ 是相关的结构常数:

$$[\tau_a,\tau_b]=C(abc)\mathrm{i}\tau_c$$

规范场为

$$A_\mu(x)=A_\mu^a(x)\tau_a$$

并且协变导数为

$$\nabla_\mu=\partial_\mu+\mathrm{i}eA_\mu$$

场张量 $F_{\mu\nu}(x)$ 由该连接的曲率定义:

$$\begin{aligned}\mathrm{ieie}F_{\mu\nu} &= [\nabla_\mu,\nabla_\nu]=\mathrm{i}e(A_{\nu,\mu}-A_{\mu,\nu})-e^2[A_\mu,A_\nu]\\ &= [\mathrm{i}e(A^a_{\nu,\mu}-A^a_{\mu,\nu})-e^2C(bca)A^b_\mu A^c_\nu]\mathrm{i}\tau_a\end{aligned}$$

所以有以下表达式

$$F_{\mu\nu}=F^a_{\mu\nu}\tau_a$$

我们可以得到

$$F^a_{\mu\nu}=A^a_{\nu,\mu}-A^a_{\mu,\nu}-eC(bca)A^b_\mu A^c_\nu$$

场方程由作用量原理导出,即

$$\delta\int F^a_{\mu\nu}F^{a\mu\nu}\mathrm{d}^4x=0$$

从而得出

$$F^{a\mu\nu}_{,\mu}+eC(acb)A^c_\nu F^{b\mu\nu}=0$$

或者等效表达式

$$A^{a,\nu}_{\nu,\mu}-A^{a,\nu}_{\mu,\nu}-eC(bca)(A^b_\mu A^c_\nu)^{,\nu}+e^2C(acb)C(pqb)A^{c\nu}A^p_\mu A^q_\nu=0$$

此式包含规范势 $A^a_\mu(x)$ 中的线性项、二次项和三次项。我们利用洛伦兹规范条件

$$A^{a,\mu}_\mu=0$$

或者等效表达式

$$A^{a\mu}_{,\mu}=0$$

然后,场方程简化为

$$A^{a,\nu}_{\mu,\nu}-eC(bca)A^c_\nu A^{b,\nu}_\mu+e^2C(acb)C(pqb)A^{c\nu}A^p_\mu A^q_\nu=0 \tag{5-2}$$

利用扰动级数,将 e 作为扰动参数,我们可以通过近似方法求解这个问题,精确到 $O(e^2)$,具体形式为

$$A^a_\mu=A^{a(0)}_\mu+eA^{(a)(1)}_\mu+e^2A^{a(2)}_\mu+\cdots \tag{5-3}$$

将式(5-3)代入式(5-2)并分别使 e^0、e^1、e^2 的系数相等,可以得到

$$\Box A^{a(0)}_\mu(x)=0, \tag{5-4}$$

$$\Box A^{a(1)}_\mu(x)=-C(bca)A^{c(0)}_\nu A^{b(0),\nu}_\mu+e^2C(acb)C(pqb)A^{c\nu(0)}A^{p(0)}_\mu A^{q(0)}_\nu=0 \tag{5-5}$$

$$\begin{aligned}\Box A^{a(2)}_\mu &= C(bca)(A^{c(0)}_\nu A^{b(1),\nu}_\mu+A^{c(1)}_\nu A^{b(0),\nu}_\mu\\ &\quad -C(acb)C(pqb)A^{c\nu(0)}A^{p(0)}_\mu A^{q(0)}_\nu\end{aligned}$$

5.4 利用贝拉夫金(Belavkin)滤波器估算外磁场中电子的自旋(其中假设磁场为 $\boldsymbol{B}_0(t)\in\mathbb{R}^3$)

电子的自旋磁矩为

$$\boldsymbol{\mu}=geh\boldsymbol{\sigma}/8\pi m=a\boldsymbol{\sigma}$$

其中

$$\boldsymbol{\sigma}=(\sigma_1,\sigma_2,\sigma_3)$$

是三个泡利自旋矩阵,并且我们定义

$$\boldsymbol{\sigma}_0=\boldsymbol{I}_2$$

得出的 HP 薛定谔方程,将系统希尔伯特空间视为

$$\mathfrak{h}=\mathbb{C}^2$$

并将噪声浴空间视为

$$\Gamma_s(\boldsymbol{L}^2(\mathbb{R}_+))$$

此项由下式给出:

$$\mathrm{d}\boldsymbol{U}(t)=(-(\mathrm{i}\boldsymbol{H}(t)+P)\mathrm{d}t+L_1\mathrm{d}A+L_2\mathrm{d}A^*+S\mathrm{d}\Lambda)\boldsymbol{U}(t)$$

其中

$$\boldsymbol{H}(t)、P、L_1、L_2、S \in \mathbb{C}^{2\times 2} = \mathcal{B}(\mathfrak{h}), \boldsymbol{H}(t) = (\boldsymbol{\mu}, B_0(t)) = a(\boldsymbol{\sigma}, B_0(t))$$

与 $\boldsymbol{U}(t)$ 相关的星单位元同态由下式给出：

$$j_t(\boldsymbol{X}) = \boldsymbol{U}(t)^* \boldsymbol{X}\boldsymbol{U}(t)$$

其中，$\boldsymbol{X} \in \mathfrak{h} \otimes \Gamma_s(L^2(\mathbb{R}_+))$。

贝拉夫金滤波器测量被视为量子布朗运动和量子泊松过程的混合：

$$\boldsymbol{Y}_o(t) = \boldsymbol{U}(t)^* \boldsymbol{Y}_i(t)\boldsymbol{U}(t), \boldsymbol{Y}_i(t) = \boldsymbol{A}(t) + \boldsymbol{A}(t)^* + c\boldsymbol{\Lambda}(t) = \boldsymbol{B}(t) + c\boldsymbol{\Lambda}(t)$$

其中

$$\boldsymbol{B}(t) = \boldsymbol{A}(t) + \boldsymbol{A}(t)^*$$

是经典的布朗运动。量子伊藤表形式如下：

$$\mathrm{d}\boldsymbol{A}.\mathrm{d}\boldsymbol{A} = 0, \mathrm{d}\boldsymbol{A}.\mathrm{d}\boldsymbol{A}^* = \mathrm{d}t, \mathrm{d}\boldsymbol{A}.\mathrm{d}\boldsymbol{\Lambda} = \mathrm{d}\boldsymbol{A}, \mathrm{d}\boldsymbol{A}^*\mathrm{d}\boldsymbol{A} = 0, \mathrm{d}\boldsymbol{A}^*\mathrm{d}\boldsymbol{A}^* = 0, \mathrm{d}\boldsymbol{A}^*\mathrm{d}\boldsymbol{\Lambda} = 0$$
$$\mathrm{d}\boldsymbol{\Lambda}.\mathrm{d}\boldsymbol{A} = 0, \mathrm{d}\boldsymbol{\Lambda}.\mathrm{d}\boldsymbol{A}^* = \mathrm{d}\boldsymbol{A}^*, \mathrm{d}\boldsymbol{\Lambda}.\mathrm{d}\boldsymbol{\Lambda} = \mathrm{d}\boldsymbol{\Lambda} \tag{5-6}$$

利用式(5-6)计算：

$$(\mathrm{d}\boldsymbol{Y}_i(t))^2 = \mathrm{d}t + c \cdot \mathrm{d}\boldsymbol{B} + c^2\mathrm{d}\boldsymbol{\Lambda},$$

一般来说，对于 $n \geqslant 1$ 我们有如下表达式，即

$$(\mathrm{d}\boldsymbol{Y}_i(t))^n = a[n]\mathrm{d}t + b[n]\mathrm{d}\boldsymbol{B}(t) + d[n]\mathrm{d}\boldsymbol{\Lambda}(t)$$

那么，我们得到

$$\begin{aligned}(\mathrm{d}\boldsymbol{Y}_i(t))^{n+1} &= (\mathrm{d}\boldsymbol{B} + c\mathrm{d}\boldsymbol{\Lambda})(b[n]\mathrm{d}\boldsymbol{B} + d[n]\mathrm{d}\boldsymbol{\Lambda}) \\ &= b[n]\mathrm{d}t + c\mathrm{d}[n]\mathrm{d}\boldsymbol{\Lambda} + \mathrm{d}[n]\mathrm{d}\boldsymbol{A} + cb[n]\mathrm{d}\boldsymbol{A}^* \\ &= a[n+1]\mathrm{d}t + b[n+1]\mathrm{d}\boldsymbol{B} + d[n+1]\mathrm{d}\boldsymbol{\Lambda}\end{aligned}$$

从中我们推断出递归

$$a[n+1] = b[n], b[n+1] = d[n] = cb[n], d[n+1] = cd[n], n \geqslant 1$$

具有初始条件

$$a[1] = 0, b[1] = 1, d[1] = c$$

这个递归的解形式如下：

$$b[n] = c^{n-1}, d[n] = c^n, a[n+1] = c^{n-1}, n \geqslant 1$$

因此，对于 $n \geqslant 2$，我们得到

$$\begin{aligned}(\mathrm{d}\boldsymbol{Y}_i(t))^n &= c^{n-2}\mathrm{d}t + c^{n-1}\mathrm{d}\boldsymbol{B}(t) + c^n\mathrm{d}\boldsymbol{\Lambda}(t) \\ &= c^{n-2}\mathrm{d}t + c^{n-1}(\mathrm{d}\boldsymbol{B} + c\mathrm{d}\boldsymbol{\Lambda}) = c^{n-2}\mathrm{d}t + c^{n-1}\mathrm{d}\boldsymbol{Y}_o, n \geqslant 2\end{aligned}$$

我们现在形成了一个系统可观察量 $\boldsymbol{X}$，即

$$\begin{aligned}\mathrm{d}j_t(\boldsymbol{X}) = & j_t(\boldsymbol{\theta}_{0t}(\boldsymbol{X}))\mathrm{d}t + j_t(\boldsymbol{\theta}_1(\boldsymbol{X}))\mathrm{d}\boldsymbol{A}(t) + j_t(\boldsymbol{\theta}_2(\boldsymbol{X}))\mathrm{d}\boldsymbol{A}(t)^* \\ & + j_t(\boldsymbol{\theta}_3(\boldsymbol{X}))\mathrm{d}\boldsymbol{\Lambda}(t)\end{aligned}$$

其中

$$\boldsymbol{\theta}_{0t}(X) = \mathrm{i}[\boldsymbol{H}(t), \boldsymbol{X}] + \boldsymbol{L}_2^*\boldsymbol{X}\boldsymbol{L}_2 - \boldsymbol{P}^*\boldsymbol{X} - \boldsymbol{X}\boldsymbol{P}$$

$$\boldsymbol{\theta}_1(\boldsymbol{X}) = \boldsymbol{L}_2^*\boldsymbol{X} + \boldsymbol{X}\boldsymbol{L}_1 + \boldsymbol{L}_2^*\boldsymbol{X}\boldsymbol{S}, \boldsymbol{\theta}_2(X) = \boldsymbol{L}_1^*\boldsymbol{X} + \boldsymbol{X}\boldsymbol{L}_2 + \boldsymbol{S}^*\boldsymbol{X}\boldsymbol{L}_2$$

$$\boldsymbol{\theta}_3(X)=\boldsymbol{S}^*\boldsymbol{XS}+\boldsymbol{S}^*\boldsymbol{X}+\boldsymbol{XS}$$

并且

$$\mathrm{d}\boldsymbol{Y}_{\mathrm{o}}(t)=\mathrm{d}\boldsymbol{Y}_{\mathrm{i}}(t)+\mathrm{d}\boldsymbol{U}(t)^*\mathrm{d}\boldsymbol{Y}_{\mathrm{i}}(t)\boldsymbol{U}(t)+\boldsymbol{U}(t)^*\mathrm{d}\boldsymbol{Y}_{\mathrm{i}}(t)\mathrm{d}\boldsymbol{U}(t)$$

$$\mathrm{d}\boldsymbol{A}\cdot\mathrm{d}\boldsymbol{Y}_{\mathrm{i}}=\mathrm{d}t+c\mathrm{d}\boldsymbol{A},\mathrm{d}\boldsymbol{A}^*.\ \mathrm{d}\boldsymbol{Y}_{\mathrm{i}}=c\mathrm{d}\boldsymbol{A}^*,\mathrm{d}\boldsymbol{\Lambda}.\ \mathrm{d}\boldsymbol{Y}_{\mathrm{i}}=\mathrm{d}\boldsymbol{A}^*+c\mathrm{d}\boldsymbol{\Lambda}$$

$$\mathrm{d}\boldsymbol{Y}_{\mathrm{i}}\mathrm{d}\boldsymbol{A}=c\mathrm{d}\boldsymbol{A},\mathrm{d}\boldsymbol{Y}_{\mathrm{i}}\mathrm{d}\boldsymbol{A}^*=\mathrm{d}t+c\mathrm{d}\boldsymbol{A}^*,\mathrm{d}\boldsymbol{Y}_{\mathrm{i}}\mathrm{d}\boldsymbol{\Lambda}=\mathrm{d}\boldsymbol{A}+c\mathrm{d}\boldsymbol{\Lambda}$$

因此我们推断

$$\begin{aligned}\mathrm{d}\boldsymbol{Y}_{\mathrm{o}}(t)&=\mathrm{d}\boldsymbol{Y}_{\mathrm{i}}(t)+j_t(c\boldsymbol{L}_1^*+c\boldsymbol{L}_2+\boldsymbol{S}^*)\mathrm{d}\boldsymbol{A}^*+j_t(c\boldsymbol{L}_2^*+c\boldsymbol{L}_1+\boldsymbol{S})\mathrm{d}\boldsymbol{A}\\&\quad+cj_t(\boldsymbol{S}^*+\boldsymbol{S})\mathrm{d}\boldsymbol{\Lambda}\\&=j_t(c\boldsymbol{L}_2^*+c\boldsymbol{L}_1+\boldsymbol{S}+1)\mathrm{d}\boldsymbol{A}+j_t(c\boldsymbol{L}_1^*+c\boldsymbol{L}_2+\boldsymbol{S}^*+1)\mathrm{d}\boldsymbol{A}^*\\&\quad+cj_t(\boldsymbol{S}^*+\boldsymbol{S}+1)\mathrm{d}\boldsymbol{\Lambda}\end{aligned}$$

问题:利用递归公式进行计算$(\mathrm{d}\boldsymbol{Y}_{\mathrm{o}}(t))n,n=2,3,\cdots$。

提示:设定

$$\begin{aligned}(\mathrm{d}\boldsymbol{Y}_o(t))^n&=j_t(\boldsymbol{P}_0[n])\mathrm{d}t+j_t(\boldsymbol{P}_1[n])\mathrm{d}\boldsymbol{A}(t)+j_t(\boldsymbol{P}_2[n])\mathrm{d}\boldsymbol{A}(t)^*\\&\quad+j_t(P_3[n])\mathrm{d}\boldsymbol{\Lambda}(t),n\geqslant1\end{aligned}$$

其中,$\boldsymbol{P}_k[n](k=0,1,2,3)$是$2\times2$矩阵,即系统矩阵。然后利用$j_t$的同态性质和量子伊藤公式,我们推导出:

$$\begin{aligned}j_t(\boldsymbol{P}_0[n+1])\mathrm{d}t&+j_t(\boldsymbol{P}_1[n+1])\mathrm{d}\boldsymbol{A}(t)+j_t(\boldsymbol{P}_2[n+1])\mathrm{d}\boldsymbol{A}(t)^*\\&+j_t(\boldsymbol{P}_3[n+1])\mathrm{d}\boldsymbol{\Lambda}(t)=(\mathrm{d}\boldsymbol{Y}_{\mathrm{o}}(t))^{n+1}\\&=(j_t(c\boldsymbol{L}_2^*+c\boldsymbol{L}_1+\boldsymbol{S}+1)\mathrm{d}\boldsymbol{A}+j_t(c\boldsymbol{L}_1^*+c\boldsymbol{L}_2+\boldsymbol{S}^*+1)\mathrm{d}\boldsymbol{A}^*\\&+cj_t(\boldsymbol{S}+\boldsymbol{S}^*+1)\mathrm{d}\boldsymbol{\Lambda})\cdot(j_t(\boldsymbol{P}_0[n])\mathrm{d}t+j_t(\boldsymbol{P}_1[n])\mathrm{d}\boldsymbol{A}(t)\\&+j_t(\boldsymbol{P}_2[n])\mathrm{d}\boldsymbol{A}(t)^*+j_t(\boldsymbol{P}_3[n])\mathrm{d}\boldsymbol{\Lambda}(t))\\&=j_t((c\boldsymbol{L}_2^*+c\boldsymbol{L}_1+\boldsymbol{S}+1)\boldsymbol{P}_2[n])\mathrm{d}t+j_t((c\boldsymbol{L}_2^*+c\boldsymbol{L}_1\\&+\boldsymbol{S}^*+1)\boldsymbol{P}_3[n])\mathrm{d}\boldsymbol{A}+j_t(c(\boldsymbol{S}+\boldsymbol{S}^*+1)\boldsymbol{P}_2[n])\mathrm{d}\boldsymbol{A}^*\\&+j_t(c(\boldsymbol{S}+\boldsymbol{S}^*+1)\boldsymbol{P}_3[n])\mathrm{d}\boldsymbol{\Lambda}\end{aligned}$$

因此

$$\boldsymbol{P}_0[n+1]=(c\boldsymbol{L}_2^*+c\boldsymbol{L}_1+\boldsymbol{S}+1)\boldsymbol{P}_2[n],$$

$$\boldsymbol{P}_1[n+1]=(c\boldsymbol{L}_2^*+c\boldsymbol{L}_1+\boldsymbol{S}^*+1)\boldsymbol{P}_3[n]$$

$$\boldsymbol{P}_2[n+1]=c(\boldsymbol{S}+\boldsymbol{S}^*+1)\boldsymbol{P}_2[n],\boldsymbol{P}_3[n+1]=c(\boldsymbol{S}+\boldsymbol{S}^*+1)\boldsymbol{P}_3[n]$$

初始条件如下:

$$\begin{aligned}\boldsymbol{P}_0[1]=0,\boldsymbol{P}_1[1]=c\boldsymbol{L}_2^*+c\boldsymbol{L}_1+\boldsymbol{S}+1,\boldsymbol{P}_2[1]\\=c\boldsymbol{L}_1^*+c\boldsymbol{L}_2+\boldsymbol{S}^*+1,\boldsymbol{P}_3[1]=c(\boldsymbol{S}+\boldsymbol{S}^*+1)\end{aligned}$$

上述递归的解为

$$\begin{aligned}\boldsymbol{P}_3[n]=(c(\boldsymbol{S}+\boldsymbol{S}^*+1))^n,\boldsymbol{P}_1[n+1]\\=(c\boldsymbol{L}_2^*+c\boldsymbol{L}_1+\boldsymbol{S}^*+1)(c(\boldsymbol{S}+\boldsymbol{S}^*+1))^n\end{aligned}$$

$$\boldsymbol{P}_2[n]=(c(\boldsymbol{S}+\boldsymbol{S}^*+1))^{n-1}(c\boldsymbol{L}_1^*+c\boldsymbol{L}_2+\boldsymbol{S}^*+1)$$

$$\boldsymbol{P}_0[n+1]=(c\boldsymbol{L}_2^*+c\boldsymbol{L}_1+\boldsymbol{S}+1)(c(\boldsymbol{S}+\boldsymbol{S}^*+1))^{n-1}(c\boldsymbol{L}_1^*+c\boldsymbol{L}_2+\boldsymbol{S}^*+1),n\geqslant 1$$

我们可以利用 $\mathrm{d}t$、$\mathrm{d}\boldsymbol{Y}_{\mathrm{o}}$,$(\mathrm{d}\boldsymbol{Y}_{\mathrm{o}})^2$ 和 $(\mathrm{d}\boldsymbol{Y}_{\mathrm{o}})^3$ 来求解 $\mathrm{d}\boldsymbol{A}$、$\mathrm{d}\boldsymbol{A}^*$、$\mathrm{d}\boldsymbol{\Lambda}$,其系数是某些系统的算符 j_t。具体来说,我们考虑三个线性方程,即

$$(\mathrm{d}\boldsymbol{Y}_{\mathrm{o}})^n-j_t(\boldsymbol{P}_0[n])\mathrm{d}t=j_t(\boldsymbol{P}_1[n])\mathrm{d}\boldsymbol{A}+j_t(\boldsymbol{P}_2[n])\mathrm{d}\boldsymbol{A}^*+j_t(\boldsymbol{P}_3[n])\mathrm{d}\boldsymbol{\Lambda},n=1,2,3$$

并且利用 $j_t(\boldsymbol{X})^{-1}j_t(\boldsymbol{Y})=j_t(\boldsymbol{X}^{-1}\boldsymbol{Y})$ 和类似的关系来求解 $\mathrm{d}\boldsymbol{A}$、$\mathrm{d}\boldsymbol{A}^*$、$\mathrm{d}\boldsymbol{\Lambda}$,将其作为 $\mathrm{d}t$、$(\mathrm{d}\boldsymbol{Y}_{\mathrm{o}})^n,n=1,2,3$ 的线性组合,系统算符 $\boldsymbol{P}_k[n](k=0,1,2,3,n=1,2,3)$ 的一些函数的系数为 j_t。广义贝拉夫金滤波方程可以表示为

$$\mathrm{d}\boldsymbol{\pi}_t(\boldsymbol{X})=F_t(\boldsymbol{X})\mathrm{d}t+\sum_{k\geqslant 1}G_{kt}(\boldsymbol{X})(\mathrm{d}\boldsymbol{Y}_{\mathrm{o}}(t))^k$$

其中

$$F_t(\boldsymbol{X})、G_{kt}(\boldsymbol{X})\in\boldsymbol{\eta}_t=\boldsymbol{\sigma}(\boldsymbol{Y}_{\mathrm{o}}(s):s\leqslant t)$$

我们注意到,根据定义,

$$\boldsymbol{\pi}_t(\boldsymbol{X})=\mathbb{E}[j_t(\boldsymbol{X})|\boldsymbol{\eta}_t]$$

因此(正交原理)

$$\mathbb{E}[(j_t(\boldsymbol{X})-\boldsymbol{\pi}_t(\boldsymbol{X}))\boldsymbol{C}_t]=0,\boldsymbol{C}_t\in\boldsymbol{\eta}_t$$

定义 $\boldsymbol{C}_t\in\boldsymbol{\eta}_t$ 为

$$\mathrm{d}C_t=\sum_{k\geqslant 1}f_k(t)(\mathrm{d}\boldsymbol{Y}_{\mathrm{o}}(t))^k\boldsymbol{C}_t,\boldsymbol{C}_0=1$$

通过将量子伊藤公式应用于上述方程,并利用复函数 $f_k(t)$ 的任意性,我们得到

$$\mathbb{E}(\mathrm{d}j_t(\boldsymbol{X})-\mathrm{d}\boldsymbol{\pi}_t(\boldsymbol{X})|\boldsymbol{\eta}_t)=0$$

$$\mathbb{E}[(\mathrm{d}j_t(\boldsymbol{X})-\mathrm{d}\boldsymbol{\pi}_t(\boldsymbol{X}))(\mathrm{d}\boldsymbol{Y}_{\mathrm{o}}(t))^k|\boldsymbol{\eta}_t]+\mathbb{E}[(j_t(\boldsymbol{X})-\boldsymbol{\pi}_t(\boldsymbol{X}))(\mathrm{d}\boldsymbol{Y}_{\mathrm{o}}(t))^k|\boldsymbol{\eta}_t]=0,j\geqslant 1\tag{5-7}$$

因此,假设期望处于状态 $|f\otimes\varphi(u)>$,其中 $|\boldsymbol{e}(u)>=\exp(-|u|^2/2)|\boldsymbol{e}(u)>$,$|\boldsymbol{e}(u)>$ 为标准指数矢量,且 $f\in\mathbb{C}^2$,$|f|=1$ 时,我们可以得到

$$\begin{aligned}&\boldsymbol{\pi}_t(\theta_{0t}(\boldsymbol{X})+u(t)\theta_1(\boldsymbol{X})+\bar{u}(t)\theta_2(\boldsymbol{X})+|u(t)|^2\theta_3(\boldsymbol{X}))\\&=F_t(\boldsymbol{X})+\sum_{k\geqslant 1}G_{kt}(\boldsymbol{X})\boldsymbol{\pi}_t(\boldsymbol{P}_0[k]+u(t)\boldsymbol{P}_1[k]\\&+\bar{u}(t)\boldsymbol{P}_2[k]+|u(t)|^2\boldsymbol{P}_3[k])\end{aligned}\tag{5-8}$$

并且

$$\begin{aligned}&\mathbb{E}(j_t(\theta_1(\boldsymbol{X}))\mathrm{d}\boldsymbol{A}(t)(\mathrm{d}\boldsymbol{Y}_{\mathrm{o}}(t))^k|\boldsymbol{\eta}_t)+\mathbb{E}(j_t(\theta_2(\boldsymbol{X}))\mathrm{d}\boldsymbol{A}(t)^*(\mathrm{d}\boldsymbol{Y}_{\mathrm{o}}(t))^k|\boldsymbol{\eta}_t)\\&+\mathbb{E}(j_t(\theta_3(X))\mathrm{d}\boldsymbol{\Lambda}(t)(\mathrm{d}\boldsymbol{Y}_{\mathrm{o}}(t))^k|\boldsymbol{\eta}_t)-F_t(\boldsymbol{X})\boldsymbol{\pi}_t(\boldsymbol{P}_0[k]+u(t)\boldsymbol{P}_1[k]\\&+\bar{u}(t)\boldsymbol{P}_2[k]+|u(t)|^2\boldsymbol{P}_3[k])\mathrm{d}t-\sum_{m\geqslant 1}G_{mt}(\boldsymbol{X})\boldsymbol{\pi}_t(\boldsymbol{P}_0[k+m]\end{aligned}$$

$$+u(t)\boldsymbol{P}_1[k+m]+\bar{u}(t)\boldsymbol{P}_2[k+m]+|u(t)|^2\boldsymbol{P}_3[k+m])\mathrm{d}t$$
$$+\boldsymbol{\pi}_t(X(\boldsymbol{P}_0[k]+u(t)\boldsymbol{P}_1[k]+\bar{u}(t)\boldsymbol{P}_2[k]+|u(t)|^2\boldsymbol{P}_3[k]))\mathrm{d}t$$
$$-\boldsymbol{\pi}_t(\boldsymbol{X})\boldsymbol{\pi}_t(\boldsymbol{P}_0[k]+u(t)\boldsymbol{P}_1[k]+\bar{u}(t)\boldsymbol{P}_2[k]+|u(t)|^2\boldsymbol{P}_3[k])\mathrm{d}t=0 \tag{5-9a}$$

此时

$$\mathrm{d}\boldsymbol{A}(t).(\mathrm{d}\boldsymbol{Y}_o(t))^k=j_t(\boldsymbol{P}_2[k])\mathrm{d}t+j_t(\boldsymbol{P}_3[k])\mathrm{d}\boldsymbol{A}(t)$$

那么

$$\mathbb{E}(j_t(\theta_1(\boldsymbol{X}))\mathrm{d}\boldsymbol{A}(t).(\mathrm{d}\boldsymbol{Y}_o(t))^k|\boldsymbol{\eta}_t)=\boldsymbol{\pi}_t(\theta_1(\boldsymbol{X})(\boldsymbol{P}_2[k])+u(t)\boldsymbol{P}_3[k]))\mathrm{d}t$$
$$\mathrm{d}\boldsymbol{A}(t)^*(\mathrm{d}\boldsymbol{Y}_o(t))^k=0$$
$$\mathrm{d}\boldsymbol{\Lambda}(t)(\mathrm{d}\boldsymbol{Y}_o(t))^k=j_t(\boldsymbol{P}_2[k])\mathrm{d}\boldsymbol{A}(t)^*+j_t(\boldsymbol{P}_3[k])\mathrm{d}\boldsymbol{\Lambda}(t)$$

从而得到

$$\mathbb{E}(j_t(\theta_3(\boldsymbol{X}))\mathrm{d}\boldsymbol{\Lambda}(t)(\mathrm{d}\boldsymbol{Y}_o(t))^k|\boldsymbol{\eta}_t)=\boldsymbol{\pi}_t(\theta_3(\boldsymbol{X})(\bar{u}(t)\boldsymbol{P}_2[k])+|u(t)|^2\boldsymbol{P}_3[k]))\mathrm{d}t$$

因此,式(5-9a)可以表示为

$$\boldsymbol{\pi}_t(\theta_1(\boldsymbol{X})(\boldsymbol{P}_2[k]+u(t)\boldsymbol{P}_3[k]))+\boldsymbol{\pi}_t(\theta_3(\boldsymbol{X})(\bar{u}(t)\boldsymbol{P}_2[k]+|u(t)|^2\boldsymbol{P}_3[k]))$$
$$+\boldsymbol{\pi}_t(\boldsymbol{X}(\boldsymbol{P}_0[k]+u(t)\boldsymbol{P}_1[k]+\bar{u}(t)\boldsymbol{P}_2[k]+|u(t)|^2\boldsymbol{P}_3[k]))$$
$$-\boldsymbol{\pi}_t(\boldsymbol{X})\boldsymbol{\pi}_t(\boldsymbol{P}_0[k]+u(t)\boldsymbol{P}_1[k]+\bar{u}(t)\boldsymbol{P}_2[k]+|u(t)|^2\boldsymbol{P}_3[k])$$
$$=F_t(\boldsymbol{X})\boldsymbol{\pi}_t(\boldsymbol{P}_0[k]+u(t)\boldsymbol{P}_1[k]+\bar{u}(t)\boldsymbol{P}_2[k]+|u(t)|^2\boldsymbol{P}_3[k])$$
$$+\sum_{m\geqslant 1}G_{mt}(\boldsymbol{X})\boldsymbol{\pi}_t(\boldsymbol{P}_0[k+m]+u(t)\boldsymbol{P}_1[k+m]+\bar{u}(t)\boldsymbol{P}_2[k+m]$$
$$+|u(t)|^2\boldsymbol{P}_3[k+m]),k\geqslant 1 \tag{5-9b}$$

式(5-8)和式(5-9b)将针对 $F_t(\boldsymbol{X})$、$G_{kt}(\boldsymbol{X})$,$k\geqslant 1$ 进行求解,得出期望的广义贝拉夫金(Belavkin)滤波器。利用式(5-7)排除 $F_t(\boldsymbol{X})$,我们可以将过滤器表示为

$$\mathrm{d}\boldsymbol{\pi}_t(\boldsymbol{X})=\boldsymbol{\pi}_t(\theta_{0t}(\boldsymbol{X})+u(t)\theta_1(\boldsymbol{X})+\bar{u}(t)\theta_2(\boldsymbol{X})+|u(t)|^2\theta_3(\boldsymbol{X}))\mathrm{d}t$$
$$+\sum_{k\geqslant 1}G_{kt}(\boldsymbol{X})((\mathrm{d}\boldsymbol{Y}_o(t))^k-\boldsymbol{\pi}_t(\boldsymbol{P}_0[k]+u(t)\boldsymbol{P}_1[k]+\bar{u}(t)\boldsymbol{P}_2[k]$$
$$+|u(t)|^2\boldsymbol{P}_3[k])\mathrm{d}t)$$

其中,$G_{kt}(\boldsymbol{X})$,$k\geqslant 1$ 满足

$$\boldsymbol{\pi}_t(\theta_1(\boldsymbol{X})(\boldsymbol{P}_2[k]+u(t)\boldsymbol{P}_3[k]))+\boldsymbol{\pi}_t(\theta_3(\boldsymbol{X})(\bar{u}(t)\boldsymbol{P}_2[k]+|u(t)|^2\boldsymbol{P}_3[k]))$$
$$+\boldsymbol{\pi}_t(\boldsymbol{X}(\boldsymbol{P}_0[k]+u(t)\boldsymbol{P}_1[k]+\bar{u}(t)\boldsymbol{P}_2[k]+|u(t)|^2\boldsymbol{P}_3[k]))$$
$$-\boldsymbol{\pi}_t(\boldsymbol{X})\boldsymbol{\pi}_t(\boldsymbol{P}_0[k]+u(t)\boldsymbol{P}_1[k]+\bar{u}(t)\boldsymbol{P}_2[k]+|u(t)|^2\boldsymbol{P}_3[k])$$
$$=(\boldsymbol{\pi}_t(\theta_{0t}(\boldsymbol{X})+u(t)\theta_1(\boldsymbol{X})+\bar{u}(t)\theta_2(\boldsymbol{X})+|u(t)|^2\theta_3(\boldsymbol{X}))$$
$$-\sum_{m\geqslant 1}G_{mt}(\boldsymbol{X})\boldsymbol{\pi}_t(\boldsymbol{P}_0[m]+u(t)\boldsymbol{P}_1[m]+\bar{u}(t)\boldsymbol{P}_2[m]+|u(t)|^2\boldsymbol{P}_3[m]))$$

$$
\begin{aligned}
&\times\pi_t(\boldsymbol{P}_0[k]+u(t)\boldsymbol{P}_1[k]+\bar{u}(t)\boldsymbol{P}_2[k]+|u(t)|^2\boldsymbol{P}_3[k])\\
&+\sum_{m\geqslant 1}G_{mt}(\boldsymbol{X})\pi_t(\boldsymbol{P}_0[k+m]+u(t)\boldsymbol{P}_1[k+m]+\bar{u}(t)\boldsymbol{P}_2[k+m]\\
&+|u(t)|^2\boldsymbol{P}_3[k+m]),k\geqslant 1
\end{aligned}
\tag{5-9b}
$$

或者等效表达式

$$
\begin{aligned}
&\pi_t(\theta_1(\boldsymbol{X})(\boldsymbol{P}_2[k]+u(t)\boldsymbol{P}_3[k]))+\pi_t(\theta_3(\boldsymbol{X})(\bar{u}(t)\boldsymbol{P}_2[k]+|u(t)|^2\boldsymbol{P}_3[k]))\\
&+\pi_t(\boldsymbol{X}(\boldsymbol{P}_0[k]+u(t)\boldsymbol{P}_1[k]+\bar{u}(t)\boldsymbol{P}_2[k]+|u(t)|^2\boldsymbol{P}_3[k]))\\
&-\pi_t(\boldsymbol{X})\pi_t(\boldsymbol{P}_0[k]+u(t)\boldsymbol{P}_1[k]+\bar{u}(t)\boldsymbol{P}_2[k]+|u(t)|^2\boldsymbol{P}_3[k])\\
&=(\pi_t(\theta_{0t}(\boldsymbol{X})+u(t)\theta_1(\boldsymbol{X})+\bar{u}(t)\theta_2(\boldsymbol{X})+|u(t)|^2\theta_3(\boldsymbol{X}))\cdot\pi_t(\boldsymbol{P}_0[k]\\
&+u(t)\boldsymbol{P}_1[k]+\bar{u}(t)\boldsymbol{P}_2[k]+|u(t)|^2\boldsymbol{P}_3[k])\\
&+\sum_{m\geqslant 1}G_{mt}(\boldsymbol{X})[\pi_t(\boldsymbol{P}_0[k+m]+u(t)\boldsymbol{P}_1[k+m]+\bar{u}(t)\boldsymbol{P}_2[k+m]\\
&+|u(t)|^2\boldsymbol{P}_3[k+m])-\pi_t(\boldsymbol{P}_0[m]+u(t)\boldsymbol{P}_1[m]+\bar{u}(t)\boldsymbol{P}_2[m]\\
&+|u(t)|^2\boldsymbol{P}_3[m])\pi_t(\boldsymbol{P}_0[k]+u(t)\boldsymbol{P}_1[k]+\bar{u}(t)\boldsymbol{P}_2[k]+|u(t)|^2\boldsymbol{P}_3[k])]
\end{aligned}
\tag{5-10}
$$

第 6 章 利用洛伦兹群的表示对运动中的图像场进行模式分类

6.1 SL(2,C)、SL(2,R)和图像处理

为了处理具有快速时间变化的图像，在处理不同惯性系中的图像测量时，必须考虑狭义相对论。具体而言，如果(t,x,y,z)是帧K中的坐标系，并且该坐标系中的像场是$f(t,x,y,z)=f(t,r)$，那么在旋转后以匀速相对于K运动的帧K'中，坐标(t',r')通过洛伦兹变换与中K的坐标(t,r)相关联，即

$$(t',r')^{\mathrm{T}}=\boldsymbol{L}(t,r)^{\mathrm{T}}$$

其中，$\boldsymbol{L}$是一个适当的正时洛伦兹变换。我们可以将其表达为

$$x'_r=L_{rs}x_s,r=0,1,2,3$$

这意味着在重复指数$s=0,1,2,3$上的求和，其中$x_0=t,x_1=x,x_2=y,x_3=z$，同样地对于$x'_r,r=0,1,2,3$，我们可以得到

$$x'^2_0-x'^2_1-x'^2_2-x'^2_3=x_0^2-x_1^2-x_2^2-x_3^2$$

因此我们推断出

$$L_{00}^2-L_{10}^2-L_{20}^2-L_{30}^2=1$$

那么

$$L_{00}=\sqrt{1+L_{10}^2+L_{20}^2+L_{30}^2}$$

更具体地说

$$|L_{00}|\geqslant 1$$

注意，由于$\boldsymbol{L}^{\mathrm{T}}$也是洛伦兹变换，我们得到

$$L_{00}^2-L_{01}^2-L_{02}^2-L_{03}^2=1$$

从而得到

$$L_{00}=\sqrt{1+L_{01}^2+L_{02}^2+L_{03}^2}$$

如果$L_{00}\geqslant 1$，那么我们说$\boldsymbol{L}$是一个正时洛伦兹变换。在这种情况下，假设$x_0^2-x_1^2-x_2^2-x_3^2>0$和$x_0>0$。因此

$$\begin{aligned} x'_0 &= L_{00}x_0 + L_{01}x_1 + L_{02}x_2 + L_{03}x_3 \\ &= \sqrt{1 + L_{01}^2 + L_{02}^2 + L_{03}^2}\,x_0 + L_{01}x_1 + L_{02}x_2 + L_{03}x_3 \\ &\geqslant \sqrt{1 + L_{01}^2 + L_{02}^2 + L_{03}^2}\,x_0 - \sqrt{L_{01}^2 + L_{02}^2 + L_{03}^2}\sqrt{x_1^2 + x_2^2 + x_3^2} \\ &\geqslant \sqrt{L_{01}^2 + L_{02}^2 + L_{03}^2}\,(x_0 - \sqrt{x_1^2 + x_2^2 + x_3^2}) > 0 \end{aligned}$$

这一性质表征了洛伦兹变换的正交性。洛伦兹变换具有行列式 $\boldsymbol{L}=1$ 的性质。如果行列式 $\boldsymbol{L}=1$,那么我们就说 $\boldsymbol{L}$ 是适当的。所有适当的正时洛伦兹变换形成一个群,这个群是通过时空流形的适当旋转和提升而生产的。这个群表示为 $G_0=\{\boldsymbol{L}:\boldsymbol{L}\in G:\det\boldsymbol{L}=1,L_{00}\geqslant 1\}$,其中,$G$ 是所有洛伦兹变换的群,即所有 $\boldsymbol{L}$ 使得 $\boldsymbol{L}^{\mathrm{T}}\boldsymbol{\eta}\boldsymbol{L}=\boldsymbol{\eta}$,其中 $\boldsymbol{\eta}=\mathrm{diag}[1,-1,-1,-1]$ 是闵可夫斯基度规,G_0 是包含恒等变换的 G 连通分支。$\mathrm{SL}(2,\mathbb{C})$ 是 G_0 的覆盖群。事实上,对于任何 $\boldsymbol{L}\in G_0$,存在唯一的对 $\boldsymbol{A}$,其中 $\boldsymbol{A}\in\mathrm{SL}(2,\mathbb{C})$,使得

$$\boldsymbol{A}\boldsymbol{\Phi}(t,r)\boldsymbol{A}^* = \boldsymbol{\Phi}(\boldsymbol{L}(t,r))$$

其中

$$\boldsymbol{\Phi}(t,r) = \begin{pmatrix} t+z & x-\mathrm{i}y \\ x+\mathrm{i}y & t-z \end{pmatrix}$$

因此,我们可以看到 G_0 与群 $\mathrm{SL}(2,\mathbb{C})/\{\,]I\}$ 是同构的。

如果我们限制到 $\mathrm{SL}(2,\mathbb{R})$,那么我们得到空间$(t,x,0,z)$中的所有洛伦兹变换,即 $x-z$ 平面中的旋转和提升。因此,我们可以利用离散序列的特征对以相对论速度运动的平面像场进行模式识别。

练习:设定 $\boldsymbol{A}\in \boldsymbol{SL}(2,\mathbb{R})$。假设 $\boldsymbol{L}$ 是由下式定义的洛伦兹变换:

$$\boldsymbol{\Phi}(\boldsymbol{L}(t,r)) = \boldsymbol{A}\boldsymbol{\Phi}(t,r)\boldsymbol{A}^*$$

证明 L 决定了 y。事实上,这是显而易见的,因为 y 发生时具有 $\boldsymbol{\Phi}(t,r)$ 中的因子 i,而 t,x,z 出现时则具有因子 1。因此,如果 $\boldsymbol{A}$ 是实 $\mathrm{SL}(2,\mathbb{C})$ 矩阵,它将不会触及 $\boldsymbol{\Phi}(t,r)$ 中的虚部 $\mathrm{i}y$。

针对 $\mathrm{SL}(2,\mathbb{R})$ 的离散序列:设定 $\boldsymbol{H},\boldsymbol{X},\boldsymbol{Y}$ 为 $\mathrm{SL}(2,\mathbb{C})$ 的标准生成元,即

$$\boldsymbol{H} = \begin{pmatrix} 1 & 0 \\ 0 & -1 \end{pmatrix}$$

$$\boldsymbol{X} = \begin{pmatrix} 0 & 1 \\ 0 & 0 \end{pmatrix}$$

$$\boldsymbol{Y} = \begin{pmatrix} 0 & 0 \\ 1 & 0 \end{pmatrix}$$

这些满足对易关系:

$$[\boldsymbol{H},\boldsymbol{X}] = 2\boldsymbol{X}, [\boldsymbol{H},\boldsymbol{Y}] = -2\boldsymbol{Y}, [\boldsymbol{X},\boldsymbol{Y}] = \boldsymbol{H}$$

$\mathrm{SL}(2,\mathbb{C})$ 的不可约表达式如下,首先假设在该表示 $\boldsymbol{\pi}$ 中存在最高权矢量 v_0,

因此

$$X.v_0=0, H.v_0=\lambda_0 v_0$$

其中,通过 $\boldsymbol{X}.v_0$,我们意在表达 $\pi(\boldsymbol{X})\cdot v_0$ 等,其中 π 表示李代数 $\int l(2,\mathbb{R})$ 的不可约表示。那么对易关系就意味着以下定义

$$v_s=\boldsymbol{Y}^s v_0, s=0,1,2,\cdots$$

以及

$$\boldsymbol{H}.v_s=(\lambda_0-2s)v_s, \boldsymbol{Y}v_s=v_{s+1}, s\geqslant 0$$

既然这个表示是不可约的,我们必须有以下关系

$$\boldsymbol{X}v_s=\alpha(s)v_{s-1}$$

对应于一些标量 $\alpha(s)$,我们发现

$$\begin{aligned}\alpha(s)v_s&=\alpha(s)\boldsymbol{Y}v_{s-1}=\boldsymbol{Y}\boldsymbol{X}v_s=[\boldsymbol{Y},\boldsymbol{X}]v_s+\boldsymbol{X}\boldsymbol{Y}v_s\\&=-\boldsymbol{H}v_s+\boldsymbol{X}v_{s+1}=-(\lambda_0-2s)v_s+\alpha(s+1)v_s\end{aligned}$$

或

$$\alpha(s)=\alpha(s+1)-(\lambda_0-2s)$$

通过初始条件

$$\alpha(0)=0$$

我们可以得到

$$\alpha(s)=\sum_{k=0}^{s-1}(\lambda_0-2k)=\lambda_0 s-s(s-1)=s(\lambda_0-s+1)$$

因此,我们有一个由具有李代数作用的矢量 $\{v_s:s\geqslant 0\}$ 张成的 SL(2,ℝ) 无限维表示:

$$\boldsymbol{H}v_s=(\lambda_0-2s)v_s, \boldsymbol{X}v_s=s(\lambda_0-s+1)v_{s-1}, \boldsymbol{Y}v_s=v_{s+1}, s\geqslant 0$$

假设对于某些 $s_0=1,2,\cdots$,我们可以得到 $\lambda_0-s_0+1=0$,即 $\lambda_0=s_0-1$。那么,span$\{v_s:s\geqslant s_0\}$ 将是该表示的不变子空间,因此该表示将不是不可约的。这意味着:当且仅当 λ_0 不是非负整数,该表示是不可约的。假设 $\lambda_0=-m$,对应于一些 $m\geqslant 1$。然后我们得到一个不可约的表示 SL(2,ℝ),这个表示是离散的级数。同样,我们可以从最低权矢量开始,并在离散序列中生成另一个无限维不可约表示。

现在定义 $\mathfrak{sl}(2,\mathbb{C})$ 元素

$$\boldsymbol{H}'=\mathrm{i}(\boldsymbol{X}-\boldsymbol{Y}), \boldsymbol{X}'=(\boldsymbol{H}-\mathrm{i}(\boldsymbol{X}+\boldsymbol{Y}))/2, \boldsymbol{Y}'=(\boldsymbol{H}+\mathrm{i}(\boldsymbol{X}+\boldsymbol{Y}))/2$$

所以

$$[\boldsymbol{H}',\boldsymbol{X}']=\mathrm{i}[\boldsymbol{X}-\boldsymbol{Y},\boldsymbol{H}]/2+[\boldsymbol{X},\boldsymbol{Y}]=-\mathrm{i}\boldsymbol{X}-\mathrm{i}\boldsymbol{Y}+\boldsymbol{H}=2\boldsymbol{X}'$$

$$[\boldsymbol{H}',\boldsymbol{Y}']=\mathrm{i}[\boldsymbol{X}-\boldsymbol{Y},\boldsymbol{H}]/2-[\boldsymbol{X},\boldsymbol{Y}]=-\mathrm{i}\boldsymbol{X}-\mathrm{i}\boldsymbol{Y}-2\boldsymbol{H}=-2\boldsymbol{Y}'$$

$$[\boldsymbol{X}',\boldsymbol{Y}']=\mathrm{i}[\boldsymbol{H},\boldsymbol{X}+\boldsymbol{Y}]/2=\mathrm{i}(\boldsymbol{X}-\boldsymbol{Y})=\boldsymbol{H}'$$

$\{H', X', Y'\}$满足与$\{H, X, Y\}$相同的对易关系，因此，由$\{H', X', Y'\}$张成的李代数同构于$\mathfrak{sl}(2,\mathbb{C})$。更确切地说，该映射$\{H, X, Y\} \to \{H', X', Y'\}$是一个李代数自同构，很容易证明这是一个内自同构。因此，如果π是如上面所定义的对应于$\lambda_0 = -m$的相同不可约表示$\mathfrak{sl}(2,\mathbb{C})$，则对应的李群表示的特征标在$\exp(tH')$处求值与其特征标在$\exp(tH)$处求值相同。因此，在$\exp(\theta(X-Y))$处求值的该表示的特征标与在$\exp(-\mathrm{i}\theta H)$处求值的该表示的特征标相同。在$\exp(tH)$处求值的$\lambda_0 = -m$的上述离散序列表示特征标由下式给出，即

$$\chi_m(\exp(tH)) = \sum_{s \geqslant 0} \exp(-t(m+2s)) = \frac{\exp(-mt)}{1-\exp(-2t)}$$
$$= \frac{\exp(-(m-1)t)}{\exp(t)-\exp(-t)}$$

因此，根据上述论证，在处$u(\theta) = \exp(\theta(X-Y))$求值的同一表示的特征标由下式给出，即

$$\chi_m(u(\theta)) = \frac{\exp(\mathrm{i}(m-1)\theta)}{\exp(-\mathrm{i}\theta)-\exp(\mathrm{i}\theta)}$$

注意：$\mathbb{R}.H$和$\mathbb{R}.(X-Y)$是$\mathfrak{sl}(2,\mathbb{R})$的两个非共轭嘉当(Cartan)子代数。第一个生成$\mathrm{SL}(2,\mathbb{R})$的非紧子群$L$包含矩阵$\begin{pmatrix} a & 0 \\ 0 & 1/a \end{pmatrix}$，$a>0$，第二个生成$\mathrm{SL}(2,\mathbb{R})$的紧子群$B = \mathrm{SO}(2)$包含矩阵：

$$u(\theta) = \begin{pmatrix} \cos(\theta) & -\sin(\theta) \\ \sin(\theta) & \cos(\theta) \end{pmatrix}, \theta \in [0, 2\pi)$$

我们可以得到任何$g \in \mathrm{SL}(2,\mathbb{R})$的奇异值分解：

$$g = u(\theta_1)a(t).u(\theta_2)$$

其中

$$u(\theta) = \exp(\theta(X-Y)) = \begin{pmatrix} \cos(\theta) & -\sin(\theta) \\ \sin(\theta) & \cos(\theta) \end{pmatrix}$$

$$a(t) = \exp(tH) = \begin{pmatrix} \mathrm{e}^{t} & 0 \\ 0 & \mathrm{e}^{-t} \end{pmatrix}$$

$G = \mathrm{SL}(2,\mathbb{R})$的岩泽(Iwasawa)分解

$$G = KMAN$$

其中：$K = \mathrm{SO}(2)$；$M = \{I\}$；$A = \exp(\mathbb{R}.H)$；$N = \exp(\mathbb{R}.X)$。这实质上是通过G列的格拉姆-施密特(Gram-Schmidt)正交归一化获得的QR分解。

我们利用离散序列特征标进行图像处理：给定任何$g \in G = \mathrm{SL}(2,\mathbb{R})$(或等

价地,在 xz 平面上的适当的正时洛伦兹变换),我们得到基本结果:g 与椭圆嘉当子群 $B=\exp(\mathbb{R}.(\boldsymbol{X}-\boldsymbol{Y}))$ 的元素或双曲嘉当子群 $L=\exp(\mathbb{R}.\boldsymbol{H})$ 的元素在 $G=\mathrm{SL}(2,\mathbb{R})$ 中共轭。设定 f_1、f_2 是 $\mathrm{SL}(2,\mathbb{R})$ 上的两个函数,并设定 χ_m 表示上述离散级数表示的特征标。然后,我们考虑

$$F_m(f_1,f_2) = \int_{G\times G} f_1(g)f_2(h)\chi_m(gh^{-1})\,\mathrm{d}g\mathrm{d}h$$

可以得到

$$\begin{aligned} F_m(f_1 o x, f_2 o x) &= \int_{G\times G} f_1(xg)f_2(xh)\chi_m(gh^{-1})\,\mathrm{d}g\mathrm{d}h \\ &= \int f_1(g)f_2(h)\chi_m(x^{-1}gh^{-1}x)\,\mathrm{d}g\mathrm{d}h \\ &= \int f_1(g)f_2(h)\chi_m(gh^{-1})\,\mathrm{d}g\mathrm{d}h = F_m(f_1,f_2) \end{aligned}$$

对应于所有 $x\in G$。因此,$(f_1,f_2)\to F_m(f_1,f_2)$ 是在所有图像对上定义的 G 不变函数,其中每个图像是 $G=\mathrm{SL}(2,\mathbb{R})$ 上的函数。

第7章 天线设计应用中的经典随机和量子随机和信息优化问题

7.1 优化技术介绍

7.1.1 利用最小二乘法解决线性优化问题

有限维希尔伯特(Hilbert)空间中的正交投影定理。

7.1.2 最小均方估算

利用 Radon - Nikodym 导数求解 L^1 随机变量的条件期望;利用正交投影定理求解 $L^2(P)$ 随机变量和 $L^1(P)$ 中 $L^2(P)$ 密度的条件期望,这些都是正交投影定理在无限维希尔伯特空间中的应用。

7.1.3 利用阿波罗尼奥斯(Apolloni)定理的无限维希尔伯特空间中的正交投影定理 - 正交投影算符的存在性和唯一性定理及其性质

研究项目:证明来自希尔伯特空间的矢量在其闭子空间中或更一般地在其闭凸子集中的最佳逼近的存在性和唯一性。存在性的证明基于在子空间/凸子集中构造一个序列,其与给定矢量的距离收敛于最小距离,然后利用阿波罗尼奥斯定理来证明该序列是柯西序列,因此具有收敛性。同样,唯一性的证明基于假设给定矢量的两个最佳逼近,然后利用阿波罗尼奥斯定理来证明这两者是相等的。

利用正交原理,即逼近误差与子空间正交,建立在闭子空间中取任意给定矢量为其最佳逼近的正交投影映射的线性度。这一事实是通过注意到近似误差范数平方对于子空间中的所有矢量都是最小值而建立的,该最小条件通过将通过最佳逼近的子空间中的单参数曲线族的误差范数平方的导数设置为零来表示,该正交性原理也用于建立正交投影算符的自伴性。

7.1.4　无限维希尔伯特(Hilbert)空间的闭凸子集的正交投影定理。存在性和唯一性的证明

研究项目:即使将闭子空间替换为闭凸子集,阿波罗尼奥斯定理仍然有效,因为它只涉及子集中的三个矢量,前两个是序列中与给定矢量的距离收敛到最小值的任意两个矢量,第三个是这两个矢量的平均值,由于子集的凸性,它也是凸集的一个元素。然而,现在我们不能讨论正交性算符的线性或自伴性。

7.1.5　定义在无穷维巴拿赫(Banach)空间和希尔伯特空间上的函数的变分导数。弗雷歇(Frechet)导数和加托(Gateaux)导数

7.1.6　二次可微函数空间上的拉格朗日变分原理

研究项目:一元函数和多元函数的欧拉 - 拉格朗日方程。经典力学和经典场论中的应用。了解诺特(Noether)定理,该定理指出:如果拉格朗日量在李群变换下是不变的,那么我们可以推导出力学和经典场论中的守恒律。

7.1.7　欧拉 - 拉格朗日变分原理与费曼路径积分(历史求和)相结合,在极限 $h \to 0$ 情况下通过稳相法验证量子力学向经典力学的转变

研究项目:两个时空点之间的费曼路径积分(FPI),是两个时空点之间不同时间路径上的相位因子之和,相位因子等于路径上的作用积分除以普朗克常数。这个路径积分解决了薛定谔方程,即它正是理查德 · 费曼在他的博士论文中首次指出的薛定谔演化核。每个路径对费曼路径积分的贡献,可以解释为粒子在给定时间间隔内从第一点到第二点的量子力学振幅。因此,费曼路径积分可以用作建立量子力学的出发点。此外,在这个公式中,经典力学和量子力学之间的相似性立刻变得明显。实际上,当普朗克常数趋近于零时,相位变为无穷大,因此在除经典轨迹之外的两点之间的任何轨迹附近快速振荡,导致除经典轨迹之外的任何轨迹周围的费曼路径积分中的相位抵消。根据欧拉 - 拉格朗日定理,作用泛函和相位在经典轨迹周围是稳定的,因此在该轨迹周围不会发生相位抵消。这意味着,当普朗克常数收敛到零时,或者更精确地说,当作用积分与普朗克常数之比变得非常大时(如宏观物体的情况),只有来自经典轨迹的贡献对极限中的量子力学跃迁振幅有贡献。

7.1.8　作为优化练习的大偏差理论

Sanov、Cramer、Gartner - Ellis、Bryc 和 Varadhan 定理。计算各种随机变量序

列和随机过程的速率函数。布朗运动的 Schilder 速率函数。Varadhan 变分原理,用于以下情况的计算:

$$\lim_{\epsilon \to 0} \mathbb{E}[\exp(\phi(Z_{\epsilon})/\epsilon)]$$

其中,Z_{ϵ}($\epsilon \to 0$)满足具有已知速率函数 $I(z)$ 的大偏差原理(Large Deviation Principle)。

7.1.9 作为优化问题的非线性滤波理论

在实时基础上计算 $p(x_t | Y_t)$,作为具有 $Y_t = \{z(s): s \leqslant t\}$ 的测量过程 $z(t)$ 驱动的随机偏微分方程的解。计算

$$\hat{\phi}(t|t) = \mathbb{E}(\phi(x(t) | Y_t)$$

作为直到时间 t 的 $\phi(x(t))$ 给定测量的最优最小均方误差,形成扩展卡尔曼滤波器的近似。利用相对于离散和连续时间的卡尔曼增益矩阵的优化来推导扩展卡尔曼滤波器。

7.1.10 应用于最速降线问题的变分原理

在均匀和非均匀重力场中具有最小下降时间的曲线,并应用于确定悬链形状的悬链线问题,以及应用于传输线理论。

物理学中用于推导麦克斯韦 - 玻耳兹曼、费米 - 狄拉克和玻色 - 爱因斯坦统计的熵最大化。

7.1.11 滤波器设计问题的优化

设计与给定传递函数最小 L^p 距离的有理传递函数。

7.1.12 CC 和 CQ Shannon 问题中作为优化问题的信道容量计算

在 CQ 问题中,问题实质是最大化

$$\boldsymbol{H}(\sum_{x \in A} p(x)\boldsymbol{\rho}(x)) - \sum_{x \in A} p(x)\boldsymbol{H}(\boldsymbol{\rho}(x))$$

相对于$(p(x), \boldsymbol{\rho}(x))$, $x \in A$。

其中:$p(.)$是 A 上的概率分布;$\boldsymbol{\rho}(x)$ 是希尔伯特空间 $\mathcal{H}$ 中针对每个 $x \in A$ 的密度矩阵。

7.1.13 作为优化问题的量子信道容量计算的另一个练习

ρ_i 是输入态,$\rho_o = \sum_{k=1}^{p} E_k \rho_i E_k^*$ 是量子噪声信道的输出态。其中,$\sum_{k=1}^{p} E_k^* E_k = I$。如果 A 是有限字母表,并且 $\rho_i: A \to S(\mathcal{H})$ 是从 A 到希尔伯特空间 $\mathcal{H}$ 中的密度算符空间的映射,则在 $\mathcal{H}$ 中选择正算符取值测度$\{M_k: 1 \leqslant k \leqslant q\}$,即 $0 \leqslant M_k$

$\leqslant I, \sum_{k=1}^{q} M_k = I$。

因此,给定输入源字母表 $x \in A$ 的输出概率分布 $q(k|x)$ 形式如下:

$$q(k \mid x) = Tr(\rho_o(x) M_k), \rho_o(x) = \sum_{k=1}^{p} E_k \rho_i(x) E_k^*$$

计算该经典信道 $q(.|.)$ 的容量,然后在所有正算符取值测度上的 $\{M_k\}$ 最大化该容量。

7.1.14　流体动力学优化

构造与给定速度场匹配的流体速度场的最佳搅拌力,及其在光流问题中的应用。

流体方程如下:

$$(v, \nabla) v + v_{,t} = -\nabla p / \rho + \nu \nabla^2 v + f(t, r)$$

并且

$$\mathrm{div} v(t, r) = 0$$

因此

$$v = \nabla \times \psi, \mathrm{div} \psi = 0$$

并且

$$\nabla \times v = \Omega = -\nabla^2 \psi$$

取纳维尔 - 斯托克斯方程的旋度,我们得到一个偏微分方程 ψ,即 $\nabla \times f = g$,我们可以得到

$$\nabla \times (\nabla^2 \psi \times (\nabla \times \psi)) + \nabla^2 \psi_{,t} = \nu (\nabla^2)^2 \psi + g$$

或者采用等效形式,其中 $\Delta = \nabla^2$,

$$\psi_{,t} = \nu \Delta \psi - \Delta^{-1} (\nabla \times (\Delta \psi \times (\nabla \times \psi))) + \Delta^{-1} g \tag{7-1}$$

现在设计强制函数 g,使得 $\mathrm{div} g = 0$ 服从运动约束式(7-1)的方程,即

$$\int L(\psi(t, r), \psi_d(t, r), g(t, r)) \mathrm{d}^3 r \mathrm{d}t$$

是最小值,其中 $\psi_d(t, r)$ 是所需的流函数矢量场。

7.1.15　电磁学优化

匹配给定辐射方向图的天线设计。假设 $\boldsymbol{P}_d(\omega, \hat{r})$ 是在离原点很远 r 处的每单位立体角的期望功率流。设定 $\boldsymbol{J}(\omega, r)$ 表示源的电流密度,远场磁矢势为

$$\boldsymbol{A}(\omega, r) = (\mu / 4\pi r) \exp(-\mathrm{j}kr) \int_S \boldsymbol{J}(\omega, r') \exp(\mathrm{j}k\hat{r}. r') \mathrm{d}^3 r'$$

其中,S 代表源区域(以原点为中心)。远场磁场为

$$\boldsymbol{H}(\omega, r) = \nabla \times \boldsymbol{A}(\omega, r) = (\exp(-\mathrm{j}kr)) / 4\pi r)(-\mathrm{j}k)\hat{r}$$

$$\times \int_S \boldsymbol{J}(\omega,r')\exp(\mathrm{j}k\hat{r}.\,r')\,\mathrm{d}^3r'$$

因此，辐射区中每单位立体角的功率流由下式给出，即

$$\begin{aligned}\boldsymbol{P}(\omega,\hat{r}) &= (\eta/2)r^2\,|\boldsymbol{H}(\omega,r)|^2\\ &= (\eta/16\pi^2)\,\left|\int_S \boldsymbol{J}(\omega,r')\exp(\mathrm{j}k\hat{r}.\,r')\,\mathrm{d}^3r'\right|^2\end{aligned}$$

设定 $\sigma(\omega,r)$ 表示源的电导率，则在频率 ω 处，源中耗散的功率由下式给出：

$$\int_S (2\sigma(\omega,r')^{-1}\,|\,\boldsymbol{J}(\omega,r')\,|^2\mathrm{d}^3r'$$

优化问题是选择电流场 $\boldsymbol{J}(\omega,r')$，$r'\in S$，使得给定的功率耗散在频率 ω，$\boldsymbol{P}(\omega,\hat{r})$ 尽可能接近 $\boldsymbol{P}_d(\omega,\hat{r})$，这是针对所有 $\hat{r}\in S^2$。

7.1.16 利用优化技术的量子门设计。引力搜索算法（GSA）的讨论

7.1.17 利用扰动理论解决非线性最小二乘问题

最小化

$$\boldsymbol{E}(\theta) = y - \sum_{k=1}^{p}\boldsymbol{A}_k\,(\theta^{\otimes k})^2$$

其中，$\boldsymbol{\theta}\in\mathbb{R}^p$。

7.1.18 利用贝尔曼－哈密顿－雅可比（Bellman－Hamilton－Jacobi）动态规划解决确定性和随机最优控制问题

本状态是一个马尔可夫过程 $X(t)\in\mathbb{R}^d$，其生成元 K 依赖于要控制的输入 $u(t)\in\mathbb{R}^p$，使得

$$\boldsymbol{S}[X,u,\lambda] = \mathbb{E}\int_0^T \boldsymbol{L}(X(t),u(t),t)\,\mathrm{d}t + \boldsymbol{\lambda}^T\,\mathbb{E}\psi(X(T))$$

达到极值。

这个问题相当于在固定的时间段 T 内最小化燃料输入 $u(.)$ 的平均成本，其约束条件是在某一时刻 T，状态的某个函数的平均值是已知的。因此，这是最小燃料问题。在时间 t 上的燃料输入 $u(t)$ 只能取决于在时间 t 处的状态 $X(t)$，即 $u(t)=f(t,X(t))$，其中 f 是非随机函数。或者，我们也可以将持续时间 T 视为控制平均成本最小化的变量。例如，如果 $L=1$，这就变成了最小时间问题。

7.1.19 状态扩散问题的优化问题

哈德逊－帕塔萨拉蒂（Hudson－Parthasarathy）噪声薛定谔方程如下：

$$dU(t) = (-(iH+P)dt + L_1 dA + L_2 dA^* + Sd\Lambda)U(t)$$

其中，H、P、L_1、L_2、S 是满足某些关系的系统算符，这些关系保证 $U(t)$ 在$\mathfrak{h}\otimes\Gamma_s(L_2(\mathbb{R}_+))$中是单一的。我们在这个空间中选择一个纯态$|f\otimes\phi(u)>$，其中$|\phi(u)>=\exp(-|u|^2/2)|e(u)>$是浴的相干态，并定义纯态

$$|\psi(t)> = U(t)|f\otimes\phi(u)> \in \mathfrak{h}\otimes\Gamma_s(L^2(\mathbb{R}_+))$$

那么，$|\psi(t)>$满足

$$d|\psi(t)> = |(-(iH+P)|\psi(t)> + u(t)(L_1 - L_2)|\psi(t)>)dt + L_2 dB(t)|\psi(t)> + S(dA^* dA/dt)|\psi(t)>$$

其中

$$B(t) = A(t) + A(t)^*$$

是经典的布朗运动。我们已经利用了众所周知的关系：

$$d\Lambda = dA^* dA/dt$$

这源于

$$<e(u)|dA^* dA/dt|e(v)> = <dAe(u)|dAe(v)>/dt = \bar{u}(t)v(t)dt<e(u)|e(v)> = <e(u)|d\Lambda|e(v)>$$

我们现在观察到

$$\begin{aligned}(dA^* dA/dt)|\psi(t)> &= U(t)(dA^* dA/dt)|f\otimes\phi(u)> \\ &= u(t)U(t)dA^*|f\otimes\phi(u)> \\ &= u(t)U(t)(dB - dA)|f\otimes\phi(u)> \\ &= u(t)dB(t)|\psi(t)> - u(t)^2 dt|\psi(t)>\end{aligned}$$

因此，当应用于上述纯态时，哈德逊－帕塔萨拉蒂方程导致“状态扩散”（按照 Gisin 和 Percival 对“状态扩散”概念的定义和理解）：

$$\begin{aligned}d|\psi(t)> &= (-(iH+P)|\psi(t)> + u(t)(L_1 - L_2)|\psi(t)>)dt \\ &\quad + L_2 dB(t)|\psi(t)> + S(u(t)dB(t) - u^2(t)dt)|\psi(t)> \\ &= (-(iH+P) + u(t)L - u^2(t)S)dt + (L_2 + u(t)S)dB(t))|\psi(t)>\end{aligned}$$

注意，这是一个经典随机微分方程，并且状态矢量$|\psi(t)>$现在可以视为适应于经典布朗运动 $B(\cdot)$并且在系统希尔伯特空间$\mathfrak{h}$中取值的经典随机过程。还应该注意的是，在这种解释中，如果$<\cdot,\cdot> = <\cdot,\cdot>_{\mathfrak{h}}$是$\mathfrak{h}$中的内积，那么$<\psi(t)|\psi(t)>=1$，更确切地说$<\psi(t)|\psi(t)>$是一个随机过程，适应于布朗运动 $B(.)$和以下条件

$$<\psi(t)|\psi(t)>_{\mathfrak{h}\otimes\Gamma_s(L^2(\mathbb{R}_+))} = 1$$

转化为

$$\mathbb{E}[<\psi(t)|\psi(t)>] = 1$$

或者等效表达式

$$\int <\psi(t)\mid\psi(t)>\mathrm{d}\boldsymbol{P}(\boldsymbol{B})=1$$

换句话说,对浴的状态进行平均,等价于对经典布朗运动 $\boldsymbol{B}(.)$ 的概率分布进行平均。如果把 $|\psi(t)>$ 看作是系统在某一时刻 t 的状态,那么它必须相对于系统的内积进行归一化。在时间 t 处的系统状态变为

$$|\chi(t)>=<\psi(t)|\psi(t)>^{-1/2}|\psi(t)>=|\psi(t)>/\|\psi(t)\|$$

实际上,这是在没有注意到结果的情况下,随着时间 (t,∞) 的推移对浴进行测量后系统状态崩溃的状态。我们现在利用经典的伊藤公式来确定 $|\chi(t)>$ 的动力学。首先写下 $|\psi(t)>$ 的动力学,即

$$\mathrm{d}|\psi(t)>=(\boldsymbol{A}_1(t)\mathrm{d}t+\boldsymbol{A}_2(t)\mathrm{d}\boldsymbol{B}(t))|\psi(t)>$$

其中

$$\boldsymbol{A}_1(t)=-(\mathrm{i}\boldsymbol{H}+\boldsymbol{P})+u(t)\boldsymbol{L}-u^2(t)\boldsymbol{S},\boldsymbol{A}_2(t)=\boldsymbol{L}_2+u(t)\boldsymbol{S}$$

那么

$$\begin{aligned}\mathrm{d}(\|\psi(t)\|^{-1})&=\mathrm{d}<\psi(t)|\psi(t)>^{-1/2}\\&=(-1/2)\|\psi(t)\|^{-3}(\mathrm{d}<\psi(t)|\psi(t)>)\\&\quad+(3/8)\|\psi(t)\|^{-5}(\mathrm{d}<\psi(t)|\psi(t)>)^2\end{aligned}$$

并且

$$\begin{aligned}\mathrm{d}<\psi(t)|\psi(t)>&=2\mathrm{Re}(<\psi(t)|\mathrm{d}\psi(t)>)+<\mathrm{d}\psi(t)|\mathrm{d}\psi(t)>\\&=2\mathrm{Re}(<\psi(t)|\boldsymbol{A}_1|\psi(t)>)\mathrm{d}t+2\mathrm{Re}(<\psi(t)|\boldsymbol{A}_2|\psi(t)>)\mathrm{d}\boldsymbol{B}(t)\\&\quad+<\psi(t)|\boldsymbol{A}_2^*\boldsymbol{A}_2|\psi(t)>\mathrm{d}t\end{aligned}$$

$$(\mathrm{d}<\psi(t)|\psi(t)>)^2=4(\mathrm{Re}(<\psi(t)|\boldsymbol{A}_2|\psi(t)>))^2\mathrm{d}t$$

那么

$$\begin{aligned}\mathrm{d}|\chi(t)>&=\mathrm{d}(\|\psi(t)\|^{-1})|\psi(t)>+\|\psi(t)\|^{-1}\mathrm{d}|\psi(t)>\\&\quad+\mathrm{d}(\|\psi(t)\|^{-1}).\mathrm{d}|\psi(t)>\end{aligned}$$

现在,上面的等式意味着

$$\begin{aligned}\mathrm{d}(\|\psi(t)\|^{-1})&=(-1/2)\|\psi(t)\|^{-3}(\mathrm{d}<\psi(t)|\psi(t)>)\\&\quad+(3/8)\|\psi(t)\|^{-5}(\mathrm{d}<\psi(t)|\psi(t)>)^2\\&=(-1/2)\|\psi(t)\|^{-3}[2\mathrm{Re}(<\psi(t)|\boldsymbol{A}_1|\psi(t)>)\mathrm{d}t\\&\quad+2\mathrm{Re}(<\psi(t)|\boldsymbol{A}_2|\psi(t)>)\mathrm{d}\boldsymbol{B}(t)\\&\quad+<\psi(t)|\boldsymbol{A}_2^*\boldsymbol{A}_2|\psi(t)>\mathrm{d}t]+(3/2)\|\psi(t)\|^{-5}\\&\quad(\mathrm{Re}(<\psi(t)|\boldsymbol{A}_2|\psi(t)>))^2\mathrm{d}t\end{aligned}$$

因此

$$\begin{aligned}\mathrm{d}|\chi(t)>&=(-1/2)\|\psi(t)\|^{-3}[2\mathrm{Re}(<\psi(t)|\boldsymbol{A}_1|\psi(t)>)\mathrm{d}t\\&\quad+2\mathrm{Re}(<\psi(t)|\boldsymbol{A}_2|\psi(t)>)\mathrm{d}\boldsymbol{B}(t)\\&\quad+<\psi(t)|\boldsymbol{A}_2^*\boldsymbol{A}_2|\psi(t)>\mathrm{d}t]|\psi(t)>\end{aligned}$$

$$+(3/2)\|\psi(t)\|^{-5}(\mathrm{Re}(<\psi(t)|\boldsymbol{A}_2|\psi(t)>))^2\mathrm{d}t|\psi(t)>$$
$$+\|\psi(t)\|^{-1}(\boldsymbol{A}_1|\psi(t)>\mathrm{d}t+\boldsymbol{A}_2|\psi(t)>\mathrm{d}\boldsymbol{B}(t))$$
$$-\|\psi(t)\|^{-3}\mathrm{Re}(<\psi(t)|\boldsymbol{A}_2|\psi(t)>)\boldsymbol{A}_2|\psi(t)>\mathrm{d}t$$
$$=\mathrm{d}t[-\mathrm{Re}(<\chi(t)|\boldsymbol{A}_1|\chi(t)>-(1/2)<\chi(t)|\boldsymbol{A}_2^*\boldsymbol{A}_2|\chi(t)>$$
$$+(3/2)(\mathrm{Re}(<\chi(t)|\boldsymbol{A}_2|\chi(t)>))^2+\boldsymbol{A}_1]|\chi(t)>$$
$$+\mathrm{d}\boldsymbol{B}(t)[-\mathrm{Re}(<\chi(t)|\boldsymbol{A}_2|\chi(t)>)+\boldsymbol{A}_2]|\chi(t)>$$

因此,在时间间隔(t,∞)内对环境进行测量之后,系统的状态坍缩到满足非线性扩散方程的归一化状态$|\chi(t)>$。

7.2　最优化理论中的群论技术

7.2.1　基本问题的陈述

群 G 作用于流形 $\mathcal{M}$,图像场是一个映射$f_1:\mathcal{M}\to\mathbb{R}$。经过群元素 $g\in G$ 变换并被噪声场 $w(x),x\in\mathcal{M}$ 破坏后的像场f,即 $w:\mathcal{M}\to L^2(\Omega,\mathcal{F},P)$ 由下式给出:

$$f_2(x)=f_1(g^{-1}x)+w(x),x\in\mathcal{M}$$

目的是根据f_2 和f_1 的测量来估算群变换元素 g,并获得估算误差中的均方误差。更一般地,我们可能会得到 $\mathcal{M}$ 上的一整套图像场对$(f_{a1},f_{a2}),a=1,2,\cdots,K$,使得对于固定的 $g\in G$,我们可以得到

$$f_{a2}(x)=f_{a1}(g^{-1}x)+w_a(x),a=1,2,\cdots,K$$

然后,在这些对的测量中,必须对 g 进行估算。根据以下公式采用最小二乘法,即

$$\hat{g}=\mathrm{argmin}_{h\in G}\sum_{a=1}^{K}\int_{\mathcal{M}}w_a(x)\,|\,f_{a2}(x)-f_{a1}(h^{-1}x)\,|^2\mathrm{d}\boldsymbol{\mu}(x)$$

其中,μ 是 $\mathcal{M}$ 上的 G 不变测度,并且 w_a 是 $\mathcal{M}$ 上的非负权函数,涉及搜索并且在计算上的投入非常大。基于群表示理论的技术将问题大幅简化为线性问题。

例如,假设我们分解

$$\boldsymbol{L}^2(\mathcal{M},\mu)=\bigoplus_{k=1}^{\infty}\mathcal{H}_k$$

作为正交直和,其中 $\mathcal{H}_k$ 是 $\boldsymbol{L}^2(\mathcal{M},\mu)$的希尔伯特子空间,并且在 G 下是不变的和不可约的,即$f\in\mathcal{H}_k$ 对所有 $h\in G$ 都意味着 $foh^{-1}\in\mathcal{H}_k(k=1,2,\cdots)$并且进一步地,$\mathcal{H}_k$ 不包含真 G 不变子空间。设定 $\boldsymbol{\pi}_k$ 为相应的表示。具体来说,为 $\mathcal{H}_k$ 和选择一个正交归一基$\{e_{km}:m=1,2,\cdots,d_k\}$,并设定

$$e_{km}(h^{-1}x)=\sum_{m'=1}^{d_k}[\boldsymbol{\pi}_k(h)]_{m'm}e_{km'}(x)$$

由于μ是$\mathcal{M}$上的G不变测度，因此表示为$\boldsymbol{\pi}_k$：实际上$G \to \mathrm{GL}(\mathbb{C}, d_k)$是一个幺正表示，即$\boldsymbol{\pi}_k: G \to U(\mathbb{C}, d_k)$。事实上，根据以上内容我们可以得到

$$\begin{aligned}\delta_{m,n} &= \langle e_{km}, e_{kn} \rangle = \langle e_{km} o h^{-1}, e_{kn} o h^{-1} \rangle \\ &= \sum_{m',n'} [\overline{\boldsymbol{\pi}}_k(h)]_{m'm} [\boldsymbol{\pi}_k(h)]_{n'n} \langle e_{km'}, e_{kn'} \rangle \\ &= \sum_{m',n'} [\overline{\boldsymbol{\pi}}_k(h)]_{m'm} [\boldsymbol{\pi}_k(h)]_{n'n} \delta_{m',n'} \\ &= \sum_{m'} [\overline{\boldsymbol{\pi}}_k(h)]_{m'm} [\boldsymbol{\pi}_k(h)]_{m'n} = [\boldsymbol{\pi}_k(h)^* \boldsymbol{\pi}_k(h)]_{mn}\end{aligned}$$

这证明了$\boldsymbol{\pi}_k(h)$的统一性。现在，方程式

$$f_2(x) = f_1(g^{-1}x) + w(x)$$

意味着

$$\begin{aligned}\langle e_{km}, f_2 \rangle &= \langle e_{km}, f_1 o g^{-1} \rangle + \langle e_{km}, w \rangle \\ &= \langle e_{km} o g, f_1 \rangle + \langle e_{km}, w \rangle \\ &= \sum_{m'} [\overline{\boldsymbol{\pi}}_k(g^{-1})]_{m'm} \langle e_{km'}, f_1 \rangle + \langle e_{km}, w \rangle \\ &= \sum_{m'} [\boldsymbol{\pi}_k(g)]_{mm'} \langle e_{km'}, f_1 \rangle + \langle e_{km}, w \rangle\end{aligned}$$

或者等价地，用$\boldsymbol{f}_1[k]$表示$d_k \times 1$复矢量$((\langle e_{km}, f_1 \rangle))_{m=1}^{d_k}$，同样，对于$\boldsymbol{f}_2[k]$和$\boldsymbol{w}[k]$，我们可以将上述方程以矩阵形式表示为

$$\boldsymbol{f}_2[k] = \boldsymbol{\pi}_k(g)\boldsymbol{f}_1[k] + \boldsymbol{w}[k]$$

并且在我们有多个这样的图像对时，有

$$\boldsymbol{f}_{2a}[k] = \boldsymbol{\pi}_k(g)\boldsymbol{f}_{1a}[k] + \boldsymbol{w}_a[k]$$

因此，对于每一个k，我们可以通过对下式进行最小化来估算矩阵$\boldsymbol{\pi}_k(g)$：

$$E_k(\boldsymbol{X}) = \sum_{a=1}^{K} w_a \, \| \boldsymbol{f}_{2a}[k] - \boldsymbol{X}\boldsymbol{f}_{1a}[k] \|^2$$

对应于$\boldsymbol{X}$，并且通过对多个这样的k采用同样的步骤，可以获得g的良好估计。

7.2.2 半单李代数的根空间分解的一些问题

利用紧半单群的外尔(Weyl)特征标公式构造图像对的不变量，从而进行模式分类/模式识别。设定G是一个紧复半单群，并将$\mathfrak{g}$记为它的李代数。设定$\mathfrak{h}$是$\mathfrak{g}$的嘉当(Cartan)子代数，注意，因为群是复群，所以全部的嘉当子代数彼此共轭。对应于这个嘉当子代数，设定

$$\mathfrak{g} = \mathfrak{h} \oplus \bigoplus_{\alpha \in \Delta} \mathfrak{g}_\alpha$$

是它的根空间分解。其中，Δ是$\mathfrak{g}$的所有根的集合。设定Δ_+表示正根的集合，那么，根空间分解也可以表示为

$$\mathfrak{g} = \mathfrak{h} \oplus \bigoplus_{\alpha \in \Delta_+} \mathfrak{g}_\alpha \oplus \mathfrak{g}_{-\alpha}$$

注意，$\dim_{\alpha}=1$，$\alpha\in\Delta$。设定 λ 是支配整权，即 $\lambda\in <^{*}$，并且 $\lambda(\boldsymbol{H}_{\alpha})$ 是每个单根 α 的正整数。对应于根的集合 Δ，我们有一个根的集合 $P\subset\Delta_{+}$，使得对于给定任何 $\alpha\in\Delta_{+}$，存在整数 $n(\alpha,\beta)\geqslant 0(\beta\in P)$ 使得

$$\alpha=\sum_{\beta\in P}n(\alpha,\beta)\beta$$

此外，不存在具有该性质的 P 任何真子集。换句话说，每个根要么是单根 P 的正整数线性组合，要么是单根 P 的负整数线性组合。定义

$$\rho=(1/2)\sum_{\alpha\in\Delta_{+}}\alpha$$

在上面的符号中，$\boldsymbol{H}_{\alpha}$ 是 $[\boldsymbol{X}_{\alpha},\boldsymbol{X}_{-\alpha}]$ 的归一化版本，其中 $\boldsymbol{X}_{\alpha}\in\mathfrak{g}_{\alpha}$ 具有 $\alpha\in\Delta_{+}$，并且归一化是以一种特定方式执行的，使得 $\{\boldsymbol{H}_{\alpha},\boldsymbol{X}_{\alpha},\boldsymbol{X}_{-\alpha}\}$ 是李代数的标准生成元，同构于 $\mathfrak{sl}(2,\mathbb{C})$，即

$$[\boldsymbol{H}_{\alpha},\boldsymbol{X}_{\alpha}]=2\boldsymbol{X}_{\alpha},[\boldsymbol{H}_{\alpha},\boldsymbol{X}_{-\alpha}]=-2\boldsymbol{X}_{-\alpha},$$
$$[\boldsymbol{X}_{\alpha},\boldsymbol{X}_{-\alpha}]=\boldsymbol{H}_{\alpha}$$

这意味着

$$\alpha(\boldsymbol{H}_{\alpha})=2$$

对应于支配整权 λ，存在 $\mathfrak{g}$ 的一个不可约表示 π_{λ}，其在嘉当子群 $T=\exp(\mathfrak{h})$ 上的特征标 χ_{λ} 由下式给出

$$\chi_{\lambda}(t)=\frac{\sum_{s\in W}\epsilon(s)\exp(s(\rho+\lambda))}{\sum_{s\in W}\epsilon(s)\exp(s\rho)}$$

其中，W 是 $\mathfrak{h}$ 的外尔群，即如果 N_{T} 表示 G 中的 $\mathfrak{h}$ 正规化子，即所有 $g\in G$ 的集合使得

$$\boldsymbol{A}\mathrm{d}(g)(\mathfrak{h})\subset\mathfrak{h}$$

所以外尔(Weyl)群 W 就是 N_{T}/T。

注意，这 $T=\exp(\mathfrak{h})$ 是 G 中的 $\mathfrak{h}$ 中心化子，即 $t\in T$ 当且仅当 $\boldsymbol{A}\mathrm{d}(t)(\boldsymbol{H})=\boldsymbol{H}$ $\forall\boldsymbol{H}\in\mathfrak{h}$。外尔群通过伴随作用对 $\mathfrak{h}$ 起作用。更准确地说，对于每一个 $s\in W$，都有一个元素 $g\in N_{T}$，使得

$$\boldsymbol{A}\mathrm{d}(g)(\boldsymbol{H})=s.\boldsymbol{H},\boldsymbol{H}\in\mathfrak{h}$$

相反，对于给定的任何 $g\in N_{T}$，我们可以找到唯一的元素 $s\in W$，使得

$$\boldsymbol{A}\mathrm{d}(g)(\boldsymbol{H})=s.\boldsymbol{H},\boldsymbol{H}\in\mathfrak{h}$$

对于每个单根 α，即 $\alpha\in P$，存在一个元素 $s_{\alpha}\in W$，使得 s_{α} 是关于平面 $\{\boldsymbol{H}\in\mathfrak{h}:\alpha(\boldsymbol{H})=0\}$ 的反射。等效表达式为

$$s_{\alpha}.\boldsymbol{H}=\boldsymbol{H}-\alpha(\boldsymbol{H})\boldsymbol{H}_{\alpha}$$

W 中的任何元素都可表示为 s_{α}，$\alpha\in P$ 的乘积。我们注意到

$$\alpha(s_{\alpha}.\boldsymbol{H})=\alpha(\boldsymbol{H})-2\alpha(\boldsymbol{H})=-\alpha(\boldsymbol{H})$$

并且进一步得到

$$\begin{aligned} s_\alpha^2 . \boldsymbol{H} &= s_\alpha . \boldsymbol{H} - \alpha(\boldsymbol{H}) s_\alpha . \boldsymbol{H}_\alpha \\ &= \boldsymbol{H} - \alpha(\boldsymbol{H}) \boldsymbol{H}_\alpha - \alpha(\boldsymbol{H})(\boldsymbol{H}_\alpha - 2\boldsymbol{H}_\alpha) \\ &= \boldsymbol{H} \end{aligned}$$

即

$$s_\alpha^2 = 1$$

这证实了一个事实,那 s_α 就是一个反射,因此,$s_\alpha, \alpha \in P$ 称为简单反射。如果 $s \in W$ 可表示为偶数个简单反射的乘积,那么我们设置 $\epsilon(s) = -1$,否则设置 $\epsilon(s) = 1$。注意,外尔群通过对偶作用于$\mathfrak{h}^*$,即如果 $s \in W$ 且 $\mu \in \mathfrak{h}^*$,则

$$(s.\mu)(\boldsymbol{H}) = \mu(s^{-1}.\boldsymbol{H})$$

由此可见,如果 $\alpha \in P$,那么

$$\begin{aligned} (s_\alpha . \lambda)(\boldsymbol{H}) &= \lambda(s_\alpha . \boldsymbol{H}) = \lambda(\boldsymbol{H} - \alpha(\boldsymbol{H}) . \boldsymbol{H}_\alpha) = \lambda(\boldsymbol{H}) - \lambda(\boldsymbol{H}_\alpha)\alpha(\boldsymbol{H}) \\ &= \lambda - <\lambda, \alpha> \alpha(\boldsymbol{H}) \end{aligned}$$

即

$$s_\alpha . \lambda - \lambda - <\lambda, \alpha> \alpha$$

其中

$$<\lambda, \alpha> = \lambda(\boldsymbol{H}_\alpha)$$

对应于任何 $\lambda \in \mathfrak{h}^*$。

注意,这里 λ 是支配整权,因此 $<\lambda, \alpha>$ 是所有 $\alpha \in P$ 的非负整数。因此,由于任何 $s \in W$ 都是简单反射的乘积,并且由于如果 $\alpha, \beta \in P$,那么 $<\alpha, \beta>$ 是负整数,即 $\alpha(\boldsymbol{H}_\beta)$ 是负整数,我们可以得到

$$s.\lambda = \lambda - \sum_{\alpha \in P}^{p} n(\lambda, \alpha)\alpha$$

其中,$n(\lambda, \alpha)$ 是非负整数。

7.2.3 外尔(Weyl)积分公式和外尔特征标公式

设定 G 是一个紧半单群,并设定 T 是一个嘉当子群。考虑映射 $\psi: G/T \times T \to G$ 由下式定义

$$\psi(g.T, h) = \boldsymbol{A}\mathrm{d}(g)(h) = ghg^{-1}$$

注意,这个映射定义得很好,因为 T 它是一个阿贝尔(Abelian)子群。我们计算这个映射的微分:对于 $\boldsymbol{Z} \in \mathfrak{g}$无穷小和 $\boldsymbol{H} \in \mathfrak{t}$ 无穷小,其中 $\mathfrak{t}$ 是 T 的李代数(T 是 G 中的极大环面),我们可以得到

$$\begin{aligned} g(1+\boldsymbol{Z})h(1+\boldsymbol{H})(1-\boldsymbol{Z})g^{-1} &= (g+g\boldsymbol{Z})(h+h\boldsymbol{H})(g^{-1}-\boldsymbol{Z}g^{-1}) \\ &= ghg^{-1} + gh\boldsymbol{H}g^{-1} + g\boldsymbol{Z}hg^{-1} - gh\boldsymbol{Z}g^{-1} \\ &= ghg^{-1} + ghg^{-1}\boldsymbol{A}\mathrm{d}(g)(\boldsymbol{H}) + ghg^{-1}\boldsymbol{A}\mathrm{d}(g)\boldsymbol{A}\mathrm{d}(h^{-1})(\boldsymbol{Z}) \end{aligned}$$

$-ghg^{-1}\boldsymbol{A}\mathrm{d}(g)(\boldsymbol{Z})$

根据该表达式，ψ 在 (gT,h) 处的微分由下式给出：

$$\mathrm{d}\psi_{(gT,h)}(\boldsymbol{Z},\boldsymbol{H})=\boldsymbol{A}\mathrm{d}(g)(\boldsymbol{H}+\boldsymbol{A}\mathrm{d}(h)^{-1}(\boldsymbol{Z})-\boldsymbol{Z})$$

连续选择 $\boldsymbol{Z}$ 作为根矢量 $\boldsymbol{X}_\alpha,\alpha\in\Delta$，并选择 $\boldsymbol{H}$ 在$\mathfrak{h}$的基础上运行，我们很容易看到，映射 ψ 在 (gT,h) 处的雅可比行列式由下式给出

$$\begin{aligned}&\Pi_{\alpha\in\Delta}(\exp(\alpha(\log(h))-1)\\&=|\Pi_{\alpha\in\Delta_+}(\exp(\alpha(\log(h))/2)-\exp(-\alpha(\log(h))/2))|^2\\&=|\Delta(h)|^2\end{aligned}$$

其中

$$\Delta(h)=\Pi_{\alpha\in\Delta_+}(\exp(\alpha(\log(h))/2)-\exp(-\alpha(\log(h))/2))$$

由此可见

$$\int_G f(g)\mathrm{d}g=|W|^{-1}\int_{G/T\times T}f(xhx^{-1})|\Delta(h)|^2\mathrm{d}x\mathrm{d}h$$

其中，$|W|$ 是外尔群中元素的数目。

如上面所定义的，当限制到环面 T 时，我们注意到 χ_λ 是具有整系数的有限傅里叶级数。这是对 T 上的任何特征标的要求之一，因为 T 是阿贝尔群，所以考虑到 T 的每个表示都是 T 的不可约表示的直和，因此通过取迹，可以得出 T 上的每个特征标都是不可约特征标的整数线性组合，并且 T 上的任何不可约特征标都具有简单的形式 $t_1^{n_1}\cdots t_l^{n_l}$，其中 $l=\dim T,t_1,\cdots,t_l$ 是单位大小的复数，并且 $n_1,\cdots,n_l$ 是非负整数。

注意，根据环面的定义，存在线性无关的元素 $\boldsymbol{H}_1,\cdots,\boldsymbol{H}_l\in\mathfrak{h}$，使得 $\exp(\mathrm{i}2\pi\boldsymbol{H}_k)=1,k=1,2,\cdots,l$ 并且每个元素 $t\in T$ 可以表示为

$$t=\exp(2\pi\mathrm{i}(n_1\theta_1\boldsymbol{H}_1+\cdots+n_l\theta_l\boldsymbol{H}_l))$$

其中，$n_1,\cdots,n_l$ 是非负整数，并且 $\theta_1,\cdots,\theta_k\in[0,1)$。因此，我们可以定义 $t_j=\exp(2\pi\mathrm{i}\theta_j\boldsymbol{H}_j)$，用复数 $\exp(2\pi\mathrm{i}\theta_j)$ 来标识它，并注意到 t 可以用 $t_1^{n_1}\cdots t_l^{n_l}$ 来标识。我们现在注意到，如果 s_1、$s_2\in W$ 使得 $s_1.(\lambda+\rho)=s_2.(\lambda+\rho)$，那么

$$\lambda+\rho=s.(\lambda+\rho),s=s_1^{-1}s_s$$

我们可以得到

$$\lambda-s.\lambda=\sum_{\alpha\in P}n(\alpha)\alpha,n(\alpha)\in\mathbb{Z}_+$$

另外

$$\rho-s.\rho=(1/2)\sum_{\alpha\in\Delta_+}\alpha-s.\alpha\geqslant 0$$

因此，我们必须有 $s=1$，即 $s_1=s_2$。从而得出：每个权重 $s.(\lambda+\rho),s\in W$ 在总和 $\sum_{s\in W}\epsilon(s)\exp(s.(\lambda+\rho))$ 中只出现一次，我们利用以下事实进行推导：$s.\lambda$ 只

取 $\boldsymbol{H}_\alpha, \alpha \in P$ 上的整数值，并且下式同样适用于 ρ，即

$$\int_T \left| \sum_{s \in W} \epsilon(s) \exp(s.\ (\lambda + \rho)(\log(h))) \right|^2 \mathrm{d}h = |W|$$

因此

$$\int_G |\chi_\lambda(g)|^2 \mathrm{d}g = |W|^{-1} \int_{G/T \times T} |\chi_\lambda(xhx^{-1})|^2 |\Delta(h)|^2 \mathrm{d}x\mathrm{d}h = 1$$

由于

$$\chi_\lambda(xhx^{-1}) = \chi_\lambda(h) = \Delta(h)^{-1} \sum_{s \in W} \epsilon(s).\ \exp(s.\ (\lambda + \rho))$$

因此，由属性①χ_λ 定义的 G 上的函数 χ_λ 是类函数，并且

$$\chi_\lambda(h) = \frac{\sum_{s \in W} \epsilon(s).\ \exp(s.\ (\lambda + \rho)(\log(h)))}{\sum_{s \in W} \epsilon(s) \exp(s.\rho(\log(h)))}, h \in T$$

满足以下所有属性：

①限制于 T 的 χ_λ 为具有整数系数的有限傅里叶级数；

② $\int_G |\chi_\lambda|^2 \mathrm{d}g = 1$；

③ $\chi_\lambda(s.h) = \chi_\lambda(h), h \in T, s \in W$。

这三个条件保证了无论何时，在 λ 是支配整权的情况下，χ_λ 都是 G 的不可约特征标。

7.2.4 SU(2)的不可约表示以及通过 SL(2,ℂ) 的外尔西变换利用属性①魏格纳二元多项式和属性②李代数方法

7.3 费曼图解法在电子、正电子和光子散射振幅计算中的应用

(1)康普顿散射：用直线表示的具有四动量 p 和自旋 σ 的电子，吸收用波浪线表示的具有四动量 k 和螺旋度 s 的光子，沿着直线行进到一个点，在这个点上电子具有一个动量 $p' + k'$，在这一点上电子发射一个具有动量 k' 和螺旋度 s' 的光子，然后获得一个最终的 p' 动量和一个自旋 σ'。这一过程的散射振幅将被记录下来。根据四动量 $p + k = p' + k'$ 的守恒和图解法，这个振幅与以下表达式成正比：

$$e_\nu(k', s')^* \bar{u}(p', \sigma') \gamma^\nu \boldsymbol{S}(p + k) \gamma^\mu u(p, \sigma) e_\mu(k, s)$$

其中

$$\boldsymbol{S}(p) = (\gamma.\ p - m - \mathrm{i}\epsilon)^{-1}$$

是电子传播子;$e_{\mu}(k,s)$是当其对应于外部电磁四势时动量域中的标准光子波函数;$u(p,\sigma)$是动量域中的电子狄拉克波函数;这里的 $\bar{u}$ 是 $u^{*T}\gamma^{0}$。

(2)电子自能:具有四动量 p 和自旋 σ 的电子通过空间传播,然后它发射具有四动量 k 的光子,从而获得 $p-k$ 的四动量,之后进一步传播并吸收发射的光子,再获得其动量 p。因此,光子由一条波浪线表示,该波浪线在电子线上的某一点开始,并在另一点结束。根据标准的费曼规则,由这个光子发射引起的对电子传播子的修正由以下表达式给出,其中包含一个比例常数:

$$\sum(p) = \int \boldsymbol{D}_{\mu\nu}(k)\gamma^{\nu}\boldsymbol{S}(p-k)\gamma^{\mu}\mathrm{d}^{4}k$$

其中

$$\boldsymbol{D}_{\mu\nu}(k) = \frac{\eta_{\mu\nu}}{k^{2}-\mathrm{i}\epsilon}$$

是光子传播子。因此,对电子传播子的修正可以表示为一个比例常数的形式:

$$\sum(p) = \int (k^{2}-\mathrm{i}\epsilon)^{-1}\gamma_{\mu}S(p-k)\gamma^{\mu}\mathrm{d}^{4}k$$

这样的电子自能项导致的修正电子传播子,是通过在电子的路径中放置几个这样的环并将所有这些费曼图进行求和而获得。因此,所得到的修正电子传播子为

$$\begin{aligned}\boldsymbol{S}_{T}(p) &= \boldsymbol{S}(p) + \boldsymbol{S}(p)\sum(p)\boldsymbol{S}(p) + \boldsymbol{S}(p)\sum(p)\boldsymbol{S}(p)\sum(p)\boldsymbol{S}(p) + \cdots \\ &= (\boldsymbol{S}(p)^{-1} - \sum(p))^{-1} = (\gamma.p - m - \sum(p))^{-1}\end{aligned}$$

第8章 量子波导和腔体谐振器

8.1 量子波导

考虑轴与 z 轴平行的任意横截面的一个波导。在 xy 平面中引入一个正交曲线坐标系(q_1,q_2)，使得 $q_1=0$ 成为波导的边界。设定 $H_k(k=1,2)$表示拉梅(Lame)系数。用 $-\gamma$ 微分算符$\partial/\partial z$ 和 jω 表示算符$\partial/\partial t$。通过麦克斯韦旋度方程得出

$$\boldsymbol{E}_\perp(t,x,y,z) = \sum_n ((-\gamma/h_n^2)\nabla_\perp(\boldsymbol{E}_z[n,t,z]u_n(q)) - (\mathrm{j}\omega\mu/k_n^2)\nabla_\perp\boldsymbol{H}_z[n,t.z]v_n(q)\times\hat{z})$$

$$\boldsymbol{E}_z(t,x,y,z) = \sum_n \boldsymbol{E}_z[n,t,z]u_n(q)$$

$$\boldsymbol{H}_\perp = \sum_n ((-\gamma/k_n^2)\nabla_\perp(\boldsymbol{H}_z[n,t,z]v_n(q)) + (\mathrm{j}\omega\epsilon/h_n^2)(\nabla_\perp\boldsymbol{E}_z[n,t,z]u_n(q))\times\hat{z})$$

$$\boldsymbol{H}_z(t,x,y,z) = \sum_n \boldsymbol{H}_z[n,t,z]v_n(q)$$

其中，$\boldsymbol{E}_z[n,t,z]$、$\boldsymbol{H}_z[n,t,z]$满足特征方程

$$(\partial_z^2 + h_n^2 - \mu\epsilon\,\partial_t^2)\boldsymbol{E}_z[n,t,z]=0$$

和

$$(\partial_z^2 + k_n^2 - \mu\epsilon\,\partial_t^2)\boldsymbol{H}_z[n,t,z]=0$$

注意，γ^2 代表运算符∂_z^2，并且∂_t^2 是运算符 $-\omega^2$。由于满足上述内容的不同边界条件，$\boldsymbol{E}_z$ 和 $\boldsymbol{H}_z$ 分量会出现不同的特征值 h_n^2 和 k_n^2。这些特征值由边值问题的解确定

$$(\nabla_\perp^2 + h_n^2)u_n(q)=0, u_n(q_1=0,q_2)=0$$

$$(\nabla_\perp^2 + k_n^2)v_n(q)=0, \partial v_n(q_1=0,q_2)/\partial q_1=0$$

这些边界条件对应于电场的切向分量和磁场的法向分量在边界上为零的事实。我们可以假设$\{u_n\}$和$\{v_n\}$分别是具有狄利克雷(Dirichlet)和诺伊曼(Neumann)边界条件对于 $L^2(S)$的正交归一基，其中 S 是波导的横截面。

注意，q_1 指向波导壁的法线，同时 q_2 指向边界处波导壁的切线。我们还注意到，S 上的面积测量是 $dS = dxdy = H_1H_2dq_1dq_2$。接下来，我们计算波导内场的拉格朗日量，即相对于 z 变量的密度，此项由下式给出，即

$$\mathcal{L}(\boldsymbol{E}_z[n,t,z],\boldsymbol{H}_z[n,t,z],\boldsymbol{E}_{z,z}[n,t,z],\boldsymbol{H}_{z,z}[n,t,z],\boldsymbol{E}_{z,t}[n,t,z],\boldsymbol{H}_{z,t}[n,t,z])$$
$$= \int_S [(\epsilon/2)((\boldsymbol{E}_z(t,x,y,z))^2 + |\boldsymbol{E}_\perp(t,x,y,z)|^2) - (\mu/2)((\boldsymbol{H}_z(t,x,y,z))^2 + |\boldsymbol{H}_\perp(t,x,y,z)|^2)]dS$$

各项的计算过程如下：

$$\int_S \boldsymbol{E}_z(t,x,y,z)^2 dS = \sum_n \boldsymbol{E}_z[n,t,z]^2$$

$$\int_S \boldsymbol{H}_z(t,x,y,z)^2 dS = \sum_n \boldsymbol{H}_z[n,t,z]^2$$

$$\int_S |\boldsymbol{E}_\perp(t,x,y,z)|^2 dS = \sum_n (c[n]h_n^{-4}\boldsymbol{E}_{z,z}[n,t,z]^2 + d[n]\mu^2 k_n^{-4}\boldsymbol{H}_{z,t}[n,t,z]^2)$$

其中

$$c[n] = \int_S |\nabla_\perp u_n(q)|^2 dS, d[n] = \int_S |\nabla_\perp v_n(q)|^2 dS$$

这里，我们利用了如下一项事实：

$$\int_S (\nabla_\perp u_n(q), \nabla_\perp v_m(q) \times \hat{z})dS$$
$$= \int_S (u_{n,1}(q)v_{m,2}(q) - u_{n,2}(q)v_{m,1}(q))dq_1dq_2 = 0$$

利用分部积分以及如下条件：在 S 边界，即当 $q_1 = 0$ 时，$u_n(q)$ 和 $v_{m,1}(q)$ 消失。同样地

$$\int_S |\boldsymbol{H}_\perp(t,x,y,z)|^2 dS = \sum_n (d[n]k_n^{-4}\boldsymbol{H}_{z,z}[n,t,z]^2 + c[n]\epsilon^2 h_n^{-4}\boldsymbol{E}_{z,t}[n,t,z]^2)$$

因此，波导限制电磁场的拉格朗日量为

$$\mathcal{L}(\boldsymbol{E}_z[n,t,z],\boldsymbol{H}_z[n,t,z],\boldsymbol{E}_{z,z}[n,t,z],\boldsymbol{H}_{z,z}[n,t,z],\boldsymbol{E}_{z,t}[n,t,z],$$
$$\boldsymbol{H}_{z,t}[n,t,z], n=1,2,\cdots)$$
$$= \sum_n (\epsilon/2)\boldsymbol{E}_z[n,t,z]^2 - (\mu/2)\boldsymbol{H}_z[n,t,z]^2)$$
$$+ \sum_n (\epsilon/2)(c[n]h_n^{-4}\boldsymbol{E}_{z,z}[n,t,z]^2 + d[n]\mu^2 k_n^{-4}\boldsymbol{H}_{z,t}[n,t,z]^2)$$
$$- \sum_n (\mu/2)(d[n]k_n^{-4}\boldsymbol{H}_{z,z}[n,t,z]^2 + c[n]\epsilon^2 h_n^{-4}\boldsymbol{E}_{z,t}[n,t,z]^2)$$

为了量子化这个受限的电磁场，我们假设位置场为 $\boldsymbol{E}_z[n,z,t]$、$\boldsymbol{H}_z[n,z,t]$，$n=1,2,\cdots$，相应的共轭动量场为

$$\pi_E[n,z,t] = \frac{\partial \mathcal{L}}{\partial \boldsymbol{E}_{z,t}[n,z,t]} = -\mu\epsilon^2 c[n]h_n^{-4}\boldsymbol{E}_{z,t}[n,z,t]$$

$$\pi_H[n,z,t]=\frac{\partial\mathcal{L}}{\partial \boldsymbol{H}_z[n,z,t]}=\epsilon\mu^2 d[n]k_n^{-4}\boldsymbol{H}_{z,t}[n,z,t]$$

因此，通过应用勒让德(Legendre)变换，得到哈密顿量为

$$\begin{aligned}
&\mathcal{H}(\boldsymbol{E}_z[n,z,t],\boldsymbol{H}_z[n,z,t],\pi_E[n,z,t],\pi_H[n,z,t],n=1,2,\cdots]\\
&=\sum_n(\pi_E[n,z,t]\boldsymbol{E}_z[n,z,t]+\pi_H[n,z,t]\boldsymbol{H}[n,z,t])-\mathcal{L}\\
&=\sum_n((-h_n^4/2\mu\epsilon^2c[n])\pi_E[n,z,t]^2+(k_n^4/2\epsilon\mu^2d[n])\pi_H[n,z,t]^2)\\
&+\sum_n(\mu/2)\boldsymbol{H}_z[n,t,z]^2-(\epsilon/2)\boldsymbol{E}_z[n,t,z]^2)\\
&-\sum_n(\epsilon/2)(c[n]h_n^{-4}\boldsymbol{E}_{z,z}[n,t,z]^2)\\
&+\sum_n(\mu/2)(d[n]k_n^{-4}\boldsymbol{H}_{z,z}[n,t,z]^2)
\end{aligned}$$

受限电磁场的哈密顿量是一组离散的连续无限谐振子的哈密顿量之和，其中一些谐振子具有负质量。更准确地说，由于还涉及 z 坐标变量，该哈密顿量是一维弦的可数无限集合的哈密顿量之和，其中一些弦具有负的线性质量密度。磁场模式具有正质量密度，而电场模式具有负质量密度。因此，我们将这些模式重新排列为

$$\begin{aligned}
\mathcal{H}=&\sum_n[(k_n^4/2\epsilon\mu^2d[n])\pi_H[n,z,t]^2)+(\mu/2)\boldsymbol{H}_z[n,t,z]^2\\
&+(\mu/2)(d[n]k_n^{-4}\boldsymbol{H}_{z,z}[n,t,z]^2)\\
&-[\sum_n(h_n^4/2\mu\epsilon^2c[n])\pi_E[n,z,t]^2+(\epsilon/2)\boldsymbol{E}_z[n,t,z]^2\\
&+(\epsilon/2)c[n]h_n^{-4}\boldsymbol{E}_{z,z}[n,t,z]^2]
\end{aligned}$$

正则对易关系为

$$[\boldsymbol{E}_z[n,z,t],\pi_E[n',z',t]]=\mathrm{i}\delta_{n,n'}\delta(z-z')$$

和

$$[\boldsymbol{H}_z[n,z,t],\pi_H[n',z',t]]=\mathrm{i}\delta_{n,n'}\delta(z-z')$$

所以，我们可以在形式上建立长度为 d 的波导内受限场的波函数的薛定谔方程，形式如下：

$$\begin{aligned}
&(\int_0^d\mathcal{H}(\boldsymbol{E}_z[n,z],\boldsymbol{H}_z[n,z],-\mathrm{i}\delta/\delta E_z[n,z],-\mathrm{i}\delta/\delta\boldsymbol{H}_z[n,z],\\
&n=1,2,\cdots)\mathrm{d}z)\psi_t(\boldsymbol{E}_z[m,z],\boldsymbol{H}_z[m,z],m=1,2,\cdots)\\
&=\mathrm{i}\partial_t\psi_t(\boldsymbol{E}_z[m,\xi],\boldsymbol{H}_z[m,\xi],m=1,2,\cdots 0\leqslant\xi\leqslant d)
\end{aligned}$$

第⑨章

基于哈德逊-帕塔萨拉蒂演算的经典和量子滤波和控制，以及滤波器设计方法

9.1 量子噪声干扰下用于电子自旋估计和量子傅里叶变换状态估计的贝拉夫金滤波器和卢克-鲍滕控制

量子傅里叶变换是通过在设计的系统哈密顿量下进行固定时间的薛谔定方程演化来实现的，但在实现演化时，它会受到量子噪声的干扰；根据噪声哈德逊-帕塔萨拉蒂-薛定谔（Hudson - Parthasarathy - Schrodinger）方程演化的结果状态需要被估计，同时也需要减少出现在哈肯-普里马斯方程中的林德布拉德（Lindblad）噪声。

作为量子计算中的一个例子，贝拉夫金（Belavkin）量子滤波器用于估计电子的自旋，电子沿任何给定方向的自旋只能有两个本征值1/2。我们可以将这样的粒子在时间 t 处表示为 $c_1(t)|1>+c_0(t)|0>$，其中，$c_1(t)$、$c_0(t)$ 是具有约束 $|c_1(t)|^2+|c_0(t)|^2=1, t\geqslant 0$ 的复杂随机过程，其中在状态 $|1>$ 中，沿给定方向的自旋分量具有本征值 +1/2，并且在状态中 $|0>$，该分量具有本征值 -1/2。在量子计算的语言中，这是一个量子比特的状态，我们可能希望通过一个量子比特的量子信道来传输这个状态。

另外，我们可以允许该状态根据噪声薛定谔方程演化，对通过系统的噪声浴进行非破坏测量，并根据这些测量，利用贝拉夫金滤波器估计演化的自旋。在这种情况下，电子在时间 t 处的估计状态是一个 2×2 正定矩阵，其单位迹相对于时间 t 处的测量的阿贝尔-冯诺依曼（Abelian Von - Neumann）代数是可测量的。当浴状态固定时，例如当浴处于相干态时，这样的估计密度也可以被视为具有某种概率分布的 2×2 随机矩阵。

当电子的自旋与实值非随机时变磁场 $\boldsymbol{B}(t)$ 相互作用时，其相互作用能为 $\boldsymbol{H}(t)=ge(\boldsymbol{\sigma},\boldsymbol{B}(t))/4m$，其中 $g\approx 2$，$\boldsymbol{\sigma}$ 是泡利自旋矩阵的三重态。此外，当电

子与在哈德逊–帕塔萨拉蒂形式中建模为玻色子福克(Fock)空间 $\Gamma_s(L^2(\mathbb{R}_+))$ 的噪声浴相互作用时,其动力学由哈德逊–帕塔萨拉蒂噪声薛定谔方程演化描述:

$$dU(t)=(-i(H(t)+P)dt+L_1dA(t)+L_2dA(t)^*+Sd\Lambda(t))U(t)$$

其中,$A(t)$、$A(t)^*$、$\Lambda(t)$ 是玻色子福克空间中的算符,P、L_1、L_2、S 类似于 $H(t)$ 系统空间算符,即 2×2 复矩阵。设定 X 为一个可观测的系统空间,即一个 2×2 厄米矩阵,例如类似于沿固定方向 $\hat{n}$ 的自旋 $(\sigma,\hat{n})/2$。哈德逊–帕塔萨拉蒂噪声薛定谔方程可视为时变的单量子比特量子通道,其在由下式定义的时间 t 处将电子 $|\psi_s(0)>=c_1(0)|1>+c_0(0)|0>$ 的初始状态转换为混合态 $\rho_s(t)$,即

$$\rho_s(t)=Tr_2(U(t)(\rho_s(0)\otimes|\phi(u)><\phi(u)|)U(t)^*)$$

其中

$$\rho_s(0)=|\psi_s(0)><\psi_s(0)|$$

并且 $|\phi(u)>=\exp(-||u||^2/2)|e(u)>$ 是浴的状态,即浴处于相干态。

在有噪声的哈德逊–帕塔萨拉蒂信道上传输系统状态之后,接收端的贝拉夫金滤波器基于非破坏性测量对系统状态进行解码。因此,这整个设置可以视为具有实时操作的接收器的原型单量子比特量子通信系统。我们可以考虑更一般的情况,例如,假设 H 是一个 $N\times N$ 厄米矩阵,使得 $U_0(T)=\exp(-iTH)$ 成为量子傅里叶变换矩阵。在这里 $N=2^r$,我们希望在时间 0 处被指定为 $|\psi_s(0)>=\sum_{k=0}^{N-1}c_k(0)|k>$ 的系统状态成为在时间 T 处的量子傅里叶变换,即

$$U_0(T)|\psi_s(0)>=\sum_{k,m=0}^{N-1}N^{-1/2}\exp(-i2\pi kn/N)c_k(0)|n>$$

然而,由于来自浴的量子噪声引入了一些误差,并且贝拉夫金滤波器试图估计这个状态,如果我们继续,利用量子控制的卢克–鲍滕(Luc–Bouten)算法就可以去除部分相位噪声,从而获得量子傅里叶变换态的更可靠的估计。

9.2 广义量子滤波与控制

(参考文献:Naman Garg 博士论文,苏巴斯理工大学)。

在这一章中,我们计划解决与量子滤波和控制相关的三类问题。首先,我们设计了一种基于有限矩阵的 MATLAB 仿真算法,用于解决哈德逊–帕塔萨拉蒂噪声薛定谔方程,这是目前公认的描述系统与噪声浴的幺正演化的标准技术。系统从浴中以三种基本量子噪声过程的形式获取噪声输入:产生过程、湮灭过程和守恒过程。其次,我们模拟了著名的贝拉夫金量子滤波器,用于实时估计系统状态的可观测量。测量是对通过系统的浴噪声的非破坏性测量,其中

系统根据有噪声的哈德逊 - 帕塔萨拉蒂 - 薛定谔(Hudson - Parthasarathy - Schrodinger)方程演化。我们模拟这些量子随机微分方程的基本方法是基于噪声算符对相干矢量的作用，并利用浴空间的相干矢量构造截断的正交归一基。贝拉夫金滤波器是经典库什纳 - 卡利安普尔(Kushner - Kallianpur)非线性滤波器的量子非对易推广，可用于估计量子过程，如与磁场相互作用的电子的自旋。我们处理的第三类问题涉及实时量子控制算法的设计和实现，该算法使用一系列控制单元作用于贝拉夫金过滤状态，以减少哈德逊 - 帕塔萨拉蒂演化状态中的林德布拉德噪声量，并跟踪给定的状态轨迹。这些控制算法源于卢克 - 鲍滕在量子光学中关于滤波和控制的著名论文。最后，我们处理的问题涉及计算冯诺依曼熵的演化，包括：①在对 Bath 变量进行迹运算后的哈德逊 - 帕塔萨拉蒂噪声薛定谔系统状态；②贝拉夫金过滤状态，③应用控制算法后的状态。这些熵计算涉及李代数技术，对于验证热力学第二定律中的熵单调增加原则在物理学中非常重要，同时在现代量子通信中评估通过有噪声的量子信道传输的信息量也非常重要。

9.3　量子滤波理论中的一些问题

1. 经典和量子滤波理论的历史回顾

2. 量子滤波理论的数学详解

1)无噪声量子动力学中状态演化的薛定谔方程。

在希尔伯特空间$\mathcal{H}$中$|\psi(t)>$取值的态矢量的薛定谔方程由下式给出：

$$\mathrm{i}\,\mathrm{d}/\mathrm{d}t|\psi(t)> = \boldsymbol{H}(t)|\psi(t)>$$

其中，$\boldsymbol{H}(t)$是厄米算符。这保证了演化的幺正性，即

$$<\psi(t)|\psi(t)> = <\psi(0)|\psi(0)>, t\geqslant 0$$

这意味着概率守恒。例如，如果我们利用位置表示(Pam Dirac)，那么波函数将是$<r|\psi(t)> = \psi(t,r), r\in\mathbb{R}^3$ 并且上面的方程将表达为

$$\int|\psi(t,r)|^2\mathrm{d}^3r = 1, t\geqslant 0$$

前提是

$$\int|\psi(0,r)|^2\mathrm{d}^3r = 1$$

这意味着粒子不能以正概率逃逸到处于束缚态的∞。

薛定谔发现了以动能$p^2/2m$和势能$\boldsymbol{V}(t,r)$在$\mathbb{R}^3$运动的粒子的哈密顿算符$\boldsymbol{H}(t)$的形式。那么总能量是$p^2/2m + \boldsymbol{V} = \boldsymbol{E}$。根据普朗克的量子假设，与该能量相关的波频率是$\omega = 2\pi\boldsymbol{E}/h$，其中 h 是普朗克常数，并且根据德布罗意(De-

Broglie)的物质波对偶原理,与这种类型的波相关的波矢是 $\boldsymbol{k}=2\pi p/h$,并且与该粒子相关的平面波应该是

$$\psi(t,r)=\boldsymbol{A}.\exp(-\mathrm{i}(\omega t-\boldsymbol{k}.r))$$

在完成上述铺垫之后,对于这样的平面波,薛定谔观察到

$$2\pi\mathrm{i}h\partial\psi(t,r)/\partial t=(h\omega/2\pi)\psi(t,r)=\boldsymbol{E}\psi(t,r)$$

并且

$$(-\mathrm{i}h/2\pi)\nabla\psi(t,r)=(h\boldsymbol{k}/2\pi)\psi(t,r)=p\psi(t,r)$$

基于这个直观的概念,即使波函数是平方可积的,$\boldsymbol{E}$ 也应该被视为能量算符 $2\pi\mathrm{i}h\partial/\partial t$,并且 p 应该视为动量算符 $(-\mathrm{i}h/2\pi)\nabla$。然后,牛顿的能量和动量之间的关系如下:

$$\boldsymbol{E}-p^2/2m-\boldsymbol{V}=0$$

应该被解释为波动方程

$$(\boldsymbol{E}-p^2/2m-\boldsymbol{V})\psi(t,r)=0$$

或者等效表达式

$$(\mathrm{i}h/2\pi)\partial\psi(t,r)/\partial t-(h^2/8\pi^2m)\nabla^2\psi(t,r)-\boldsymbol{V}(t,r)\psi(t,r)=0$$

这恰好就是薛定谔波动方程。薛定谔的智慧之处在于,他指出这个波动方程对所有非相对论量子现象都是有效的,即使它的解 $\psi(t,r)$ 并不代表平面波。薛定谔假定原子和分子的束缚态应该只对应于平方可积解,并且他清楚地认识到,这样的解可以通过分离空间和时间变量来表示为

$$\psi(t,r)=\sum_{n=1}^{\infty}\exp(-\mathrm{i}\boldsymbol{E}_nt)\psi_n(r)$$

其中,"能量本征值" $\boldsymbol{E}_n$ 是满足本征值问题的实数,即定态薛定谔方程:

$$\boldsymbol{E}_n\psi_n(r)-(h^2/8\pi^2m)\nabla^2\psi_n(r)-\boldsymbol{V}(r)\psi_n(r)=0$$

针对势能 $\boldsymbol{V}$ 不明确依赖于时间的特殊情况,本征函数 $\psi_n(r)$ 应该是平方可积的,这一条件使得束缚态的能量本征值谱是离散的。因此,他明确地得出了氢原子和量子谐振子的本征函数和能谱,对应于势 $\boldsymbol{V}=-e^2/r$ 和 $\boldsymbol{V}=Kr^2/2$。后来,狄拉克认识到,我们也可以得到无界状态解,就像在散射理论中的情况,抛射体从∞开始,与排斥势相互作用,并被散射到∞。这样的状态是不可归一化的,其特征在于能谱是连续的。马克斯·玻恩(Max Born)提出,对于束缚态,在时间 t 处将波函数归一化为其模平方的单位积分后,$|\psi(t,r)|^2$ 应该被解释为粒子在 r 周围的单位体积内的概率密度。这里应该注意的是,上述含时薛定谔方程可以转换为幺正算符演化方程的形式:

$$|\psi(t)>=\boldsymbol{U}(t)|\psi(0)>,\mathrm{i}\boldsymbol{U}'(t)=\boldsymbol{H}(t)\boldsymbol{U}(t)$$

其中,$\boldsymbol{U}(t)$ 是状态的希尔伯特空间中的幺正算符,其中定义了哈密顿算符 $\boldsymbol{H}(t)$。如果能量算符 $\boldsymbol{H}(t)=\boldsymbol{H}$ 与时间无关,则其形式解为

$$U(t)=\exp(-\mathrm{i}t\boldsymbol{H})$$

其中,无界算符的指数必须通过其预解式(Kato)来定义:

$$\exp(-\mathrm{i}t\boldsymbol{H})=\lim_{n\to\infty}(\boldsymbol{I}+\mathrm{i}t\boldsymbol{H}/n)^{-n}$$

而不是作为

$$\lim_{n\to\infty}(\boldsymbol{I}-\mathrm{i}t\boldsymbol{H}/n)^{n}$$

这是因为无界算符的预解式在预解集上是有界的,而无界算符的正整数幂通常具有越来越小的域。在量子电动力学中 $H(t)$ 与时间相关的情况下,我们必须将解 $\boldsymbol{U}(t)$ 表示为戴森(Dyson)级数:

$$\boldsymbol{U}(t)=\boldsymbol{I}+\sum_{n\geqslant1}(-\mathrm{i})^{n}\int_{0<t_n<\cdots<t_1<t}\boldsymbol{H}(t_1)\cdots\boldsymbol{H}(t_n)\,\mathrm{d}t_1\cdots\mathrm{d}t_n$$

在表述哈德逊－帕塔萨拉蒂噪声薛定谔方程时,幺正演化算符形式是最有用的,因为我们将用以下形式的方程来代替薛定谔方程,即

$$\mathrm{d}\boldsymbol{U}(t)=\left(-\mathrm{i}\boldsymbol{H}(t)\,\mathrm{d}t+\sum_{k}\boldsymbol{L}_k\mathrm{d}\boldsymbol{N}_k(t)\right)\boldsymbol{U}(t)$$

其中:$\boldsymbol{L}_k$ 是系统算符;$\mathrm{d}\boldsymbol{N}_k(t)$ 是噪声算符微分。这些是扩展希尔伯特空间中的非随机算符族,起到与系统耦合的噪声池的作用。尽管该方程不包含任何随机项,但如果我们施加这样一个条件:浴初始处于给定状态(如相干态),那么系统可观测量 $\boldsymbol{X}$ 在时间 t 之后将演化为系统⊗噪声空间可观测量 $\boldsymbol{U}(t)^{*}(\boldsymbol{X}\otimes\boldsymbol{I})\boldsymbol{U}(t)$,并且将在不同的初始系统⊗噪声状态下显示出不同类型的统计行为。

2)噪声薛定谔方程。

当势包含随机涨落项时,我们可以将其建模为时空随机场 $\boldsymbol{V}(t,r)$,然后开发出近似微扰理论技术来计算波函数的统计性质。然而,存在某些问题,即电势波动如此之快,以至于我们不得不添加白噪声项。这种薛定谔方程的一个示例如下:

$$\mathrm{d}\boldsymbol{U}(t)=(-\mathrm{i}\boldsymbol{H}(t)\,\mathrm{d}t-\mathrm{i}\boldsymbol{V}(t)\,\mathrm{d}\boldsymbol{B}(t))\boldsymbol{U}(t)$$

其中:$\boldsymbol{B}(t)$ 是布朗运动,并且该方程可以看作是伊藤随机微分方程;$\boldsymbol{H}(t)$、$\boldsymbol{V}(t)$ 是希尔伯特空间系统中的非随机厄米算符。然而,伊藤的解释避免了 $\boldsymbol{U}(t)$ 出现幺正演化:

$$\mathrm{d}(\boldsymbol{U}(t)^{*}\boldsymbol{U}(t))=\mathrm{d}\boldsymbol{U}^{*}\cdot\boldsymbol{U}+\boldsymbol{U}^{*}\cdot\mathrm{d}\boldsymbol{U}+\mathrm{d}\boldsymbol{U}^{*}\cdot\mathrm{d}\boldsymbol{U}=\boldsymbol{U}(t)^{*}\boldsymbol{V}(t)^{2}\boldsymbol{U}(t)\,\mathrm{d}t\neq0$$

为了纠正这种情况,我们给 $\boldsymbol{H}(t)$ 增加了一个非厄米项,即一个伊藤修正项,以得到噪声薛定谔方程,即

$$\mathrm{d}\boldsymbol{U}(t)=(-(\mathrm{i}\boldsymbol{H}(t)+\boldsymbol{V}(t)^{2}/2)\,\mathrm{d}t-\mathrm{i}\boldsymbol{V}(t)\,\mathrm{d}\boldsymbol{B}(t))\boldsymbol{U}(t)$$

然后,可以很容易看出

$$\mathrm{d}(\boldsymbol{U}^{*}\boldsymbol{U})=0$$

也就是说,$\boldsymbol{U}(0)^{*}\boldsymbol{U}(0)=\boldsymbol{I}$ 意味着 $\boldsymbol{U}(t)^{*}\boldsymbol{U}(t)=\boldsymbol{I}\ \forall t\geqslant0$。这样的方程可以在离散时间内模拟为

$$U[t+\Delta]=(I+\mathrm{i}(H(t)\Delta+V(t)\sqrt{\Delta}w[t+1])/2)^{-1}.$$
$$(I-\mathrm{i}(H(t)\Delta+V(t)\sqrt{\Delta}w[t+1])/2)U[t],t=0,\Delta,2\Delta,\cdots$$

其中,$w[t],t=0,\Delta,2\Delta,\cdots$是独立同分布 $N(0,1)$随机变量。这样的模拟保证了幺正演化,而不是形式的模拟

$$U[t+\Delta]=(I-\mathrm{i}(H(t)\Delta+V(t)\sqrt{\Delta}w[t+1]))U[t]$$

现在假设$\rho(0)$是系统的初始状态。然后,在时间 t 之后,系统状态变为在浴上进行平均,即相对于布朗运动的概率分布

$$\rho(t)=\mathbb{E}(U(t)\rho(0)U(t)^*)=\int U(t)\rho(0)U(t)^*\mathrm{d}P(B)$$

利用$\rho(t)$满足 GKSL 主方程的伊藤公式很容易证明

$$\rho'(t)=\mathrm{i}[H(t),\rho(t)]-(1/2)(V(t)^2\rho(t)+\rho(t)V^2(t)-2V(t)\rho V(t))$$

然而,这个主方程并不是最一般的主方程,因为 $V(t)$被限制为一个厄米算符。GKSL 方程的一般形式是下式的一种变体,即

$$\rho'(t)=\mathrm{i}[H(t),\rho(t)]-(1/2)(L(t)^*L(t)\rho(t)+\rho(t)L(t)^*L(t)-2L(t)\rho(t)L(t)^*)$$

其中,$L(t)$不一定是厄米算符。在更一般的情况下,我们可以得到

$$\rho'(t)=\mathrm{i}[H(t),\rho(t)]-(1/2)\sum_k(L_k(t)^*L_k(t)\rho(t)+\rho(t)L_k(t)^*L_k(t)-2L_k(t)\rho(t)L_k(t)^*)$$

很容易看出,这个通用的 GKSL 方程可以用来描述阻尼谐振子的运动,而原来的基于经典布朗运动的 GKSL 方程不会推导出阻尼谐振子的运动方程。无论向薛定谔方程中添加何种经典噪声,都无法在经典概率平均后再现阻尼谐振子方程。不知何故,经典噪声中的自由度数量不足以获得阻尼运动的量子方程,必须对添加的噪声结构进行一些重大改变。只有在哈德逊 - 帕塔萨拉蒂噪声薛定谔方程出现之后,这种描述才成为可能。哈德逊 - 帕塔萨拉蒂理论给出了两种量子布朗运动 $A(t)$和 $A(t)^*$,这两种运动不对易且满足量子伊藤定律 $\mathrm{d}A.\ \mathrm{d}A^*=\mathrm{d}t$、$\mathrm{d}A^*\mathrm{d}A=0$。哈德逊 - 帕塔萨拉蒂方程是通用的 GKSL 方程的一种扩展形式,即它在更大的希尔伯特空间中产生幺正演化,即系统希尔伯特空间和浴空间(现在是玻色子福克空间)的张量积,并且当相对于浴状态进行平均时,从中可以推导出 GKSL 方程的最一般形式。在经典噪声情况下,这里的浴状态起到了布朗运动过程的概率分布的作用,能够描述更广泛类别的量子系统。

还应该注意,在经典场景下,甚至可以将经典泊松过程作为哈密顿量的扰动,但我们无法通过仅考虑哈德逊 - 帕塔萨拉蒂方程引入的量子布朗运动(产生和湮灭过程)以及量子泊松过程(守恒过程)来实现所有可能的 GKSL 自由

度。特别是利用经典伊藤规则，分析独立布朗运动 $\boldsymbol{B}_i(t), i=1,2,\cdots,p$ 和独立泊松过程 $\boldsymbol{N}_i(t)(i=1,2,\cdots,q)$：

$$\mathrm{d}\boldsymbol{B}_i\mathrm{d}\boldsymbol{B}_j=\delta_{ij}\mathrm{d}t,\mathrm{d}\boldsymbol{N}_i\mathrm{d}\boldsymbol{N}_j=\delta_{ij}\mathrm{d}\boldsymbol{N}_i,\mathrm{d}\boldsymbol{B}_i\mathrm{d}\boldsymbol{N}_j=0$$

我们可以构造一个随机薛定谔方程。

$$\mathrm{d}\boldsymbol{U}(t) = \left(-(\mathrm{i}\boldsymbol{H}(t)+\boldsymbol{P}(t))\mathrm{d}t-\mathrm{i}\sum_{k=1}^{p}V_k(t)\mathrm{d}\boldsymbol{B}_k(t)\right. \\ \left.+\sum \boldsymbol{W}_k(t)\mathrm{d}\boldsymbol{N}_k(t)\right)\boldsymbol{U}(t)$$

为了保持演化的幺正性，即 $\mathrm{d}(\boldsymbol{U}^*\boldsymbol{U})=0$，我们需要

$$\boldsymbol{W}_k(T)^* + \boldsymbol{W}_k(t) + \boldsymbol{W}_k(t)^*\boldsymbol{W}_k(t) = 0,\boldsymbol{V}_k(t)^* = \boldsymbol{V}_k(t),\boldsymbol{P}(t) = \sum_{k=1}^{p}\boldsymbol{V}_k(t)^2/2$$

然而，这个方程不会产生所有可能的开放量子系统，即所有可能的 GKSL 生成元。

3）利用玻色子福克空间的哈德逊－帕塔萨拉蒂方程的基本噪声过程

我们将介绍在本文中所用的哈德逊－帕塔萨拉蒂理论的一个版本。这里，系统希尔伯特空间 $\mathfrak{h}=\mathbb{C}^p$ 具有标准内积，而浴空间是玻色子福克空间 $\Gamma_{\mathrm{s}}(\boldsymbol{L}^2(\mathbb{R}_+)\otimes\mathbb{C}^d)$。

我们将其表达为

$$\mathcal{H}=\boldsymbol{L}^2(\mathbb{R}_+)\otimes\mathbb{C}^d$$

所以浴空间具有以下形式

$$\Gamma_s(\mathcal{H})=\mathbb{C}\oplus\bigoplus_{n\geqslant 1}\mathcal{H}^{\otimes_s n}$$

其中，$\mathcal{H}^{\otimes_s n}$ 是 n 的 $\mathcal{H}$ 折叠对称张量积。对于 $u\in\mathcal{H}$，定义 $u\in\mathcal{H}$ 为指数矢量

$$|\boldsymbol{e}(\boldsymbol{u})>=1\oplus\bigoplus_{n\geqslant 1}\boldsymbol{u}^{\otimes n}/\sqrt{n!}$$

然后，通过简单的计算可以证明，$\boldsymbol{\Gamma}_s(\mathcal{H})$ 中的任何对称张量都可以表示为矢量 $|\boldsymbol{e}(u)>, u\in\mathcal{H}$ 的有限线性组合的极限。例如

$$u^{\otimes n}=(n!)^{-1/2}\frac{\mathrm{d}^n}{\mathrm{d}t^n}|\boldsymbol{e}(tu)>|_{t=0}$$

其他示例包括

$$\begin{aligned} u\otimes v+v\otimes u &= (1/2)((u+v)\otimes(u+v)-(u-v)\otimes(u-v)) \\ &= (u+v)\otimes(u+v)-u\otimes u-v\otimes v \end{aligned}$$

实现该玻色子福克空间的一种方法是通过谐振子代数：设定 $\boldsymbol{a}(n)(n=1,2,\cdots)$ 是满足标准对易关系的 $\boldsymbol{L}^2(\mathbb{R})$ 的独立副本中的算符：

$$[\boldsymbol{a}(n),\boldsymbol{a}(m)^*]=\delta_{nm}$$

每一对 $(\boldsymbol{a}(n),\boldsymbol{a}(n)^*)$ 决定一个独立的量子谐振子。这些算符可以利用 $\boldsymbol{L}^2(\mathbb{R})$ 中的正则位置和动量算符来表示。设定 $|0>$ 为真空态，即所有算符 $\boldsymbol{a}(n)^*\boldsymbol{a}(n)$

的本征值为零的状态，对于复数 $u[n] \in \mathbb{C}(n=1,2,\cdots)$，考虑以下状态

$$\begin{aligned} |f(u)\rangle &= \sum_n \Pi_n u[n]^{m(n)} \boldsymbol{a}(n)^{*m(n)} |0\rangle / \Pi_n m(n)! \\ &= \sum_n \Pi_n u[n]^{m(n)} \otimes_n |m(n)\rangle / \Pi_n \sqrt{m(n)!} \end{aligned}$$

然后，通过简单的计算，可以证明

$$\langle f(u)|f(v)\rangle = \exp(\langle u,v\rangle)$$

其中

$$\langle u,v\rangle = \sum_{n,j} \bar{u}[n]v[n]$$

我们现在为 $\boldsymbol{L}^2(\mathbb{R}) \otimes \mathbb{C}^d$ 选择一个正交归一基 $\{\boldsymbol{\psi}_n(r) = (\boldsymbol{\psi}_{n1}(r),\cdots,\boldsymbol{\psi}_{nd}(r))^{\mathrm{T}}: n=1,2,\cdots\}$，并定义

$$u(r) = \sum_n u[n]\boldsymbol{\psi}_n(r) \in L^2(\mathbb{R}) \otimes \mathbb{C}^d$$

映射 $|\boldsymbol{e}(u)\rangle] \to |f(u)\rangle$ 定义了希尔伯特空间同构。事实上，此映射由以下映射唯一标识：

$$\begin{aligned} u^{\otimes N} &\to \sum_{m(1)+m(2)+\cdots=N} \sqrt{N!} \prod_n u[n]^{m(n)} \prod_n \boldsymbol{a}(n)^{*m(n)} |0\rangle / \prod_n m(n)! \\ &= \sum_{m(1)+\cdots+\cdots=N} \sqrt{N!} u[1]^{m(1)} u[2]^{m(2)} \cdots |m(1),m(2),\cdots\rangle / \sqrt{m(1)!m(2)!\cdots} \end{aligned}$$

其中保留了内积。指数矢量 $|\boldsymbol{e}(u)\rangle, u \in \mathcal{H}$ 跨越 $\Gamma_s(\mathcal{H})$ 的稠密线性流形，因此算符在指数矢量上的作用足以确定它们在整个玻色子福克空间中的定义域上的作用。记住这一点：对于 $\boldsymbol{u} \in \mathcal{H}$，我们定义

$$\boldsymbol{a}(u)|e(v)\rangle = \langle u,v\rangle |e(v)\rangle$$

利用下式很容易证明

$$\langle \boldsymbol{e}(u), e(v)\rangle = \exp(\langle u,v\rangle)$$

$\boldsymbol{a}(u)$ 的伴随矩阵由下式给出，即

$$\boldsymbol{a}(u)^*|e(v)\rangle = \frac{\mathrm{d}}{\mathrm{d}t}|e(v+tu)\rangle|_{t=0}$$

通过考虑对指数矢量的作用，也可以很容易地证明

$$[\boldsymbol{a}(u),\boldsymbol{a}(v)^*] = \langle u,v\rangle \boldsymbol{I}, [\boldsymbol{a}(u),\boldsymbol{a}(v)] = 0, [\boldsymbol{a}(u)^*,\boldsymbol{a}(v)^*] = 0, u,v \in \mathcal{H}$$

换句话说，算符场 $\boldsymbol{a}(u)$、$\boldsymbol{a}(u)^*$，$u \in \mathcal{H}$ 定义了谐振子的代数。更准确地说，选择 $\mathcal{H}$ 的一个正交归一基 $|e_i\rangle, i=1,2,\cdots$，对于 $u \in \mathcal{H}$ 我们可以得到

$$\boldsymbol{a}(u) = \sum_i \bar{u}_i \boldsymbol{a}_i, \boldsymbol{a}(u)^* = \sum_i u_i \boldsymbol{a}_i^*, u_i = \langle e_i, u\rangle$$

在满足正则对易关系的情况下，$(\boldsymbol{a}_i, \boldsymbol{a}_i^*)(i=1,2,\cdots)$ 定义了一维量子谐振子的可数无限维序列

$$[\boldsymbol{a}_i, \boldsymbol{a}_j^*] = \delta_{ij}, [\boldsymbol{a}_i, \boldsymbol{a}_j] = 0, [\boldsymbol{a}_i^*, \boldsymbol{a}_j^*] = 0$$

在传统的量子力学中，我们也可以通过下式定义一个守恒/数算符 $\boldsymbol{\Lambda}_i$

$$\boldsymbol{\Lambda}_i = \boldsymbol{a}_i^* \boldsymbol{a}_i, i = 1, 2, \cdots$$

对于 $\Gamma_s(\mathcal{H})$ 我们可以获得一个正交归一基，形式如下：

$$| n_1, n_2, \cdots >$$

其中

$$\boldsymbol{\Lambda}_i | n_1, n_2, \cdots > = n_i | n_1, n_2, \cdots >$$

并且

$$\boldsymbol{a}_i | n_1, n_2, \cdots > = \sqrt{n_i} | n_1, \cdots, n_{i-1}, n_i - 1, n_{i+1}, \cdots >$$

$$a_i^* | n_1, n_2, \cdots > = \sqrt{n_i + 1} | n_1, n_2, \cdots >$$

很容易看出，指数矢量可以表示为

$$| \boldsymbol{e}(u) > = \sum_{n_1, n_2, \cdots} u_1^{n_1} u_2^{n_2} \cdots | n_1, n_2, \cdots > / \sqrt{n_1 ! n_2 ! \cdots}$$

并且 $| n_1, n_2, \cdots >$ 上的 $\boldsymbol{a}_i$、$\boldsymbol{a}_i^*$ 的上述操作等价于

$$\boldsymbol{a}(v) | \boldsymbol{e}(u > = < v, u > | \boldsymbol{e}(u) >, \boldsymbol{a}(v)^* | \boldsymbol{e}(u) > = \sum_i v_i \frac{\partial}{\partial u_i} | \boldsymbol{e}(u) >$$

$$= \frac{\mathrm{d}}{\mathrm{d}t} | \boldsymbol{e}(u + tv) > |_{t=0}$$

或者等效表达式

$$\boldsymbol{a}_i | \boldsymbol{e}(u) > = u_i | \boldsymbol{e}(u) >, \boldsymbol{a}_i^* | \boldsymbol{e}(u) > = \frac{\partial}{\partial u_i} | \boldsymbol{e}(u) > = \frac{\mathrm{d}}{\mathrm{d}t} | \boldsymbol{e}(u + t\boldsymbol{e}_i) > |_{t=0}$$

通过上述恒等式的简单计算，可以进一步证明：

$$< \boldsymbol{e}(u) | \boldsymbol{\Lambda}_i | e(v) > = \bar{u}_i v_i < \boldsymbol{e}(u) | e(v) >$$

基于这一思想，哈德逊和帕塔萨拉蒂[1984] 除了引入产生和湮灭算符场 $\boldsymbol{a}(u)$、$\boldsymbol{a}(u)^*$，$u \in \mathcal{H}$ 外，还引入了守恒算符场 $\lambda(\boldsymbol{Q})$，其中 $\boldsymbol{Q}$ 是 $\mathcal{H}$ 中的厄米算符，其规则如下：

$$\exp(\mathrm{i}t\lambda(\boldsymbol{Q})) | \boldsymbol{e}(u) > = | \boldsymbol{e}(\exp(\mathrm{i}t\boldsymbol{Q}) u) >, t \in \mathbb{R}$$

或者等效表达式

$$\mathrm{i}\lambda(\boldsymbol{Q}) | \boldsymbol{e}(u) > = \frac{\mathrm{d}}{\mathrm{d}t} | \boldsymbol{e}(\exp(\mathrm{i}t\boldsymbol{Q}) u) > |_{t=0}$$

那么很容易看出

$$< e(v) | \boldsymbol{\lambda}(\boldsymbol{Q}) | \boldsymbol{e}(u) > = < v | \boldsymbol{Q} | u > < e(v) | \boldsymbol{e}(u) >$$

特别是，如果

$$\boldsymbol{Q} = | e_i > < e_i |$$

那么

$$< v | \boldsymbol{Q} | u > = \bar{v}_i u_i$$

$$\lambda(|e_i><e_i|) = \boldsymbol{\Lambda}_i$$

在更一般的情况下，如果 $\boldsymbol{Q}$ 具有谱表示：

$$\boldsymbol{Q} = \sum_i |e_i> q_i <e_i|$$

那么

$$\lambda(\boldsymbol{Q}) = \sum_i q_i \boldsymbol{\Lambda}_i = \sum_i q_i \boldsymbol{a}_i^* \boldsymbol{a}_i$$

甚至在哈德逊和帕塔萨拉蒂[1984]的开创性论文之前，这种理论框架的大部分内容已经为人所知。哈德逊和帕塔萨拉蒂的关键观察是引入量子过程，即通过将时间以玻色子福克空间中出现的张量积的连续展开形式引入到模型中，从而引入了产生、湮灭和守恒过程。在不深入进行数学演算的情况下，现在的想法是考虑在 $\boldsymbol{L}^2(\mathbb{R}_+)$ 中的指示函数 $\boldsymbol{\chi}_{[0,t]}$，然后选择一个对于 $\mathbb{C}^d$ 的正交归一基 $|f_i>(i=1,2,\cdots,d)$，使得

$$\boldsymbol{\chi}_{[0,t]}|f_i> \in \mathcal{H} = \boldsymbol{L}^2(\mathbb{R}_+) \otimes \mathbb{C}^d$$

哈德逊－帕塔萨拉蒂理论做出如下定义：

$$\boldsymbol{A}_i(t) = \boldsymbol{a}(\boldsymbol{\chi}_{[0,t]}|f_i>), \boldsymbol{A}_i(t)^* = \boldsymbol{a}(\boldsymbol{\chi}_{[0,t]}|f_i>)^*,$$
$$\boldsymbol{\Lambda}_i(t) = \lambda(\boldsymbol{\chi}_{[0,t]}|f_i><f_i|)$$

其中，$i=1,2,\cdots,d$，并且其中 $\boldsymbol{\chi}_{[0,t]}|f_i><f_i| = \boldsymbol{\chi}_{[0,t]} \otimes |f_i><f_i|$ 是 $\mathcal{H}$ 中的厄米算符，而 $\boldsymbol{\chi}_{[0,t]}$ 用作乘法运算。然后，很容易推导出这些算符对指数矢量的作用形式如下：

$$\boldsymbol{A}_i(t)|\boldsymbol{e}(u)> = \left(\int_0^t u_i(s)\mathrm{d}s\right)|\boldsymbol{e}(u)> \tag{9-1}$$

$$<e(v)|\boldsymbol{A}_i(t)^*|\boldsymbol{e}(u)> = \left(\int_0^t \bar{v}_i(s)\mathrm{d}s\right)<e(v)|\boldsymbol{e}(u)> \tag{9-2}$$

$$<e(v)|\boldsymbol{\Lambda}_i(t)|\boldsymbol{e}(u)> = \left(\int_0^t \bar{v}_i(s)u_i(s)\mathrm{d}s\right)<e(v)|\boldsymbol{e}(u)> \tag{9-3}$$

并且更一般的形式如下：

$$<e(v)|\lambda(\boldsymbol{Q}_t)|\boldsymbol{e}(u)> = \left(\int_0^t <v(s)|\boldsymbol{Q}|u(s)>\mathrm{d}s\right)<e(v)|\boldsymbol{e}(u)>$$

其中

$$\boldsymbol{Q}_t = \boldsymbol{\chi}_{[0,t]}\boldsymbol{Q}$$

并且 $u,v \in \mathcal{H} = \boldsymbol{L}^2(\mathbb{R}_+) \otimes \mathbb{C}^d$ 以坐标形式指定为

$$\boldsymbol{u}(t) = [u_1(t),\cdots,u_d(t)]^{\mathrm{T}}, t \geqslant 0, u_k(.) \in \mathbb{L}^2(\mathbb{R}_+)$$

由于在量子电动力学中，湮没算符场与空间傅里叶域中的磁矢量势成正比，并且由于空间频率域中的电场也与磁矢量势成正比，因此只要我们采用库仑规范（$\mathrm{div}\boldsymbol{A}=0$），这意味着电标量势 A^0 成为物质场，而不是场部分的任何组

合，我们可以将式(9 – 1)解释为总复振幅表达式，即直到时间 t 的指数/相干态 $|\boldsymbol{e}(u)>$ 中光子的振幅和相位。同样，式(9 – 3)确定了相干态直到时间 t 的 i^{th} 中累积光子数：

$$<\boldsymbol{e}(u)|\boldsymbol{\Lambda}_i(t)|\boldsymbol{e}(u)> = \left(\int_0^t |u_i(t)|^2 \mathrm{d}t\right) <\boldsymbol{e}(u)|\boldsymbol{e}(u)>$$

通过式(9 – 2)，我们可以知道已经被吸收到相干态 $|e(v)>$ 中的 i^{th} 模式中的光子总复振幅。在哈德逊 – 帕塔萨拉蒂演算中，这些过程 $\boldsymbol{A}_i(t)$、$\boldsymbol{A}_i(t)^*$、$\boldsymbol{\Lambda}_i(t)(i=1,2,\cdots,d)$ 称为基本噪声过程。它们不是随机函数，而只是玻色子 Fock 空间中的线性算符族，但是当我们将我们的浴空间限制在一个给定的状态，如相干态，那么这些算符族就会显示出像经典布朗运动和泊松过程这样的统计结果，作为特殊的对易情况。需要注意的重要一点是，这些利用 y 运算符求值过程与经典情况不同，这些过程是非对易的，因此可以展现出比经典随机过程更一般的统计行为。这些过程的非对易性正反映了以下事实：最一般的 GKSL 方程可以利用量子噪声薛定谔方程(哈德逊 – 帕塔萨拉蒂噪声薛定谔方程)扩展为幺正演化。仅利用经典随机噪声是无法实现的。这背后的原因是接下来将讨论的量子伊藤公式，它可以视为一个考虑了由运算符值过程的非对易性引起的海森堡不确定性原理的伊藤公式。

4)量子伊藤公式和量子噪声哈德逊 – 帕塔萨拉蒂 – 薛定谔(Hudson – Parthasarathy – Schrodinger)方程

如果 z_1、$z_2 \in \mathbb{C}^d$，那么 $\boldsymbol{\chi}_{0,t]}z_k \in \mathcal{H} = \boldsymbol{L}^2(\mathbb{R}_+) \otimes \mathbb{C}^d (k=1,2)$，并且不难证明

$$\mathrm{d}\boldsymbol{a}(\boldsymbol{\chi}_{[0,t]}z_1).\ \mathrm{d}\boldsymbol{a}(\boldsymbol{\chi}_{[[0,t]}z_2)^* = <z_1,z_2>\mathrm{d}t$$

另外，这两个微分的所有其他乘积都为零，即 $O(\mathrm{d}t)$。

为了验证上述公式，我们观察到谐振子对易关系意味着

$$[\boldsymbol{a}(\boldsymbol{\chi}_{[0,t]}z_1), \boldsymbol{a}(\boldsymbol{\chi}_{[0,s]}z_2)^*] = <\boldsymbol{\chi}_{[0,t]}, \boldsymbol{\chi}_{[0,s]}><z_1,z_2>$$
$$= \min(t,s)<z_1,z_2> = (s\theta(t-s)+t\theta(s-t))<z_1,z_2>$$

因此，对 t 取微分，并利用 $\mathrm{d}\theta(t-s)=\delta(t-s)\mathrm{d}t$ 和 $x\delta(x)=0$，我们可以得到

$$[\mathrm{d}\boldsymbol{a}(\boldsymbol{\chi}_{[0,t]}z_1), \boldsymbol{a}(\boldsymbol{\chi}_{[0,s]}z_2)^*] = ((s-t)\delta(t-s)+\theta(s-t)\mathrm{d}t)<z_1,z_2>$$
$$= \theta(s-t)\mathrm{d}t<z_1,z_2>$$

现在对 s 取两边的微分，并利用恒等式 $\delta(s-t)\mathrm{d}s|_{s=t}\mathrm{d}t = \mathrm{d}t$ 得到以下结果，即

$$[\mathrm{d}\boldsymbol{a}(\boldsymbol{\chi}_{[0,t]}z_1), \mathrm{d}\boldsymbol{a}(\boldsymbol{\chi}_{[0,t]}z_2)^*] = <z_1,z_2>\mathrm{d}t$$

可以很清楚地看到

$$\mathrm{d}\boldsymbol{a}(\boldsymbol{\chi}_{[0,t]}z_2)^*.\ \mathrm{d}\boldsymbol{a}(\boldsymbol{\chi}_{[0,t]}z_1) = 0$$

通过对 $|\boldsymbol{e}(u)>$ 和 $|e(v)>$ 取左边的矩阵元素：

$$<\boldsymbol{e}(u)|\mathrm{d}\boldsymbol{a}(\boldsymbol{\chi}_{[0,t]}z_2)^*\mathrm{d}\boldsymbol{a}(\boldsymbol{\chi}_{[0,t]}z_1)|e(v)>$$

$$= < \mathrm{d}\boldsymbol{a}(\boldsymbol{\chi}_{[0,t]} z_2)\boldsymbol{e}(u) \mid \mathrm{d}\boldsymbol{a}(\boldsymbol{\chi}_{[0,t]} z_1) e(v) >$$

$$= < z_2, \boldsymbol{u}(t) >^* \mathrm{d}t. < z_1, v(t) > \mathrm{d}t. < \boldsymbol{e}(u), e(v) > = O(\mathrm{d}t^2)$$

换句话说,我们可以得到

$$\mathrm{d}\boldsymbol{a}(\boldsymbol{\chi}_{[0,t]} z_2)^* \mathrm{d}\boldsymbol{a}(\boldsymbol{\chi}_{[0,t]} z_1) = 0$$

因此,我们证明了所需的量子伊藤公式(选择 $z_1 = f_i, z_2 = f_j \in \mathbb{C}^d$)

$$\mathrm{d}\boldsymbol{A}_i(t). \mathrm{d}\boldsymbol{A}_j(t)^* = \delta_{ij}\mathrm{d}t$$

并且这两个微分的所有其他乘积都消失了。

值得注意的是,在推导这个量子伊藤公式时,我们利用了玻色子对易关系,这就是为什么人们常说量子伊藤公式可以追溯到海森堡不确定性原理。另一个量子伊藤公式如下所示。首先观察到

$$< e(v) \mid \mathrm{d}\boldsymbol{A}_i^*(t)\mathrm{d}\boldsymbol{A}_j(t) \mid \boldsymbol{e}(u) > = u_j(t)\bar{v}_i(t)\mathrm{d}t^2 < e(v) \mid \boldsymbol{e}(u) >$$

由于

$$< e(v) \mid \mathrm{d}\boldsymbol{\lambda}(Q_t) \mid \boldsymbol{e}(u) > = \mathrm{d} < e(v) \mid \boldsymbol{\lambda}(\boldsymbol{Q}_t) \mid \boldsymbol{e}(u) >$$

$$= < e(v) \mid \boldsymbol{e}(u) > d\int_0^t < v(s) \mid \boldsymbol{Q} \mid u(s) > \mathrm{d}s$$

$$= < e(v) \mid \boldsymbol{e}(u) > < v(t) \mid \boldsymbol{Q} \mid \boldsymbol{u}(t) > \mathrm{d}t$$

由此可见

$$\mathrm{d}\boldsymbol{A}_i(t)^*. \mathrm{d}\boldsymbol{A}_j(t)/\mathrm{d}t = \mathrm{d}\lambda(\boldsymbol{\chi}_{[0,t]} \mid |f_i> <f_j|)$$

更具体地可以表示为

$$\mathrm{d}\boldsymbol{A}_i(t)^*. \mathrm{d}\boldsymbol{A}_i(t)/\mathrm{d}t = \mathrm{d}\boldsymbol{\Lambda}_i(t)$$

因此,应用先前导出的量子伊藤公式,我们得到

$$\mathrm{d}\boldsymbol{A}_j(t)\mathrm{d}\boldsymbol{\Lambda}_i(t) = \delta_{ij}\mathrm{d}\boldsymbol{A}_i(t), \mathrm{d}\boldsymbol{\Lambda}_i(t). \mathrm{d}\boldsymbol{A}_j(t) = \delta_{ij}\mathrm{d}\boldsymbol{A}_i(t)^*$$

$$\mathrm{d}\boldsymbol{\Lambda}_i(t). \mathrm{d}\boldsymbol{\Lambda}_j(t) = \delta_{ij}\mathrm{d}\boldsymbol{\Lambda}_i(t)$$

这些称为量子伊藤公式,是研究噪声对量子系统的影响以及制定基于非破坏测量的量子滤波理论的基础。这些过程 $\boldsymbol{B}_i(t) = \boldsymbol{A}_i(t) + \boldsymbol{A}_i(t)^*$ 在真空相干态中具有经典布朗运动的所有性质。首先,这些过程之间是对易的:

$$[\boldsymbol{B}_i(t), \boldsymbol{B}_j(s)] = 0 \ \forall t, s, i, j$$

其次,对于 $f(t) = (f_i(t)) \in \boldsymbol{L}^2(\mathbb{R}_+) \otimes \mathbb{C}^d$,有

$$< \boldsymbol{e}(u) \mid \exp(\sum_{i=1}^{N} \mathrm{int}_0^{\mathrm{T}} f_i(t)\mathrm{d}\boldsymbol{B}_i(t)) \mid \boldsymbol{e}(u) > =$$

$$< e(v) \mid \exp(\boldsymbol{a}(f\boldsymbol{\chi}_{[0,T]}) + \boldsymbol{a}(f\boldsymbol{\chi}_{[0,T]})^*) \mid \boldsymbol{e}(u) > =$$

5)玻色子福克空间中相对于相干矢量的噪声算符的矩阵元

给定以下形式的哈德逊-帕塔萨拉蒂量子随机微分方程:

$$\mathrm{d}\boldsymbol{U}(t) = (-(\mathrm{i}\boldsymbol{H} + \boldsymbol{P})\mathrm{d}t \sum_i (\boldsymbol{L}_i\mathrm{d}\boldsymbol{A}_i(t) + \boldsymbol{M}_i\mathrm{d}\boldsymbol{A}_i(t)^* + S_i\mathrm{d}\boldsymbol{\Lambda}_i(t))\boldsymbol{U}(t)$$

我们可以近似模拟如下：我们首先在 $\mathcal{H}=\boldsymbol{L}^2(\mathbb{R}_+)\otimes\mathbb{C}^d$ 中选择线性无关的矢量的一组 $u_1,\cdots,u_N$，然后将格拉姆－施密特（Gram－Schmidt）正交化应用于相应的指数矢量 $|\boldsymbol{e}(u_k)>$，$k=1,2,\cdots,N$。将得到的正交矢量表示为 $|\boldsymbol{\xi}_k>$，$k=1,2,\cdots,N$。因此，有

$$|\boldsymbol{\xi}_k> = \sum_{m=1}^{k} c(k,m)\,|\boldsymbol{e}(u_m)>,\ 1\leqslant k\leqslant N$$

其逆为

$$|\boldsymbol{e}(u_k)> = \sum_{m=1}^{k} d(k,m)\,|\boldsymbol{\xi}_m>,\ 1\leqslant k\leqslant N$$

并且

$$<\boldsymbol{\xi}_k|\boldsymbol{\xi}_m> = \delta_{km}$$

由于指数矢量跨越玻色子福克空间［KRP Book］的稠密线性流形，因此，如果 N 很大，矢量 $|\boldsymbol{\xi}_k>$，$k=1,2,\cdots.,N$ 将几乎完全跨越玻色子福克空间。然后选择系统希尔伯特空间 $\mathfrak{h}$ 的一个正交归一基 $|\boldsymbol{\eta}_k>$ $(k=1,2,\cdots,p)$，我们得到 $\mathfrak{h}\otimes\boldsymbol{\Gamma}_s(\mathcal{H})$ = 系统空间 $\otimes$ 浴空间的一个正交集 $|\boldsymbol{\eta}_r\otimes\boldsymbol{\xi}_k>$，$1\leqslant k\leqslant N$，$1\leqslant r\leqslant p$。下面我们可以取上述哈德逊－帕塔萨拉蒂方程两侧相对于这个基的矩阵元素，并推导出一系列用于幺正演化算符 $\boldsymbol{U}(t)$ 的截断矩阵元素的线性确定性方程。

利用正交集计算矩阵元的优点在于组合定律：

$$<\boldsymbol{\eta}_r\otimes\boldsymbol{\xi}_k|AB|\boldsymbol{\eta}_s\otimes\boldsymbol{\xi}_m>$$

$$\approx \sum_{q=1}^{N}\sum_{l=1}^{p} <\boldsymbol{\eta}_r\otimes\boldsymbol{\xi}_k|\boldsymbol{A}|\boldsymbol{\eta}_l\otimes\boldsymbol{\xi}_q><\boldsymbol{\eta}_l\otimes\boldsymbol{\xi}_q|B|\boldsymbol{\eta}_s\otimes\boldsymbol{\xi}_m>$$

当且仅当 $\boldsymbol{A}$、$\boldsymbol{B}$ 是在截断系统 $\otimes$ 噪声空间中定义的算符，该方程是精确的。需要注意的是，这种方法可以与以下事实相结合：如果 $\boldsymbol{L}$ 是系统算符，那么

$$\boldsymbol{L}\mathrm{d}\boldsymbol{A}_k(t)\boldsymbol{U}(t) = (\boldsymbol{L}\otimes\boldsymbol{I})\boldsymbol{U}(t)\mathrm{d}\boldsymbol{A}_k(t) = (\boldsymbol{L}\otimes\boldsymbol{I})\boldsymbol{U}(t)\otimes\mathrm{d}\boldsymbol{A}_k(t)$$

同样，用 $\boldsymbol{A}_k(t)$ 或 $\boldsymbol{\Lambda}_k(t)$ 替换 $\boldsymbol{A}_k(t)^*$，原因是 $\boldsymbol{A}_k(t)$、$\boldsymbol{A}_k(t)^*$、$\boldsymbol{\Lambda}_k(t)$ 在 $\boldsymbol{\Gamma}_s(\boldsymbol{L}^2([0,t]\otimes\mathbb{C}^d)$ 中起作用，而 $\mathrm{d}\boldsymbol{A}_k(t)$、$\mathrm{d}\boldsymbol{A}_k(t)^*$、$\mathrm{d}\boldsymbol{\Lambda}_k(t)$ 在 $\boldsymbol{\Gamma}_s(\boldsymbol{L}^2(t,t+\mathrm{d}t)$ 中起作用，我们可以得到希尔伯特空间同构：

$$\boldsymbol{\Gamma}_s(\mathcal{H}_1\oplus\mathcal{H}_2) = \boldsymbol{\Gamma}_s(\mathcal{H}_1)\otimes\boldsymbol{\Gamma}_s(\mathcal{H}_2)$$

通过选择 w_k、$v_k\in\mathcal{H}_k$，$k=1,2$ 并注意以下关系：

$$<e(w_1\oplus v_1)|e(w_2\oplus v_2)> = \exp(<w_1\oplus v_1|w_2\oplus v_2>)$$

$$= \exp(<w_1|w_2> + <v_1|v_2>) = <e(w_1)|e(w_2)><e(v_1)|e(v_2)>$$

$$= <e(w_1)\otimes e(v_1)|e(w_2)\otimes e(v_2)>$$

换句话说，对于 u、$v\in\mathcal{H}$ 以及 $<u|v>=0$，我们可以在这个同构下将 $|\boldsymbol{e}(u+v)>$ 识别为 $|\boldsymbol{e}(u)\otimes e(v)>$。鉴于此，我们可以得到希尔伯特空间同构

$$\boldsymbol{\Gamma}_s(\boldsymbol{\chi}_{[0,t+\mathrm{d}t]}\mathcal{H}) = \boldsymbol{\Gamma}_s(\boldsymbol{\chi}_{[0,t]}\mathcal{H})\otimes\boldsymbol{\Gamma}_s(\boldsymbol{\chi}_{(t,t+\mathrm{d}t]}\mathcal{H})$$

为了查明为什么 $\mathrm{d}\boldsymbol{A}_k(t)$、$\mathrm{d}\boldsymbol{A}_k(t)^*$、$\mathrm{d}\boldsymbol{\Lambda}_k(t)$ 在 $\Gamma_s(\boldsymbol{\chi}_{(t,t+\mathrm{d}t]}\mathcal{H})$ 中起作用，我们使用刚才在以下形式中建立的同构恒等式

$$\boldsymbol{e}(\boldsymbol{\chi}_{[0,T]}u)=\boldsymbol{e}(\boldsymbol{\chi}_{[0,t]}u)\otimes\boldsymbol{e}(\boldsymbol{\chi}_{[t,T]})0<t<T$$

从这个意义上说

$$<\boldsymbol{e}(\boldsymbol{\chi}_{[0,T]}u)\mid\boldsymbol{e}(v\boldsymbol{\chi}_{[0,T]})>=\exp(\int_0^T<u(s)\mid v(s)>\mathrm{d}s)$$

$$=\exp(\int_0^t<u(s)\mid v(s)>\mathrm{d}s).\exp(\int_0^T<u(s)\mid v(s)>)$$

$$=<\boldsymbol{e}(u\boldsymbol{\chi}_{[0,t]})\otimes\boldsymbol{e}(u\boldsymbol{\chi}_{(t,T]})\mid e(v(\boldsymbol{\chi}_{[0,t]})\otimes e(v\boldsymbol{\chi}_{(t,T]})>$$

对于 $s<t$，一方面我们可以得到以下关系：

$$<e(v)\mid\boldsymbol{A}_k(t)-\boldsymbol{A}_k(s)\mid\boldsymbol{e}(u)>=<e(v)\mid\int_s^t u_k(\tau)\mathrm{d}\tau\mid\boldsymbol{e}(u)>$$

$$=(\int_s^t u_k(\tau)\mathrm{d}\tau)<e(v)\mid\boldsymbol{e}(u)>$$

另一方面

$$|\boldsymbol{e}(u)>=|\boldsymbol{e}(\boldsymbol{\chi}_{[0,s]})u)\otimes e(\boldsymbol{\chi}_{s,t]})\otimes e(\boldsymbol{\chi}_{(t,\infty)})>$$

其中

$$<e(\boldsymbol{\chi}_{[s,t]}v)|(\boldsymbol{A}_k(t)-\boldsymbol{A}_k(s)|\boldsymbol{e}(\boldsymbol{\chi}_{[s,t]}u)>$$

$$=(\int_s^t u_k(\tau)\mathrm{d}\tau)<e(\boldsymbol{\chi}_{[s,t]}v)\mid\boldsymbol{e}(\boldsymbol{\chi}_{[s,t]}u)>$$

这与前面的等式相同，因为同构意味着

$$|\boldsymbol{e}(u)>=|\boldsymbol{e}(\boldsymbol{\chi}_{(0,s]}u)\otimes\boldsymbol{e}(\boldsymbol{\chi}_{(s,t]}u)\otimes e(\boldsymbol{\chi}_{(t,\infty)})>$$

并且进一步，如果 I 是与 $(s,t]$ 不重叠的 $\mathbb{R}$ 中任何间隔，那么

$$<e(\boldsymbol{\chi}_I.v)\mid\boldsymbol{A}_k(t)-\boldsymbol{A}_k(s)\mid\boldsymbol{e}(\boldsymbol{\chi}_I.u)>$$

$$=(\int_{I\cap(s,t]}u_k(\tau)\mathrm{d}\tau)<e(\boldsymbol{\chi}_I)v)\mid\boldsymbol{e}(\chi_I.u)>=0$$

应该注意的是，鉴于上述讨论，同构意味着

$$<e(v)|\boldsymbol{A}_k(t)-\boldsymbol{A}_k(s)|\boldsymbol{e}(u)>$$

$$=<e(v\boldsymbol{\chi}_{(0,s]})\otimes e(v.\boldsymbol{\chi}_{(s,t]})\otimes e(v.\boldsymbol{\chi}_{(t,\infty)})|\boldsymbol{A}_k(t)-\boldsymbol{A}_k(s)|$$

$$.\boldsymbol{e}(u\boldsymbol{\chi}_{(0,s]})\otimes\boldsymbol{e}(u.\boldsymbol{\chi}_{(s,t]})\otimes\boldsymbol{e}(u.\boldsymbol{\chi}_{(t,\infty)})>$$

$$=<e(v.\boldsymbol{\chi}_{(0,s)})|\boldsymbol{e}(u\boldsymbol{\chi}_{(0,s]})><e(v.\boldsymbol{\chi}_{(s,t]})|\boldsymbol{A}_k(t)$$

$$-\boldsymbol{A}_k(s)|\boldsymbol{e}(\boldsymbol{u}.\chi_{(s,t]})>.<e(v\cdot\boldsymbol{\chi}_{(t,\infty)})|\boldsymbol{e}(u\cdot\boldsymbol{\chi}_{(t,\infty)})>$$

对于其他噪声算符 $\boldsymbol{A}_k(t)^*$ 和 $\boldsymbol{\Lambda}_k(t)$ 也是如此。这就是为什么我们可以说，如果 $\boldsymbol{M}(t)$ 是这些噪声算符中的任何一个，那么对于 $s<t$，当我们考虑同构时，我们可以说 $\boldsymbol{M}(t)-\boldsymbol{M}(s)$ 在希尔伯特空间 $\Gamma_s(\boldsymbol{\chi}_{(s,t]}\mathcal{H})$ 中起作用：

$$\Gamma_s(\mathcal{H})=\Gamma_s(\boldsymbol{\chi}_{(0,s]}\mathcal{H}\oplus\boldsymbol{\chi}_{(s,t]}\mathcal{H}\oplus\boldsymbol{\chi}_{(t,\infty)}\mathcal{H})$$

$$= \Gamma_s(\boldsymbol{\chi}_{(0,s]}\mathcal{H}) \otimes \Gamma_s(\boldsymbol{\chi}_{(s,t]}\mathcal{H}) \otimes \Gamma_s(\boldsymbol{\chi}_{(t,\infty)}\mathcal{H})$$

正是噪声算符的这种性质，即量子独立增量性质，使得哈德逊－帕塔萨拉蒂方程易于利用由指数/相干矢量的有限线性组合构建的浴态的矩阵元素来进行模拟。例如，项的矩阵元可以通过如下方式计算：

$$\boldsymbol{L}\mathrm{d}\boldsymbol{A}(t)\boldsymbol{U}(t), \boldsymbol{M}\mathrm{d}\boldsymbol{A}(t)^* U(t), \boldsymbol{S}\mathrm{d}\boldsymbol{\Lambda}(t)\boldsymbol{U}(t)$$

注意：$\boldsymbol{L}$、$\boldsymbol{M}$、$\boldsymbol{S}$ 在系统希尔伯特空间$\mathfrak{h}$中起作用，$\boldsymbol{U}(t)$在下式中起作用

$$\mathfrak{h} \otimes \Gamma_s(\boldsymbol{L}^2[0,t] \otimes \mathbb{C}^d) = \mathfrak{h} \otimes \Gamma_s(\boldsymbol{\chi}_{[0,t]}\mathcal{H})$$

而 $\Gamma_s(\boldsymbol{\chi}_{(t,t+\mathrm{d}t]}\mathcal{H})$ 在 $\mathrm{d}\boldsymbol{A}(t)$、$\mathrm{d}\boldsymbol{A}(t)^*$、$\mathrm{d}\boldsymbol{\Lambda}(t)$ 中起作用：设定 $\mathrm{d}\boldsymbol{M}$ 表示 $\mathrm{d}\boldsymbol{A}_k$、$\mathrm{d}\boldsymbol{A}_k^*$、$\mathrm{d}\boldsymbol{\Lambda}$ 中的任何一个。因此，有

$$\begin{aligned}
&< \boldsymbol{\eta}_r \otimes \boldsymbol{\xi}_k | \boldsymbol{L}\mathrm{d}\boldsymbol{M}(t)\boldsymbol{U}(t) | \boldsymbol{\eta}_s \otimes \boldsymbol{\xi}_l > \\
&= \sum_{m,q,m',q'} < \boldsymbol{\eta}_r \otimes \boldsymbol{\xi}_k | \boldsymbol{L} | \boldsymbol{\eta}_q \otimes \boldsymbol{\xi}_m > < \boldsymbol{\eta}_q \otimes \boldsymbol{\xi}_m | \boldsymbol{U}(t) | \boldsymbol{\eta}_q' \otimes \boldsymbol{\xi}_m' > \\
&< \boldsymbol{\eta}_q' \otimes \boldsymbol{\xi}_m' | \mathrm{d}\boldsymbol{M}(t) | \boldsymbol{\eta}_s \otimes \boldsymbol{\xi}_l > \\
&= \sum_{m,q,m',q'} < \boldsymbol{\eta}_r | \boldsymbol{L} | \boldsymbol{\eta}_q > \delta_{km} < \boldsymbol{\eta}_q \otimes \boldsymbol{\xi}_m | U(t) | \boldsymbol{\eta}_q' \otimes \boldsymbol{\xi}_m' > \delta_{q's} \\
&< \boldsymbol{\xi}_m' | \mathrm{d}\boldsymbol{M}(t) | \boldsymbol{\xi}_l > \\
&= \sum_{q,m'} < \boldsymbol{\eta}_r | \boldsymbol{L} | \boldsymbol{\eta}_q > < \boldsymbol{\eta}_q \otimes \boldsymbol{\xi}_k | \boldsymbol{U}(t) | \boldsymbol{\eta}_s \otimes \boldsymbol{\xi}_m' > < \boldsymbol{\xi}_m' | \mathrm{d}\boldsymbol{M}(t) | \boldsymbol{\xi}_l >
\end{aligned}$$

如果 $\mathrm{d}\boldsymbol{M}(t) = \mathrm{d}\boldsymbol{A}_k(t)$，那么我们得到

$$\begin{aligned}
< \boldsymbol{\xi}_m | \mathrm{d}\boldsymbol{M}(t) | \boldsymbol{\xi}_l > &= \sum_{a,b} \bar{c}(m,a)c(l,b) < \boldsymbol{e}(u_a) | \mathrm{d}\boldsymbol{A}_k(t) | \boldsymbol{e}(u_b) > \\
&= \sum_{a,b} \bar{c}(m,a)c(l,b)\boldsymbol{u}_{bk}(t) < \boldsymbol{e}(u_a) | \boldsymbol{e}(u_b) > \mathrm{d}t
\end{aligned}$$

而如果 $\mathrm{d}\boldsymbol{M}(t) = \mathrm{d}\boldsymbol{A}_k(t)^*$，那么

$$\begin{aligned}
< \boldsymbol{\xi}_m | \mathrm{d}\boldsymbol{M}(t) | \boldsymbol{\xi}_l > &= \sum_{a,b} \bar{c}(m,a)c(l,b) < \boldsymbol{e}(u_a) | \mathrm{d}\boldsymbol{A}_k(t)^* | \boldsymbol{e}(u_b) > \\
&= \sum_{a,b} \bar{c}(m,a)c(l,b)\bar{\boldsymbol{u}}_{ak}(t) < \boldsymbol{e}(u_a) | \boldsymbol{e}(u_b) > \mathrm{d}t
\end{aligned}$$

最后，如果 $\mathrm{d}\boldsymbol{M}(t) = \mathrm{d}\boldsymbol{\Lambda}_k(t)$，那么

$$\begin{aligned}
< \boldsymbol{\xi}_m | \mathrm{d}\boldsymbol{M}(t) | \boldsymbol{\xi}_l > &= \sum_{a,b} \bar{c}(m,a)c(l,b) < \boldsymbol{e}(u_a) | \mathrm{d}\boldsymbol{\Lambda}_k(t) | \boldsymbol{e}(u_b) > \\
&= \sum_{a,b} \bar{c}(m,a)c(l,b)\bar{\boldsymbol{u}}_{ak}(t)\boldsymbol{u}_{bk}(t) < \boldsymbol{e}(u_a) | \boldsymbol{e}(u_b) > \mathrm{d}t
\end{aligned}$$

在时间被离散化之后，这些公式使得能够以确定性差分方程的形式模拟哈德逊－帕塔萨拉蒂量子随机微分方程。

6）GKSL 方程 － 基于哈德逊－帕塔萨拉蒂－薛定谔方程的推导

哈德逊－帕塔萨拉蒂方程是 GKSL 方程的扩展版本。这意味着 GKSL 方程不能描述系统的幺正演化。事实上，GKSL 方程只描述了在存在噪声浴的情

况下混合系统状态的演化，GKSL 方程不描述纯系统状态的演化。如果系统状态最初是纯的，那么在与浴的相互作用下，它在一段时间后变得混合。这导致我们怀疑系统希尔伯特空间可以被扩大，即以这样一种方式扩张以包括浴希尔伯特空间，系统和浴的整体演化由幺正演化算符描述。当该幺正演化算符应用于系统和浴上的初始纯态，然后通过部分轨迹在浴上的平均，从而产生 GKSL 方程，这个问题的答案由哈德逊－帕塔萨拉蒂噪声薛定谔方程提供。为了查明这一点，我们从哈德逊－帕塔萨拉蒂方程开始

$$\mathrm{d}\boldsymbol{U}(t) = (-(\mathrm{i}\boldsymbol{H}+\boldsymbol{P})\mathrm{d}t + \sum_k (\boldsymbol{L}_k\mathrm{d}\boldsymbol{A}_k + \boldsymbol{M}_k\mathrm{d}\boldsymbol{A}_k^* + \boldsymbol{S}_k\mathrm{d}\boldsymbol{\Lambda}_k)\boldsymbol{U}(t)$$

并取一个系统可观察量 $\boldsymbol{X}$。定义

$$j_t(\boldsymbol{X}) = \boldsymbol{U}(t)^*\boldsymbol{X}\boldsymbol{U}(t) = \boldsymbol{U}(t)^*(\boldsymbol{X}\otimes\boldsymbol{I})\boldsymbol{U}(t)$$

那么 $j_t:\mathcal{B}(\mathfrak{h})\to\mathcal{B}(\mathfrak{h}\otimes\Gamma_s(\boldsymbol{\chi}_{[0,t]}\mathcal{H})$ 是一个 ＊ 幺同态，即

$$j_t(c_1\boldsymbol{X}+c_2\boldsymbol{Y}) = c_1 j_t(\boldsymbol{X}) + c_2 j_t(\boldsymbol{Y}),\ j_t(\boldsymbol{X}\boldsymbol{Y}) = j_t(\boldsymbol{X})j_t(\boldsymbol{Y}),\ j_t(\boldsymbol{X}^*) = j_t(\boldsymbol{X})^*$$

注意，系统算符 $\boldsymbol{H}$、$\boldsymbol{P}$、$\boldsymbol{L}_k$、$\boldsymbol{M}_k$、$\boldsymbol{S}_k$ 的选择使得量子伊藤公式确保 $\boldsymbol{U}(t)$ 对所有 t 的都是幺正的。通过量子伊藤公式的另一个应用，可以得到

$$\mathrm{d}j_t(\boldsymbol{X}) = j_t(\theta_0(\boldsymbol{X}))\mathrm{d}t + \sum_k (j_t(\theta_{1k}(\boldsymbol{X}))\mathrm{d}\boldsymbol{A}_k(t)$$
$$+ j_t(\theta_{2k}(\boldsymbol{X})\mathrm{d}\boldsymbol{A}_k(t)^* j_t(\theta_{3k}(\boldsymbol{X}))\mathrm{d}\boldsymbol{\Lambda}_k(t)$$

其中，θ_0、θ_{1k}、θ_{2k}、θ_{3k} 是从 $\mathcal{B}(\mathfrak{h})$ 到其自身的线性映射，可用系统算符 H、P、L_k、M_k、S_k、$k=1,2,\cdots,d$ 表示。现在，假设系统⊗浴的初始状态为

$$\rho(0) = \rho_s(0)\otimes|\phi(u)><\phi(u)|,\ |\phi(u)> = \exp(-\|u\|^2/2)|\boldsymbol{e}(u)>$$

那么经过一段时间 t 后，系统的状态将是

$$\boldsymbol{\rho}_s(t) = \mathrm{Tr}_2(\boldsymbol{U}(t)\rho(0)\boldsymbol{U}(t)^*)$$

因此，如果 $\boldsymbol{X}$ 是一个系统可观察量，那么其在时间 t 上的平均值由下式给出，即

$$\mathrm{Tr}(\rho_s(t)\boldsymbol{X}) = \mathrm{Tr}(\boldsymbol{U}(t)\rho(0)\boldsymbol{U}(t)^*(\boldsymbol{X}\otimes\boldsymbol{I}))$$
$$= \mathrm{Tr}(\rho(0)\boldsymbol{U}(t)^*(\boldsymbol{X}\otimes\boldsymbol{I})\boldsymbol{U}(t)) = \mathrm{Tr}(\rho(0)j_t(\boldsymbol{X}))$$

其微分由下式给出：

$$\mathrm{d}t.\,\mathrm{Tr}(\boldsymbol{\rho}'_s(t)\boldsymbol{X}) = \mathrm{Tr}(\rho(0)\mathrm{d}j_t(\boldsymbol{X}))$$
$$= \mathrm{Tr}(\rho(0)j_t(\boldsymbol{\theta}_0(\boldsymbol{X})))\mathrm{d}t + \sum_k \mathrm{Tr}(\rho(0)j_t(\boldsymbol{\theta}_{1k}(\boldsymbol{X}))\mathrm{d}\boldsymbol{A}_k(t))$$
$$+ \mathrm{Tr}(\rho(0)j_t(\boldsymbol{\theta}_{2k}(\boldsymbol{X}))\mathrm{d}\boldsymbol{A}_k(t)^*) + \mathrm{Tr}(j_t(\boldsymbol{\theta}_{3k}(\boldsymbol{X}))\mathrm{d}\boldsymbol{\Lambda}_k(t))$$

现在，很容易得出结论

$$\mathrm{Tr}(\rho(0)j_t(\boldsymbol{\theta}_0(\boldsymbol{X}))) = \mathrm{Tr}(\rho_s(t)\boldsymbol{\theta}_0(\boldsymbol{X}))$$

根据基本噪声过程的量子独立增量性质，可以得到

$$\mathrm{Tr}(\rho(0)j_t(\theta_{1k}(\boldsymbol{X}))\mathrm{d}\boldsymbol{A}_k(t)) = \mathrm{Tr}((\rho_s(0)\otimes\mathrm{d}\boldsymbol{A}_k(t)|\phi(u)><\phi(u)|)j_t(\boldsymbol{\theta}_{1k}(\boldsymbol{X})))$$
$$= \boldsymbol{u}_k(t)\mathrm{d}t.\,\mathrm{Tr}((\rho_s(0)\otimes|\phi(u)><\phi(u)|)j_t(\boldsymbol{\theta}_{1k}(\boldsymbol{X})))$$

$$= \boldsymbol{u}_k(t)\mathrm{d}t.\ \mathrm{Tr}(\rho(0)j_t(\boldsymbol{\theta}_{1k}(\boldsymbol{X})))$$
$$= \boldsymbol{u}_k(t)\mathrm{d}t.\ \mathrm{Tr}(\rho_s(t)\boldsymbol{\theta}_{1k}(\boldsymbol{X}))$$

$$\mathrm{Tr}(\rho(0)j_t(\boldsymbol{\theta}_{2k}(\boldsymbol{X}))\mathrm{d}\boldsymbol{A}_k(t)^*)$$
$$= \mathrm{Tr}((\rho_s(0)\otimes(|\phi(u)><\phi(u)|\mathrm{d}\boldsymbol{A}_k(t)^*).j_t(\boldsymbol{\theta}_{2k}(\boldsymbol{X})))$$
$$= \bar{\boldsymbol{u}}_k(t)\mathrm{d}t.\ \mathrm{Tr}((\rho_s(0)\otimes|\phi(u)><\phi(u)|)j_t(\boldsymbol{\theta}_{2k}(\boldsymbol{X})))$$
$$= \bar{\boldsymbol{u}}_k(t).\ \mathrm{d}t.\ \mathrm{Tr}(\rho(0)j_t(\boldsymbol{\theta}_{2k}(\boldsymbol{X}))) = \bar{\boldsymbol{u}}_k(t)\mathrm{d}t.\ \mathrm{Tr}(\rho_s(t)\boldsymbol{\theta}_{2k}(\boldsymbol{X}))$$

$$\mathrm{Tr}(\rho(0)j_t(\boldsymbol{\theta}_{3k}(\boldsymbol{X}))\mathrm{d}\boldsymbol{\Lambda}_k(t))$$
$$= \mathrm{Tr}(\rho_s(0)\otimes\mathrm{d}\boldsymbol{\Lambda}_k(t)|\phi(u)><\phi(u)|.j_t(\boldsymbol{\theta}_{3k}(\boldsymbol{X})))$$
$$= \mathrm{d}t^{-1}\mathrm{Tr}(\rho_s(0)\otimes\mathrm{d}\boldsymbol{A}_k(t)^*\mathrm{d}\boldsymbol{A}_k(t)|\phi(u)><\phi(u)|.j_t(\boldsymbol{\theta}_{3k}(\boldsymbol{X})))$$
$$= \boldsymbol{u}_k(t).\ \mathrm{Tr}(\rho_s(0)\otimes|\phi(u)><\phi(u)|\mathrm{d}\boldsymbol{A}_k(t)^*.j_t(\boldsymbol{\theta}_{3k}(\boldsymbol{X})))$$
$$= |\boldsymbol{u}_k(t)|^2\mathrm{d}t\mathrm{Tr}(\rho(0)j_t(\boldsymbol{\theta}_{3k}(\boldsymbol{X}))) = |\boldsymbol{u}_k(t)|^2\mathrm{d}t\mathrm{Tr}(\rho_s(0)\boldsymbol{\theta}_{3k}(\boldsymbol{X}))$$

如果现在 $\boldsymbol{\theta}$ 映射 $\mathcal{B}(\mathfrak{h})$ 到其自身，那么对于 $\mathfrak{h}$ 中的每个状态 ρ_s，我们都有 $\mathfrak{h}$ 中的一个唯一的运算符 $\boldsymbol{\theta}^*(\rho_s)$，其属性为

$$\mathrm{Tr}(\boldsymbol{\theta}^*(\rho_s)\boldsymbol{X}) = \mathrm{Tr}(\rho_s\theta(\boldsymbol{X}))$$

对应于所有 $\boldsymbol{X}\in\mathcal{B}(\mathfrak{h})$。将 $\mathfrak{h}$ 中的状态映射到 $\mathcal{B}(\mathfrak{h})$ 的运算符 $\boldsymbol{\theta}^*$，则称为 $\boldsymbol{\theta}$ 的对偶映射。例如，如果

$$\boldsymbol{\theta}(\boldsymbol{X}) = \sum_k \boldsymbol{L}_k\boldsymbol{X}\boldsymbol{M}_k$$

那么

$$\boldsymbol{\theta}^*(\rho_s) = \sum_k \boldsymbol{M}_k\rho_s\boldsymbol{L}_k$$

结合所有这些关系并利用系统算符 X 的任意性，最终得到最一般形式的主方程/GKSL 方程：

$$\rho'_s(t) = \boldsymbol{\theta}_0^*(\rho_s(t)) + \sum_k[\boldsymbol{u}_k(t)\boldsymbol{\theta}_{1k}^*(\rho_s(t)) + \bar{\boldsymbol{u}}_k(t)\boldsymbol{\theta}_{2k}^*(\rho_s(t))$$
$$+|\boldsymbol{u}_k(t)|^2\boldsymbol{\theta}_{3k}(\rho_s(t))]$$

很容易证明，开放量子系统理论中所有常用的主方程都是它的特例。利用基本的量子噪声过程，从膨胀到幺正演化，产生了这样一个通用的主方程，这也许是哈德逊－帕塔萨拉蒂理论的巅峰成就之一。

从海森堡测不准原理的观点来看，需要非破坏性测量来构建量子条件期望。

9.3.1　通过系统的浴空间进行非破坏性测量

为了获得量子噪声系统的滤波理论，其中在时间 t 上的状态是 $j_t(\boldsymbol{X})$，根据直到时间 t 的测量，我们需要计算它的条件期望。这意味着，如果 $\boldsymbol{Y}(s)(s\leqslant t)$ 是到时间 t 为止的测量集合，那么我们必须能够定义条件期望

$$\pi_t(X) = \mathbb{E}(j_t(\boldsymbol{X}) \mid \boldsymbol{Y}(s), s \leqslant t)$$

现在,在量子理论中,正如系统状态在时间 $tj_t(\boldsymbol{X})$ 上是系统⊗浴空间中的算符一样,测量 $\boldsymbol{Y}(.)$ 也必然是这个空间中的算符。当系统⊗浴处于给定状态且可观测量随时间演化时(量子力学的海森堡绘景),为了定义上述条件期望,我们必须给出 $(j_t(\boldsymbol{X}), \boldsymbol{Y}(s), s \leqslant t)$ 的联合概率分布的意义,并且鉴于海森堡测不准原理,当且仅当 $t>0$ 时,所有可观测量 $j_t(\boldsymbol{X}), \boldsymbol{Y}(s), s \leqslant t$ 对于都彼此对易。

换句话说,对于每个 t,测量代数 $\eta_t = \sigma(\boldsymbol{Y}(s): s \leqslant t)$ 必须是阿贝尔代数,并且进一步 $[\boldsymbol{Y}(s), j_t(\boldsymbol{X})] = 0, t \geqslant s$,即测量必须与未来状态对易,从而确保在进行测量时状态的未来值不会受到干扰。只要存在这样的测量,我们就说这些测量遵循非破坏性质。贝拉夫金(Belavkin)在一系列开创性论文中首次构建了此类测量的示例,并由 John Gough 和 Koestler 以数学上严格的方式进行了改进。由贝拉夫金提出的构造非破坏测量的思想,是首先将输入测量过程 $\boldsymbol{Y}_i(t)$ 定义为基本噪声过程 $\boldsymbol{A}_i(t)$、$\boldsymbol{A}_i(t)^*$、$\boldsymbol{\Lambda}_i(t)(i=1,2,\cdots,d)$ 的线性组合,即

$$\boldsymbol{Y}_i(t) = \sum_{i=1}^{d} (c[i]\boldsymbol{A}_i(t) + \bar{c}[i]\boldsymbol{A}_i(t)^* + d[i]\boldsymbol{\Lambda}_i(t))$$

然后通过哈德逊-帕塔萨拉蒂噪声系统传递该输入过程,以获得输出测量值

$$\boldsymbol{Y}_o(t) = \boldsymbol{U}(t)^* \boldsymbol{Y}_i(t) \boldsymbol{U}(t) = \boldsymbol{U}(t)^* (\boldsymbol{I} \otimes \boldsymbol{Y}_i(t)) \boldsymbol{U}(t)$$

贝拉夫金观察到,对于这样的输出过程,可以得到

$$\boldsymbol{Y}_o(t) = \boldsymbol{U}(T)^* \boldsymbol{Y}_i(t) \boldsymbol{U}(T), T \geqslant t$$

证明这一点的技巧是利用量子伊藤公式,并结合以下事实:$\boldsymbol{U}(T)$ 是幺正的,并且 $\boldsymbol{U}(T)$ 的幺正性仅取决于出现在哈德逊-帕塔萨拉蒂方程中的系统算符,因此与输入噪声过程值 $\boldsymbol{Y}_i(t)$ 对易。具体来说,对于 $T>t$,$\boldsymbol{U}(T)^* \boldsymbol{Y}_i(t) \boldsymbol{U}(T)$ 关于 T 的微分由下式给出:

$$\begin{aligned} \mathrm{d}_T(\boldsymbol{U}(T)^* \boldsymbol{Y}_i(t) \boldsymbol{U}(T)) &= \mathrm{d}\boldsymbol{U}(T)^* \boldsymbol{Y}_i(t) \boldsymbol{U}(T) + \boldsymbol{U}(T)^* \boldsymbol{Y}_i(t) \mathrm{d}\boldsymbol{U}(T) \\ &\quad + \mathrm{d}\boldsymbol{U}(T)^* \boldsymbol{Y}_i(t) \mathrm{d}\boldsymbol{U}(T) = 0 \end{aligned}$$

这是通过明确地从哈德逊-帕塔萨拉蒂方程中替换 $\mathrm{d}\boldsymbol{U}(T)$ 和 $\mathrm{d}\boldsymbol{U}(T)^*$ 来实现的。注意到哈德逊-帕塔萨拉蒂方程可以表示为

$$\mathrm{d}\boldsymbol{U}(T) = \sum_j E_j \mathrm{d}\boldsymbol{M}_j(T) \boldsymbol{U}(T)$$

其中,$\boldsymbol{M}_j(t)'s$ 由 t、$\boldsymbol{A}_k(t)$、$\boldsymbol{A}_k(t)^*$ 和 $\boldsymbol{\Lambda}_k(t)$ 组成,而 $\boldsymbol{E}'_j s$ 是系统算符。从基本噪声过程的与量子无关的增量性质可以清楚地看出,因为 $T>t$,所以 $\mathrm{d}\boldsymbol{M}_j(T)'s$ 与所有系统算符以及对易。因此,上述方程也可以表示为以下形式:

$$\begin{aligned} \mathrm{d}_T(\boldsymbol{U}(T)^* \boldsymbol{Y}_i(t) \boldsymbol{U}(T)) &= \boldsymbol{U}(T)^* \Big(\sum_j (\boldsymbol{E}_j^* \mathrm{d}\boldsymbol{M}_j(T)^* + \boldsymbol{E}_j \mathrm{d}\boldsymbol{M}_j(T)) \\ &\quad + \sum_{j,k} \boldsymbol{E}_j^* \boldsymbol{E}_k \mathrm{d}\boldsymbol{M}_j(T)^* \mathrm{d}\boldsymbol{M}_k(T) \Big) \boldsymbol{Y}_i(t) \boldsymbol{U}(T) \end{aligned}$$

通过 $\boldsymbol{U}(T)$ 的幺正性和应用于 $\mathrm{d}(\boldsymbol{U}(T)^*\boldsymbol{U}(T))=0$ 的量子伊藤公式，我们已经得到了以下结果，即

$$\sum_j(\boldsymbol{E}_j^*\mathrm{d}\boldsymbol{M}_j(T)^*+\boldsymbol{E}_j\mathrm{d}\boldsymbol{M}_j(T))+\sum_{j,k}\boldsymbol{E}_j^*\boldsymbol{E}_k\mathrm{d}\boldsymbol{M}_j(T)^*\mathrm{d}\boldsymbol{M}_k(T)=0$$

从而得到 $\mathrm{d}_T(\boldsymbol{U}(T)^*\boldsymbol{Y}_i(t)\boldsymbol{U}(T))=0(T>t)$，并因此得到

$$\boldsymbol{U}(T)^*\boldsymbol{Y}_i(t)\boldsymbol{U}(T)=\boldsymbol{U}(t)^*\boldsymbol{Y}_i(t)\boldsymbol{U}(t),T>t$$

很明显，由于 $[\mathrm{d}\boldsymbol{Y}_i(t),\mathrm{d}\boldsymbol{Y}_i(s)]=0,t\neq s$（基本过程的独立增量性质）我们可以得到 $[\boldsymbol{Y}_i(t),\boldsymbol{Y}_i(s)]=0(t\neq s)$，因此 $\boldsymbol{Y}_i(t),t\geqslant 0$ 形成了一个阿贝尔算符族。根据 $\boldsymbol{U}(T)$ 的统一性，则

$$\boldsymbol{U}(T)^*\boldsymbol{Y}_i(t)\boldsymbol{U}(T),t\leqslant T$$

也针对每个 $T>0$ 形成一个阿贝尔算符族。此外，由于算符 $\boldsymbol{Y}_i(t),t\geqslant 0$ 在浴空间中起作用，这些算符都与任意系统算符 $\boldsymbol{X}$ 对易，因此再次通过 $\boldsymbol{U}(T)$ 的幺正性，对于任何 $T>0$，算符族 $\boldsymbol{U}(T)^*\boldsymbol{Y}_i(t)\boldsymbol{U}(T),t\leqslant T$ 与算符 $\boldsymbol{U}(T)^*\boldsymbol{X}\boldsymbol{U}(T)$ 对易。结合上述观察，我们得到了算符族 $\boldsymbol{Y}_o(t),t\leqslant T$ 与 $\boldsymbol{U}(T)^*\boldsymbol{X}\boldsymbol{U}(T)=j_T(\boldsymbol{X})$ 对易的结果，从而完成了非破坏性质的证明。这个引人注目的事实首先被贝拉夫金注意到，他利用这些测量结果获得了一个实时滤波器，该滤波器是库什纳 – 卡利安普尔（Kushner – Kallianpur）滤波器的推广。

9.3.2　利用 Gough 的参考概率法推导用于正交和光子计数测量的可观测和状态形式的广义贝拉夫金（Belavki）滤波器

哈德逊 – 帕塔萨拉蒂方程具有一般形式：

$$\mathrm{d}\boldsymbol{U}(t)=(-(\mathrm{i}\boldsymbol{H}+\boldsymbol{P})\mathrm{d}t+\sum_{i=1}^{d}\boldsymbol{L}_i\mathrm{d}\boldsymbol{A}_i+\boldsymbol{M}_i\mathrm{d}\boldsymbol{A}_i^*+\boldsymbol{S}_i\mathrm{d}\boldsymbol{\Lambda}_i)\boldsymbol{U}(t)$$

利用量子伊藤公式，在任何时候 $\boldsymbol{U}(t)$ 都是幺正的条件如下：

$$\boldsymbol{P}=\sum_i\boldsymbol{M}_i\boldsymbol{M}_i^*/2,\boldsymbol{S}_i^*+\boldsymbol{S}_i+\boldsymbol{S}_i^*\boldsymbol{S}_i=0,\boldsymbol{M}_i^*+\boldsymbol{L}_i+\boldsymbol{M}_i^*\boldsymbol{S}_i=0,$$

$$\boldsymbol{L}_i^*+\boldsymbol{M}_i+\boldsymbol{S}_i^*\boldsymbol{M}_i=0$$

其中三个公式中的最后两项是等价的。这里，$\boldsymbol{L}_i$、$\boldsymbol{M}_i$、$\boldsymbol{S}_i$、$\boldsymbol{H}$ 是所有的系统空间可观测量。

9.3.3　为什么贝拉夫金滤波器是库什纳 – 卡利安普尔滤波器的非对易推广？

用于相干态中的正交测量的贝拉夫金滤波器具有以下形式：

$$\begin{aligned}\mathrm{d}\pi_t(\boldsymbol{X})=&\pi_t(\mathcal{L}_t\boldsymbol{X})\mathrm{d}t+(\pi_t(\boldsymbol{M}_t\boldsymbol{X}+\boldsymbol{X}\boldsymbol{M}_t^*)-\pi_t(\boldsymbol{M}_t+\boldsymbol{M}_t^*)\pi_t(\boldsymbol{X}))(\mathrm{d}\boldsymbol{Y}_o(t)\\&-\pi_t(\boldsymbol{M}_t+\boldsymbol{M}_t^*))\end{aligned}\qquad(9-4)$$

其中，$\boldsymbol{M}_t,t\geqslant 0$ 是一个系统算符族。$\mathfrak{h}=\boldsymbol{L}^2(\mathbb{R})$，$X$ 作为与 $\boldsymbol{L}^2(\mathbb{R})$ 和 $j_t(\phi)=$

$\phi(\xi(t))$中函数$\phi(x)$相乘的算符,其中$\boldsymbol{\xi}(t)$是经典扩散过程

$$d\xi(t)=\boldsymbol{\mu}(\boldsymbol{\xi}(t))dt+\boldsymbol{\sigma}(\boldsymbol{\xi}(t))d\boldsymbol{B}(t)$$

根据经典的伊藤公式,我们发现

$$\begin{aligned}dj_t(\phi)&=\phi'(\boldsymbol{\xi}(t))\boldsymbol{\sigma}(\boldsymbol{\xi}(t))d\boldsymbol{B}(t)+\boldsymbol{L}\phi(\boldsymbol{\xi}(t))dt\\&=j_t(\boldsymbol{L}\phi)dt+j_t(\boldsymbol{\theta}(\phi))d\boldsymbol{B}(t)\end{aligned}$$

其中

$$\boldsymbol{L}=\mu(x)d/dx+(\sigma^2(x)/2)d^2/dx^2$$

是扩散的生成元,并且

$$\boldsymbol{\theta}=\sigma(x)d/dx$$

我们现在简要地看一下经典非线性滤波理论中的库什纳－卡利安普尔(Kushner－Kallianpur)滤波器。状态过程$x(t)$满足上述随机微分方程,测量过程具有以下形式

$$dy(t)=h(x(t))dt+\boldsymbol{\sigma}_v dv(t)$$

其中,测量噪声过程$v(.)$是独立于状态过程噪声$\boldsymbol{B}(.)$的布朗运动,后者是另一个布朗运动。直到时间t的测量$\boldsymbol{\sigma}$场由下式给出:

$$\boldsymbol{\eta}_t=\boldsymbol{\sigma}(y(s):s\leqslant t)$$

但是,现在状态和测量系统中的各种量都是相互对易的,因为所有的过程都定义在一个固定的古典概率空间$(\Omega,\mathcal{F},P)$上。我们的目标是获得一个针对$p_t(x|\boldsymbol{\eta}_t)$的随机偏微分方程,定义为根据直到时间$t$给定测量在时间$t$处状态$x(t)$的概率密度。我们首先不对状态过程$x(t)$做任何限制,除了它是具有生成元$K_t$的一个马尔可夫过程(在上述特殊扩散过程的情况下,$K_t=\mu(x)d/dx+(\sigma^2(x)/2)d^2/dx^2$,但如果,例如,$x(t)$由具有速率函数$\lambda dF(\boldsymbol{\xi})dt$的泊松场$N(t,d\boldsymbol{\xi})$驱动,其随机微分方程由下式给出

$$dx(t)=\mu(t,x(t))dt+\int_{\xi\in E}g(t,x(t),\boldsymbol{\xi})N(dt,d\boldsymbol{\xi})$$

那么$x(t)$是一个马尔可夫过程,其生成元由下式给出

$$\begin{aligned}K_t\phi(x)&=\lim_{dt\to0}dt^{-1}\mathbb{E}(\phi(x(t)+dx(t))-\phi(x(t))|x(t)=x)\\&=\mu(t,x)d\phi(x)/dx+\int_{\boldsymbol{\xi}\in E}(\phi(x+g(t,x,\boldsymbol{\xi}))-\phi(x))\lambda dF(\boldsymbol{\xi})\end{aligned}$$

通过应用贝叶斯规则,我们可以获得滤波方程:

$$\begin{aligned}p(x(t+dt)|\boldsymbol{\eta}_{t+dt})&=p(x(t+dt),\boldsymbol{\eta}_t,dy(t))/p(\boldsymbol{\eta}_t,dy(t))\\&=\int p(dy(t)\mid x(t+dt),x(t))p(x(t+dt)\mid x(t))\\&\quad p(x(t)\mid\boldsymbol{\eta}_t)dx(t)/\int \text{numerator}dx(t+dt)\\&=\int p(dy(t)\mid x(t))p(x(t+dt)\mid x(t))p(x(t)\mid\boldsymbol{\eta}_t)\end{aligned}$$

$$\mathrm{d}x(t)/\int \mathrm{numerator}\mathrm{d}x(t+\mathrm{d}t)$$

其中，我们已经利用了这样一个事实，即 $p(\mathrm{d}y(t)|x(t+\mathrm{d}t),x(t))$ 和 $p(\mathrm{d}y(t)|x(t))$ 之间的差异是 $o(\mathrm{d}t)$，因此可以忽略这一差异。接下来，我们将两边都乘以 $\phi(x(t+\mathrm{d}t))$ 并进行积分，针对 $x(t+\mathrm{d}t)$，

$$\begin{aligned}\pi_{t+\mathrm{d}t}(\phi) &= \int \phi(x(t+\mathrm{d}t))p(x(t+\mathrm{d}t)\mid \eta_{t+\mathrm{d}t})\mathrm{d}x(t+\mathrm{d}t)\\ &= \mathbb{E}(\phi(x(t+\mathrm{d}t))\mid \eta_{t+\mathrm{d}t})\\ &= \int \exp(-(\mathrm{d}y(t)-h(x(t))\mathrm{d}t)/2\sigma_v\mathrm{d}t)(\phi(x(t))\\ &\quad + K_t\phi(x(t))\mathrm{d}t)p(x(t)\mid \eta_t)\mathrm{d}x(t)/\mathrm{num}(\phi=1)\\ &= \int \exp(h(x(t))\mathrm{d}y(t)/\sigma_v^2 - h(x(t))^2\mathrm{d}t/2\sigma_v^2)(\phi(x(t))\\ &\quad + K_t\phi(x(t))\mathrm{d}t)p(x(t)\mid \eta_t)\mathrm{d}x(t)/\mathrm{num}(\phi=1)\end{aligned}$$

按照形式 $(\mathrm{d}y(t))^2=\sigma_v^2\mathrm{d}t$ 应用布朗运动的伊藤公式，我们可以得到

$$\begin{aligned}&\int(1+h(x(t))\mathrm{d}y(t))(\phi(x(t))+K_t\phi(x(t))\mathrm{d}t)p(x(t)\mid \eta_t)\mathrm{d}x(t)/\mathrm{num}(\phi=1)\\ &\quad =(\pi_t(\phi)+\pi_t(h\phi)\mathrm{d}y(t)+\pi_t(K_t\phi)\mathrm{d}t)/(1+\pi_t(h)\mathrm{d}y(t))\end{aligned}$$

利用展开式后，根据上式可以得到伊藤公式的另一种应用

$$1/(1+\pi_t(h)\mathrm{d}y)=1-\pi_t(h)\mathrm{d}y+\pi_t(h)^2(\mathrm{d}y)^2/2+o(\mathrm{d}t)$$

由此得到库什纳－卡利安普尔（Kushner－Kallianpur）过滤器：

$$\mathrm{d}\pi_t(\phi)=\pi_t(K_t\phi)\mathrm{d}t+(\pi_t(h\phi)-\pi_t(h)\pi_t(\phi))(\mathrm{d}y(t)-\pi_t(h)\mathrm{d}t)$$

很容易看出，这是贝拉夫金滤波器式（9－4）的一种特殊的对易情况，前提条件是我们将 K_t 等同于 L_t，并且将 h 等同于 $\boldsymbol{M}_t+\boldsymbol{M}_t^*$，现在假设 $\boldsymbol{M}_t$ 是一个乘法算符。对于贝拉夫金滤波器，条件期望运算 $\pi_t(\boldsymbol{X})$ 与 $\mathrm{Tr}(\boldsymbol{\rho}_B(t)\boldsymbol{X})$ 相同，其中 $\rho_B(t)$ 是贝拉夫金滤波状态，该滤波状态可以被视为系统希尔伯特空间中的随机密度矩阵，该随机密度矩阵相对于阿贝尔冯诺依曼代数 $\eta_t=\sigma(\boldsymbol{Y}_o(s):s\leqslant t)$ 是可测量的。在我们的经典概率场景中，用一个随机对角矩阵来标识 $\boldsymbol{\rho}_B(t)$，这个随机对角矩阵就是一个乘法算符 $p_t(x|\eta_t),x\in\mathbb{R}$。在贝拉夫金滤波器中，系统可观察算符 $j_t(\boldsymbol{X})$ 等同于函数 $\phi(x(t))$。更准确地说，如果 $x(0)=x$，对于 $x(t)$ 我们可以得到 $x(t,x)$。然后 $\boldsymbol{X}$ 代表通过函数 $\phi(x)$ 实现的乘法运算符，而 $j_t(\boldsymbol{X})$ 代表通过函数 $\phi(x(t,x))$ 实现的乘法运算符。

9.3.4　基于卢克－鲍滕方法的林德布拉德降噪量子控制

在量子滤波理论中，还有另一个值得注意的观点，它与量子通信有关。这里，我们希望在噪声信道上传输系统状态 $\rho_s(0)$，信道的动态特性由噪声薛定谔

方程决定。因此，通过噪声信道传输后，在时间 t 处的系统状态为

$$\rho_s(t) = \mathrm{Tr}_2(\boldsymbol{U}(t)(\rho_s(0)\otimes|\phi(u)>\phi(u)|)\boldsymbol{U}(t)^*)$$

其中，$\boldsymbol{U}(t)$满足噪声哈德逊－帕塔萨拉蒂－薛定谔方程。为了从 $\rho_s(t)$ 中恢复 $\rho_s(0)$，如果满足适当的条件，我们可以利用 Knill－LaFlamme 定理的恢复算符。这是因为，我们可以得到以下表示

$$\rho_s(t) = \sum_{k=1}^{p} \boldsymbol{E}_k(t)\rho_s(0)\boldsymbol{E}_k(t)^*$$

其中，通过求解 GKSL 方程获得系统算符 $\boldsymbol{E}_k(t)$。然而，当 Knill－LaFlamme 定理在系统和噪声子空间上所需的条件不满足时，我们必须采用不同的方法。这涉及进行非破坏测量并应用贝拉夫金滤波器，以获得动态演变系统状态的估计 $\boldsymbol{\rho}_B(t)$。然而，这个估计将包含 GKSL 噪声算符，这些算符与出现在哈德逊－帕塔萨拉蒂－薛定谔方程中的哈密顿量一起，决定了真实的噪声态演化。因此，为了获得初始系统状态，我们必须应用某种控制操作来消除 GKSL 噪声。这种算法由贝拉夫金提出，并由卢克－鲍滕在其博士论文中进行了完善。我们在这里简要总结一下其中的思路：在时间 $t=0$ 处，假设系统状态是 $\rho_c(0)$，假设其为贝拉夫金滤波状态，然后应用控制操作。我们注意到贝拉夫金滤波器

$$\begin{aligned}\mathrm{d}\pi_t(\boldsymbol{X}) = {} & \pi_t(\mathcal{L}_t\boldsymbol{X})\mathrm{d}t + (\pi_t(\boldsymbol{M}_t\boldsymbol{X}+\boldsymbol{X}\boldsymbol{M}_t^*) \\ & -\pi_t(\boldsymbol{M}_t+\boldsymbol{M}_t^*)\pi_t(\boldsymbol{X}))(\mathrm{d}\boldsymbol{Y}_o(t)-\pi_t(\boldsymbol{M}_t+\boldsymbol{M}_t^*))\end{aligned} \tag{9-5}$$

对于 $\boldsymbol{\rho}_B(t)$ 可以表示为随机薛定谔方程，针对任何系统算符 $\boldsymbol{Z}$，通过替换 $\pi_t(\boldsymbol{Z})$ 为 $\mathrm{Tr}(\boldsymbol{\rho}_B(t)\boldsymbol{Z})$，并利用系统可观测量 $\boldsymbol{X}$ 的任意性：

$$\begin{aligned}\mathrm{d}\boldsymbol{\rho}_B(t) = {} & \boldsymbol{L}_t^*(\boldsymbol{\rho}_B(t))\mathrm{d}t + (\boldsymbol{\rho}_B(t)\boldsymbol{M}_t+\boldsymbol{M}_t^*\boldsymbol{\rho}_B(t) \\ & -\mathrm{Tr}(\boldsymbol{\rho}_B(t)(\boldsymbol{M}_t+\boldsymbol{M}_t^*))\boldsymbol{\rho}_B(t))(\mathrm{d}\boldsymbol{Y}_o(t)-\mathrm{Tr}(\boldsymbol{\rho}_B(t)(\boldsymbol{M}_t+\boldsymbol{M}_t^*))\end{aligned}$$

应当注意，这是随机薛定谔方程，而不是量子随机方程，因为驱动噪声过程 $\boldsymbol{Y}_o(.)$是对易的。此外，创新过程

$$\boldsymbol{W}(t) = \boldsymbol{Y}_o(t) - \int_0^t \mathrm{Tr}(\boldsymbol{\rho}_B(s)(\boldsymbol{M}_s+\boldsymbol{M}_s^*))\mathrm{d}s$$

是维纳过程的标量倍数，此时测量是正交时，即

$$\boldsymbol{Y}_o(t) = \boldsymbol{U}(t)^*\left(\sum_{k=1}^{d}\alpha_k\boldsymbol{A}_k(t)+\bar{\alpha}_k\boldsymbol{A}_k(t)^*\right)\boldsymbol{U}(t)$$

根据贝拉夫金动力学，在由下式给出的时间 $\mathrm{d}t$ 处，$\rho_c(0)$演化到 $\boldsymbol{\rho}_B(\mathrm{d}t)$，即

$$\begin{aligned}\boldsymbol{\rho}_B(\mathrm{d}t) = {} & \rho_c(0) + (\boldsymbol{L}_t^*(\rho_c(0))\mathrm{d}t + (\rho_c(0)\boldsymbol{M}_0+\boldsymbol{M}_0^*\rho_c(0) \\ & -\mathrm{Tr}(\rho_c(0)(\boldsymbol{M}_0+\boldsymbol{M}_0^*))\rho_c(0)\mathrm{d}\boldsymbol{W}(t))\end{aligned}$$

然后我们应用一个无穷小控制幺正，即

$$\boldsymbol{U}_c(\mathrm{d}t) = \exp(\mathrm{i}\boldsymbol{Z}\mathrm{d}\boldsymbol{Y}_o(t))$$

得到贝拉夫金滤波态，其中 $\boldsymbol{Z}$ 是适当选择的系统空间厄米算符。由此为我们提

供了在时间 dt 处的滤波和控制状态：

$$\rho_c(\mathrm{d}t) = \boldsymbol{U}_c(\mathrm{d}t)\boldsymbol{\rho}_B(\mathrm{d}t)\boldsymbol{U}_c(\mathrm{d}t)^*$$

正如利用量子伊藤公式一样，很容易证明，可以选择 $\mathbf{Z}$，使得 $\rho_c(\mathrm{d}t)$ 等于 $\rho_c(0)$ 加上一个较小的林德布拉德噪声分量的项。鲍滕已经证明了这一点，还在哈德逊 – 帕塔萨拉蒂动力学中包括了量子泊松噪声，并定义了一个新的控制目标，即设计 $\boldsymbol{Z}$ 使得在时间 dt 处的受控状态即 $\rho_c(\mathrm{d}t)$ 尽可能接近给定状态 ρ_d，换句话说，我们实现了状态跟踪。

9.3.5　状态的冯诺依曼熵及其意义和性质

如果 ρ 是具有谱分辨率的可分希尔伯特空间中的状态

$$\rho = \sum_{k=1}^{\infty} | e(k) > p(k) < e(k) |$$

那么

$$S(\rho) = -\mathrm{Tr}(\rho.\log(\rho)) = -\sum_k p(k)\log(p(k))$$

即 $S(\rho)$ 可以看作是相对于其本征基的 ρ 的经典熵。在更一般的情况下，如果 $\boldsymbol{M} = \{M_\alpha\}$ 是一个测量系统，即 POVM，那么相对于 $\boldsymbol{M}$ 的 ρ 经典熵由下式给出

$$S_M(\rho) = -\sum_\alpha \mathrm{Tr}(\rho M_\alpha)\log(\rho M_\alpha)$$

所有测量系统 $\boldsymbol{M}$ 的 $S_M(\rho)$ 最大值是 $S(\rho)$（Mark Wilde，Hayashi，量子信息）。

9.3.6　利用 Maassen 的 Guichardet 核方法求解量子随机微分方程

设定 $(X,\mathcal{F},\mu)$ 是一个可测空间，并假设测度 μ 是非原子的，即 $\mu(\{x\}) = 0$，$x \in X$。用 Γ 表示 X 的所有子集的集合。用 Γ_n 表示 X 的所有子集的集合，具有 n 元素。设定 $Gamma_0 = \varphi$，为空集，因此

$$\Gamma = \bigcup_{n \geqslant 0} \Gamma_n$$

按规定，定义 Γ 上的一个度规 μ_Γ，条件是 $f:\Gamma \to \mathbb{C}$ 是可测量的，那么

$$\int_\Gamma f \mathrm{d}\mu_\Gamma = 1 + \sum_{n \geqslant 1} (1/n!) \int_{\Gamma_n} f|_{\Gamma_n}(\sigma)\mathrm{d}\mu^n(\sigma)$$

其中，μ^n 是在 Γ_n 上的乘积度量，即，对于 $\sigma = (x_1, \cdots, x_n)$，有

$$\mathrm{d}\mu^n(\sigma) = \Pi_{k=1}^n \mathrm{d}\mu(x_k)$$

对于 $f:X \to \mathbb{C}$，或者更准确地说，对于 $f \in \boldsymbol{L}^2(X,\mathcal{F},\mu)$，通过下式定义 $e(f) \in \boldsymbol{L}^2(\Gamma,\mu_\Gamma)$

$$e(f)(\sigma) = \Pi_{x \in \sigma} f(x), \sigma \in \Gamma_n, n \geqslant 1$$

和 $e(f)(\varphi) = 1$。我们很容易验证

$$< e(f), e(g) > = \int \bar{e}(f) e(g) \mathrm{d}\mu_\Gamma = \exp(< f, g >)$$

$$= \exp\left(\int_X \bar{f}(x) g(x) \mathrm{d}\mu(x)\right)$$

对于$f \in \boldsymbol{L}^2(X, \mathcal{F}, \mu)$，定义运算符

$$\boldsymbol{a}(f): \boldsymbol{L}^2(\Gamma, \mu_\Gamma) \to \boldsymbol{L}^2(\Gamma, \mu_\Gamma)$$

为

$$\boldsymbol{a}(f)\psi(\sigma) = \int_X \bar{f}(x)\psi(\sigma \cup x)\mathrm{d}\mu(x), \sigma \in \Gamma_n$$

然后，对于$\sigma \in \Gamma_n$，有

$$\begin{aligned}\boldsymbol{a}(f)e(u)(\sigma) &= \int_X \bar{f}(x)e(u)(\sigma \cup x)\mathrm{d}\mu(x)\\ &= \int_X \bar{f}(x)(\Pi_{y \in \sigma \cup \sigma \cup x} u(y))\mathrm{d}\mu(x)\\ &= \left(\int_X \bar{f}(x)u(x)\mathrm{d}\mu(x)\right)e(u)(\sigma) = <f, u> e(u)(\sigma)\end{aligned}$$

等效表达式为

$$\boldsymbol{a}(f)e(u) = <f, u> e(u)$$

我们计算$\boldsymbol{a}(f)$：$\boldsymbol{a}(f)^*$的伴随$\boldsymbol{a}(f)^*$必须满足

$$\boldsymbol{a}(f)^* e(v), e(u) = e(v), \boldsymbol{a}(f)e(u) = f, ue(v), e(u)$$

或者等效表达式

$$\sum_n n!^{-1}\int_{\Gamma_n}(\bar{\boldsymbol{a}}(f)^* e(v))(\sigma)e(u)(\sigma)\mathrm{d}\mu^n(\sigma)$$

$$= <f, u> \sum_n n!^{-1}\int_{\Gamma_n}\bar{e}(v)(\sigma)e(u)(\sigma)\mathrm{d}\mu^n(\sigma)$$

对于$\psi \in \boldsymbol{L}^2(\Gamma, \mu_\Gamma)$，假设我们尝试

$$(\boldsymbol{a}(f)^*\psi)(\sigma) = \sum_{x \in \sigma} f(x)\psi(\sigma - \{x\}), \sigma \in \Gamma_n$$

那么，我们得到

$$\begin{aligned}&\int_{\Gamma_n}(\bar{\boldsymbol{a}}(f)^* e(v))(\sigma)e(u)(\sigma)\mathrm{d}\mu^n(\sigma)\\ &= \int_{\Gamma_n}\sum_{x \in \sigma}\bar{f}(x)\Pi_{y \in \sigma, y \neq x}\bar{v}(y)\Pi_{z \in \sigma}u(z)\mathrm{d}\mu^n(\sigma)\\ &= n\int_{\Gamma_{n-1}}\left(\int_X \bar{f}(x)u(x)\mathrm{d}x\right)(\Pi_{y \in \sigma}\bar{v}(y)u(y))\mathrm{d}\mu^{n-1}(\sigma)\end{aligned}$$

这样得出了正确的结果，因为$n/n! = 1/(n-1)!$。现在我们可以解释 Maasen 求解哈德逊－帕塔萨拉蒂类型的量子随机微分方程的方法。首先考虑湮灭过程

$$\boldsymbol{A}_t(f) = a(f\boldsymbol{\chi}_{[0,t]})$$

其中，$f \in \boldsymbol{L}^2(X, \mu)$具有在$\mathbb{R}_+$上的$X = \mathbb{R}_+$，$\mu$ = 勒贝格(Lebesgue)测度。那么，我

们可以得到

$$\begin{aligned} \boldsymbol{A}_t(f)\psi(\sigma) &= \int_{\mathbb{R}_+} \bar{f}(s)\boldsymbol{\chi}_{[0,t]}(s)\psi(\sigma \cup \{s\})\mathrm{d}s \\ &= \int_0^t \bar{f}(s)\psi(\sigma \cup \{s\})\mathrm{d}s \end{aligned}$$

同样地，

$$\boldsymbol{A}_t(f)^*\psi(\sigma) = \sum_{s \in \sigma cap[0,t]} f(s)\psi(\sigma - \{s\})$$

由此可见

$$\mathrm{d}\boldsymbol{A}_t(f)\psi(\sigma) = \bar{f}(t)\psi(\sigma \cup \{t\})\mathrm{d}t$$

并且

$$\mathrm{d}\boldsymbol{A}_t(f)^*\psi(\sigma) = \boldsymbol{\chi}_\sigma(t)f(t)\psi(\sigma - \{t\})$$

然后我们发现

$$\begin{aligned} \mathrm{d}\boldsymbol{A}_t(f)\mathrm{d}\boldsymbol{A}_t(f)^*\psi(\sigma) &= f(t)\bar{f}(t)\mathrm{d}t\boldsymbol{\chi}_{\sigma\cup\{t\}}(t)\psi(\sigma) \\ &= |f(t)|^2\psi(\sigma)\mathrm{d}t \end{aligned}$$

因此，我们推导出量子伊藤公式，

$$\mathrm{d}\boldsymbol{A}_t(f)\mathrm{d}\boldsymbol{A}_t(f)^* = |f(t)|^2\mathrm{d}t$$

这是依据 Maasen 的核理论。现在得出以下表达式

$$\psi_t = \boldsymbol{U}(t)\psi_0$$

即

$$\psi(\sigma) = (\boldsymbol{U}(t)\psi_0)(\sigma), \sigma \in \Gamma_n, n \geqslant 1$$

其中，$\boldsymbol{U}(t)$满足哈德逊－帕塔萨拉蒂方程

$$\mathrm{d}\boldsymbol{U}(t) = (-(\mathrm{i}\boldsymbol{H}+\boldsymbol{P})\mathrm{d}t + \boldsymbol{L}_1\mathrm{d}\boldsymbol{A}_t(f) + \boldsymbol{L}_2\mathrm{d}\boldsymbol{A}_t(f)^*)\boldsymbol{U}(t)$$

或者等效表达式

$$\begin{aligned} \mathrm{d}\psi_t(\sigma) &= (-(\mathrm{i}\boldsymbol{H}+\boldsymbol{P})\mathrm{d}t + \boldsymbol{L}_1\mathrm{d}\boldsymbol{A}_t(f) + \boldsymbol{L}_2\mathrm{d}\boldsymbol{A}_t(f)^*)\psi_t)(\sigma) \\ &= -(\mathrm{i}\boldsymbol{H}+\boldsymbol{P})\psi_t(\sigma)\mathrm{d}t + \boldsymbol{L}_1\bar{f}(t)\psi(\sigma\cup t)\mathrm{d}t + \boldsymbol{L}_2\boldsymbol{\chi}_\sigma(t)f(t)\psi(\sigma - \{t\}) \end{aligned}$$

对于ψ，不难得到这种形式的显式解。注意，对于任何$\sigma \in \Gamma_n, \psi_t(\sigma) \in \mathfrak{h}$，我们提出这种假设，其中$\mathfrak{h}$是系统希尔伯特空间，算符$\boldsymbol{H}$、$\boldsymbol{P}$、$\boldsymbol{L}_1$、$\boldsymbol{L}_2$在其中起作用。

9.3.7　量子滤波和控制中未解决的问题

(1)针对测量结果被视为任意独立增量过程，发展量子滤波理论。

(2)针对非相干态，发展量子滤波理论。

(3)针对进行最小化的目标成本函数是相干态中演化的量子可观测量的任意函数积分的期望值的情况，发展量子控制理论。

(4)针对不一定通过哈德逊－帕塔萨拉蒂－薛定谔量子随机微分方程的幺正动力学得到的任意埃文斯－哈德逊流，发展量子滤波理论。

9.3.8 利用有限矩阵算法模拟哈德逊-帕塔萨拉蒂和贝拉夫金滤波器

哈德逊-帕塔萨拉蒂方程

$$\mathrm{d}\boldsymbol{U}(t) = [-(\mathrm{i}\boldsymbol{H}+\boldsymbol{P})\mathrm{d}t + \sum_{m=1}^{p}(\boldsymbol{L}_m \mathrm{d}\boldsymbol{A}_m(t) + \boldsymbol{M}_m \mathrm{d}\boldsymbol{A}_m(t)^* + \boldsymbol{S}_m \mathrm{d}\boldsymbol{\Lambda}_m(t))]\boldsymbol{U}(t)$$

模拟为普通的矩阵微分方程,因此,在离散化时间后,模拟为普通的矩阵差分方程(不涉及随机变量/随机过程)。该方程由以下公式给出(通过对正交基的截断进行近似):

$$\begin{aligned}
&\mathrm{d}<\eta_k\otimes\boldsymbol{\xi}_r|U(t)|\eta_l\otimes\boldsymbol{\xi}_s> \\
&\approx -\sum_{l',s'}<\eta_k|\mathrm{i}\boldsymbol{H}+\boldsymbol{P}|\eta_{l'}>\delta_{r,s'}<\eta_{l'}\otimes\xi_{s'}|\boldsymbol{U}(t)|\eta_l\otimes\boldsymbol{\xi}_s>\mathrm{d}t \\
&+\sum_{m,l',s',l'',s''}<\eta_k|\boldsymbol{L}_m|\eta_{l'}>\delta_{rs'}<\eta_{l'}\otimes\boldsymbol{\xi}_{s'}|\boldsymbol{U}(t)|\eta_{l''}\otimes\boldsymbol{\xi}_{s''}> \\
&<\eta_{l''}\otimes\xi_{s''}|\mathrm{d}\boldsymbol{A}_m(t)|\eta_l\otimes\boldsymbol{\xi}_s> \\
&+\sum_{m,l',s',l'',s''}<\eta_k|\boldsymbol{L}_m|\eta_{l'}>\delta_{rs'}<\eta_{l'}\otimes\boldsymbol{\xi}_{s'}|\boldsymbol{U}(t)|\eta_{l''}\otimes\boldsymbol{\xi}_{s''}> \\
&<\eta_{l''}\otimes\xi_{s''}|\mathrm{d}\boldsymbol{A}_m(t)^*|\eta_l\otimes\boldsymbol{\xi}_s> \\
&+\sum_{m,l',s',l'',s''}<\eta_k|\boldsymbol{L}_m|\eta_{l'}>\delta_{rs'}<\eta_{l'}\otimes\boldsymbol{\xi}_s{}'|\boldsymbol{U}(t)|\eta_{l''}\otimes\boldsymbol{\xi}_{s''}> \\
&<\eta_{l''}\otimes\xi_{s''}|\mathrm{d}\boldsymbol{\Lambda}_m(t)|\eta_l\otimes\boldsymbol{\xi}_s>
\end{aligned}$$

其中,我们要注意这样一个事实:$\eta'_k s$ 形成系统希尔伯特空间的正交归一基,而 $\boldsymbol{\xi}'_r s$ 形成浴空间(即玻色子福克空间)的近似正交归一基。应该注意的是,这种近似实际上是非常粗糙的,因为玻色子福克空间不是可分离的希尔伯特空间,但是它在实际模拟中工作得很好,就像费曼路径积分在形式上不收敛于用纯虚数方差代替高斯分布中的实数方差一样,但它产生了正确的物理结果,如康普顿(Compton)散射的振幅、真空极化和反常磁矩。在上面的等式中,我们替换

$$\begin{aligned}
&<\eta_k\otimes\boldsymbol{\xi}_r|\mathrm{d}\boldsymbol{A}_m(t)|\eta_l\otimes\boldsymbol{\xi}_s>=\delta_{kl}<\boldsymbol{\xi}_r|\mathrm{d}\boldsymbol{A}_m(t)|\boldsymbol{\xi}_s>= \\
&=\delta_{kl}\sum_{r',s'}\bar{c}(r,r')c(s,s')<e(u_r{}')|\mathrm{d}\boldsymbol{A}_m(t)|e(u_s{}')>= \\
&=\delta_{kl}\sum_{r',s'}\bar{c}(r,r')c(s,s')u_{s'm}(t)<e(u_r{}')|e(u_s{}')>\mathrm{d}t \\
&<\eta_k\otimes\boldsymbol{\xi}_r|\mathrm{d}\boldsymbol{A}_m(t)^*|\eta_l\otimes\boldsymbol{\xi}_s>=\delta_{kl}<\boldsymbol{\xi}_r|\mathrm{d}\boldsymbol{A}_m(t)^*|\boldsymbol{\xi}_s>= \\
&=\delta_{kl}<\mathrm{d}\boldsymbol{A}_m(t)\boldsymbol{\xi}_r|\boldsymbol{\xi}_s>= \\
&=\delta_{kl}\sum_{r',s'}\bar{c}(r,r')c(s,s')<\mathrm{d}\boldsymbol{A}_m(t)e(u_{r'})|e(u_{s'})>= \\
&=\delta_{kl}\sum_{r',s'}\bar{c}(r,r')c(s,s')\bar{u}_{r'm}(t)<e(u_{r'})|e(u_{s'})>\mathrm{d}t
\end{aligned}$$

最后得到

$$< \eta_k \otimes \xi_r \mid \mathrm{d}\Lambda_m(t) \mid \eta_l \otimes \xi_s > = \delta_{kl} < \xi_r \mid \mathrm{d}\Lambda_m(t) \mid \xi_s > =$$

$$= \delta_{kl} \sum_{r',s'} \bar{c}(r,r')c(s,s') < e(u_{r'}) \mid \mathrm{d}\Lambda_m(t) \mid e(u_{s'}) > =$$

$$= \delta_{kl} \sum_{r',s'} \bar{c}(r,r')c(s,s')\bar{u}_{r'm}(t)u_{s'm}(t) < e(u_{r'}) \mid e(u_{s'}) > \mathrm{d}t$$

在第 2 章中讨论了如何通过选择函数 $u_s(t)$ 作为有限时间间隔 $[0,T]$ 上的归一化正交正弦曲线，以实际执行哈德逊 - 帕塔萨拉蒂方程模拟的细节。应该注意的是，关于量子泊松/守恒过程 $\Lambda_m(t)$，我们可以更一般地考虑将过程 $\Lambda_m^k(t)$ 定义为

$$\Lambda_m^k(t) = \lambda(\chi_{[0,t]} |f_k> <f_m|), 1 \leqslant k, m \leqslant d$$

由其矩阵元定义

$$<e(u)|\Lambda_m^k(t)|e(v)> = <\chi_{[0,t]}u|f_k> <f_m|\chi_{[0,t]}v< =$$

$$\int_0^t \bar{u}_k(s)v_m(s)\mathrm{d}s$$

我们可以将其微分等价地表示为

$$\mathrm{d}\Lambda_m^k(t) = \mathrm{d}A_k(t)^* \mathrm{d}A_m(t)/\mathrm{d}t$$

通过形成矩阵元，很容易对此进行验证

$$<e(u)|\mathrm{d}A_k(t)^* \mathrm{d}A_m(t)/\mathrm{d}t|e(v)> = \bar{u}_k(t)v_m(t)\mathrm{d}t$$

然后我们可以得到广义的伊藤规则

$$\mathrm{d}A_k(t)\mathrm{d}\Lambda_s^r(t) = \mathrm{d}A_k(t)\mathrm{d}A_r(t)^* \mathrm{d}A_s(t)/\mathrm{d}t = \delta_{kr}\mathrm{d}A_s(t)$$

$$\mathrm{d}\Lambda_s^r(t)\mathrm{d}A_k(t)^* = \mathrm{d}A_r(t)^* \mathrm{d}A_s(t)\mathrm{d}A_k(t)^*/\mathrm{d}t = \delta_{sk}\mathrm{d}A_r(t)^*$$

那么，这一项 $\sum_{k,m=1}^{d} S_k \mathrm{d}A_k(t)$ 可以由更一般的项 $\sum_{k,m=1}^{d} S_m^k \mathrm{d}\Lambda_k^m(t)$ 来代替。然而，出于模拟目的，更容易考虑上述特殊情况，因为一般情况是该特殊情况的直接扩展。

在可观察域和状态域中，贝拉夫金滤波器可以模拟为普通的非随机矩阵微分方程，或者等价地模拟为经典的随机微分方程。具体来说，我们讨论的是用于正交测量的贝拉夫金滤波器

$$\mathrm{d}\pi_t(X) = \pi_t(L_t X)\mathrm{d}t + (\pi_t(M_t X + X M_t^*) - \pi_t(M_t + M_t^*)\pi_t(X))(\mathrm{d}Y_o(t)$$
$$- \pi_t(M_t + M_t^*)\mathrm{d}t)$$

其中，X 取遍所有系统可观测量，由于方程相对于 X 的线性性质，因此上述条件等价于以下形式：首先，我们选择一个厄米矩阵的基 $\{X_1, \cdots, X_K\}$，这个基是系统希尔伯特空间中所有厄米矩阵的矢量空间的基。然后，我们可以得出以下表达式

$$L_t X_k = \sum_{m=1}^{K} a_{km}(t) X_m, M_t X_k + X_k M_t^* = \sum_{m=1}^{K} b_{km}(t) X_m,$$

$$\boldsymbol{M}_t + \boldsymbol{M}_t^* = \sum_{k=1}^{K} e_k(t)\boldsymbol{X}_k$$

其中,$a_{km}(t)$、$b_{km}(t)$、$e_k(t)$是实值函数。现在定义对易过程

$$\boldsymbol{\xi}_k(t) = \boldsymbol{\pi}_t(\boldsymbol{X}_k), 1 \leqslant k \leqslant K$$

然后回顾以下事实:对于正交测量,该过程

$$\boldsymbol{W}(t) = \boldsymbol{Y}_o(t) - \int_0^t \boldsymbol{\pi}_s(\boldsymbol{M}_s + \boldsymbol{M}_s^*)\,\mathrm{d}s$$

可以看作是布朗运动的倍数,贝拉夫金滤波器可以简化为以下由经典布朗运动过程 $\boldsymbol{W}(t)$驱动的 K 耦合随机微分方程组:

$$\begin{aligned}\mathrm{d}\boldsymbol{\xi}_k(t) &= \sum_{m=1}^{K} a_{km}(t)\boldsymbol{\xi}_m(t)\,\mathrm{d}t \\ &\quad + \left(\sum_{m=1}^{K} b_{km}(t)\boldsymbol{\xi}_m(t) - \sum_{m=1}^{K} e_m(t)\boldsymbol{\xi}_m(t)\boldsymbol{\xi}_k(t)\right)\mathrm{d}\boldsymbol{W}(t), k = 1,2,\cdots,K\end{aligned}$$

我们可以将这种演化模拟为一个经典的随机微分方程系统,并在浴是相干态$|\boldsymbol{\phi}(u)>$时获得任何可观测估计的正确统计,然而这样的模拟不会告诉我们可观测估计依赖于输出测量 $\boldsymbol{Y}_o(\cdot)$的具体方式。为了获得这个信息,我们必须把它看作 $\boldsymbol{\xi}_k(t)$一个 $pN \times pN$ 矩阵,同时也将 $\boldsymbol{Y}_o(t)$视为 $pN \times pN$ 矩阵,这个矩阵的$(N(r-1)+k, N(s-1)+l)^{th}$元素由下式给出

$$<\boldsymbol{\eta}_k \otimes \boldsymbol{\xi}_r | \boldsymbol{Y}_o(t) | \boldsymbol{\eta}_k \otimes \boldsymbol{\xi}_s>$$

贝拉夫金滤波器也可以在状态域中以经典随机微分方程的形式进行模拟,方法是将滤波态 $\boldsymbol{\rho}_B(t)$视为系统希尔伯特空间中的随机密度矩阵,该随机密度矩阵相对于输出测量 $\boldsymbol{Y}_o(s)$, $s \leqslant t$ 的对易族是可测量的。由于这些输出测量的对易性,当噪声浴处于相干态时,这些输出测量可以被视为经典随机过程。这涉及以下表达

$$\boldsymbol{\pi}_t(\boldsymbol{Z}) = Tr(\boldsymbol{\rho}_B(t)\boldsymbol{Z})$$

其中,$\boldsymbol{\rho}_B(t)$是经典随机过程,其值位于系统希尔伯特空间中的密度矩阵空间中,并且 $\boldsymbol{Z}$ 是任一系统算符。从上述贝拉夫金方程的可观测形式出发,通过在系统希尔伯特-施密特算子的巴拿赫(Banach)空间中应用对偶性,我们推导出贝拉夫金方程作为随机非线性薛定谔方程的状态形式:

$$\begin{aligned}\mathrm{d}\boldsymbol{\rho}_B(t) &= \boldsymbol{L}_t^*(\boldsymbol{\rho}_B(t))\,\mathrm{d}t + (\boldsymbol{\rho}_B(t)\boldsymbol{M}_t + \boldsymbol{M}_t^*\boldsymbol{\rho}_B(t) \\ &\quad - Tr(\boldsymbol{\rho}_B(t)(\boldsymbol{M}_t + \boldsymbol{M}_t^*)))(\mathrm{d}\boldsymbol{Y}_o(t) - Tr(\boldsymbol{\rho}_B(t)(\boldsymbol{M}_t + \boldsymbol{M}_t^*)))\end{aligned}$$

通过直接时间离散化对该方程进行模拟。然而,这种模拟通常不会导致针对 $\boldsymbol{\rho}_B(t)$, $t \geqslant 0$ 的单位迹的正定矩阵。因此,在每次迭代之后,我们提取出 $\boldsymbol{\rho}_B(t)$的部分,通过执行变换来满足密度矩阵所需的这些性质,即

$$\boldsymbol{\rho}_B(t)\rightarrow\frac{\sqrt{\boldsymbol{\rho}_B(t)^*\boldsymbol{\rho}_B(t)}}{Tr(\sqrt{\boldsymbol{\rho}_B(t)^*\boldsymbol{\rho}_B(t)})}$$

并利用算符平方根的 Dunford－Taylo 积分证明数值稳定性(T. Kato[ ])：

$$\sqrt{T}=(2\pi i)^{-1}\int_\Gamma\sqrt{z}\,(zI-T)^{-1}\mathrm{d}z$$

其中，在 T 的预解集内适当地选择轮廓 Γ。

9.3.9　针对测量为产生、湮灭和守恒过程的混合，即量子布朗运动和量子泊松过程的叠加或等效正交加光子计数，开发广义贝拉夫金滤波器

根据现有文献［J. Gough 和 Kostler］，贝拉夫金滤波器已经专门配置用于特殊情况，即测量噪声是正交的（即通过哈德逊－帕塔萨拉蒂系统的经典布朗运动 $\boldsymbol{A}(t)+\boldsymbol{A}(t)^*$）以及测量噪声是光子计数过程（即通过哈德逊－帕塔萨拉蒂系统的量子泊松过程 $\boldsymbol{\Lambda}(t)$）。在这两种情况下，贝拉夫金滤波器的配置都很简单，因为输出测量过程微分可以用产生和湮灭过程微分来表示，其三次和更高次幂可以通过量子伊藤公式消除，或者用量子泊松过程微分来表示，其所有次幂都与过程微分成比例：$(\mathrm{d}\boldsymbol{\Lambda})^n=\mathrm{d}\boldsymbol{\Lambda}, n=1,2,\cdots$。然而，当测量是正交和光子计数过程的混合时，即

$$\boldsymbol{Y}_o(t)=\boldsymbol{U}(t)^*\left(\sum_{k=1}^d c[k]A_k(t)+\bar{c}[k]\boldsymbol{A}_k(t)^*+\mathrm{d}[k]\boldsymbol{\Lambda}_k(t)\right)\boldsymbol{U}(t)$$

那么，应用量子力学中的伊藤公式，可以证明 $\mathrm{d}\boldsymbol{Y}_o(t)$ 可以表示为

$$\mathrm{d}\boldsymbol{Y}_o(t)=j_t(N_0)\mathrm{d}t+\sum_{k=1}^d(j_t(N_{1k})\mathrm{d}\boldsymbol{A}_k(t)+j_t(N_{2k})\mathrm{d}\boldsymbol{A}_k(t)^*$$
$$+j_t(N_{3k})\mathrm{d}\boldsymbol{\Lambda}_k(t))$$

很明显，$\mathrm{d}\boldsymbol{Y}_o(t)$ 的所有幂都不能用基本过程的基本方式来表达。关键处理技巧是假设

$$(\mathrm{d}\boldsymbol{Y}_o(t))^n=j_t(N_0[n])\mathrm{d}t+\sum_{k=1}^d(j_t(N_{1k}[n])\mathrm{d}\boldsymbol{A}_k(t)$$
$$+j_t(N_{2k}[n])\mathrm{d}\boldsymbol{A}_k(t)^*+j_t(N_{3k}[n])\mathrm{d}\boldsymbol{\Lambda}_k(t)),n\geqslant 1\qquad(9-6)$$

并通过应用量子伊藤公式来计算不同 $n's$ 的系统算符 $N_0[n], N_{mk}[n], m=1,2,3$，从而获得这些系统矩阵的递推。这样处理之后，我们假设贝拉夫金滤波器具有以下形式

$$\mathrm{d}\boldsymbol{\pi}_t(X)=F_t(\boldsymbol{X})\mathrm{d}t+\sum_{k\geqslant 1}G_{kt}(\boldsymbol{X})(\mathrm{d}\boldsymbol{Y}_o(t)^k$$

其中，$F_t(\boldsymbol{X})$、$G_{kt}(\boldsymbol{X})$ 是阿贝尔族 $\eta_t=\sigma(\boldsymbol{Y}_o(s), s\leqslant t)$ 的函数（因为 $\boldsymbol{\pi}_t(\boldsymbol{X})=\mathbb{E}(j_t(\boldsymbol{X})\mid\eta_t)$），然后通过应用 Gough 和 Kostler 的参考概率方法来计算 $F_t(\boldsymbol{X})$，G_{kt}

$(\boldsymbol{X})$,$k\geqslant1$。该方法涉及选择任意实值函数 $f_k(t)$,$k\geqslant1$,考虑过程 $\boldsymbol{C}(t)$,该过程是是可测量的 $\boldsymbol{\eta}_t$,因为假设它满足随机微分方程

$$\mathrm{d}C(t)=\sum_{k\geqslant1}\boldsymbol{C}(t)f_k(t)(\mathrm{d}\boldsymbol{Y}_o(t))^k,t\geqslant0,\boldsymbol{C}(0)=\boldsymbol{I}$$

然后将量子伊藤公式应用于正交关系(由条件期望满足):

$$\mathbb{E}[(j_t(\boldsymbol{X})-\pi_t(\boldsymbol{X}))\boldsymbol{C}(t)]=0$$

然后利用函数 $f_k(t)$,$k\geqslant1$ 的任意性推导出

$$\mathbb{E}[\mathrm{d}j_t(\boldsymbol{X})-\mathrm{d}\pi_t(\boldsymbol{X})\mid\boldsymbol{\eta}_t]=0$$

$$\mathbb{E}[(j_t(\boldsymbol{X})-\pi_t(\boldsymbol{X}))(\mathrm{d}\boldsymbol{Y}_o(t))^k\mid\boldsymbol{\eta}_t]+\mathbb{E}[(\mathrm{d}j_t(\boldsymbol{X})-\mathrm{d}\pi_t(\boldsymbol{X}))(\mathrm{d}\boldsymbol{Y}_o(t))^k\mid\boldsymbol{\eta}_t]=0$$

为了计算 $F_t(\boldsymbol{X})$、$G_{kt}(\boldsymbol{X})$,对上述内容做进一步简化,这样处理是基于映射 j_t 的同态性质、作为条件期望的 π_t 定义、根据形式(9-6)的基本噪声过程的$(\mathrm{d}\boldsymbol{Y}_o(t))^k$ 表达式以及量子伊藤公式的进一步应用。

9.3.10 具有更广泛目标的量子控制:去除林德布拉德噪声中的某些成分及状态轨迹跟踪

我们已经在上文中讨论过这方面的问题。

9.3.11 利用李群理论中的指数映射微分和贝克-坎贝尔-豪斯多夫(Baker-Campbell-Hausdorff)公式来评估哈德逊-帕塔萨拉蒂、贝拉夫金和受控贝拉夫金状态中的冯诺依曼熵增率

哈德逊-帕塔萨拉蒂系统状态满足在浴态上进行迹运算后得到的广义 GKSL 方程。此项由下式给出

$$\rho'_s(t)=-\mathrm{i}[\boldsymbol{H},\rho_s(t)]+\boldsymbol{\theta}_t(\rho_s(t))$$

其中,$\boldsymbol{\theta}_t$ 是一个依赖于时间的广义线性林德布拉德(Lindblad)算符,其依赖于矢量 $\boldsymbol{u}(t)$ 并定义了相干态矢量 $|\phi(u)\rangle=\exp(-\|u\|^2/2)|e(u)\rangle$ 的噪声浴,以及哈德逊-帕塔萨拉蒂方程中的系统空间算符 $\boldsymbol{L}_k$、$\boldsymbol{M}_k$、$\boldsymbol{S}_k$,$k=1,2,\cdots,d$。我们可以将该方程与指数映射微分的标准公式(V. S. Varadarajan,李群,李代数及其表示)相结合,从而计算系统的冯诺依曼熵的变化率。通过这种方式,我们可以知道环境浴将熵注入系统的具体速率,如果我们能够选择所用的系统算子,使得这个速率为正,那么我们可以说,所用的系统动力学可以视为我们的完整系统,符合热力学第二定律。我们还可以把贝拉夫金方程看作一个经典的随机非线性薛定谔方程,计算贝拉夫金滤波态在相干态时的平均熵增率。这个计算将告诉我们,根据非破坏测量对哈德逊-帕塔萨拉蒂状态进行调整是否会增加或减少熵。理想情况下,我们知道条件作用会降低熵:$\boldsymbol{H}(\boldsymbol{X}\mid\boldsymbol{Y})\leqslant\boldsymbol{H}(\boldsymbol{X})$。我们的模拟在大多数实验的量子情况下证实了这一点,但我们还没有发现确凿的证据

来证明这一点。最后，在如卢克 - 鲍滕的博士论文中那样利用控制幺正来应用量子控制之后，我们计算了施加控制之后系统熵的近似增加量。我们期望在施加控制之后状态的熵将减少，因为控制涉及林德布拉德噪声的去除。

9.3.12　滤波和控制算法的性能分析

9.3.13　哈德逊 - 帕塔萨拉蒂量子随机微分方程和贝拉夫金滤波器方程的模拟

研究项目

(1)模拟哈德逊 - 帕塔萨拉蒂方程；

(2)噪声中可观测量和状态演化的 MATLAB 模拟；

(3)模拟用于正交噪声测量的贝拉夫金滤波方程；

(4)绘制噪声信号比(nsr)的图像

$$nsr(t) = \mathbb{E}(j_t(\boldsymbol{X}) - \pi_t(\boldsymbol{X}))^2 / \mathbb{E}(j_t(\boldsymbol{X})^2)$$

其中期望值是在相干态中取得的。

9.3.14　模拟用于正交和光子计数噪声混合的贝拉夫金(Belavkin)滤波器

量子随机微分方程包含了测量噪声微分的所有幂次。

模拟噪声信号比(nsr)。

9.3.15　研究项目：用于林德布拉德噪声去除和状态跟踪的贝拉夫金滤波状态的量子控制

9.3.16　研究项目：哈德逊 - 帕塔萨拉蒂、贝拉夫金和受控贝拉夫金滤波态的冯诺依曼熵率

(1)基于李代数理论的理论推导。

(2)熵演化的模拟。

9.4　针对物理应用的滤波器设计

参考：Mridul 博士论文。

理想的离散时间积分器具有脉冲响应 $u[n]$。因此，当信号 $x[n]$ 通过积分器时，输出为

$$y[n] = u^* x[n] = \sum_{k=0}^{n} x[k]$$

积分器的传递函数为

$$\sum_n u[n]z^{-n} = \frac{1}{1-z^{-1}}$$

具有$|z|>1$的收敛半径。理想积分器是不稳定系统,因为其脉冲响应不可求和。因此,我们寻求理想积分器的稳定近似。这种近似可以通过截断脉冲响应来获得,即通过以下形式获得$1/(1-z^{-1})$的近似

$$1+z^{-1}+\cdots+z^{-N}$$

对于一些足够大的N,或者通过两个多项式$B(z)/A(z)$的比率来获得$1/(1-z^{-1})$的近似,其中$A(z)$的零点被限制在单位圆内。设计这种近似积分器的一种方法是固定$A(z)$,使其零点在单位圆内,并计算$B(z)$,使得

$$\int_{-\pi}^{\pi} W(\omega)\,|\,(1-\exp(-\mathrm{j}\omega))B(\mathrm{e}^{\mathrm{j}\omega})-A(\mathrm{e}^{\mathrm{j}\omega})\,|^2\mathrm{d}\omega$$

达到最小值。因为B是z中的多项式,所以该误差能量相对于$B(z)$的系数的最小化将相当于求解线性最小二乘问题。在设计$B(z)$之后,我们可以用一个函数$1/\boldsymbol{H}(z)$来获得$B(z)/A(z)$的近似,其中,$\boldsymbol{H}(z)$是通过截断针对$A(z)/B(z)$的无穷级数而得到的。

目的是表示z^{-1}中的两个多项式的比值$B(z)/A(z)$,即

$$A(z) = \sum_{k=0}^{p} a[k]z^{-k}, B(z) = 1+\sum_{k=1}^{p} b[k]z^{-k}$$

表示为$1/\boldsymbol{H}(z)$,其中

$$\boldsymbol{H}(z) = \sum_{n=0}^{\infty} h[n]z^{-n}$$

z在复平面中的适当区域上变化。假设我们施加以下条件

$$\left|\sum_{k=1}^{p} b[k]z^{-k}\right| < 1$$

如果处于以下情况,那么这个条件可以被满足,

$$\sum_{k=1}^{p} |\,b[k]\,|\,|z|^{-k} < 1$$

这反过来又可以得到保证,只要我们选择z使得$|z|>1$,并且同时

$$|z|^{-1}\sum_{k=1}^{p} |\,b[k]\,| < 1$$

即

$$|z| > \max(1, \sum_{k=1}^{p} |\,b[k]\,|)$$

那么,我们就可以得到收敛的几何级数

$$B(z)^{-1} = \left(1+\sum_{k=1}^{p} b[k]z^{-k}\right)^{-1} = 1+\sum_{n=0}^{\infty}(-1)^n\left(\sum_{k=1}^{p} b[k]z^{-k}\right)^n$$

通过以下形式的多项式定理

$$\left(\sum_{k=1}^{p} x_k\right)^n = \sum_{n_1,\cdots,n_p\geqslant 0, n_1+\cdots+n_p=n} \frac{n!}{n_1!\cdots n_p!} x_1^{n_1}\cdots x_p^{n_p}$$

我们可以得到

$$\left(\sum_{k=1}^{p} b[k]z^{-k}\right)^n = \sum_{n_1+\cdots+n_p=n} \frac{n!}{n_1!\cdots n_p!} b[1]^{n_1}\cdots b[p]^{n_p} z^{-(n_1+2n_2+\cdots+pn_p)}$$

由此可见

$$\left(1+\sum_{k=1}^{p} b[k]z^{-k}\right)^{-1} = 1+\sum_{l\geqslant 0} c[l]z^{-l}$$

其中，对于 $l\geqslant 1$，有

$$c[l] = \sum_{n_1,\cdots,n_p\geqslant 0, n_1+2n_2+\cdots+pn_p=l} (-1)^{n_1+\cdots+n_p} \frac{(n_1+\cdots+n_p)!}{n_1!\cdots n_p!} b[1]^{n_1}\cdots b[p]^{n_p}$$

最后，由于 $c[0]=1$，所以我们得到

$$\boldsymbol{H}(z) = \sum_{n\geqslant 0} h[n]z^{-n} = \left(\sum_{k=0}^{p} a[k]z^{-k}\right).\left(\sum_{l\geqslant 0} c[l]z^{-l}\right)$$

那么

$$h[n] = \sum_{k=0}^{\min(p,n)} a[k]c[n-k], n\geqslant 0$$

示例：如果 $p=2$，那么

$$c[l] = \sum_{n_1+2n_2=l} (-1)^{n_1+n_2} \frac{(n_1+n_2)!}{n_1!n_2!} b[1]^{n_1} b[2]^{n_2}$$

$$= \sum_{n=0}^{[l/2]} (-1)^{l-n} \frac{(l-n)!}{(l-2n)!n!} b[1]^{l-2n} b[2]^n$$

更具体地可以表示为

$$c[0]=1$$

$$c[1] = -b[1]$$

$$c[2] = \sum_{n=0,1} (-1)^{2-n} \frac{(2-n)!}{(2-2n)!n!} b[1]^{2-2n} b[2]^n = b[1]^2 - b[2]$$

利用传输线元件设计滤波器 M 有限传输线元件级联的 m^{th} 截面的 $\boldsymbol{T}$ 矩阵具有以下一般形式

$$\boldsymbol{T}_m(z) = \boldsymbol{A}_m + \boldsymbol{B}_m z^{-1}, m=1,2,\cdots,M$$

其中，$\boldsymbol{A}_m$、$\boldsymbol{B}_m$ 是常数 2×2 矩阵：

$$\boldsymbol{A}_m = \begin{pmatrix} \boldsymbol{A}_m(1,1) & \boldsymbol{A}_m(1,2) \\ \boldsymbol{A}_m(2,1) & \boldsymbol{A}_m(2,2) \end{pmatrix}$$

$$\boldsymbol{B}_m = \begin{pmatrix} \boldsymbol{B}_m(1,1) & \boldsymbol{B}_m(1,2) \\ \boldsymbol{B}_m(2,1) & \boldsymbol{B}_m(2,2) \end{pmatrix}$$

目的在于将以下矩阵乘积

$$\boldsymbol{T}(z)=\boldsymbol{T}_M(z)\boldsymbol{T}_{M-1}(z)\cdots\boldsymbol{T}_2(z)\boldsymbol{T}_1(z)=\Pi_{m=1}^{M}\boldsymbol{T}_m(z)$$

表示为次数为 M 的 z^{-1} 中的矩阵多项式，这个多项式的形式如下

$$\boldsymbol{T}(z)=\sum_{m=0}^{M}\boldsymbol{S}_m z^{-m}$$

其中，$\boldsymbol{S}_0,\boldsymbol{S}_1,\cdots,\boldsymbol{S}_M$ 是常数 2×2 矩阵。我们将其表达为

$$\boldsymbol{K}_m(z)=\boldsymbol{T}_m(z)\boldsymbol{T}_{m-1}(z)\cdots\boldsymbol{T}_1(z),1\leqslant m\leqslant M$$

然后，我们有了一个显而易见的递归关系：

$$\boldsymbol{K}_{m+1}(z)=\boldsymbol{T}_{m+1}(z)\boldsymbol{K}_m(z)$$

我们得到以下表达式

$$\boldsymbol{K}_m(z)=\sum_{r=0}^{m}\boldsymbol{K}_m[r]z^{-r}$$

其中 $\boldsymbol{K}_m[r]$ 是常数 2×2 矩阵，我们可以得到

$$\sum_{r=0}^{m+1}\boldsymbol{K}_{m+1}[r]z^{-r}=(\boldsymbol{A}_{m+1}+\boldsymbol{B}_{m+1}z^{-1}).\ \sum_{r=0}^{m}\boldsymbol{K}_m[r]z^{-r}$$

从而得出了 z^{-1} 的相同幂的等化系数，

$$\boldsymbol{K}_{m+1}[r]=\boldsymbol{A}_{m+1}\boldsymbol{K}_m[r]+\boldsymbol{B}_{m+1}\boldsymbol{K}_m[r-1],r=0,1,2,\cdots,M-1,\boldsymbol{K}_m[-1]=0$$

定义如下矩阵

$$\boldsymbol{P}_m=\begin{pmatrix}\boldsymbol{K}_m[0]\\ \boldsymbol{K}_m[1]\\ \boldsymbol{K}_m[2]\\ \cdots\\ \boldsymbol{K}_m[M]\end{pmatrix}\in\mathbb{C}^{2M+2\times2}$$

其中

$$\boldsymbol{K}_m[r]=0,r>m$$

然后，我们可以将上面的递归关系表达为

$$\boldsymbol{P}_{m+1}=\boldsymbol{C}_{m+1}\boldsymbol{P}_m,1\leqslant m\leqslant M-1$$

其中，$\boldsymbol{C}_{m+1}$ 是 $2M+2\times2M+2$ 块结构矩阵，即

$$\boldsymbol{C}_{m+1}=\begin{pmatrix}\boldsymbol{A}_{m+1} & 0 & 0 & 0\ \vdots & 0\\ \boldsymbol{B}_{m+1} & \boldsymbol{A}_{m+1} & 0 & 0\ \vdots & 0\\ 0 & \boldsymbol{B}_{m+1} & \boldsymbol{A}_{m+1} & 0\ \vdots & 0\\ \vdots & \vdots & \vdots & \vdots & \vdots\\ 0 & 0 & 0 & \boldsymbol{B}_{m+1} & \boldsymbol{A}_{m+1}\end{pmatrix}$$

我们可以将其表示为

$$\boldsymbol{C}_{m+1} = \boldsymbol{I}_M \otimes \boldsymbol{A}_{m+1} + \boldsymbol{Z}_M \otimes \boldsymbol{B}_{m+1}$$

其中，$\boldsymbol{I}_M$ 是 $M \times M$ 单位矩阵；$\boldsymbol{Z}_M$ 是 $M \times M$ 单位延迟矩阵，即

$$\boldsymbol{Z}_M = \boldsymbol{C}_{m+1} = \begin{pmatrix} 0 & 0 & 0 & 0 & \ldots & 0 \\ 1 & 0 & 0 & 0 & \ldots & 0 \\ 0 & 1 & 0 & 0 & \ldots & 0 \\ \vdots & \vdots & \vdots & \vdots & \vdots & \vdots \\ 0 & 0 & 0 & 1 & \ldots & 0 \end{pmatrix}$$

这个矩阵差分方程的解如下所示

$$\boldsymbol{P}_m = \boldsymbol{C}_m \boldsymbol{C}_{m-1} \cdots \boldsymbol{C}_2 \boldsymbol{P}_1, 2 \leqslant m \leqslant M$$

我们需要注意

$$\boldsymbol{P}_1 = \begin{pmatrix} \boldsymbol{K}_1[0] \\ \boldsymbol{K}_1[1] \\ 0 \\ 0 \\ \vdots \\ 0 \end{pmatrix}$$

其中

$$\boldsymbol{K}_1[0] = \boldsymbol{A}_1, \boldsymbol{K}_1[1] = \boldsymbol{B}_1$$

最后

$$\begin{aligned} \boldsymbol{T}(z) &= \boldsymbol{K}_M(z) = \sum_{r=0}^{M} z^{-r} \boldsymbol{K}_M[r] = [\boldsymbol{I}_2, z^{-1}\boldsymbol{I}_2, \cdots, z^{-M}\boldsymbol{I}_2]\boldsymbol{P}_M \\ &= ([1, z^{-1}, z^{-2}, \cdots, z^{-M}] \otimes \boldsymbol{I}_2)\boldsymbol{P}_M \end{aligned}$$

为了实现计算 $\boldsymbol{T}(z)$ 的这种算法，首先我们必须编写一个程序，将 $\boldsymbol{P}_M$ 的计算变为矩阵乘积。

第10章

滤波和控制中的引力与波导量子场的相互作用

10.1 置于强引力场附近的波导

在没有引力场的情况下,设定波导内的电磁场张量由 $F_{\mu\nu}^{(0)}$ 表示。利用频域中的标准表达式,我们可以很容易确定这个张量的各个分量:

$$E_{\perp} = \sum_{n}(-\gamma_E[n]/h_E[n]^2)\nabla_{\perp}E_{z,n}\exp(-\gamma_E[n]z)$$
$$-(\mathrm{j}\omega\mu/h_H[n]^2)\nabla_{\perp}H_{z,n}\times\hat{z}.\exp(-\gamma_H[n]z))$$
$$H_{\perp} = \sum_{n}(-\gamma_H[n]/h_H[n]^2)\nabla_{\perp}H_{z,n}\exp(-\gamma_H[n]z)$$
$$+(\mathrm{j}\omega\epsilon/h_E[n]^2)\nabla_{\perp}E_{z,n}\times\hat{z})\exp(-\gamma_E[n]z))$$

其中

$$(\nabla_{\perp}^2 + h_E[n]^2)E_{z,n} = 0, E_{z,n}|_{\partial D} = 0$$
$$(\nabla_{\perp}^2 + h_E[n]^2)H_{z,n} = 0, \frac{\partial H_{z,n}}{\partial\hat{n}}|_{\partial D} = 0$$

在存在引力场的情况下,设定电磁场张量的扰动可以表示为 $F_{\mu\nu}^{(1)}$,换句话说,

$$A_{\mu} = A_{\mu}^{(0)} + A_{\mu}^{(1)}$$
$$F_{\mu\nu} = F_{\mu\nu}^{(0)} + F_{\mu\nu}^{(1)}$$
$$F_{\mu\nu}^{(0)} = A_{\nu,\mu}^{(0)} - A_{\mu,\nu}^{(0)}$$
$$F_{\mu\nu}^{(1)} = A_{\nu,\mu}^{(1)} - A_{\mu,\nu}^{(1)}$$

我们得到如下表达

$$g_{\mu\nu} = \eta_{\mu\nu} + h_{\mu\nu}(x)$$

那么

$$g \approx -(1+h), h = \eta_{\mu\nu}h_{\mu\nu} = h_{\mu}^{\mu}$$

因此

$$\sqrt{-g} \approx 1 + h/2$$

利用精确的麦克斯韦方程，我们得到

$$(\boldsymbol{F}^{\mu\nu}\sqrt{-g})_{,\nu} = 0$$

一阶扰动项

$$(F_{\alpha\beta}^{(0)}\delta(g^{\mu\alpha}g^{\nu\beta}\sqrt{-g}) + \eta_{\mu\alpha}\eta_{\nu\beta}F_{\alpha\beta}^{(1)})_{,\nu} = 0$$

或者等效表达式

$$(\eta_{\mu\alpha}\eta_{\nu\beta}F_{\alpha\beta}^{(1)})_{,\nu} = -(F_{\alpha\beta}^{(0)}\delta(g^{\mu\alpha}g^{\nu\beta}\sqrt{-g})_{,\nu}$$

此时

$$\delta(g^{\mu\alpha}g^{\nu\beta}\sqrt{-g}) = (\delta g^{\mu\alpha})(g^{\nu\beta}\sqrt{-g}) + \delta(g^{\nu\beta})g^{\mu\alpha}\sqrt{-g} + g^{\mu\alpha}g^{\nu\beta}h/2$$

其中，我们替换

$$\delta g^{\mu\alpha} = -g^{\mu\rho}g^{\nu\sigma}h_{\rho\sigma}$$

$$\delta g^{\nu\beta} = -g^{\nu\rho}g^{\beta\sigma}h_{\rho\sigma}$$

练习：利用上述扰动麦克斯韦方程和规范条件

$$(\boldsymbol{A}^{\mu}\sqrt{-g})_{,\mu} = 0$$

或者等效表达式

$$(\boldsymbol{A}_{\nu}g^{\mu\nu}\sqrt{-g})_{,\mu} = 0$$

根据其一阶扰动项得出

$$(\boldsymbol{A}_{\nu}^{(1)}g^{\mu\nu}\sqrt{-g})_{,\mu} + (\boldsymbol{A}_{\nu}^{(0)}\delta(g^{\mu\nu}\sqrt{-g}))_{,\nu} = 0$$

针对 $\boldsymbol{A}_{\mu}^{(1)}$，推导这个有源波动方程的修正形式。

10.2　关于引力场中波导和谐振腔的一些研究项目

（1）施瓦茨希尔德（Schwarzchild）黑洞引力场附近的矩形波导；

（2）引力场附近有包层的圆柱形波导。

内半径为 a，外半径为 b。在区域 $\rho < a$ 中，介电常数和磁导率为 (ϵ_1, μ_1)，而在区域中 $a < \rho < b$，介电常数和磁导率为 (ϵ_2, μ_2)，场的横向分量为

$$\boldsymbol{E}_{\perp}^{(k)} = (-\gamma/h_k^2)\nabla_{\perp}\boldsymbol{E}_z^{(k)} - (\mathrm{j}\omega\mu_k/h_k^2)\nabla_{\perp}\boldsymbol{H}_z^{(k)} \times \hat{z}$$

$$\boldsymbol{H}_{\perp}^{(k)} = (-\gamma/h_k^2)\nabla_{\perp}\boldsymbol{H}_z^{(k)} + (\mathrm{j}\omega\epsilon_k/h_k^2)\nabla_{\perp}\boldsymbol{E}_z^{(k)} \times \hat{z}$$

其中，$k = 1, 2$。

注意，考虑到 $\boldsymbol{H}_z$ 和 $\rho = a$ 在 E_z 处的连续性，沿 z 方向的场的传播常数 γ 在两个区域中必须相同。注意，在电介质界面 $\rho = a$ 处没有表面电流密度，因此，$\boldsymbol{H}$ 的切向分量也是连续的。我们可以得到以下表达式

$$h_k^2 = \omega^2\epsilon_k\mu_k + \gamma^2, k = 1, 2$$

场的 z 分量也满足亥姆霍兹(Helmholtz)方程,即

$$(\nabla_\perp^2 + h_k^2)(\boldsymbol{E}_z^{(k)}, \boldsymbol{H}_z^{(k)}) = 0$$

请记:第二个贝塞尔函数 $Y_m(x)$ 在 $\rho = 0$ 处呈奇异性,此种情况下的解是

$$\boldsymbol{E}_z^{(1)} = J_m(h_1\rho)(C_1.\cos(m\phi) + C_2.\sin(m\phi))$$

$$\boldsymbol{H}_z^{(1)} = J_m(h_1\rho)(C'_1.\cos(m\phi) + C'_2.\sin(m\phi))$$

$$\boldsymbol{E}_z^{(2)} = (\boldsymbol{A}_1 J_m(h_2\rho) + \boldsymbol{A}_2 Y_m(h_2\rho)).(C_1.\cos(m\phi) + C_2.\sin(m\phi))$$

$$\boldsymbol{H}_z^{(2)} = (\boldsymbol{A}'_1 J_m(h_2\rho) + \boldsymbol{A}'_2 Y_m(h_2\rho)).(C'_1.\cos(m\phi) + C'_2.\sin(m\phi))$$

这些与 $\boldsymbol{H}_z$ 和 $\rho = a$ 在 $\boldsymbol{E}_z$ 处的连续性一致,前提是

$$J_m(h_1 a) = A_1 J_m(h_2 a) + A_2 Y_m(h_2 a) = (A'_1 J_m(h_2 a) + A'_2 Y_m(h_2 a)) \quad (10-1)$$

假设 γ 是已知的,那么 h_1、h_2 也是已知的,因此,这为我们提供了四个常数 A_1、A_2、A'_1、A'_2 的两个方程。外表面 $\rho = b$ 是一种理想导体。因此,在 $\rho = b$ 处得到 $\boldsymbol{E}_z^{(2)} = 0$,故此可得

$$A_1 J_m(h_2 b) + A_2 Y_m(h_2 b) = 0 \quad (10-2a)$$

这就提供了四个常数的另一个方程式。同时,我们还知道,在完全导电的表面 $\rho = b$ 处,$\boldsymbol{H}_\rho$ 消失。从而得出

$$(-\gamma/h_2^2)\partial \boldsymbol{H}_z^{(2)}/\partial\rho + (\mathrm{j}\omega\epsilon_2/bh_2^2)\partial \boldsymbol{E}_z^{(2)}/\partial\phi = 0 \quad (10-2b)$$

位于 $\rho = b$ 处,从而我们得到

$$(-\gamma/h_2)(A'_1 J_m(h_2 b) + A'_2 Y_m(h_2 b))(C'_1\cos(m\phi) + C'_2\sin(m\phi))$$
$$+ (\mathrm{j}\omega\epsilon_2/bh_2^2)(A_1 J_m(h_2 b) + A_2 Y_m(h_2 b))(-mC_1\sin(m\phi) + mC_2\cos(m\phi)) = 0$$

这为我们提供了两个方程,分别使得 $\sin(m\phi)$ 和 $\cos(m\phi)$ 的系数相等。根据 $\rho = a$处的$\epsilon \boldsymbol{E}_\rho$ 连续性,我们可以得出另外两个方程:

$$(-\gamma\epsilon_1/h_1^2)\partial \boldsymbol{E}_z^{(1)}/\partial\rho - (\mathrm{j}\omega\epsilon_1\mu_1/ah_1^2)\partial \boldsymbol{H}_z^{(1)}/\partial\phi$$
$$= (-\gamma\epsilon_2/h_2^2)\partial \boldsymbol{E}_z^{(2)}/\partial\rho - (\mathrm{j}\omega\epsilon_2\mu_2/ah_2^2)\partial H_z^{(2)}/\partial\phi \quad (10-3a)$$

在 $\rho = a$ 处进行计算,或等效于

$$(-\gamma\epsilon_1/h_1)J'_m(h_1 a)(C_1\cos(m\phi) + C_2\sin(m\phi))$$
$$-(\mathrm{j}\omega\epsilon_1\mu_1/ah_1^2)J_m(h_1 a)(-mC'_1.\sin(m\phi) + m\cdot C'_2.\cos(m\phi))$$
$$= (-\gamma\epsilon_2/h_2)(A_1 J'_m(h_2 a) + A_2 Y'_m(h_2 a))(C_1\cos(m\phi) + C_2\sin(m\phi))$$
$$+ (\mathrm{j}\omega\epsilon_2\mu_2/ah_2^2)(A'_1 J_m(h_2 a) + A'_2 Y_m(h_2 a))(-mC'_1.\sin(m\phi)$$
$$+ mC'_2.\cos(m\phi)) \quad (10-3b)$$

使得这些方程中的 $\sin(m\phi)$ 和 $\cos(m\phi)$ 的系数相等,我们就得到了四个常数 C_1、C_2、C'_1、C'_2 的两个方程。同样,根据在 $\mu \boldsymbol{H}_\rho$ 处 $\rho = a$ 相等,我们得出了另外两个与这些常数相关的方程,它们源于以下关系式,即

$$(-\gamma\mu_1/h_1^2)\partial \boldsymbol{H}_z^{(1)}/\partial\rho + (\mathrm{j}\omega\mu_1\epsilon_1/ah_1^2)\partial \boldsymbol{E}_z^{(1)}/\partial\phi$$
$$= (-\gamma\mu_2/h_2^2)\partial \boldsymbol{H}_z^{(2)}/\partial\rho + (\mathrm{j}\omega\mu_2\epsilon_2/ah_2^2)\partial E_z^{(2)}/\partial\phi \quad (10-4a)$$

在 $\rho = a$ 处进行计算，或等效于

$$
\begin{aligned}
&(-\mu_1\gamma/h_1)J'_m(h_1a)(C'_1.\cos(m\phi)+C'_2.\sin(m\phi))\\
&+(\mathrm{j}\omega\epsilon_1\mu_1/ah_1^2)J_m(h_1a)(-mC_1.\sin(m\phi)+mC_2.\cos(m\phi))\\
&=(-\gamma\mu_2/h_2)(\boldsymbol{A}'_1J'_m(h_2a)+\boldsymbol{A}'_2Y'_m(h_2a))(C'_1\cos(m\phi)+C'_2\sin(m\phi))\\
&-(\mathrm{j}\omega\epsilon_2\mu_2/ah_2^2)(\boldsymbol{A}_1J_m(h_2a)+\boldsymbol{A}_2Y_m(h_2a))(-mC_1.\sin(m\phi)\\
&+mC_2.\cos(m\phi))
\end{aligned}
\tag{10-4b}
$$

根据在 $\boldsymbol{E}_\phi$ 处 $\boldsymbol{H}_\phi$ 和 $\rho = a$ 相等，我们可以得出另一组四个方程，即

$$
(-\gamma/ah_1^2)\partial\boldsymbol{E}_z^{(1)}/\partial\phi+\mathrm{j}\omega\mu_1\partial\boldsymbol{H}_z^{(1)}/\partial\rho=(-\gamma/ah_2^2)\partial\boldsymbol{E}_z^{(2)}/\partial\phi+\mathrm{j}\omega\mu_2\partial\boldsymbol{H}_z^{(2)}/\partial\rho \tag{10-5}
$$

在 $\rho = a$ 处进行计算，并且

$$
\begin{aligned}
&(-\gamma/h^2a)\partial\boldsymbol{H}_z^{(1)}/\partial\phi-(\mathrm{j}\omega\epsilon_1/h_1^2)\partial\boldsymbol{E}_z^{(1)}/\partial\rho\\
&=(-\gamma/ah_2^2)\partial\boldsymbol{H}_z^{(2)}/\partial\phi-(\mathrm{j}\omega\epsilon_2/h_2^2)\partial\boldsymbol{E}_z^{(2)}/\partial\rho
\end{aligned}
\tag{10-6}
$$

在 $\rho = a$ 处进行计算。现在，在 $\rho = a$ 处 $\boldsymbol{E}_z$ 和 $\boldsymbol{H}_z$ 的连续性意味着在 $\rho = a$ 处 $\partial\boldsymbol{E}_z/\partial\phi$ 和 $\partial\boldsymbol{H}_z/\partial\phi$ 的连续性。鉴于这一事实，式(10－6)等价于以下方程

$$
\begin{aligned}
&(1-\gamma^2/h_1^2)a^{-1}\partial\boldsymbol{H}_z^{(1)}/\partial\phi-(\mathrm{j}\omega\gamma\epsilon_1/h_1^2)\partial\boldsymbol{E}_z^{(1)}/\partial\rho\\
&=(1-\gamma^2/h_2^2)a^{-1}\partial\boldsymbol{H}_z^{(2)}/\partial\phi-(\mathrm{j}\omega\gamma\epsilon_2/h_2^2)\partial\boldsymbol{E}_z^{(2)}/\partial\rho
\end{aligned}
$$

在 $\rho = a$ 处，鉴于 $h_k^2-\gamma^2=\omega^2\mu_k\epsilon_k, k=1,2$ 这样的条件，上式变为

$$
\begin{aligned}
&(\omega^2\mu_1\epsilon_1/ah_1^2)\partial\boldsymbol{H}_z^{(1)}/\partial\phi-(\mathrm{j}\omega\gamma\epsilon_1/h_1^2)\partial\boldsymbol{E}_z^{(1)}/\partial\rho\\
&=(\omega^2\mu_2\epsilon_2/ah_2^2)\partial\boldsymbol{H}_z^{(2)}/\partial\phi-(\mathrm{j}\omega\gamma\epsilon_2/h_2^2)\partial\boldsymbol{E}_z^{(2)}/\partial\rho
\end{aligned}
$$

在 $\rho = a$ 处，或在进行抵消之后，上式与式(10－3a)相同，即在 $\rho = a$ 处 $\epsilon\boldsymbol{E}_\rho$ 的连续性方程。同样，式(10－5)等价于式(10－4a)，即在 $\rho = a$ 处 $\mu\boldsymbol{H}_\rho$ 的连续性方程。因此，总的来说，我们仅有的独立方程包括式(10－1)、式(10－2a)、式(10－2c)、式(10－3b)和式(10－4b)，它们构成九个变量 γ、A_1、A_2、A'_1、A'_2、C_1、C_2、C'_1、C'_2 的 2＋1＋2＋2＋2＝9 方程。对于 γ，这些量产生了一个特征方程，该方程确定了可能的传播常数的离散集合。

获得所需的针对 γ 的特征函数一种更简洁的方法，是用 B_1、B_2、B_3、B_4 来表示常数 A_1C_1、A_1C_2、A_2C_1、A_2C_2，同样地，用 B'_1、B'_2、B'_3、B'_4 来表示常数 $A'_1C'_1$、$A'_1C'_2$、$A'_2C'_1$、$A'_2C'_2$，使得在 $\rho = a$ 处 $\boldsymbol{E}_z$ 和 $\boldsymbol{H}_z$ 的连续性可以确定四个方程，这四个方程是通过使 $\sin(m\phi)$ 和 $\cos(m\phi)$ 的系数相等以代替式(10－1)而获得的。接下来，要确定的常数为 C_1、C_2、C'_1、C'_2、B_1、B_2、B_3、B_4、B'_1、B'_2、B'_3、B'_4，共有 12 个，并且这些常数的线性方程的数目为 4，对应于在 $\rho = a$ 处 $\boldsymbol{E}_z$ 和 $\boldsymbol{H}_z$ 的连续性，加上四个方程，对应于在 $\rho = b$ 处 $\boldsymbol{E}_z$ 和 $\boldsymbol{H}_\rho$ 的连续性，再加上四个方程，对应于在 $\rho = a$ 处 $\epsilon\boldsymbol{E}_\rho$ 和 $\mu\boldsymbol{H}_\rho$ 的连续性，也就是总共有 12 个齐次线性方程。然后，将相应的 12×12 矩阵行列式设为零，就能得到可能的 γ 离散值。

(3)引力场中的腔体谐振器。

(4)紧邻强引力场的具有非均质性和各向异性的波导。

10.3 通过扩展卡尔曼滤波器和小波变换块处理算法的对比，估计由奥恩斯坦－乌伦贝克(Ornstein－Uhlenbeck)过程驱动的放大器晶体管参数

群理论中与流体速度模式识别有关的一个问题，即

$$v(t,r)=(v_x(t,r),v_y(t,r)),r=(x,y)$$

是二维流体速度场，这个场满足纳维－斯托克斯(Navier－Stokes)方程

$$(v,\nabla)v+v_{,t}=-\nabla p/\rho+\nu\nabla^2 v+f$$

其中，$f(t,r)=(f_x(t,r),f_y(t,r))$是随机驱动力场，这个力场在时间变量中假定为高斯白噪声。我们将伽利略变换应用于该场，该变换包括在 SO(2) 中旋转 $R(\phi)$以及随后的平移 $a\in\mathbb{R}^2$。所得到的速度场是 $w(t,r)$，并且在噪声干扰之后，假设这个旋转和平移的速度场满足具有不同驱动噪声 $g(t,r)$ 的纳维尔－斯托克斯方程，以及在时间变量中再次呈现高斯白噪声：

$$(w,\nabla)w+w_{,t}=-\nabla p_1/\rho+\nu\nabla^2 w+g$$

需要注意的是，这个流体是无法压缩的，即

$$\mathrm{div}v=0,\mathrm{div}w=0$$

因此，存在流函数 $\psi_1(t,r)$和 $\psi_2(t,r)$，使得满足以下条件

$$v=\nabla\psi_1\times\hat{z},w=\nabla\psi_2\times\hat{z}$$

10.4 利用左不变矢量场和左不变域计算李(Lie)群上的哈尔(Haar)测度

G 是一个李群，$(X_1,\cdots,X_n)$是上 G 左不变矢量场的一个基，L_g 表示 G 上的左平移，即 $L_g h=gh$。根据矢量场 $\boldsymbol{X}_k$ 的左不变性，我们得到

$$\mathrm{d}L_g(\boldsymbol{X}_k)=\boldsymbol{X}_k$$

即

$$\boldsymbol{X}_k(foL_g)(x)=\boldsymbol{X}_k(gx),g、x\in G$$

或者等效表达式

$$L_{g*}\boldsymbol{X}_k(x)=\boldsymbol{X}_k(L_g x)$$

或者等效表达式

$$L_{g*}\boldsymbol{X}_k=\boldsymbol{X}_k L_g,g\in G$$

其中,L_{g*}表示推前映射,即如果 $T:\mathcal{M}\to\mathcal{N}$是从一个可微流形 $\mathcal{M}$ 到另一个可微流形 $\mathcal{N}$的可微映射,并且如果 $\boldsymbol{X}(x)\in T\mathcal{M}_x$,那么

$$T*\boldsymbol{X}(x)=Y(T(x))\in T\mathcal{N}_{T(x)}$$

其中

$$Y(T(x))(f)=\boldsymbol{X}(foT)(x)$$

采用等效形式,就局部坐标而言,

$$Y^a(T(x))=\frac{\partial T^a(x)}{\partial x^b}\boldsymbol{X}^b(x)$$

其中采用了爱因斯坦求和约定,由此可见

$$\boldsymbol{X}_k^a(gx)=\frac{\partial L_g^a(x)}{\partial x^b}\boldsymbol{X}_k^b(x)$$

从而得到

$$\boldsymbol{X}_k^a(g)=\frac{\partial L_g^a(e)}{\partial x^b}\boldsymbol{X}_k^b(e)$$

进而可以得到行列式

$$\det(((\boldsymbol{X}_k^a(g)))=(\det L'_g(e))\det((\boldsymbol{X}_k^a(e)))$$

因此,未归一化的左不变哈尔测度密度$(\det L'_g(e))^{-1}$正比于$1/\det((\boldsymbol{X}_k^a(g)))$。采用等效形式,利用基的对偶性,如果 $\omega_k(g),k=1,2,\cdots,n$ 是 G 上左不变域的一个基,那么左不变的哈尔测度密度正比于 $\det((\omega_k^a(g)))$。

10.5　背景电磁辐射影响宇宙膨胀的机制

电磁场分量中的平方项决定了膨胀宇宙的度规张量的一阶扰动。宇宙的无扰度规是坐标 $t=x^0,r=x^1,\theta=x^2,\varphi=x^3$ 中的罗伯逊 - 沃克(Robertson - Walker)度规:

$$g_{00}=1,g_{11}=-f(r)S^2(t),g_{22}=-r^2S^2(t),g_{33}=-r^2\sin^2(\theta)S^2(t)$$

无扰动的麦克斯韦方程决定了电磁场,而电磁场又通过爱因斯坦场方程驱动度规的扰动。

$$\boldsymbol{R}_{\mu\nu}=-8\pi G\boldsymbol{S}_{\mu\nu}^M$$

$$\delta\boldsymbol{R}_{\mu\nu}=-8\pi G(\delta\boldsymbol{S}_{\mu\nu}^M+\boldsymbol{S}_{\mu\nu}^M)$$

其中

$$\boldsymbol{T}_{\mu\nu}^M=(\rho(t)+p(t))\boldsymbol{v}^\mu v^\nu-p(t)g^{\mu\nu}$$

$\boldsymbol{v}^\mu=(1,0,0,0)$是随动的四速度场。

$$\boldsymbol{S}_{\mu\nu}^M=\boldsymbol{T}_{\mu\nu}^M-\boldsymbol{T}^M g_{\mu\nu}/2$$

$$\boldsymbol{T}^M=g^{\mu\nu}\boldsymbol{T}_{\mu\nu}^M=\rho(t)-3p(t)$$

$$\delta S^M_{\mu\nu} = \delta T^M_{\mu\nu} - \delta T^M . g_{\mu\nu}/2 - T^M \delta g_{\mu\nu}/2$$

$$\delta T^M_{\mu\nu} = (\delta\rho(x) + \delta p(x)) v^\mu v^\nu - \delta p(x) g_{\mu\nu} - p(t)\delta g_{\mu\nu}(x)$$

$$+ (\rho(t) + p(t))(v^\mu \delta v^\nu(x) + v^\nu \delta v^\mu(x))$$

$$\delta T^M(x) = \delta\rho(x) - 3\delta p(x)$$

$$S^{EM}_{\mu\nu} = (-1/4) F_{\alpha\beta} F^{\alpha\beta} g_{\mu\nu} + F_{\mu\alpha} F^\alpha_\nu$$

上述公式在狭义相对论中的检验:我们采用麦克斯韦方程

$$F^{\mu\nu}_{,\nu} = -\mu_0 J^\mu$$

$$S^{EM\mu\nu} = [(-1/4) F_{\alpha\beta} F^{\alpha\beta} g^{\mu\nu} + F^{\mu\alpha} F^\nu_\alpha]_{,\nu}$$

$$S^{EM\mu\nu}_{,\nu} = (-1/2) g^{\mu\nu} F^{\alpha\beta} F_{\alpha\beta,\nu} + F^{\mu\alpha}_{,\nu} F^\nu_\alpha + F^{\mu\alpha} F^\nu_{\alpha,\nu}$$

$$= (1/2) g^{\mu\nu} F^{\alpha\beta} (F_{\beta\nu,\alpha} + F_{\nu\alpha,\beta}) + F^{\mu\alpha}_{,\nu} F^\nu_\alpha + \mu_0 F^{\mu\alpha} J_\alpha$$

其中我们利用了麦克斯韦方程

$$F_{\mu\nu,\alpha} + F_{\nu\alpha,\mu} + F_{\alpha\mu,\nu} = 0$$

也可以看作是定义的推论

$$F_{\mu\nu} = A_{\nu,\mu} - A_{\mu,\nu}$$

进一步推导,上式等于

$$(1/2) F^{\alpha\beta} (F^\mu_{\beta,\alpha} + F^\mu_{\alpha,\beta}) + F^{\mu\alpha}_{,\nu} F^\nu_\alpha + \mu_0 F^{\mu\alpha} J_\alpha$$

$$= (1/2) F^{\alpha\beta} (F^\mu_{\beta,\alpha} + F^\mu_{\alpha,\beta}) + F^\beta_\alpha F^{\mu\alpha}_{,\beta} + \mu_0 F^{\mu\alpha} J_\alpha$$

$$= (1/2) F^{\alpha\beta} (F^\mu_{\beta,\alpha} + F^\mu_{\alpha,\beta}) + F^\beta_\alpha F^{\mu\alpha}_{,\beta} + \mu_0 F^{\mu\alpha} J_\alpha$$

$$= (1/2) F^{\alpha\beta} (F^\mu_{\beta,\alpha} + F^\mu_{\alpha,\beta} - F^\mu_{\alpha,\beta} + \mu_0 F^{\mu\alpha} J_\alpha$$

$$= (1/2) F^{\alpha\beta} g^{\mu\nu} (-F_{\nu\beta,\alpha} + F_{\nu\alpha,\beta} - 2F_{\nu\alpha,\beta}) + \mu_0 F^{\mu\alpha} J_\alpha$$

$$= (-1/2) F^{\alpha\beta} g^{\mu\nu} (F_{\nu\beta,\alpha} + F_{\nu\alpha,\beta}) + \mu_0 F^{\mu\alpha} J_\alpha$$

$$= \mu_0 F^{\mu\alpha} J_\alpha$$

这是电磁场的能量－动量张量的四散度所需要的。

10.6 基于瞬时反馈的随机最优控制的离散和连续时间随机哈密顿－雅可比－贝尔曼(Hamilton－Jacobi－Bellman)方程

首先,我们考虑满足由布朗运动和泊松场驱动的随机微分方程的马尔可夫过程的一个一般示例:

$$\mathrm{d}X(t) = \mu(t, X(t))\mathrm{d}t + \sigma(t, X(t))\mathrm{d}B(t) + \int_{\xi\in E} \psi(t, X(t), \xi)\mathrm{d}N(t, \xi)$$

其中,$N(.,.)$是具有强度 $\mathrm{d}F(t,\xi)$的泊松场,即

$$\mathbb{E}[N(\mathrm{d}t, \mathrm{d}\xi)] = \mathrm{d}F(t, \xi)$$

其中，$(E,\mathcal{E})$ 和时空泊松随机场 $\boldsymbol{N}(.\,,.)$ 定义在测度空间 $(\mathbb{R}\times E,\mathcal{B}(\mathbb{R})\otimes\mathcal{E})$ 上，$\boldsymbol{F}$ 是这个空间上的一个测度；针对 $\phi(\boldsymbol{X}(t))$，根据伊藤公式得出

$$\begin{aligned}\mathrm{d}\phi(\boldsymbol{X}(t)) &= L_t\phi(\boldsymbol{X}(t))\mathrm{d}t + \mathrm{d}\boldsymbol{B}(t)^{\mathrm{T}}\boldsymbol{\sigma}(t,\boldsymbol{X}(t))^{\mathrm{T}}\nabla\phi(\boldsymbol{X}(t)) \\ &\quad + \int_{\xi\in E}(\phi(\boldsymbol{X}(t)+\psi(t,\boldsymbol{X}(t),\xi)) - \phi(\boldsymbol{X}(t)))\boldsymbol{N}(\mathrm{d}t,\mathrm{d}\xi)\end{aligned}$$

由此，我们推导出由下式定义的 $\boldsymbol{X}(t)$ 生成元，即

$$\boldsymbol{K}_t\phi(x)\mathrm{d}t = \mathbb{E}(\mathrm{d}\phi(\boldsymbol{X}(t)) \mid \boldsymbol{X}(t)=x)$$

由下式给出

$$\boldsymbol{K}_t\phi(x) = \boldsymbol{L}_t\phi(x) + \int_{\xi\in E}(\phi(x+\psi(t,x,\xi)) - \phi(x))f(t,\mathrm{d}\xi)$$

其中

$$f(t,\mathrm{d}\xi) = \boldsymbol{F}(\mathrm{d}t,\mathrm{d}\xi)/\mathrm{d}t = \frac{\partial \boldsymbol{F}(t,\mathrm{d}\xi)}{\partial t}$$

并且 $\boldsymbol{L}_t$ 是马尔可夫过程 $\boldsymbol{X}(t)$ 的扩散部分的生成元，即

$$\boldsymbol{L}_t\phi(x) = \boldsymbol{\mu}(t,x)^{\mathrm{T}}\nabla\phi(x) + (1/2)Tr(\sigma(t,x)\boldsymbol{\sigma}(t,x)^{\mathrm{T}}\nabla\nabla^{\mathrm{T}}\phi(x))$$

即

$$\boldsymbol{L}_t = \boldsymbol{\mu}(t,x)^{\mathrm{T}}\nabla + (1/2)Tr(\sigma(t,x)\boldsymbol{\sigma}(t,x)^{\mathrm{T}}\nabla\nabla^{\mathrm{T}})$$

采用等效形式，如果我们用熟悉的泰勒展开公式来解释算符 $\exp(x^{\mathrm{T}}\nabla)$

$$\exp(x^{\mathrm{T}}\nabla)f(y) = f(y+x)$$

那么我们可以得到

$$\boldsymbol{K}_t = \boldsymbol{L}_t + \int_E(\exp(\boldsymbol{\psi}(t,x,\xi)^{\mathrm{T}}\nabla) - 1)f(t,\mathrm{d}\xi)$$

现在考虑最优控制问题，其中生成元 $\boldsymbol{K}_t$ 是瞬时输入 $u(t)$ 的函数，即 $\boldsymbol{K}_t=\boldsymbol{K}_t(u(t))$。我们可以仅将控制输入 $u(t)$ 作为瞬时状态 $\boldsymbol{X}(t)$ 的函数，即 $u(t)=\boldsymbol{\chi}_t(\boldsymbol{X}(t))$，其中 $\boldsymbol{\chi}_t$ 将状态空间映射到控制输入空间。只有这样，$\boldsymbol{X}(t)$ 的马尔科夫性质才不会被破坏。事实上，受控马尔可夫过程 $\boldsymbol{X}(t)$ 的生成元由下式给出：

$$\widetilde{\boldsymbol{K}}_t\phi(x) = (\boldsymbol{K}_t(\boldsymbol{\chi}_t(x))\phi)(x)$$

我们希望选择反馈控制函数 $\boldsymbol{\chi}_t(.)$，使得

$$\begin{aligned}\boldsymbol{C}_T(x) &= \mathbb{E}\left[\int_0^T \mathcal{L}(\boldsymbol{X}(t),u(t))\mathrm{d}t \mid \boldsymbol{X}(0)=x\right] \\ &= \mathbb{E}\left[\int_0^T \mathcal{L}(\boldsymbol{X}(t),\boldsymbol{\chi}_t(\boldsymbol{X}(t)))\mathrm{d}t \mid \boldsymbol{X}(0)=x\right]\end{aligned}$$

实现最小化。为此，我们定义

$$\begin{aligned}\boldsymbol{C}(t,T,x) &= \min_{u(s),t\leqslant s\leqslant T}\mathbb{E}\left[\int_t^T \mathcal{L}(\boldsymbol{X}(s),u(s))\mathrm{d}s \mid \boldsymbol{X}(t)=x\right] \\ &= \min_{\boldsymbol{\chi}_s,\,t\leqslant s\leqslant T}\mathbb{E}\left[\int_t^T \mathcal{L}(\boldsymbol{X}(s),\boldsymbol{\chi}_s(\boldsymbol{X}(s)))\mathrm{d}s \mid \boldsymbol{X}(t)=x\right]\end{aligned}$$

然后，通过应用马尔可夫性质，我们很容易推导出

$$\begin{aligned}\boldsymbol{C}(t,T,x) &= \min_{\boldsymbol{\chi}_t(.)}(\mathcal{L}(x,\boldsymbol{\chi}_t(x))\mathrm{d}t + \mathbb{E}(\boldsymbol{C}(t+\mathrm{d}t,T,\boldsymbol{X}(t+\mathrm{d}t))\mid \boldsymbol{X}(t)=x))\\ &= \min_{\boldsymbol{\chi}_t(.)}(\mathcal{L}(x,\boldsymbol{\chi}_t(x))\mathrm{d}t + \boldsymbol{C}(t,T,x) + \mathrm{d}t.\ \frac{\partial \boldsymbol{C}(t,T,x)}{\partial t}\\ &\quad + \mathrm{d}t.\ \boldsymbol{K}_t(\boldsymbol{\chi}_t(x))(\boldsymbol{C}(t,T,x)))\end{aligned}$$

或者等效表达式

$$\frac{\partial \boldsymbol{C}(t,T,x)}{\partial t} + \min_{\boldsymbol{\chi}_t(.)}(L(x,\boldsymbol{\chi}_t(x)) + \boldsymbol{K}_t(\boldsymbol{\chi}_t(x))(\boldsymbol{C}(t,T,x))) = 0$$

这就是随机贝尔曼－哈密顿－雅可比（Bellman－Hamilton－Jacobi）方程。另外，通过这个方程也可以得出最优反馈控制映射 $\boldsymbol{\chi}_t(.)$，$0\leqslant t\leqslant T$。求解该偏微分方程所需的终点条件由下式给出：

$$\lim_{t\to T}\boldsymbol{C}(t,T,x) = 0$$

离散时间情况：$\boldsymbol{X}(n)$，$n\geqslant 0$ 是一个具有一步转移概率生成元 $\boldsymbol{K}_n(u(n))$ 的离散时间马尔可夫过程，其中 $u(n)=\boldsymbol{\chi}_n(\boldsymbol{X}(n))$。因此

$$\mathbb{E}(\phi(\boldsymbol{X}(n+1))\mid \boldsymbol{X}(n)=x) = (\boldsymbol{K}_n(\boldsymbol{\chi}_n(x))\phi)(x)$$

应选择控制映射 $\boldsymbol{\chi}_n(.)$，$n\geqslant 0$，使得

$$\begin{aligned}\boldsymbol{C}_N(x_0) &= \mathbb{E}\left[\sum_{n=0}^{N}\mathcal{L}(\boldsymbol{X}(n),u(n))\mid \boldsymbol{X}(0)=x_0\right]\\ &= \mathbb{E}\left[\sum_{n=0}^{N}\mathcal{L}(\boldsymbol{X}(n),\boldsymbol{\chi}_n(\boldsymbol{X}(n)))\mid \boldsymbol{X}(0)=x_0\right]\end{aligned}$$

达到最小值。我们定义

$$\boldsymbol{C}(n,N,x) = \min_{\boldsymbol{\chi}_k(.),n\leqslant k\leqslant N}\mathbb{E}\left[\sum_{k=n}^{N}\mathcal{L}(\boldsymbol{X}(k),\boldsymbol{\chi}_k(\boldsymbol{X}(k)))\mid \boldsymbol{X}(n)=x\right]$$

利用马尔可夫性质，我们发现

$$\begin{aligned}\boldsymbol{C}(n,N,x) &= \min_{\boldsymbol{\chi}_n(.)}(\mathcal{L}(x,\boldsymbol{\chi}_n(x)) + \mathbb{E}[\boldsymbol{C}(n+1,N,\boldsymbol{X}(n+1))\mid \boldsymbol{X}(n)=x])\\ &= \min_{\boldsymbol{\chi}_n(.)}(\mathcal{L}(x,\boldsymbol{\chi}_n(x)),\boldsymbol{K}_n(\chi_n(x))(\boldsymbol{C}(n+1,N,x)))\end{aligned}$$

这是离散时间的随机哈密顿－雅可比－贝尔曼方程，这要用终点条件来求解，即

$$\boldsymbol{\chi}_N(.) = \operatorname{argmin}_{\chi}\mathcal{L}(x_0,\boldsymbol{\chi}(x_0))$$

10.7 哈德逊－帕塔萨拉蒂－薛定谔（Hudson－Parthasarathy－Schrodinger）方程的量子随机最优控制

受控哈德逊－帕塔萨拉蒂方程为

$$\mathrm{d}\boldsymbol{U}(t)=((-\mathrm{i}H+P)\mathrm{d}t+L\mathrm{d}\boldsymbol{A}(t)+M\mathrm{d}\boldsymbol{A}(t)^{*}+S\mathrm{d}\boldsymbol{\Lambda}(t) \\ -\mathrm{i}K(t)(X_d(t)-\pi_t(X))\mathrm{d}t)\boldsymbol{U}(t)$$

其中

$$j_t(X)=\boldsymbol{U}(t)^{*}X\boldsymbol{U}(t),\pi_t(X)=\mathbb{E}(j_t(X)\mid\eta_t)$$

$X_d(t)$是要跟踪的期望状态轨迹;$K(t)$是控制器系数;η_t 是由直到时间 t 的输出非破坏测量生成的冯诺依曼(Von－Neumann)代数。采用等效形式,我们可以将受控哈德逊－帕塔萨拉蒂方程表示为

$$\mathrm{d}\boldsymbol{U}(t)=[(-\mathrm{i}(H+K(t)(X_d(t)-\pi_t(X))+P)\mathrm{d}t+L\mathrm{d}\boldsymbol{A}(t) \\ +M\mathrm{d}\boldsymbol{A}(t)^{*}+S\mathrm{d}\boldsymbol{\Lambda}(t)]\mathrm{d}t$$

研究项目:解释如何利用微扰理论求解上述受控哈德逊－帕塔萨拉蒂方程和贝拉夫金滤波器方程 $\pi_t(X)$。

10.8　与系统相互作用的处于相干态叠加的浴

系统动态特性对应于受量子噪声影响的风扇电机的动态特性:

$$\theta''(t)+a\theta'(t)+f(t,\theta(t))=w(t)$$

其中,$w(t)$为白噪声;a 为阻尼系数;$f(t,\theta)=-I(t)BL\sin(\theta(t))$。为了给出这种风扇电机的量子力学描述,我们引入了拉格朗日量

$$\boldsymbol{L}(t,\theta,\theta')=\theta'^2/2-\int_0^{\theta}f(t,\theta)\mathrm{d}\theta+w(t)\theta$$

利用欧拉－拉格朗日方程,从中得到

$$\theta''(t)+f(t,\theta)-w(t)=0$$

即,与风扇电机情况相同,但不包括阻尼项。为了利用量子力学以纳入阻尼项,我们考虑正则动量

$$p=\partial\boldsymbol{L}/\partial\theta'$$

并应用勒让德(Legendre)变换得到哈密顿量,即

$$\boldsymbol{H}(t,\theta,p)=p\theta'-\boldsymbol{L}=p^2/2+V(t,\theta)-w(t)\theta$$

其中

$$V(t,\theta)=\int_0^{\theta}f(t,\theta)\mathrm{d}\theta$$

然后引入林德布拉德(Lindblad)算符得到阻尼。得到的主方程的形式为

$$\rho'(t)=-\mathrm{i}[\boldsymbol{H}(t,\theta,p),\rho(t)]-\theta(\rho(t))$$

其中

$$\theta(\rho)=(1/2)(\boldsymbol{L}^{*}\boldsymbol{L}\rho+\rho\boldsymbol{L}^{*}\boldsymbol{L}-2\boldsymbol{L}\rho\boldsymbol{L}^{*})$$

其中

$$\boldsymbol{L}=\alpha\theta+\beta p$$

第11章

理解爱因斯坦引力理论中黎曼几何所需的基本三角形几何

11.1 针对在校学生的数学和物理问题

(1)某个三角形有边 a、b、c 和相应的角 A、B、C，画出这个三角形并标出所有的边和角。通过解一个二次方程，用 a、c、C 来表示 b。同样，用 a、b、B 来表示 c，并且用 b、c、C 来表示 a。

(2)设定 ABC 是一个三角形，其边长为 a、b、c，对应的角度为 A、B、C。从顶点 A 向边 $a=BC$ 做垂线，设定 D 表示交点，画出图形并标出所有的点。设定 $h=AD$ 表示这个垂线的长度，根据 a、B、C 计算 h。另外，也用 c 和 B 来计算 h，最后用 b 和 C 来计算 h。

(3)已知两条直线的方程分别为 $y=mx+c$ 和 $y=m'x+c'$。通过解联立方程，确定它们的交点坐标 (x,y)。对于 $m=\tan(60°)$ 和 $m'=\tan(30°)$ 和 $c=-5$，$c'=-4$，使用直尺和量角器画出这些线，并验证你的结果。

(4)因式分解：

①

$$(x+y)^2-x^2-2zy$$

②

$$(x^2-y^2)+a(x+y)+c(x-y+a)$$

(5)计算一个三角形 ABC 的内切圆半径，三角形的边长为 a、b、c，用 $B/2$、$C/2$、a 来表示。同时计算接触边 $a=BC$ 的外接圆的半径，用 B、C、a 来表示。

11.2 曲面几何学研究的问题

(1)在曲面上定义直线为两点之间在曲面上的欧氏距离最短的路径，这是以维数为 p 的曲面浸入 $N>p$ 维欧几里得空间为前提的。

(2)通过在欧氏意义下无限小地平行平移矢量,然后将得到的矢量投影到相邻点的切平面上,来定义矢量在曲面上的平行位移。

(3)在二维曲面上定义测地三角形,并证明高斯定理,即这样的三角形的角度和等于三角形上的高斯曲率的积分。

(4)证明曲面上直线的另一种等价定义如下:当这条曲线在任意点的切矢量沿曲线平行位移到另一点时,它在位移点处仍然是曲线的切线。

第12章

利用阿贝尔和非阿贝尔规范量子场论的门设计以及利用哈德逊-帕塔萨拉蒂量子随机演算的性能分析

12.1 利用费曼图设计量子门

如果 $1/\boldsymbol{A}$ 表示电子传播子,那么通过诸如真空极化、外场效应等对其进行修正,由此得到修正后的传播子 $1/(\boldsymbol{A}+\boldsymbol{B})$。用 θ 来表示外场的参数,我们可以得到修正后的传播子

$$(\boldsymbol{A}+\boldsymbol{B}(\theta))^{-1}=\boldsymbol{A}^{-1}-\boldsymbol{A}^{-1}\boldsymbol{B}\boldsymbol{A}^{-1}+\boldsymbol{A}^{-1}\boldsymbol{B}\boldsymbol{A}^{-1}\boldsymbol{B}\boldsymbol{A}^{-1}+\cdots$$

设定 $\boldsymbol{X}$ 表示将产生期望的散射矩阵的期望传播子。那么我们必须设计参数 θ,使得

$$\|\boldsymbol{X}-(\boldsymbol{A}+\boldsymbol{B}(\theta))^{-1}\|$$

实现最小化。通过表达式 $\boldsymbol{Z}=\boldsymbol{X}-\boldsymbol{A}^{-1}$,近似最小化问题如下

$$\hat{\theta}=\operatorname{argmin}_{\theta}\|\boldsymbol{Z}+\boldsymbol{A}^{-1}\boldsymbol{B}(\theta)\boldsymbol{A}^{-1}-\boldsymbol{A}^{-1}\boldsymbol{B}(\theta)\boldsymbol{A}^{-1}\boldsymbol{B}(\theta)\boldsymbol{A}^{-1}\|^{2}$$

如果最小化是针对所有 $\boldsymbol{B}$ 的,那么我们将上述传播子误差能量扩展到 $\boldsymbol{B}$ 中的二次项,然后最优方程在 $\boldsymbol{B}$ 中将是线性的,其中很容易求逆。我们留给读者一个练习:利用这个二阶近似,证明下式

$$\begin{aligned}\hat{\boldsymbol{B}}=&\operatorname{argmin}_{B}(\operatorname{Tr}(\boldsymbol{A}^{-1}\boldsymbol{B}\boldsymbol{A}^{-2}\boldsymbol{B}\boldsymbol{A}^{-1})+2\operatorname{Re}(\operatorname{Tr}(\boldsymbol{Z}\boldsymbol{A}^{-1}\boldsymbol{B}\boldsymbol{A}^{-1})\\&-2\operatorname{Re}(\operatorname{Tr}(\boldsymbol{Z}\boldsymbol{A}^{-1}\boldsymbol{B}\boldsymbol{A}^{-1}\boldsymbol{B}\boldsymbol{A}^{-1}))\end{aligned}$$

具有四动量为 p_1、自旋为 σ_1 的电子,与具有四动量为 p_2、自旋为 σ_2 的正电子相互作用,彼此湮灭以产生具有四动量 $k=p_1+p_2$ 的 γ 射线光子,该射线光子再次以环(真空极化)形式极化成电子-正电子对,并且通过该环再次发生对湮灭,以产生 γ 射线光子,然后传播并再次极化成分别具有四动量 p_3、σ_3 和 p_4、σ_4 的电子-正电子对。为了计算该过程的振幅,我们必须假设四动量守恒,即可以通过引入动量守恒 δ 函数 $\delta^4(p_1+p_2-p_3-p_4)$ 来确保 $p_1+p_2=p_3+p_4$。电子

波函数可以表示为 $u(p,\sigma)$，正电子波函数可以表示为 $\bar{\boldsymbol{v}}(p,\sigma)=\boldsymbol{v}(p,\sigma)^*\gamma^0$，光子传播子可以表示为 $\boldsymbol{D}_{\mu\nu}(k)$，电子传播子矩阵可以表示为 $\boldsymbol{S}(p)=(\gamma.p-m)^{-1}=(\gamma.m+p)/(p^2-m^2)$，其中

$$p^2=(p^0)^2-(p^1)^2-(p^2)^2-(p^3)^2=p^{02}-P^2$$

那么

$$p^2=m^2=p^{02}-E(P),E(P)=m^2+P^2$$

我们得到上述过程的振幅为

$$\begin{aligned}&\boldsymbol{S}(p_3,\sigma_3,p_4,\sigma_4|p_1,\sigma_1,p_2,\sigma_2)\\&=(\bar{\boldsymbol{v}}(p_2,\sigma_2)\gamma^\mu u(p_1,\sigma_1))(\bar{\boldsymbol{v}}(p_4,\sigma_4)\gamma^\nu u(p_3,\sigma_3)\int\boldsymbol{D}_{\mu\rho}(p_1+p_2)\boldsymbol{D}_{\nu\alpha}(p_3+p_4)\\&\quad\mathrm{Tr}(\boldsymbol{S}(p_1+p_2-q)\gamma^\alpha\boldsymbol{S}(q)\gamma^\rho)\mathrm{d}^4q\\&=(p_1+p_2)^{-4}(\bar{\boldsymbol{v}}(p_2,\sigma_2)\gamma_\rho u(p_1,\sigma_1))(\bar{\boldsymbol{v}}(p_4,\sigma_4)\gamma_\alpha u(p_3,\sigma_3)\\&\quad\mathrm{Tr}(\boldsymbol{S}(p_1+p_2-q)\gamma^\alpha\boldsymbol{S}(q)\gamma^\rho)\mathrm{d}^4q\end{aligned}$$

注意，这个振幅需要乘以 $\delta^4(p_1+p_2-p_3-p_4)$。

备注 1：为了使积分收敛，我们插入 $-\lambda^2/(q^2-\lambda^2)$ 这样的因子。在极限为 $\lambda\to\infty$ 情况下，这个因子会趋近于 1。该因子的意义在于：它对应于伪光子质量为 λ 的伪光子传播子。

备注 2：考虑在光子的真空极化环中引入外部电磁场。这个过程用以下方式描述。具有四动量 p_1 和自旋 σ_1 的电子，与具有四动量 p_2 和自旋 σ_2 的正电子相互作用，彼此湮灭以产生光子，该光子传播然后再次极化成在费曼图中以环的形式出现的电子 – 正电子对。一个外场 $\boldsymbol{A}_\mu(x)$ 连接到这个环，即在光子极化后，该外场与电子 – 正电子对相互作用。

在该相互作用之后，电子 – 正电子对再次湮灭以产生光子，该光子传播并最终极化成分别具有四动量 (p_3,σ_3) 和自旋 (p_4,σ_4) 的电子 – 正电子对。利用费曼规则，通过假设 k 为外部光子线的四动量，得出对散射矩阵的整体修正的振幅

$$\begin{aligned}&\boldsymbol{S}(p_3,\sigma,p_4,\sigma_4|p_1,\sigma_1,p_2,\sigma_2)\\&=\delta^4(p_1+p_2-p_3-p_4).(\bar{\boldsymbol{v}}(p_2,\sigma_2)\gamma^\mu u(p_1,\sigma_1))\boldsymbol{D}_{\mu\nu}(p_1+p_2)\boldsymbol{A}_\beta(k)\\&.(\int\mathrm{Tr}[\boldsymbol{S}(p_1+p_2-q+k)\gamma^\beta\boldsymbol{S}(p_1+p_2-q)\gamma^\nu S(q)\gamma^\rho]\mathrm{d}^4q)\\&\boldsymbol{D}_{\rho\alpha}(p_3+p_4)\bar{\boldsymbol{v}}(p_4,\sigma_4)\gamma^\alpha u(p_3,\sigma_3)\end{aligned}$$

其中，$\boldsymbol{S}(p)=(\gamma.p-m)^{-1}$是电子传播子；$\boldsymbol{D}_{\mu\nu}(q)=\eta_{\mu\nu}/q^2$ 是光子传播子。该散射振幅修正也可以被看作是源于对来自外部光子线的电子传播子 $1/\boldsymbol{A}$ 的修正。我们可以通过修正过的传播子 $1/(\boldsymbol{A}+\boldsymbol{B})$ 表达这样的多环与外部场线的贡献，其中 $\boldsymbol{B}$ 依赖于外部光子线 $\boldsymbol{A}_\mu(k)$。因此，修正后的传播子可以表示为

$$(\boldsymbol{A}+\boldsymbol{B})^{-1}=\boldsymbol{A}^{-1}-\boldsymbol{A}^{-1}\boldsymbol{B}\boldsymbol{A}^{-1}+\boldsymbol{A}^{-1}\boldsymbol{B}\boldsymbol{A}^{-1}\boldsymbol{B}\boldsymbol{A}^{-1}+\cdots$$
$$=\boldsymbol{A}^{-1}+\sum_{n\geqslant 1}(-1)^n(\boldsymbol{B}\boldsymbol{A}^{-1})^n$$

对于期望的散射矩阵,设定 $\boldsymbol{X}$ 表示期望的传播子,则必须"控制"外部光子场 $\boldsymbol{A}_{\mu}(k)$,使得

$$\|\boldsymbol{X}-(\boldsymbol{A}+\boldsymbol{B})^{-1}\|$$

达到最小值。

12.2 电磁学中的一个优化问题

我们在这里考虑计算多极电磁辐射场 $\boldsymbol{E}$、$\boldsymbol{H}$ 的问题,用与径向方向 $\hat{\boldsymbol{r}}$ 相切和平行于径向方向的分量来表示这些场。这些分量满足自由空间麦克斯韦方程,即

$$\mathrm{div}\boldsymbol{E}=0,\mathrm{div}\boldsymbol{H}=0,(\nabla^2+k^2)\boldsymbol{E}=0,(\nabla^2+k^2)\boldsymbol{H}=0$$

根据这些方程,可以很容易得出

$$(\nabla^2+k^2)(r.\,\boldsymbol{E})=0,(\nabla^2+k^2)(r.\,\boldsymbol{H})=0$$

这为我们提供了将电磁场分解为径向和切线分量的可能,每个分量都满足亥姆霍兹(Helmholtz)方程为此,我们采用下式

$$\boldsymbol{L}=r\times p=-\mathrm{i}\boldsymbol{r}\times\nabla$$

表示角动量矢量算符。我们可以定义

$$\boldsymbol{E}_{lm}=f_l(\boldsymbol{r})\boldsymbol{L}Y_{lm}(\hat{\boldsymbol{r}})$$

那么很明显,因为 $\boldsymbol{r}.\,\boldsymbol{L}=0$,或者根据等效形式 $\hat{\boldsymbol{r}}.\,\boldsymbol{L}=0,\hat{\boldsymbol{r}}=\boldsymbol{r}/|\boldsymbol{r}|$,我们可以得到

$$\boldsymbol{r}.\,\boldsymbol{E}_{lm}=0$$

即 $\boldsymbol{E}_{lm}$ 是亥姆霍兹方程的纯切向解,前提条件是 $(\nabla^2+k^2)\boldsymbol{E}_{lm}=0$ 和 $(\nabla^2+k^2)(r.\,\boldsymbol{E}_{lm})=0$。注意,这两个等式保证了 $\mathrm{div}\boldsymbol{E}_{lm}=0$。此外,因为 $\boldsymbol{r}.\,\boldsymbol{E}_{lm}=0$,后一个等式已经保证得到了满足。由于 $\boldsymbol{L}$ 与 $\boldsymbol{L}^2$ 对易,我们一直在利用

$$\nabla^2=\boldsymbol{r}^{-2}\frac{\partial}{\partial r}\boldsymbol{r}^2\partial/\partial\boldsymbol{r}-\boldsymbol{L}^2/\boldsymbol{r}^2$$

并且

$$\boldsymbol{L}^2Y_{lm}(\hat{\boldsymbol{r}})=l(l+1)Y_{lm}(\hat{\boldsymbol{r}})$$

以及

$$(\nabla^2+k^2)\boldsymbol{E}_{lm}=f''_l(\boldsymbol{r})+(2/\boldsymbol{r})f'_l(\boldsymbol{r})+(-l(l+1)/\boldsymbol{r}^2+k^2)f_l(\boldsymbol{r})$$

为了使其为零,我们必须采用

$$r^2f''_l(\boldsymbol{r})+2rf'_l(\boldsymbol{r})+(k^2\boldsymbol{r}^2-l(l+1))f_l(\boldsymbol{r})=0$$

此方程有两个线性无关的解 $j_l(kr)$、$h_l(kr)$,所以

$$f_l(\boldsymbol{r}) = c(l,m)j_l(kr) + d(l,m)h_l(k\boldsymbol{r})$$

这些线性无关的函数称为修正贝塞尔函数，它们可以用通常的贝塞尔函数表示，公式如下：

$$j_l(x) = x^{-1/2}J_{l+1/2}(x)$$

基于这些假设，我们可知 $\boldsymbol{E}_{lm}$是一个有效的电场。相应的磁场 $\widetilde{\boldsymbol{H}}_{lm}$由下式给出

$$\nabla \times \boldsymbol{E}_{lm} = -\mathrm{j}\omega\mu\widetilde{\boldsymbol{H}}_{lm}$$

或者等效表达式

$$\widetilde{\boldsymbol{H}}_{lm} = (\mathrm{j}/\omega\mu)\nabla \times (f_l(\boldsymbol{r})\boldsymbol{L}Y_{lm}(\hat{\boldsymbol{r}}))$$

由于运算符$\nabla \times$与∇^2对易，因此根据$(\nabla^2 + k^2)\boldsymbol{E}_{lm} = 0$ 可得

$$(\nabla^2 + k^2)\widetilde{\boldsymbol{H}}_{lm} = 0$$

很明显

$$\boldsymbol{r}.\widetilde{\boldsymbol{H}}_{lm} \neq 0$$

事实上

$$\begin{aligned}
\boldsymbol{r}.\widetilde{\boldsymbol{H}}_{lm} &= (\mathrm{j}/\omega\mu)\boldsymbol{r}.(\nabla \times f_l(\boldsymbol{r})\boldsymbol{L}Y_{lm}(\hat{\boldsymbol{r}})) \\
&= (\mathrm{j}/\omega\mu)(\boldsymbol{r} \times \nabla).(f_l(\boldsymbol{r})\boldsymbol{L}Y_{lm}(\hat{\boldsymbol{r}})) \\
&= (-1/\omega\mu)\boldsymbol{L}.(f_l(\boldsymbol{r})\boldsymbol{L}Y_{lm}(\hat{\boldsymbol{r}})) \\
&= (-1/\omega\mu)f_l(\boldsymbol{r})\boldsymbol{L}^2 Y_{lm}(\hat{\boldsymbol{r}}) \\
&= (-1/\omega\mu)l(l+1)f_l(\boldsymbol{r})Y_{lm}(\hat{\boldsymbol{r}}) \neq 0
\end{aligned}$$

从而证明 $\widetilde{\boldsymbol{H}}_{lm}$是磁场的非切向解。同样，我们可以从方程的另一个解 $g_l(\boldsymbol{r})$入手

$$\boldsymbol{r}^2 g''_l(\boldsymbol{r}) + 2\boldsymbol{r}g'_l(\boldsymbol{r}) + (k^2\boldsymbol{r}^2 - l(l+1))g_l(\boldsymbol{r}) = 0$$

并将磁场的切向解构造成如下形式

$$\boldsymbol{H}_{lm} = g_l(\boldsymbol{r})\boldsymbol{L}Y_{lm}(\hat{\boldsymbol{r}})$$

电场的相应非切向解由下式给出

$$\nabla \times \boldsymbol{H}_{lm} = \mathrm{j}\omega\epsilon\widetilde{\boldsymbol{E}}_{lm}$$

或者等效表达式

$$\widetilde{\boldsymbol{E}}_{lm} = (-\mathrm{j}/\omega\epsilon)\nabla \times (g_l(\boldsymbol{r})\boldsymbol{L}Y_{lm}(\hat{\boldsymbol{r}}))$$

注意，对于任何矢量场 $\boldsymbol{F}$，因为$\nabla \cdot \nabla \times \boldsymbol{F} = 0$，我们必须要求

$$\mathrm{div}\widetilde{\boldsymbol{E}}_{lm} = 0, \mathrm{div}\widetilde{\boldsymbol{H}}_{lm} = 0$$

这意味着上面构造的电场和磁场的非切向分量满足电场和磁场的所有要求。将切向分量和非切向分量叠加，我们得到给定频率 ω 下的一般辐射场为

$$\boldsymbol{E}(r) = \sum_{l,m}[f_{lm}(\boldsymbol{r})\boldsymbol{L}Y_{lm}(\hat{\boldsymbol{r}}) - (\mathrm{j}/\omega\epsilon)\nabla\times(g_{lm}(\boldsymbol{r})\boldsymbol{L}Y_{lm}(\hat{\boldsymbol{r}}))]$$

$$\boldsymbol{H}(r) = \sum_{l,m}[g_{lm}(\boldsymbol{r})\boldsymbol{L}Y_{lm}(\hat{\boldsymbol{r}}) + (\mathrm{j}/\omega\mu)\nabla\times(f_{lm}(\boldsymbol{r})Y_{lm}(\hat{\boldsymbol{r}})]$$

其中

$$f_{lm}(\boldsymbol{r}) = c_E(l,m)j_l(k\boldsymbol{r}) + d_E(l,m)h_l(k\boldsymbol{r})$$
$$g_{lm}(\boldsymbol{r}) = c_H(l,m)j_l(k\boldsymbol{r}) + d_H(l,m)h_l(k\boldsymbol{r})$$

系数 c_E、d_E、c_H、d_H 是通过测量球面上的场并利用矢量值复函数的正交性质得到的

$$\boldsymbol{L}Y_{lm}(\hat{\boldsymbol{r}}),\nabla\times\boldsymbol{L}Y_{lm}(\hat{\boldsymbol{r}})$$

这一性质建立在单位球面上。

12.3 利用非阿贝尔规范理论设计量子门

考虑存在质量项、外部电磁场 $\boldsymbol{A}_\mu(x)$ 和非阿贝尔规范场项 $\boldsymbol{B}_\mu^\alpha(x)\tau_\alpha$ 的情况下，$\psi(x)$ 波函数的杨－米尔斯方程由下式给出

$$[\gamma^\mu(\mathrm{i}\partial_\mu + e\boldsymbol{A}_\mu(x) + \boldsymbol{B}_\mu^\alpha(x)\tau_\alpha - m]\psi(x) = 0$$

或者更准确的形式

$$(\mathrm{i}\gamma^\mu\otimes\boldsymbol{I}_N)\partial_\mu\psi(x) + e\boldsymbol{A}_\mu(x)(\gamma^\mu\otimes\boldsymbol{I}_N)\psi(x) + \boldsymbol{B}_\mu^\alpha(x)(\gamma^\mu\otimes\tau_\alpha)\psi(x) - m\psi(x) = 0$$

用哈密顿形式表示这个方程，我们得到

$$\mathrm{i}\partial_0\psi(x) = \boldsymbol{H}(x)\psi(x)$$

其中

$$\boldsymbol{H}(x) = -\mathrm{i}\gamma^0\gamma^r\partial_r - e(\gamma^0\gamma^\mu\otimes\boldsymbol{I}_N)\boldsymbol{A}_\mu(x) - (\gamma^0\gamma^\mu\otimes\tau_\alpha)\boldsymbol{B}_\mu^\alpha(x) + m\gamma^0\otimes\boldsymbol{I}_N$$

通过将势 $\boldsymbol{A}_\mu(x)$、$\boldsymbol{B}_\mu^\alpha(x)$ 看作控制场，并用幺正算符核 $\boldsymbol{U}_t(r,r')\in\mathbb{C}^{4N\times4N}$ 代替波函数 $\psi(x)$，使得

$$\int\boldsymbol{U}_t(r,r')^*\boldsymbol{U}(r'',r')\mathrm{d}^3r' = \boldsymbol{I}_{4N}\delta^3(r-r'')$$

我们的目标是在时间 T 之后尽可能地接近给定的酉核 $U_g(r,r')$，使得

$$\int\|\boldsymbol{U}_g(r,r') - \boldsymbol{U}_T(r,r')\|^2\mathrm{d}^3r\mathrm{d}^3r'$$

达到最小值。我们还可以尝试将哈德逊－帕塔萨拉蒂理论中的量子噪声过程引入到控制场中，以模拟噪声对所设计的门的影响。具体而言，这将涉及用经典场加上 $c_{\mu\beta}^\alpha(r)\mathrm{d}\boldsymbol{\Lambda}_\alpha^\beta(t)$ 来替换 $\boldsymbol{A}_\mu(t,r)\mathrm{d}t$，同样也涉及用经典场加上 $d_{\alpha\sigma}^{\mu\rho}(r)\mathrm{d}\boldsymbol{\Lambda}_\rho^\sigma(t)$ 来替换 $\boldsymbol{B}_\mu^\alpha(t,r)\mathrm{d}t$，其中基本噪声过程 $\boldsymbol{\Lambda}_\beta^\alpha(t)$ 满足量子伊藤公式

$$\mathrm{d}\boldsymbol{\Lambda}_\beta^\alpha\mathrm{d}\boldsymbol{\Lambda}_\nu^\mu = \epsilon_\nu^\alpha\mathrm{d}\boldsymbol{\Lambda}_\beta^\mu$$

如果 μ 或 ν 为零，则 ϵ_ν^μ 假定值为零，否则假定值为 $\delta_\nu^\mu(\mu,\nu=0,1,2,\cdots)$。

12.4 利用哈德逊－帕塔萨拉蒂量子随机薛定谔方程设计量子门

$\boldsymbol{U}(t)$ 满足哈德逊－帕塔萨拉蒂方程

$$dU(t)=(-(iH+e^2P)dt+eL_1dA(t)+eL_2dA(t)^*+e^2Sd\Lambda(t))U(t)$$

e 是引入的微扰参数，以表明产生和湮灭过程噪声很小，即为 $O(e)$，而守恒过程项的阶数为 e^2，因为 $d\Lambda=dA^*dA/dt$，最后量子伊藤修正项 $P dt$ 的系数为 $O(e^2)$，因为 $P=(eL_2)^*(eL_2)$。

12.5　背景曲率度规中的引力波

$$g_{\mu\nu}(x)=g_{\mu\nu}^{(0)}(x)+h_{\mu\nu}(x)$$
$$h_{\mu\nu}=\delta g_{\mu\nu}$$

是时空的度规。

$$\begin{aligned}\delta(\Gamma_{\mu\nu}^{\alpha})&=\delta(g^{\alpha\beta}\Gamma_{\beta\mu\nu})=(\delta g^{\alpha\beta})\Gamma_{\beta\mu\nu}^{(0)}+g^{(0)\alpha\beta}\delta\Gamma_{\beta\mu\nu}\\&=-g^{(0)\alpha\rho}g^{(0)\beta\sigma}h_{\rho\sigma}\Gamma_{\beta\mu\nu}^{(0)}\\&\quad+(1/2)g^{(0)\alpha\beta}(h_{\beta\mu,\nu}+h_{\beta\nu,\mu}-h_{\mu\nu,\beta})\\&=g^{(0)\alpha\beta}(1/2(h_{\beta\mu,\nu}+h_{\beta\nu,\mu}-h_{\mu\nu,\beta})-h_{\beta\sigma}\Gamma_{\mu\nu}^{(0)\sigma})\\&=(1/2)g^{(0)\alpha\beta}(h_{\beta\mu:\nu}+h_{\beta\nu:\mu}-h_{\mu\nu:\beta})\end{aligned}$$

其中协变导数是相对于未扰动度规 $g_{\mu\nu}^{(0)}$ 而取的。由于未扰动度规的协变导数为零，假设度规扰动及其协变导数的上升和下降是相对于未扰动度规的，我们也可以将此方程写为

$$\delta(\Gamma_{\mu\nu}^{\alpha})=(1/2)(h_{\mu:\nu}^{\alpha}+h_{\nu:\mu}^{\alpha}-h_{\mu\nu}^{:\alpha})$$

现在，一个直接的计算显示，里奇（Ricci）张量的扰动是

$$\delta R_{\mu\nu}=\delta\Gamma_{\mu\alpha:\nu}^{\alpha}-\delta\Gamma_{\mu\nu:\alpha}^{\alpha}$$

这意味着在代入上述等式后，有

$$\begin{aligned}2\delta R_{\mu\nu}&=(h_{\mu:\alpha:\nu}^{\alpha}+h_{\alpha:\mu:\nu}^{\alpha}-h_{\mu:\alpha:\nu}^{\alpha})\\&\quad-(h_{\mu:\nu:\alpha}^{\alpha}+h_{\nu:\mu:\alpha}^{\alpha}-h_{\mu\nu:\alpha}^{:\alpha})\end{aligned}$$

此式可简化为

$$2\delta R_{\mu\nu}=h_{\alpha:\mu:\nu}^{\alpha}-(h_{\mu:\nu:\alpha}^{\alpha}+h_{\nu:\mu:\alpha}^{\alpha}-h_{\mu\nu:\alpha}^{:\alpha})$$

或者表达成 $h=h_{\alpha}^{\alpha}$，以及 $\square h_{\mu\nu}=h_{\mu\nu:\alpha}^{:\alpha}$，我们得到

$$2\delta R_{\mu\nu}=\square h_{\mu\nu}+h_{,\mu:\nu}-h_{\mu:\nu:\alpha}^{\alpha}-h_{\nu:\mu:\alpha}^{\alpha}$$

假设我们利用调和坐标，即 $g^{\mu\nu}\Gamma_{\mu\nu}^{\alpha}=0$，此式的扰动形式为

$$\delta(g^{\mu\nu}\Gamma_{\mu\nu}^{\alpha})=0$$

或者等效表达式

$$g^{(0)\mu\nu}(h_{\mu:\nu}^{\alpha}+h_{\nu;\mu}^{\alpha}-h_{\mu\nu}^{:\alpha})+\delta g^{\mu\nu}\Gamma_{\mu\nu}^{(0)\alpha}=0$$

相反，我们通过删除最后一项来修改我们的坐标条件，以得到扰动调和坐标的修改版本：

$$2h^{\mu}_{\alpha:\mu} - h_{,\alpha} = 0$$

然后,注意

$$h_{,\mu:\nu} = h_{,\nu:\mu}$$

我们可以得到

$$h^{\alpha}_{\mu:\alpha:\nu} = h^{\alpha}_{\nu;\alpha:\mu}$$

我们的微扰场方程为

$$\delta R_{\mu\nu} = 0$$

在这个扰动坐标系中,假设形式为

$$\begin{aligned} 0 &= \Box h_{\mu\nu} + h_{,\mu:\nu} - h^{\alpha}_{\mu:\nu:\alpha} - h^{\alpha}_{\nu:\mu:\alpha} = \\ &= \Box h_{\mu\nu} + (h^{\alpha}_{\mu:\alpha:\nu} - h^{\alpha}_{\mu:\nu:\alpha}) \\ &\quad + (h^{\alpha}_{\nu:\alpha:\mu} - h^{\alpha}_{\nu;\mu:\alpha}) = 0 \end{aligned}$$

最后两个括号可以用未扰动度规的黎曼曲率张量和扰动度规系数 $h_{\mu\nu}$ 表示,不涉及它们的偏导数。

12.6 高频电磁场传播简短介绍的相关主题

为了有效传输和接收高频电磁波,我们的发射和接收天线必须非常小,即达到埃(Angstrom)级别,因为在这个尺度中,量子力学效应变得非常显著。这是因为电磁波的波长与频率成反比这一特性($\lambda = c/\nu$ 或等效形式,$k = \omega/c$,$\lambda = 2\pi/k$)。因此,在没有引入基本量子力学原理的情况下,如二次量子化、场的费曼路径积分、以及在量子等级上的电磁场、物质和引力场的交互作用,我们无法展开高频电磁波传播理论的讨论。在此基础上,我们展开了以下的高频通信简短介绍的主题讨论:

(1)根据产生和湮灭算符场对电磁场进行量子化。

(2)正则对易关系。

(3)带约束的量子化-狄拉克符号。

(4)哈德逊-帕塔萨拉蒂理论中的产生、湮灭和守恒过程,量子伊藤公式,以及当浴处于相干态或相干态的叠加时 GKSL 方程的推导。

注意:在场的量子理论中,我们在三动量空间中引入了产生和湮灭算符场。但是,这些算符场是与时间无关的。然而,为了表达量子噪声,我们需要将这些产生和湮灭场与时间关联起来,使得这些时间相关过程在浴的某些状态下表现得像经典随机过程一样。哈德逊-帕塔萨拉蒂理论量子随机演算精确地实现了这一目标。每当我们有一个算符场,如 $a(\boldsymbol{u})$、$a(\boldsymbol{u})^*$、$\lambda(H)$ 在 $\mathcal{H}$ 的玻色子福克空间中起作用,其中 $\boldsymbol{u}$ 是希尔伯特空间 $\mathcal{H}$ 中的一个矢量,H 是希尔伯特空间 $\mathcal{H}$ 中的一个算符,我们可以通过用 $\chi_{[0,t]}\boldsymbol{u}$ 和 $H\chi_{[0,t]}H$ 替换 $\boldsymbol{u}$ 来引入时间依赖性，前提条件是 H 具有形式 $L^2(\mathbb{R}_+)\otimes\mathcal{H}_0$，并且 $\chi_{[0,t]}$ 表示在 $L^2(\mathbb{R}_+)$ 中乘以指示函数[0,t]。我们必须假设 $\chi_{[0,t]}$ 与 H 对易。例如 H 在 $\mathcal{H}_0$ 中起作用时，将会发生这种情况。当引入产生场、湮灭场和守恒场的时间依赖性时，由于这些算符场的不可对易性，我们得到了满足量子伊藤公式的量子随机过程。布朗运动和泊松过程的经典伊藤公式是其特例。由于可观测量的不可对易性意味着海森堡的不确定性，即不可能同时测量这些可观测量，因此伊藤公式可以追溯到海森堡测不准原理。

(5)在噪声电磁场中电子的狄拉克方程。

(6)利用系统空间上的时间相关扰动理论求解 GKSL 方程的近似解。

(7)利用系统⊗浴空间上的时间相关扰动理论求解哈德逊－帕塔萨拉蒂噪声薛定谔方程的近似解。

(8)由噪声电磁场注入原子系统的量子熵的近似表达式。

(9)利用贝拉夫金理论进行量子力学的滤波。与给定的哈德逊－帕塔萨拉蒂噪声薛定谔演化相关的非破坏测量的概念。利用正交过程、光子计数过程以及正交和光子计数过程的混合进行非破坏测量的示例。

(10)滤波后的量子控制，目标是(a)减少 GKSL 噪声和(b)状态跟踪。

(11)量子滤波和控制与经典滤波和控制的比较。

(12)引力场与电磁场的相互作用——基于爱因斯坦－麦克斯韦方程的经典理论。

(13)引力场与电磁场的相互作用——基于爱因斯坦场方程近似线性化的量子理论。

(14)平坦和弯曲背景度规中的引力波。

(15)引力子是自旋为 2 的粒子的证明。基于选择调和坐标系并确定坐标系绕轴旋转下引力波振幅的张量分量及其变换性质的证明。

(16)引力场的能量－动量张量。

(17)当拉格朗日量在场变换的无穷小李代数下不变时，关于经典场论的守恒荷的诺特(Noether)定理。

(18)绘制涉及电子、正电子、光子、介子和引力子的散射、吸收和发射过程的费曼图的具体方法。利用算符理论推导费曼规则，即利用玻色子的正则对易规则和费米子的正则反对易规则。

(19)场的路径积分及其在杨－米尔斯(Yang－Mills)量子化中的应用。只要作用量和路径测度是规范不变的，在不同的规范固定条件下推导路径积分的不变性。

(20)伽利略群及其射影酉表示。从伽利略群的乘子导出能量、位置、动量、角动量和速度算符。

(21)诱导表示理论的应用,用于从噪声电磁方向图测量中估计天线的旋转、平移和匀速运动。

在频率 ω 处,初始电流密度场为 $\boldsymbol{J}(r)$,设定

$$G(|r|)=(\mu/4\pi|r|)\exp(-\mathrm{j}\omega|r|/c)$$

那么初始磁矢势为

$$\boldsymbol{A}(r)=\int G(|r-r'|)\boldsymbol{J}(r')\mathrm{d}^3r'$$

经过旋转和平移后,电流密度为

$$\tilde{\boldsymbol{J}}(r)=\boldsymbol{R}\boldsymbol{J}(\boldsymbol{R}^{-1}(r-a)),\boldsymbol{R}\in\mathrm{SO}(3),a\in\mathbb{R}^3$$

相应的磁矢势为

$$\tilde{\boldsymbol{A}}(r)=\int G(|r-r'|)\tilde{\boldsymbol{J}}(r')\mathrm{d}^3r'+\boldsymbol{w}(r)$$

其中,$\boldsymbol{w}(r)$是一个噪声场,其计算结果为

$$\begin{aligned}\tilde{\boldsymbol{A}}(r)&=\int G(|r-\boldsymbol{R}r'-a|)R\boldsymbol{J}(r')\mathrm{d}^3r'+\boldsymbol{w}(r)\\&=\boldsymbol{R}\int G(|\boldsymbol{R}^{-1}(r-a)-r'|)\boldsymbol{J}(r')\mathrm{d}^3r'+\boldsymbol{w}(r)\\&=\boldsymbol{R}\boldsymbol{A}(R^{-1}(r-a))+w(r)\end{aligned}$$

因为 $\det\boldsymbol{R}=1$。初始磁场和最终磁场分别为

$$\boldsymbol{B}(r)=\nabla\times\boldsymbol{A}(r)$$

$$\tilde{\boldsymbol{B}}(r)=\nabla\times\tilde{\boldsymbol{A}}(r)=((\boldsymbol{R}^{-1}\nabla)\times(\boldsymbol{R}\boldsymbol{A}))(\boldsymbol{R}^{-1}(r-a))+\nabla\times\boldsymbol{w}(r)$$

同样,电场可以转换为:初始电场为

$$\boldsymbol{E}(r)=-\nabla\boldsymbol{V}(r)-\mathrm{j}\omega\boldsymbol{A}(r)$$

其中

$$\boldsymbol{V}(r)=(\mathrm{j}c^2/\omega)\mathrm{div}\boldsymbol{A}(r)$$

那么

$$\boldsymbol{E}(r)=(-\mathrm{j}c^2/\omega)\nabla(\mathrm{div}\boldsymbol{A}(r))-\mathrm{j}\omega\boldsymbol{A}(r)$$

这可以等效地使用麦克斯韦方程

$$\nabla\times\boldsymbol{B}/\mu=\boldsymbol{J}+\mathrm{j}\omega\epsilon\boldsymbol{E},\boldsymbol{B}=\nabla\times\boldsymbol{A}$$

表示为

$$\boldsymbol{E}(r)=(-\mathrm{j}/\omega\epsilon)(\nabla\times(\nabla\times\boldsymbol{A}(r))/\mu-\boldsymbol{J}(r))$$

这两个表达式的等价性由波动方程 $\boldsymbol{A}(r)$得出:

$$(\nabla^2+\omega^2/c^2)\boldsymbol{A}(r)=-\mu\boldsymbol{J}(r),c^2=1/\epsilon\mu$$

然而,使用狭义相对论张量更为方便:

$$\boldsymbol{F}_{\mu\nu}=\boldsymbol{A}_{\nu,\mu}-\boldsymbol{A}_{\mu,\nu}$$

其中我们使用了时域表达式。我们继续应用洛伦兹规范条件

$$A^{\mu}_{,\mu}=0$$

到麦克斯韦方程，

$$F^{\mu\nu}_{,\nu}=-\mu_0 J^{\mu}$$

以及

$$\Box A^{\mu}(x)=\mu_0 J^{\mu}(x),\Box=\partial_{\alpha}\partial^{\alpha}$$

其解为

$$A^{\mu}(x)=\int J^{\mu}(x')G(x-x')\mathrm{d}^4x'$$

其中

$$G(x-x')=\mu_0\delta((x-x')^2)=\left(\frac{\mu_0}{2\pi}\right)\delta((t-t')^2-|r-r'|^2)$$
$$=\mu_0\delta(t-t'-|r-r'|)/4\pi|r-r'|$$

假设 $t>t'$。

现在假设，我们对四电流密度 $J^{\mu}=J$ 应用庞加莱(Poincare)变换，即洛伦兹变换 L 和时空平移 a。然后，变换后的四电流密度为

$$\tilde{J}(x)=LJ(L^{-1}(x-a))$$

其中

$$(LJ)^{\mu}=L^{\mu}_{\nu}J^{\nu}$$

问题是估计庞加莱群元素 (L,a)，其中 $a=(a^{\mu})$。对于初始和变换后的电磁四势，我们得到

$$A(x)=\int G(x-x')J(x')\mathrm{d}^4x'$$

$$\tilde{A}(x)=\int G(x-x')LJ(L^{-1}(x'-a))\mathrm{d}^4x'$$
$$=L\int G(L^{-1}(x-a)-x')J(x')\mathrm{d}^4x'=LA(L^{-1}(x-a))$$

其中我们利用了以下事实：L 保持时空闵可夫斯基度规 $(x-x')^2$，即 $(L(x-x'))^2=(x-x')^2$。

第 13 章

具有光子相互作用的量子引力、具有非均匀性的腔体谐振器，以及场的经典和量子最优控制

13.1 通过状态反馈对哈德逊 - 帕塔萨拉蒂 - 薛定谔方程进行量子控制

$$\mathrm{d}\boldsymbol{U}(t)=(-(\mathrm{i}\boldsymbol{H}+P)\mathrm{d}t+L_1\mathrm{d}\boldsymbol{A}(t)+L_2\mathrm{d}\boldsymbol{A}(t)^*+S\mathrm{d}\boldsymbol{\Lambda}(t))\boldsymbol{U}(t)$$

$$j_t(\boldsymbol{X})=\boldsymbol{U}(t)^*\boldsymbol{X}\boldsymbol{U}(t),\boldsymbol{X}\in\mathcal{L}(\mathfrak{h})$$

$$\mathrm{d}j_t(\boldsymbol{X})=j_t(\theta_0(\boldsymbol{X}))\mathrm{d}t+j_t(\theta_1(\boldsymbol{X}))\mathrm{d}\boldsymbol{A}(t)+j_t(\theta_2(\boldsymbol{X}))\mathrm{d}\boldsymbol{A}(t)^*+j_t(\theta_3(\boldsymbol{X}))\mathrm{d}\boldsymbol{\Lambda}(t)$$

我们希望 $j_t(\boldsymbol{X})$ 追踪无噪声的轨迹 $\boldsymbol{X}_d(t)\in\mathcal{L}(\mathfrak{h})$。假设进行了非破坏测量 $Y_o(t)=\boldsymbol{U}(t)^*Y_i(t)\boldsymbol{U}(t)$，并且针对下式的贝拉夫金滤波器

$$\boldsymbol{\pi}_t(\boldsymbol{X})=\mathbb{E}(j_t(\boldsymbol{X})\mid\boldsymbol{\eta}_t),\boldsymbol{\eta}_t=\sigma(Y_o(s):s\leqslant t)$$

构建成如下形式

$$\mathrm{d}\boldsymbol{\pi}_t(\boldsymbol{X})=\boldsymbol{F}_t(\boldsymbol{X})\mathrm{d}t+\boldsymbol{G}_t(\boldsymbol{X})\mathrm{d}Y_o(t)$$

则轨迹估计误差 $\boldsymbol{X}_d(t)-\boldsymbol{\pi}_t(\boldsymbol{X})$ 作为反馈输入到状态方程中，其形式为

$$\begin{aligned}\mathrm{d}j_t(\boldsymbol{X})=&j_t(\theta_0(\boldsymbol{X}))\mathrm{d}t+j_t(\theta_1(\boldsymbol{X}))\mathrm{d}\boldsymbol{A}(t)+j_t(\theta_2(\boldsymbol{X}))\mathrm{d}\boldsymbol{A}(t)^*\\&+j_t(\theta_3(\boldsymbol{X}))\mathrm{d}\boldsymbol{\Lambda}(t)\\&+K(t)(\boldsymbol{X}_d(t)-\boldsymbol{\pi}_t(\boldsymbol{X}))\mathrm{d}t\end{aligned}$$

另一方面，如果我们假设 $\boldsymbol{X}_d$ 遵循无噪声轨迹，即它根据以下方程演化

$$\boldsymbol{X}_d(t)=j_t^{(0)}(\boldsymbol{X}_d)=\boldsymbol{U}_0(t)^*\boldsymbol{X}_d\boldsymbol{U}_0(t),\boldsymbol{U}_0(t)=\exp(-\mathrm{i}t\boldsymbol{H}_0)$$

那么我们可以给出估计误差作为反馈，即

$$E(t)=\boldsymbol{X}_d(t)-Tr_2(\boldsymbol{\pi}_t(\boldsymbol{X})(\boldsymbol{I}\otimes|\phi(u)><\phi(u)|))$$

这是一个系统可观察量。将这个误差反馈输入到上述状态方程，即输入到产生动力学的埃文斯 - 哈德逊(Evans - Hudson)流，即

$$\mathrm{d}j_t(X)=j_t(\theta_0(\boldsymbol{X}))\mathrm{d}t+j_t(\theta_1(\boldsymbol{X}))\mathrm{d}\boldsymbol{A}(t)+j_t(\theta_2(\boldsymbol{X}))\mathrm{d}\boldsymbol{A}(t)^*$$
$$+j_t(\theta_3(\boldsymbol{X}))\mathrm{d}\boldsymbol{\Lambda}(t)+K(t)E(t)$$

或者，我们可以将这个误差反馈合并到原始哈德逊－帕塔萨拉蒂方程中，即

$$\mathrm{d}\boldsymbol{U}(t)=(-(\mathrm{i}\boldsymbol{H}+P+K(t)E(t))\mathrm{d}t+L_1\mathrm{d}\boldsymbol{A}(t)+L_2\mathrm{d}\boldsymbol{A}(t)^*+S\mathrm{d}\boldsymbol{\Lambda}(t))\boldsymbol{U}(t)$$

从而得到与上述形式相同的埃文斯－哈德逊流，但其中将 $\theta_0(\boldsymbol{X})$ 替换为 $\theta_0(\boldsymbol{X})+\mathrm{i}K(t)[E(t),\boldsymbol{X}]$，与卢克－鲍滕的控制方法略有不同。在这里，我们选择一个系统可观察量 Z，并给出一个无穷小的幺正控制，即

$$\boldsymbol{U}_c(t,t+\mathrm{d}t)=\boldsymbol{U}(t+\mathrm{d}t)^*\exp(-\mathrm{i}Z\mathrm{d}Y_i(t))\boldsymbol{U}(t+\mathrm{d}t)$$
$$=\exp(\mathrm{i}Z(t+\mathrm{d}t)\mathrm{d}Y_o(t))$$

我们需要注意

$$Y_o(t)=\boldsymbol{U}(t+\mathrm{d}t)^*Y_i(t)\boldsymbol{U}(t+\mathrm{d}t),Y_o(t+\mathrm{d}t)$$
$$=\boldsymbol{U}(t+\mathrm{d}t)^*Y_i(t+\mathrm{d}t)\boldsymbol{U}(t+\mathrm{d}t)$$

因此，形成差异，我们可以得到

$$\mathrm{d}Y_o(t)=\boldsymbol{U}(t+\mathrm{d}t)^*\mathrm{d}Y_i(t)\boldsymbol{U}(t+\mathrm{d}t)$$

此外，Z 与 $\mathrm{d}Y_i(t)$ 对易，因此 $Z(t+\mathrm{d}t)=\boldsymbol{U}(t+\mathrm{d}t)^*Z\boldsymbol{U}(t+\mathrm{d}t)$ 与 $\boldsymbol{U}(t+\mathrm{d}t)^*\mathrm{d}Y_o(t)\boldsymbol{U}(t+\mathrm{d}t)$ 对易。设 $\rho_c(t)$ 表示在时间 t 上的受控状态，即将直到时间 t 的贝拉夫金滤波器和控制应用到 HP 演化状态。然后，通过以下方式我们将贝拉夫金（Belavkin）滤波器从 t 应用到 $t+\mathrm{d}t$，即

$$\rho_B(t+\mathrm{d}t)=\rho_c(t)+\delta\rho_B(t)$$

其中

$$\delta\rho_B(t)=\boldsymbol{L}_t^*(\rho_c(t))\mathrm{d}t+(M_t\rho_c(t)+\rho_c(t)\boldsymbol{M}_t^*$$
$$-Tr(M_t+\boldsymbol{M}_t^*)\rho_c(t))\rho_c(t))(\mathrm{d}Y_o(t)$$
$$-Tr(\rho_c(t)(M_t+M_t^*))\mathrm{d}t)$$

最后，在时间 $t+\mathrm{d}t$ 处的过滤和控制状态由下式给出：

$$\rho_c(t+\mathrm{d}t)=\rho_c(t)+\delta\rho_c(t)=\boldsymbol{U}_c(t,t+\mathrm{d}t)(\rho_c(t)+\delta\rho_B(t))\cdot\boldsymbol{U}_c(t,t+\mathrm{d}t)^*$$
$$=\exp(\mathrm{i}Z(t+\mathrm{d}t)\mathrm{d}Y_o(t))(\rho_c(t)+\delta\rho_B(t))\cdot\exp(-\mathrm{i}Z(t+\mathrm{d}t)\mathrm{d}Y_o(t))$$

与经典滤波器/状态观测器和控制器的比较：

$$\boldsymbol{X}'(t)=\psi(t,\boldsymbol{X}(t))+G(t,\boldsymbol{X}(t))(\tau_c(t)+W(t))$$
$$\tau_c(t)=G(t,\hat{\boldsymbol{X}}(t))^{-1}(K(t)(\boldsymbol{X}_d(t)-\hat{\boldsymbol{X}}(t))+\boldsymbol{X}'_d(t)-\psi(t,\hat{\boldsymbol{X}}(t)))$$
$$\boldsymbol{X}'^{(t)}_d=\psi(t,\boldsymbol{X}_d(t))+G(t,\boldsymbol{X}_d(t))\tau_d(t)$$
$$\hat{\boldsymbol{X}}'(t)=\psi(t,\hat{\boldsymbol{X}}(t))+L(t)(\mathrm{d}Z(t)-h(t,\hat{\boldsymbol{X}}(t))\mathrm{d}t)$$
$$\mathrm{d}Z(t)=h(t,\boldsymbol{X}(t)\mathrm{d}t+\sigma_V\mathrm{d}V(t)$$
$$e(t)=\boldsymbol{X}_d(t)-\boldsymbol{X}(t),f(t)=\boldsymbol{X}(t)-\hat{\boldsymbol{X}}(t)$$

因此

$$
\begin{aligned}
e'(t) &= \psi(t,\boldsymbol{X}_d(t)) - \psi(t,\boldsymbol{X}(t)) + G(t,\boldsymbol{X}_d(t))\tau_d(t) \\
&\quad - G(t,\boldsymbol{X}(t))\tau_c(t) - G(t,\boldsymbol{X}(t))W(t) \\
&= \psi(t,\boldsymbol{X}_d(t)) - \psi(t,\boldsymbol{X}(t)) + G(t,\boldsymbol{X}_d(t))\tau_d(t) \\
&\quad - G(t,\boldsymbol{X}(t))\tau_c(t) - G(t,\boldsymbol{X}(t))W(t) \\
&= \psi(t,\boldsymbol{X}_d(t)) - \psi(t,\boldsymbol{X}(t)) + G(t,\boldsymbol{X}_d(t))\tau_d(t) \\
&\quad - G(t,\boldsymbol{X}(t))G(t,\hat{\boldsymbol{X}}(t))^{-1}K(t)(e(t)+f(t)) \\
&\quad - G(t,\boldsymbol{X}(t))G(t,\hat{\boldsymbol{X}}(t))^{-1}(\boldsymbol{X}_d(t) - \psi(t,\hat{\boldsymbol{X}}(t))) \\
&\quad - G(t,\boldsymbol{X}(t))W(t)
\end{aligned}
$$

针对 $\hat{\boldsymbol{X}}(t)$ 将这个方程线性化，这个方程呈现以下形式

$$
e'(t) = \boldsymbol{A}_1(t)e(t) + \boldsymbol{A}_2(t)f(t) + \boldsymbol{A}_3(t)W(t)
$$

其中，$\boldsymbol{A}_1(t)$、$\boldsymbol{A}_2(t)$、$\boldsymbol{A}_3(t)$ 只是 $t,\hat{\boldsymbol{X}}(t)$ 的函数。

13.2 泊松过程的一些应用

对于泊松鞅的 Girsanov 测度变换定理，考虑如下过程：

$$
X(t) = \sum_{a=1}^{p} c(a)N_a(t)
$$

其中，$N_1,\cdots,N_p$ 分别是具有速率 $\lambda_1,\cdots,\lambda_p$ 的 p 独立泊松过程。这个过程

$$
Y(t) = X(t) - \sum_{a=1}^{p} c(a)\lambda_a t = \sum_{a=1}^{p} c(a)(N_a(t) - \lambda_a t)
$$

是一个鞅。设定 $\eta(t)$ 是一个有限变差适应过程，使得 $\exp(Y(t)+\eta(t))$ 是一个鞅。然后，我们计算 $\eta(t)$，可以得到

$$
Z(t) = \exp(Y(t) + \eta(t))
$$

$$
\begin{aligned}
\mathrm{d}Z(t) &= \mathrm{d}(\exp(Y(t) + \eta(t))) = \mathrm{d}(\exp(X(t) + \eta(t) - \sum_a c(a)\lambda_a t)) \\
&= Z(t)[\sum_a (\exp(c(a)) - 1)\mathrm{d}N_a(t) + \mathrm{d}\eta(t) - \sum_a c(a)\lambda_a \mathrm{d}t] \\
&= Z(t)[\sum_a (\exp(c(a)) - 1)(\mathrm{d}N_a(t) - \lambda_a \mathrm{d}t) + \mathrm{d}\eta(t) \\
&\quad + \sum_a \lambda_a(\exp(c(a)) - 1 - c(a))\mathrm{d}t)
\end{aligned}
$$

所以，为了使 $Z(t)$ 成为一个鞅，需要

$$
\eta(t) = -\sum_a \lambda_a(\exp(c(a)) - 1 - c(a))t
$$

因此，与 $X(t)$ 相关的指数鞅由下式给出：

$$
Z(t) = \exp(X(t) - \sum_a \lambda_a(\exp(c(a)) - 1 - c(a))t)
$$

实际上，我们可以得到

$$dZ(t) = Z(t).\sum_a (\exp(c(a)) - 1)(dN_a(t) - \lambda_a dt)$$

接下来定义一个测度 Q，使得

$$dQ_t/dP_t = Z(t), t \geqslant 0$$

其中，Q_t、P_t 分别是 P 和 $\mathcal{F}_t$ 对于 Q 的限制。这是一个具有一致性的定义，因为如果 $t > s$ 和 $B \in \mathcal{F}_s$，那么

$$Q_t(B) = \int_B Z(t) dP_t = \int_B Z(t) dP = \int_B Z(s) dP = \int_B dQ_s = Q_s(B)$$

其中利用了相对于 P 的 Z 鞅性质。现在，我们希望确定一个有限变差的适应过程 $f(t)$，使得 $U(t) = Y(t) + f(t)$ 是一个 Q 鞅。注意，$Y(t)$ 是一个 P 鞅。为了实现这个目标，我们必须要求

$$\mathbb{E}_P[d(Z(t)U(t)) | \mathcal{F}_t] = 0$$

即，过程 ZU 是一个 P 鞅，那么，这将意味着对于任何 $\mathcal{F}_t$ 可测的随机变量 V，我们可以得到

$$\mathbb{E}_P[d(Z(t)U(t)).V] = 0$$

这反过来又意味着

$$\mathbb{E}_P[(Z(t+dt)U(t+dt) - Z(t)U(t))V] = 0$$

或者等效表达式

$$\mathbb{E}_Q[(U(t+dt) - U(t))V] = 0$$

即 $U(t)$ 是一个 Q 鞅。现在，应用伊藤公式到泊松过程，我们得到

$$d(ZU)) = ZdU + UdZ + dU.dZ = Z(dY + df) + UdZ + dYdZ + df.dZ$$

因为 $\int UdZ$ 和 $\int ZdY$ 都是鞅，所以我们要求 $\int (Zdf + dYdZ + dfdZ)$ 是一个鞅。但是，

$$\begin{aligned} Zdf + dYdZ &= Zdf + Z.\sum_a \exp(c(a)) - 1)(dN_a - \lambda_a dt). \\ &\quad \sum_b c(b)(dN_b - \lambda_b dt) \\ &= Z\left[df + \sum_a (\exp(c(a)) - 1)c(a)dN_a\right] \end{aligned}$$

我们得到以下表达式

$$f(t) = \sum_a d(a) N_a(t)$$

我们可以得到

$$df.dZ = Z.\sum_a (\exp(c(a)) - 1)d(a)dN_a(t)$$

因此，我们推断出 U 是一个 Q 鞅，条件是

$$f(t) = -\sum_a (\exp(c(a)) - 1)(c(a) + d(a))dN_a(t)$$

这意味着我们应该

$$d(a)+(\exp(c(a))-1)(c(a)+d(a))=0$$

或者等效表达式

$$d(a)=-c(a)(1-\exp(-c(a)))$$

换句话说

$$U(t)=Y(t)-\sum_a c(a)(1-\exp(-c(a)))N_a(t)$$

是一个 Q 鞅。

对泊松过程的费曼－卡茨(Feynman－Kac)公式,定义

$$X(t)=\sum_a c(a)N_a(t)$$

$$u(t,x)=\mathbb{E}\left[\exp\left(\int_0^t V(X(s))\mathrm{d}s\right)\phi(X(t))\mid X(0)=x\right]$$

我们利用 $X(.)$ 的马尔可夫(Markov)性质得到

$$u(t+\mathrm{d}t,x)=(1+V(x)\mathrm{d}t)\mathbb{E}(u(t,X(\mathrm{d}t))\mid X(0)=x)$$

$$=(1+V(x)\mathrm{d}t)\left(u(t,x)+\sum_a(u(t,x+c(a))-u(t,x))\lambda_a\mathrm{d}t\right)$$

所以 u 满足方程

$$u_{,t}(t,x)=V(x)u(t,x)+\sum_a\lambda_a(u(t,x+c(a))-u(t,x)),u(0,x)=\phi(x)$$

通过以下定义将 t 替换为 $\mathrm{i}t$:

$$\psi(t,x)=u(-\mathrm{i}t,x)$$

我们可以得到

$$\mathrm{i}\psi_{,t}(t,x)=V(x)\psi(t,x)+\sum_a\lambda_a(\psi(t,x+c(a))-\psi(t,x)),\psi(0,x)=\phi(x)$$

这个方程具有以下的物理解释;在 $t=0$ 时刻,$\phi(x)$ 是量子粒子的波函数;在没有外部势能的情况下,粒子在时间 $\mathrm{d}t$ 内从 $x+c(a)$ 到 x 的振幅由 $-\mathrm{i}\lambda_a\mathrm{d}t,a=1,2,\cdots,p$ 给出;在有外部势能 $V(x)$ 的情况下,粒子在时间 $\mathrm{d}t$ 内从 $x+c(a)$ 到 x 的振幅由 $-\mathrm{i}\lambda_a\mathrm{d}t$ 给出,在时间 $\mathrm{d}t$ 内停留在 x 的振幅由 $1+\mathrm{i}(\sum_a\lambda_a\mathrm{d}t-V(x))\mathrm{d}t$ 给出。换句话说,这个版本的费曼路径积分假设量子跃迁的发生方式是通过离散跳跃而不是连续运动。

假设一个电子在一维晶体中运动。在任何时间 t 处,电子在时间 t 且在位置 $n\Delta$ 都有一个振幅 $c_t(n)$。跃迁只能在相邻位置之间进行。如果电子从 $(n+1)\Delta$ 到 $n\Delta$ 的跃迁有一个振幅,从 $(n-1)\Delta$ 到 $n\Delta$ 的跃迁也有一个振幅,那么根据量子力学可以得到以下方程

$$c_{t+\mathrm{d}t}(n)=c_t(n)(1-\mathrm{i}\lambda\mathrm{d}t)-c_t(n-1)\mathrm{i}a\mathrm{d}t-c_t(n+1)\mathrm{i}a\mathrm{d}t$$

或

$$\mathrm{i}\mathrm{d}c_t(n)/\mathrm{d}t=\lambda c_t(n)+a(c_t(n+1)+c_t(n-1))$$

其中，$1-\mathrm{i}\lambda\mathrm{d}t$ 是在时间 $\mathrm{d}t$ 内没有发生跃迁的振幅。我们做出以下近似：

$$c_t(n+1)+c_t(n-1)-2c_t(n)\approx\Delta^2c''_t(x),x=n\Delta$$

然后得到薛定谔方程

$$\mathrm{i}\mathrm{d}c_t(x)/\mathrm{d}t=a\Delta^2c''_t(x)+(\lambda+2a)c_t(x)$$

其中，a 应选择为负值。然后 a 就有成为 $-h^2/8\pi^2m$ 的解释，同时 $\lambda+2a$ 有成为电子在其中运动的外部势能场的解释。我们可以利用基于泊松过程或等效的生死过程的费曼路径积分来求解上述方程。

13.3　最优控制中的一个问题

状态方程为

$$\mathrm{d}\boldsymbol{X}(t)=\boldsymbol{A}\boldsymbol{X}(t)\mathrm{d}t+\boldsymbol{C}\boldsymbol{u}(t)\mathrm{d}t+G\mathrm{d}\boldsymbol{W}(t)$$

其中

$$\boldsymbol{X}(t)\in\mathbb{R}^n,\boldsymbol{A}\in\mathbb{R}^{n\times n},\boldsymbol{u}(t)\in\mathbb{R}^p,\boldsymbol{C}\in\mathbb{R}^{n\times p},\boldsymbol{G}\in\mathbb{R}^{n\times d},\boldsymbol{W}(t)\in\mathbb{R}^d$$

$\boldsymbol{W}(.)$ 是矢量值的标准布朗运动。控制输入 $\boldsymbol{u}(t)$ 被限制为瞬时反馈类型，即形式为 $\boldsymbol{u}(t)=\boldsymbol{\chi}_t(\boldsymbol{X}(t))$，其中$\chi_t:\mathbb{R}^n\to\mathbb{R}^p$是一个非随机函数。目的是在时间范围 $[0,T]$ 内确定该控制输入，使得

$$(1/2)\,\mathbb{E}\int_0^T(\boldsymbol{X}(t)^{\mathrm{T}}Q_1\boldsymbol{X}(t)+\boldsymbol{u}(t)^{\mathrm{T}}Q_2\boldsymbol{u}(t))\mathrm{d}t$$

达到最小值。我们已经根据随机贝尔曼－哈密顿－雅可比（SBHJ）动态规划理论得知，如果我们定义

$$V(t,\boldsymbol{X}(t))=\min_{u(s),s\in[t,T]}\mathbb{E}[\int_t^T(\boldsymbol{X}(s)^{\mathrm{T}}Q_1\boldsymbol{X}(s)+\boldsymbol{u}(s)^{\mathrm{T}}Q_2\boldsymbol{u}(s))\mathrm{d}s\mid\boldsymbol{X}(t)]$$

那么 $V(t,x)$ 满足随机贝尔曼－哈密顿－雅可比方程

$$V_{,t}(t,\boldsymbol{x})+\min_u(K_t(\boldsymbol{u})V(t,\boldsymbol{x})+(1/2)(\boldsymbol{x}^{\mathrm{T}}Q_1\boldsymbol{x}+\boldsymbol{u}^{\mathrm{T}}Q_2\boldsymbol{u}))$$

其中，$K_t(\boldsymbol{u})$ 是马尔可夫过程 $\boldsymbol{X}(t)$ 的生成元。此项由下式给出

$$K_t(\boldsymbol{u})=(\boldsymbol{A}\boldsymbol{x}+\boldsymbol{C}\boldsymbol{u})^{\mathrm{T}}\nabla_x+(1/2)\mathrm{Tr}(\boldsymbol{G}\boldsymbol{G}^{\mathrm{T}}\nabla_x\nabla_x^{\mathrm{T}})$$

因此，我们的随机贝尔曼－哈密顿－雅可比方程为

$$\begin{aligned}V_{,t}(t,\boldsymbol{x})&+\min_u((\boldsymbol{x}^{\mathrm{T}}\boldsymbol{A}^{\mathrm{T}}\nabla_xV(t,\boldsymbol{x})+\boldsymbol{u}^{\mathrm{T}}\boldsymbol{C}^{\mathrm{T}}\nabla_xV(t,\boldsymbol{x})\\&+(1/2)(\boldsymbol{x}^{\mathrm{T}}Q_1\boldsymbol{x}+\boldsymbol{u}^{\mathrm{T}}Q_2\boldsymbol{u})+(1/2)\mathrm{Tr}(\boldsymbol{G}\boldsymbol{G}^{\mathrm{T}}\nabla_x\nabla_x^{\mathrm{T}}V(t,\boldsymbol{x})))\end{aligned}\tag{13-1}$$

最小化很容易实现，并且由此给出了如下形式的 $\boldsymbol{u}=\chi_t(\boldsymbol{x})$ 最优值

$$u = -Q_2^{-1}C^{\mathrm{T}} \nabla_x V(t,x) = \chi(x)$$

代入式(13-1),我们得到以下形式的随机贝尔曼-哈密顿-雅可比方程:

$$V_{,t}(t,x) + x^{\mathrm{T}}A^{\mathrm{T}} \nabla_x V(t,x) + (1/2)(-\nabla_x V(t,x))^{\mathrm{T}} CQ_2^{-1}C^{\mathrm{T}} \nabla_x V(t,x) + x^{\mathrm{T}}Q_1 x + \mathrm{Tr}(GG^{\mathrm{T}} \nabla_x \nabla_x^{\mathrm{T}} V(t,x))) = 0$$

我们重新排列这个方程,使得该方程由三部分组成。第一部分在 V 中是线性的,并且不涉及噪声项,第二部分在 V 中是非线性的,并且同样不涉及噪声项,最后,第三部分在 V 是线性的,但是涉及噪声项。假设非线性部分为 $O(\delta)$ 和假设噪声部分为 $O(\delta^2)$,其中 δ 为小扰动参数:

$$(V_{,t} + x^{\mathrm{T}}A^{\mathrm{T}} \nabla_x V(t,x) + x^{\mathrm{T}}Q_1 x/2) - (\delta/2)(\nabla_x V(t,x))^{\mathrm{T}} CQ_2^{-1}C^{\mathrm{T}} \nabla_x V(t,x) + (\delta^2/2)\mathrm{Tr}(GG^{\mathrm{T}} \nabla_x \nabla_x^{\mathrm{T}} V(t,x)) = 0$$

我们利用微扰理论求解近似到 $O(\delta^2)$ 的该方程:

$$V(t,x) = V_0(t,x) + \delta . V_1(t,x) + \delta^2 . V_2(t,x) + O(\delta^3)$$

代入这个方程,并进而使 $\delta^m, m=0,1,2$ 的系数相等,我们可以得到

$$V_{0,t}(t,x) + x^{\mathrm{T}}A^{\mathrm{T}} \nabla_x V_0(t,x) + x^{\mathrm{T}}Q_1 x/2 = 0$$

$$V_{1,t}(t,x) + x^{\mathrm{T}}A^{\mathrm{T}} \nabla_x V_1(t,x) = (\nabla_x V_0(t,x))^{\mathrm{T}} CQ_2^{-1}C^{\mathrm{T}} \nabla_x V_0(t,x)$$

$$V_{2,t}(t,x) + x^{\mathrm{T}}A^{\mathrm{T}} \nabla_x V_2(t,x) = \nabla_x V_1(t,x)^{\mathrm{T}} CQ_2^{-1}C^{\mathrm{T}} \nabla_x V_0(t,x) - \mathrm{Tr}(GG^{\mathrm{T}} \nabla_x \nabla_x^{\mathrm{T}} V_0(t,x))$$

很明显,根据边界条件 $V(T,x)=0$,我们可以得到

$$V_0(T,x) = V_1(T,x) = V_2(T,x) = 0$$

因此

$$V_0(t,x) = -\int_t^T \exp((s-t)x^{\mathrm{T}}A^{\mathrm{T}} \nabla_x) x^{\mathrm{T}}Q_1 x \,\mathrm{d}s/2$$

$$V_1(t,x) = -\int_t^T \exp((s-t)x^{\mathrm{T}}A^{\mathrm{T}} \nabla_x)(\nabla_x V_0(s,x))^{\mathrm{T}} CQ_2^{-1}C^{\mathrm{T}} \nabla_x V_0(s,x)\,\mathrm{d}s$$

$$V_2(t,x) = -\int_t^T \exp((s-t)x^{\mathrm{T}}A^{\mathrm{T}} \nabla_x)(\nabla_x V_1(s,x))^{\mathrm{T}} CQ_2^{-1}C^{\mathrm{T}} \nabla_x V_0(s,x) - \mathrm{Tr}(GG^{\mathrm{T}} \nabla_x \nabla_x^{\mathrm{T}} V_0(s,x)))\,\mathrm{d}s$$

13.4 光子与引力子的相互作用

爱因斯坦张量为

$$G^{\mu\nu} = R^{\mu\nu} - (1/2)Rg^{\mu\nu}$$

我们将其表达为

$$G^{\mu\nu} = G^{(1)\mu\nu} + G^{(2)\mu\nu}$$

其中,$G^{(1)\mu\nu}$ 在度规扰动 $h_{\mu\nu}(x)$ 中是线性的,并且 $G^{(2)\mu\nu}$ 由度规扰动中的二次项

和更高阶项组成。很容易看出

$$\boldsymbol{G}_{,\nu}^{(1)\mu\nu}=0$$

因此，爱因斯坦场方程为

$$\boldsymbol{G}^{\mu\nu}=-8\pi\boldsymbol{G}\boldsymbol{T}^{\mu\nu}$$

也可以表示为

$$\boldsymbol{G}^{(1)\mu\nu}=-8\pi\boldsymbol{G}(\boldsymbol{T}^{\mu\nu}-\boldsymbol{G}^{(2)\mu\nu}/8\pi\boldsymbol{G})$$

这暗示了

$$(\boldsymbol{T}^{\mu\nu}-\boldsymbol{G}^{(2)\mu\nu}/8\pi\boldsymbol{G})_{,\nu}=0$$

并且这是一个守恒定律。由于 $\boldsymbol{T}^{\mu\nu}$ 是物质和辐射场的能量动量张量，因此我们可以将 $\tau^{\mu\nu}=-\boldsymbol{G}^{(2)\mu\nu}/8\pi\boldsymbol{G}$ 解释为引力场的能量动量伪张量。在接下来的部分，我们首先证明

$$\boldsymbol{G}_{,\nu}^{(1)\mu\nu}=0$$

然后计算精确到 $h_{\mu\nu}$ 中的二次项的 $\tau^{\mu\nu}=-\boldsymbol{G}^{(2)\mu\nu}/8\pi\boldsymbol{G}$ 及其偏导数，接着计算引力场的能量，即

$$\boldsymbol{H}_G=\int\tau^{00}\mathrm{d}^3r$$

根据精确到二次项的引力场产生和湮灭算符 $d(\boldsymbol{K},\sigma)^*$、$d(\boldsymbol{K},\sigma)$，其中考虑到平面波展开

$$h_{\mu\nu}(x)=\int[e_{\mu\nu}(\boldsymbol{K},\sigma)d(\boldsymbol{K},\sigma)\exp(-\mathrm{i}k.x)$$
$$+\bar{e}_{\mu\nu}(\boldsymbol{K},\sigma)d(\boldsymbol{K},\sigma)^*\exp(\mathrm{i}k.x)]\mathrm{d}^3\boldsymbol{K}$$

$\boldsymbol{H}_G$ 的形式由下式给出

$$\boldsymbol{H}_G=\int C(\boldsymbol{K},\sigma,\sigma')\mathrm{d}(\boldsymbol{K},\sigma)d^*(\boldsymbol{K},\sigma')\mathrm{d}^3\boldsymbol{K}$$

然后，我们利用电磁场的能量－动量张量来计算电磁场和引力场之间的相互作用哈密顿量 $\boldsymbol{H}_I(t)$，即

$$\boldsymbol{S}^{\mu\nu}=(-1/4)\boldsymbol{F}_{\alpha\beta}\boldsymbol{F}^{\alpha\beta}g^{\mu\nu}+\boldsymbol{F}^{\mu\alpha}\boldsymbol{F}_{\alpha}^{\nu}$$

因此，引力场与电磁场的相互作用能量，由包含 $h_{\mu\nu}$ 中的线性项的 $\boldsymbol{S}^{\mu\nu}$ 的 $(00)^{th}$ 分量的空间积分给出。此项由下式给出

$$\int[(-1/4)\boldsymbol{F}_{\mu\nu}\boldsymbol{F}_{\alpha\beta}\delta(g^{mu\alpha}g^{\nu\beta}\sqrt{-g}g^{00})+\delta(g^{0\mu}g^{\alpha\beta}g^{0\rho}\sqrt{-g})\boldsymbol{F}_{\mu\beta}\boldsymbol{F}_{0\alpha}]\mathrm{d}^3r$$

在这个表达式中，我们注意到

$$g_{\mu\nu}=\eta_{\mu\nu}+\delta g_{\mu\nu}(x),\delta g_{\mu\nu}(x)=h_{\mu\nu}(x),h_{\mu}^{\alpha}=\eta_{\alpha\beta}h_{\beta\mu},h^{\alpha\beta}=\eta^{\alpha\mu}\eta^{\beta\nu}h_{\mu\nu}$$
$$g^{\mu\nu}=\eta_{\mu\nu}-\eta_{\mu\alpha}\eta_{\nu\beta}h_{\alpha\beta}+O(h^2)=\eta_{\mu\nu}-h^{\mu\nu}+O(h^2)$$
$$g=-(1+h),\sqrt{-g}=1+h/2,h=h_{\mu}^{\mu}=\eta_{\mu\nu}h_{\mu\nu}$$

其中，$O(h^2)$ 项已被忽略。因此

$$\delta g^{\mu\nu} = -\eta^{\mu\alpha}\eta^{\nu\beta}h_{\alpha\beta} = -h^{\mu\nu}$$

在没有引力相互作用的情况下，自由引力场满足波动方程

$$\Box h_{\mu\nu}(x) = 0$$

前提条件是我们在爱因斯坦场方程中只保留 $h_{\mu\nu}$ 中的线性项，并进一步假设谐振坐标，即

$$h^{\mu}_{\nu,\mu} - h_{,\nu}/2 = 0$$

因此，自由引力场的解可以像上面那样展开为平面波的叠加，其中系数函数 $e_{\mu\nu}(\boldsymbol{K},\boldsymbol{\sigma})$ 满足坐标条件

$$e^{\mu}_{\nu}k_{\mu} - e^{\alpha}_{\alpha}k_{\nu}/2 = 0$$

这是对十个系数 $e_{\mu\nu}$ 的四个约束，因此，我们只有六个自由度。实际上，如果我们忽略一个任意的缩放因子，那么自由度将进一步减少到五个。这就是为什么引力子是自旋为 2 的粒子（$l=2$ 暗示 $2l+1=5$）。现在引力场的能量计算过程如上所示。同样，电磁场和在 $h_{\mu\nu}$ 中精确到线性项的引力场之间的相互作用能量，可以从上面讨论的自由引力场的平面波展开和自由电磁场的平面波展开中获得：

$$\Box \boldsymbol{A}_{\mu}(x) = 0$$

从而得出

$$\boldsymbol{A}_{\mu}(x) = \int (e_{\mu}(\boldsymbol{K},s)a(\boldsymbol{K},s)\exp(-\mathrm{i}k.x) + \bar{e}_{\mu}(\boldsymbol{K},s)a(\boldsymbol{K},s)^{*}\exp(\mathrm{i}k.x))\mathrm{d}^3\boldsymbol{K}$$

其中，$s=1,2$，即电磁场的极化只有两个自由度。第一个自由度来自洛伦兹规范条件

$$\boldsymbol{A}^{\mu}_{,\mu} = 0$$

从而得到

$$e^{\mu}(\boldsymbol{K},s)k_{\mu} = 0$$

第二个自由度源于以下条件：电磁场的某些部分是物质场。这可以从库仑规范 $\mathrm{div}\boldsymbol{A} = \boldsymbol{A}^{r}_{,r} = 0$ 中更清楚地看到，由此得到 $\nabla^2\boldsymbol{A}^0 = -\mu\boldsymbol{J}^0$，意味着 $\boldsymbol{A}^0$ 是一个纯物质场。

注意，由于弱引力场和电磁场都满足波动方程，因此光子和引力子都以光速传播，即对于它们两者 $k^0 = |\boldsymbol{K}|$。因此，引力场和电磁场之间的相互作用哈密顿量大致可以由以下形式的表达式给出

$$\begin{aligned}\boldsymbol{H}_{GEM}(t) = \int [&C_1(\boldsymbol{K},\boldsymbol{K}',\sigma,\sigma',s))a(-\boldsymbol{K}-\boldsymbol{K}',s)d(\boldsymbol{K},\sigma)d(\boldsymbol{K}',\sigma') \\ &+ C_2(\boldsymbol{K},\boldsymbol{K}',\sigma,\sigma',s)a(\boldsymbol{K}-\boldsymbol{K}',s)d(\boldsymbol{K},\sigma)^{*}d(\boldsymbol{K}',\sigma') \\ &+ C_3(\boldsymbol{K},\boldsymbol{K}',\sigma\sigma',s)a(\boldsymbol{K}+\boldsymbol{K}',s)^{*}d(\boldsymbol{K},\sigma)d(\boldsymbol{K}',\sigma') \\ &+ C_4(\boldsymbol{K},\boldsymbol{K}',\sigma,\sigma',s)a(\boldsymbol{K}-\boldsymbol{K}',s)^{*}d(\boldsymbol{K},\sigma)d(\boldsymbol{K},\sigma)^{*}\end{aligned}$$

$$d(\boldsymbol{K}',\sigma)]\mathrm{d}^3\boldsymbol{K}+c.c$$

其中，$c.c$ 表示前面各项的复伴随。对易关系是通常的玻色子关系为

$$[a(\boldsymbol{K},s),a(\boldsymbol{K}',s')^*]=\delta^3(\boldsymbol{K}-\boldsymbol{K}')\delta_{s,s'}$$
$$[a(\boldsymbol{K},s),a(\boldsymbol{K}',s')]=0$$
$$[d(\boldsymbol{K},\sigma),d(\boldsymbol{K}',\sigma')^*]=\delta^3(\boldsymbol{K}-\boldsymbol{K}')\delta_{\sigma,\sigma'}$$
$$[d(\boldsymbol{K},\sigma),d(\boldsymbol{K}',\sigma')]=0$$
$$[a(\boldsymbol{K},s),d(\boldsymbol{K}',\sigma')]=0$$
$$[a(\boldsymbol{K},s),d(\boldsymbol{K}',\sigma')^*]=0$$

$\boldsymbol{G}^{(2)\mu\nu}$ 和 $\boldsymbol{G}^{(1)\mu\nu}$ 的计算：

$$\boldsymbol{R}^{(1)\mu\nu}=(g^{\mu\alpha}g^{\nu\beta}\boldsymbol{R}_{\alpha\beta})^{(1)}=(\eta_{\mu\alpha}-h^{\mu\alpha})(\eta_{\nu\beta}-h^{\nu\beta})\boldsymbol{R}_{\alpha\beta}^{(1)}=\eta_{\mu\alpha}\eta_{\nu\beta}\boldsymbol{R}_{\alpha\beta}^{(1)}$$
$$\boldsymbol{R}^{(1)}=(g^{\mu\nu}\boldsymbol{R}_{\mu\nu})^{(1)}=(\eta_{\mu\nu}-h^{\mu\nu})\boldsymbol{R}_{\mu\nu})^{(1)}=\eta_{\mu\nu}\boldsymbol{R}_{\mu\nu}^{(1)}$$

因此

$$\boldsymbol{G}^{(1)\mu\nu}=\eta_{\mu\alpha}\eta_{\nu\beta}\boldsymbol{R}_{\alpha\beta}^{(1)}-(\eta_{\alpha\beta}\boldsymbol{R}_{\alpha\beta}^{(1)})\eta_{\mu\nu}$$
$$\boldsymbol{G}^{(2)\mu\nu}=\boldsymbol{R}^{(2)\mu\nu}-(1/2)(R\boldsymbol{g}^{\mu\nu})^{(2)}$$
$$\begin{aligned}\boldsymbol{R}_{\mu\nu}^{(2)}&=[(\eta_{\mu\alpha}+h_{\mu\alpha})(\eta_{\nu\beta}+h_{\nu\beta})(\boldsymbol{R}_{\alpha\beta}^{(1)}+\boldsymbol{R}_{\alpha\beta}^{(2)})]^{(2)}\\&=\eta_{\mu\alpha}\eta_{\nu\beta}\boldsymbol{R}_{\alpha\beta}^{(2)}+\eta_{\mu\alpha}h_{\nu\beta}\boldsymbol{R}_{\alpha\beta}^{(1)}+\eta_{\nu\beta}h_{\mu\alpha}\boldsymbol{R}_{\alpha\beta}^{(1)}\end{aligned}$$
$$(\boldsymbol{R}g^{\mu\nu})^{(2)}=-\boldsymbol{R}^{(1)}h_{\mu\nu}+\boldsymbol{R}^{(2)}\eta_{\mu\nu}$$
$$\boldsymbol{R}^{(1)}=\eta_{\mu\nu}\boldsymbol{R}_{\mu\nu}^{(1)}$$
$$\boldsymbol{R}^{(2)}=(g^{\mu\nu}\boldsymbol{R}_{\mu\nu})^{(2)}=\eta_{\mu\nu}\boldsymbol{R}_{\mu\nu}^{(2)}-h^{\mu\nu}\boldsymbol{R}_{\mu\nu}^{(1)}$$

我们现在计算 $\boldsymbol{G}^{(1)\mu\nu}$，并证明 $\boldsymbol{G}_{,\nu}^{(1)\mu\nu}=0$。首先观察到

$$\begin{aligned}\boldsymbol{R}_{\mu\nu}^{(1)}&=(\boldsymbol{\Gamma}_{\mu\alpha,\nu}^{\alpha}-\boldsymbol{\Gamma}_{\mu\nu,\alpha}^{\alpha})^{(1)}=(g^{\alpha\beta}\boldsymbol{\Gamma}_{\beta\mu\alpha})_{,\nu}^{(1)}-(g^{\alpha\beta}\boldsymbol{\Gamma}_{\beta\mu\nu})_{,\alpha}^{(1)}\\&=(1/2)\eta_{\alpha\beta}(h_{\beta\mu,\alpha\nu}+h_{\beta\alpha,\mu\nu}-h_{\mu\alpha,\beta\nu}-h_{\beta\mu,\nu\alpha}-h_{\beta\nu,\mu\alpha}+h_{\mu\nu,\alpha\beta})\\&=(1/2)(h_{,\mu\nu}+\Box h_{\mu\nu}-h_{\mu\alpha,\nu}^{\alpha}-h_{\nu\alpha,\mu}^{,\alpha})\end{aligned}$$

由此可见

$$\boldsymbol{R}^{(1)}=\eta_{\mu\nu}\boldsymbol{R}_{\mu\nu}^{(1)}=\Box h-h_{\alpha\beta}^{,\alpha\beta}$$

因此

$$\begin{aligned}\boldsymbol{G}_{\mu\nu}^{(1)}&=\boldsymbol{R}_{\mu\nu}^{(1)}-(1/2)\boldsymbol{R}^{(1)}\eta_{\mu\nu}\\&=(1/2)(h_{,\mu\nu}+h_{\mu\nu}-h_{\mu\alpha,\nu}^{,\alpha}-h_{\nu\alpha,\mu}^{\alpha})-\eta_{\mu\nu}\Box h+h_{\alpha\beta}^{\alpha\beta}\eta_{\mu\nu})\end{aligned}$$

由此可见

$$\boldsymbol{G}^{(1)\mu\nu}=(1/2)(h^{,\mu\nu}+\Box h^{\mu\nu}-h_{,\alpha}^{\mu\alpha,\nu}-h_{,\alpha}^{\nu\alpha,\mu}-\eta^{\mu\nu}\Box h+h_{\alpha\beta}^{\alpha\beta}\eta^{\mu\nu})$$

由此，我们推断

$$\boldsymbol{G}_{,\nu}^{(1)\mu\nu}=(1/2)(\Box h^{,\mu}+\Box h_{,\nu}^{\mu\nu}-\Box h_{,\alpha}^{\mu\alpha}-h_{,\nu\alpha}^{\nu\alpha,\mu}-\Box h^{,\mu}+h_{,\alpha\beta}^{\alpha\beta,\mu})=0$$

13.5　量子最优控制的一个版本

在存在浴噪声的情况下，量子系统可观察量的演化状态方程使用系统⊗浴

中的幺正演化算符定义的噪声海森堡动力学进行建模，该算符满足哈德逊－帕塔萨拉蒂噪声薛定谔方程，其中噪声过程是浴玻色子福克空间中的可观察量族。这些噪声过程是产生、湮灭和守恒算符，在一些特殊情况下表现出如经典布朗运动和泊松过程的统计性质，而在一般情况下，这些过程是非对易的，因此，在经典随机过程中没有对应物。事实上，这些过程通常没有任何联合概率分布，因为它们在两个不同时间的值通常不对易。此外，海森堡测不准原理确保了一般的非对易测量不仅是不可能的，而且即使是一般的对易测量也可能不与状态的未来值对易。因此，贝拉夫金构建了一系列非破坏测量，这些测量形成了一个阿贝尔族，并且也与状态的未来值对易。现在，贝拉夫金构建了一个量子滤波器，它提供了基于非破坏测量的来自哈德逊－帕塔萨拉蒂－薛定谔方程的噪声海森堡态或等效噪声薛定谔态的实时估计。这些估计是输出非破坏测量的函数，因此是可对易的。由于贝拉夫金滤波器中所有变量的对易性，所有该滤波器也反映了随机薛定谔方程。贝拉夫金滤波器是经典库什纳（Kushner）滤波器的非对易推广，这就意味着：如果系统的希尔伯特空间是 $\boldsymbol{L}^2(\mathbb{R}^n)$，那么要研究其演化的系统可观察量是乘以 $\boldsymbol{L}^2(\mathbb{R}^n)$ 中的某个函数 $f(x)$，并且 $\boldsymbol{X}(t)$ 是经典马尔可夫过程，因此我们可以定义同态 $j_t(f)=f(\boldsymbol{X}(t))$，然后基于噪声测量

$$\mathrm{d}z(t)=h_t(\boldsymbol{X}(t))\mathrm{d}t+\boldsymbol{\sigma}_v\mathrm{d}\boldsymbol{V}(t)$$

我们定义了条件期望

$$\boldsymbol{\pi}_t(f)=\mathbb{E}(f(\boldsymbol{X}(t))\mid\boldsymbol{\eta}_{\mathrm{o}}(t)),\boldsymbol{\eta}_{\mathrm{o}}(t)=\boldsymbol{\sigma}(z(s),s\leqslant t)$$

然后，如果 K_t 表示 $X(t)$ 的生成元，我们得到经典的库什纳－卡利安普尔（Kushner－Kallianpur）滤波器

$$\mathrm{d}\boldsymbol{\pi}_t(f)=\boldsymbol{\pi}_t(K_tf)\mathrm{d}t+\boldsymbol{\sigma}_v^{-2}(\boldsymbol{\pi}_t(h_tf)-\boldsymbol{\pi}_t(h_t)\boldsymbol{\pi}_t(f))(\mathrm{d}z(t)-\boldsymbol{\pi}_t(h_t)\mathrm{d}t)$$

此式也可以通过将贝拉夫金滤波器中出现的非对易算符替换为函数的乘法算符而从贝拉夫金滤波器中导出。现在，我们可以通过在哈德逊－帕塔萨拉蒂方程中包括输入测量过程 $\boldsymbol{Y}_{\mathrm{i}}(t)$（其是基本噪声过程的叠加）的多项式函数来得到控制问题的公式，其中系数是系统希尔伯特空间中的算符。这些函数可以任意选择，唯一的约束是哈德逊－帕塔萨拉蒂演化算符在任何时候都应该是幺正的。应当注意，系统算符与输入测量值对易，而不是与输出测量值 $\boldsymbol{Y}_{\mathrm{o}}(t)=j_t(\boldsymbol{Y}_{\mathrm{i}}(t))=\boldsymbol{U}(t)^*\boldsymbol{Y}_{\mathrm{i}}(t)\boldsymbol{U}(t)$ 对易。对应于哈德逊－帕塔萨拉蒂方程的这个修正版本，幺正演化产生了类似于埃文斯－哈德逊（Evans－Hudson）流的演化态 $j_t(\boldsymbol{X})$ 的海森堡动力特性，但输出测量的函数作为系数出现。这些函数是控制函数。如果使用 Gough 等人的参考概率方法针对这样的过程创建贝拉夫金滤波器公式，那么最终得到具有以下形式的贝拉夫金滤波器

$$\mathrm{d}\pi_t(\boldsymbol{X}) = F_t(\boldsymbol{X},u(t))\mathrm{d}t + \sum_{k\geq 1} G_{kt}(\boldsymbol{X},u(t))(\mathrm{d}Y_{\mathrm{o}}(t))^k$$

这是修正后的埃文斯 - 哈德逊(Evans - Hudson)流的直接结果

$$\mathrm{d}j_t(\boldsymbol{X}) = \theta_b^a(u(t),j_t(F),j_t(\boldsymbol{X}))\mathrm{d}\boldsymbol{\Lambda}_a^b(t)$$

其中，F 表示出现在哈德逊 - 帕塔萨拉蒂方程中的所有系统可观测量的集合，并且 θ_b^a 是结构映射。

这里，$u(t)$ 具有形式 $\chi_t(\boldsymbol{Y}_{\mathrm{o}}(t))\in\eta_{\mathrm{o}}(t)$，因此，针对最小化以下形式成本函数的最优控制 $\chi_t(\cdot)$，导出最优控制的量子随机贝尔曼 - 哈密顿 - 雅可比(Bellman - Hamilton - Jacobi)方程是一个简单的问题，即

$$\mathbb{E}\int_0^T \mathcal{L}(j_t(\boldsymbol{X}),u(t))\mathrm{d}t$$

期望在系统⊗浴的任何初始状态下进行，用于执行最小化的方法基于哈密顿 - 雅可比(Hamilton - Jacobi)函数

$$V(t,\pi_t) = \min_{u(s),t\leq s\leq T}\mathbb{E}\left[\int_t^T \mathcal{L}(j_s(\boldsymbol{X}),u(s))\mathrm{d}s \mid \eta_{\mathrm{o}}(t)\right]$$

问题的公式化

要控制的过程是 j_t，满足量子随机微分方程

$$\mathrm{d}j_t(X) = j_t(\boldsymbol{\theta}_b^a(\boldsymbol{X}))\mathrm{d}\boldsymbol{\Lambda}_a^b(t)$$

其中，$\boldsymbol{X}$ 在 $\mathcal{B}(\mathfrak{h})$，$\mathfrak{h}$中是系统希尔伯特空间，并且 $\boldsymbol{\theta}_b^a:\mathcal{B}(\mathfrak{h})\to\mathcal{B}(\mathfrak{h})$ 是称为结构映射的线性算符。这些映射满足某些关系，这些关系保证 j_t 是一个 * - 幺同态。$\boldsymbol{\Lambda}_b^a(t)$，$a,b\geq 0$ 是哈德逊和帕塔萨拉蒂方程的基本过程。这些过程满足量子伊藤公式：

$$\mathrm{d}\boldsymbol{\Lambda}_b^a\boldsymbol{\Lambda}_d^c = \boldsymbol{\epsilon}_d^a\mathrm{d}\boldsymbol{\Lambda}_b^c$$

如果 a 或 d 为零，则 $\boldsymbol{\epsilon}_d^a$ 为零，否则 δ_d^a 为零。假设结构映射 $\boldsymbol{\theta}_b^a$ 依赖于控制输入 $u(t)$，该控制输入被限制为仅作 j_t 的函数。更准确地说，对于 $\mathcal{B}(\mathfrak{h})$ 我们选择的一个基 $\{Z_a < a=1,2,\cdots\}$，然后任意 $j_t(\boldsymbol{X})$ 都是一个 $j_t(Z_a)$，$a=1,2,\cdots$ 的复线性组合，所以我们可以认为同态 j_t 等价于算符族 $j_t(Z_a)$，$a=1,2,\cdots$，选择系统希尔伯特空间$\mathfrak{h}$的一个基 $\{\eta_k\}$ 和玻色子福克空间的近似基 $\{\xi_r\}$，使得 $\xi_r = \sum_s c(r,s) \mid \boldsymbol{e}(u_s) >$，其中 $\mid \boldsymbol{e}(u_s) >$，$s=1,2,\cdots$ 是玻色子福克空间中的指数矢量。然后我们可以用矩阵元素 $<\eta_k\otimes\xi_r|j_t(Z_a)|\eta_l\otimes\xi_s> = \boldsymbol{J}_t(a,k,r,l,s)$ 来表示算符 $j_t(Z_a)$。现在，设定 ρ 为系统⊗浴空间中的一个状态 e，即为$\mathfrak{h}\otimes\Gamma_s(\mathcal{H})$，其中 $\mathcal{H}=L(\mathbb{R}_+)\otimes\mathbb{C}^d$。然后设定 $\boldsymbol{X}_d(t)$ 是在这个空间中要进行跟踪的过程。依赖于 $u(t)$ 的 $\boldsymbol{\theta}_b^a$ 可以表示为

$$\boldsymbol{\theta}_b^a(X) = \boldsymbol{\theta}_b^a(u(t),\boldsymbol{X})$$

那么在应用这项控制输入之后，有

$$u(t) = F(t, j_t) = F(t, j_t(Z_a), a = 1, 2, \cdots) \tag{13-1}$$

根据哈德逊-帕塔萨拉蒂和埃文斯-哈德逊的理论，我们的量子随机微分方程可以表示为

$$\mathrm{d}j_t(\boldsymbol{X}) = j_t(\boldsymbol{\theta}_b^a(u(t), \boldsymbol{X}))\mathrm{d}\boldsymbol{\Lambda}_a^b(t) \tag{13-2}$$

在应用这样的状态依赖控制之后，量子马尔可夫性仍然得以保持。选择控制输入 $u(t)$，$0 \leqslant t \leqslant T$，使其最小化成本函数

$$C(u)\int_0^T \mathcal{L}(j_t(\boldsymbol{X}), u(t))\mathrm{d}t)$$

例如，我们可以将 $\mathcal{L}$ 取为

$$\mathcal{L}(j_t(\boldsymbol{X}), u(t)) = \mathrm{Tr}(\boldsymbol{\rho}.(\boldsymbol{X}_d(t) - j_t(\boldsymbol{X}))^2)$$

其中，ρ 是 $\mathfrak{h} \otimes \Gamma_s(\mathcal{H})$ 中的一个状态；$\boldsymbol{X}_d(t)$ 是 $\mathfrak{h} \otimes \Gamma_s(\mathcal{H})$ 中要跟踪的算符值过程。在经典的贝尔曼-哈密顿-雅可比理论中，我们引入了能量函数

$$V(t, j_t) = V(t, j_t(Z_a), a = 1, 2, \cdots) = V(t, \boldsymbol{J}_t(a, k, r, l, s), a, k, r, l, s = 1, 2, \cdots)$$
$$= \min_{t \leqslant u(s) \leqslant T}\int_s^T \mathcal{L}(j_s(\boldsymbol{X}), u(s))\mathrm{d}s$$

其中，$j_t(\boldsymbol{X})$ 满足上述量子随机微分方程(13-2)；$u(t)$ 仅允许具有式(13-1)的形式，即瞬时状态反馈。然后，正如在最优控制的经典贝尔曼-哈密顿-雅可比理论中一样，我们很容易推导出方程

$$V_{,t}(t, j_t)) + \min_{u(t)}(\boldsymbol{L}(j_t(\boldsymbol{X}), u(t)) + (V(t, j_t + \mathrm{d}j_t) - V(t, j_t))/\mathrm{d}t) = 0$$

现在，我们可以得到

$$V(t, j_t + \mathrm{d}j_t) - V(t, j_t) = \frac{\partial V(t, j_t)}{\partial j_t}.\mathrm{d}j_t = \frac{\partial V(t, \boldsymbol{J}_t(a, k, r, l, s))}{\partial \boldsymbol{J}_t(a, k, r, l, s)}\mathrm{d}\boldsymbol{J}_t(a, k, r, l, s)$$

其中假设对重复指数求和。我们注意到

$$\mathrm{d}\boldsymbol{J}_t(a, k, r, l, s) = < \boldsymbol{\eta}_k \otimes \xi_r | \mathrm{d}j_t(Z_a) | \boldsymbol{\eta}_l \otimes \xi_s > =$$
$$= < \boldsymbol{\eta}_k \otimes \xi_r | j_t(\boldsymbol{\theta}_q^p(u(t), Z_a))\mathrm{d}\boldsymbol{\Lambda}_p^q(t) | \boldsymbol{\eta}_l \otimes \xi_s > =$$
$$= < \boldsymbol{\eta}_k \otimes \xi_r | j_t(\boldsymbol{\theta}_q^p(u(t), Z_a)) | \boldsymbol{\eta}_l \otimes \xi_s > \bar{c}(r, m)c(s, n)\bar{u}_{mq}(t)u_{np}(t)\mathrm{d}t$$

我们可以得到以下表达式

$$\boldsymbol{\theta}_q^p(u(t), Z_a) = \sum_b \boldsymbol{A}(u(t), p, q, a, b)Z_b$$

其中，如果 $u(t)$ 是一个标量函数，那么 $\boldsymbol{A}(u(t), p, q, b)$ 是复数；如果 $u(t)$ 是 $j_t(Z_c)$，$c = 1, 2, \cdots$ 的一个函数，那么 $\boldsymbol{A}(u(t), p, q, b)$ 则成为 $\mathfrak{h} \otimes \Gamma_s(\mathcal{H})$ 中的运算符。然后，我们根据 j_t 得同态性质得到

$$j_t(\boldsymbol{\theta}_q^p(u(t), Z_a)) = \sum_b \boldsymbol{A}(u(t), p, q, a, b)j_t(Z_b)$$

所以我们得到

$$\mathrm{d}\boldsymbol{J}_t(a, k, r, l, s)/\mathrm{d}t = \bar{c}(r, m)c(s, n)\bar{u}_{mq}(t)u_{np}(t)\boldsymbol{A}(u(t), p, q, a, b)\boldsymbol{J}_t(b, k, r, l, s)$$

所以我们的量子贝尔曼 - 哈密顿 - 雅可比方程假设形式为

$$V_{,t}(t,\boldsymbol{J}_t)+\min_{u(t)}(\boldsymbol{L}(j_t(X),u(t))$$
$$+\frac{\partial V(t,\boldsymbol{J}_t)}{\partial \boldsymbol{J}_t(a,k,r,l,s)}\bar{c}(r,m)c(s,n)\bar{u}_{mq}(t)u_{np}(t)\boldsymbol{A}(u(t),p,q,a,b)\boldsymbol{J}_t(b,k,r,l,s)$$
$$=0$$

在这些表达式中，$\boldsymbol{J}_t$ 对应于一组数字 $\{\boldsymbol{J}_t(a,k,r,l,s)\}$ 并且可以表达为

$$X=\sum_a d(a)Z_a$$

我们可以将这个量子随机贝尔曼 - 哈密顿 - 雅可比方程表示为

$$V_{,t}(t,\boldsymbol{J}_t)+\min_{u(t)}(\boldsymbol{L}(\sum_a d(a)\boldsymbol{J}_t(a,\cdot),u(t))$$
$$+\frac{\partial V(t,\boldsymbol{J}_t)}{\partial \boldsymbol{J}_t(a,k,r,l,s)}\bar{c}(r,m)c(s,n)\bar{u}_{mq}(t)u_{np}(t)\boldsymbol{A}(u(t),p,q,a,b)\boldsymbol{J}_t(b,k,r,l,s))$$
$$=0$$

在这个表达式中，$u(t)$ 最小化的解是 j_t 的一个函数，或者等价地是数字 $\{\boldsymbol{J}_t(a,k,r,l,s)\}$ 的函数。

对于量子控制问题的更实际可实现的方法，首先是基于非破坏测量 $\boldsymbol{Y}_o(s)=\boldsymbol{U}(s)^*\boldsymbol{Y}_i(s)\boldsymbol{U}(s),s\leqslant t$ 在时间 t 上估计状态 $j_t(\boldsymbol{X})$ 的贝拉夫金滤波器，其形式如下

$$\pi_t(X)=\mathbb{E}(j_t(\boldsymbol{X})\mid\eta_o(t)],\eta_o(t)=\sigma(\boldsymbol{Y}_o(s),s\leqslant t)$$

然后以如下形式选择我们的控制输入，即

$$u(t)=\chi_t(\pi_t)$$

其中，π_t 是算符族 $\pi_t(Z_a),a=1,2,\cdots,Z_a,a=1,2,\cdots$ 形成对于 $\mathcal{B}(\mathfrak{h})$ 的一个基，我们选择函数 χ_t，使得

$$\mathbb{E}\int_0^T\mathcal{L}(t,j_t(\boldsymbol{X}),u(t))\mathrm{d}t=\mathbb{E}\int_0^T\mathcal{L}(t,j_t(\boldsymbol{X}),\chi_t(\pi_t))\mathrm{d}t$$

达到最小值。例如，当系统和浴处于状态 $|f\otimes\phi(u)>$ 时，可以采用上述期望，其中 $|f>\in\mathfrak{h}$，$<f|f>=1$ 和 $|\psi(u)>=\exp(-\|u\|^2/2)|\boldsymbol{e}(u)>,u\in\mathcal{H}$ 是浴的相干态。因此，在经典的贝尔曼 - 哈密顿 - 雅可比方程中，我们寻求最小化

$$\mathbb{E}[\int_t^T\mathcal{L}(s,j_s(\boldsymbol{X}),u(s))\mathrm{d}s\mid\eta_o(t)]$$

其中，$\mathrm{u(s),t\leqslant s\leqslant T}$。这个最小值将呈现出如下形式

$$\mathrm{V(t,\pi_t)=V(t,\pi_t(Z_a),a=1,2,\cdots)}$$

与往常一样，我们可以得到

$$\mathrm{V(t,\pi_t)}=min_{\mathrm{u(t)=\chi_t(\pi_t)}}(\mathbb{E}[\mathcal{L}(t,j_t(X),u(t))\mid\eta_o(t)]\mathrm{d}t$$
$$+\mathbb{E}(V(t+\mathrm{d}t,\pi_{t+\mathrm{d}t})\mid\eta_o(t)))$$

当结构 $map\boldsymbol{\theta}_b^a$ 取决于控制输入 $u(t)$ 时，贝拉夫金滤波器由下式给出：

$$\mathrm{d}\boldsymbol{\pi}_t(\boldsymbol{X}) = F_t(\boldsymbol{X}, u(t))\mathrm{d}t + G_t(\boldsymbol{X}, u(t))\mathrm{d}\boldsymbol{Y}_{\mathrm{o}}(t)$$

其中控制输入 $u(t) = \chi_t(\boldsymbol{\pi}_t)$。在这个贝拉夫金方程中，所有项都是可对易的。因此，有

$$V(t+\mathrm{d}t, \boldsymbol{\pi}_{t+\mathrm{d}t}) = V(t, \boldsymbol{\pi}_t) + V_{,t}(t, \boldsymbol{\pi}_t)\mathrm{d}t + \mathrm{Tr}\left(\frac{\partial V(t, \boldsymbol{\pi}_t)}{\partial \boldsymbol{\pi}_t(Z_a)}\mathrm{d}\boldsymbol{\pi}_t(Z_a)\right)$$
$$+ \mathrm{Tr}\left(\frac{\partial^2 V(t, \boldsymbol{\pi}_t)}{\partial \boldsymbol{\pi}_t(Z_a)\partial \boldsymbol{\pi}_t(Z_b)}\mathrm{d}\boldsymbol{\pi}_t(Z_a)\mathrm{d}\boldsymbol{\pi}_t(Z_b)\right)$$

其中在重复指数 a 上的求和可以理解为假设正交噪声。这样可以得出量子随机贝尔曼－哈密顿－雅可比方程，即

$$V_{,t}(t, \boldsymbol{\pi}_t) + \min_{u(t)=\chi_t(\pi_t)}\left(\boldsymbol{\pi}_t\left(\mathcal{L}(t, \boldsymbol{X}, u(t)) + \mathrm{d}t^{-1}.\ \mathrm{Tr}\left(\frac{\partial V(t, \boldsymbol{\pi}_t)}{\partial \boldsymbol{\pi}_t(Z_a)}\mathbb{E}[\mathrm{d}\boldsymbol{\pi}_t(Z_a) \mid \boldsymbol{\eta}_{\mathrm{o}}(t)]\right)\right.\right.$$
$$\left.+ \mathrm{d}t^{-1}.\ \mathrm{Tr}\left(\frac{\partial^2 V(t, \boldsymbol{\pi}_t)}{\partial \boldsymbol{\pi}_t(Z_a)\partial \boldsymbol{\pi}_t(Z_b)}\mathbb{E}[\mathrm{d}\boldsymbol{\pi}_t(Z_a)\mathrm{d}\boldsymbol{\pi}_t(Z_b) \mid \boldsymbol{\eta}_{\mathrm{o}}(t)]\right)\right) = 0$$

注意：我们利用了以下等式，即

$$\mathcal{L}(t, j_t(\boldsymbol{X}), u(t)) = \mathcal{L}(t, j_t(\boldsymbol{X}), \chi_t(\boldsymbol{\pi}_t)) = \sum_{k \geqslant 0}\mathcal{L}_k(t, \chi_t(\boldsymbol{\pi}_t))j_t(X)^k$$

$([j_t(\boldsymbol{X}), \chi_t(\boldsymbol{\pi}_t)] = 0$ 是由于 $[j_t(\boldsymbol{X}), \boldsymbol{\pi}_t(Z_a)] = 0\ \forall a)$

$$= \sum_{k \geqslant 0}\mathcal{L}_k(t, \mathcal{X}_t(\boldsymbol{\pi}_t))\boldsymbol{\pi}_t(\boldsymbol{X}^k) = \boldsymbol{\pi}_t\left(\sum_{k \geqslant 0}\mathcal{L}_k(t, \mathcal{X}_t(\boldsymbol{\pi}_t))\boldsymbol{X}^k\right)$$
$$= \boldsymbol{\pi}_t(\mathcal{L}(t, \boldsymbol{X}, \mathcal{X}_t(\boldsymbol{\pi}_t))) = \boldsymbol{\pi}_t(\mathcal{L}(t, \boldsymbol{X}, u(t)))$$

由于所有的算符 $\boldsymbol{\pi}_t(Z_a)$，$a = 1, 2, \cdots$ 都是可对易的，因此在执行上述最小化时，我们可以假设这些算符都是实数。我们还注意到在正交噪声的情况下，有

$$\mathrm{d}\boldsymbol{Y}_{\mathrm{o}}(t) = \mathrm{d}\boldsymbol{Y}_{\mathrm{i}}(t) + \mathrm{d}\boldsymbol{U}(t)^*\mathrm{d}\boldsymbol{Y}_{\mathrm{i}}(t)\boldsymbol{U}(t) + \boldsymbol{U}(t)^*\mathrm{d}\boldsymbol{Y}_{\mathrm{i}}(t)\mathrm{d}\boldsymbol{U}(t)$$
$$= \mathrm{d}\boldsymbol{Y}_{\mathrm{i}}(t) + j_t(\boldsymbol{L}_2 + \boldsymbol{L}_2^*)\mathrm{d}t$$

则

$$\mathrm{d}t^{-1}\mathbb{E}[\mathrm{d}\boldsymbol{\pi}_t(Z) \mid \boldsymbol{\eta}_{\mathrm{o}}(t)] = F_t(\boldsymbol{X}) + G_t(\boldsymbol{X})(u(t) + \bar{u}(t) + \boldsymbol{\pi}_t(\boldsymbol{L}_2 + \boldsymbol{L}_2^*))$$

而且

$$\mathrm{d}t^{-1}\mathbb{E}[\mathrm{d}\boldsymbol{\pi}_t(Z_a)\mathrm{d}\boldsymbol{\pi}_t(Z_b) \mid \boldsymbol{\eta}_{\mathrm{o}}(t)] = G_t(Z_a)G_t(Z_b)$$

13.6 量子最优控制问题的更简洁表述

设定 $\boldsymbol{L}_1$、$\boldsymbol{L}_2$、$\boldsymbol{S}$、$\boldsymbol{H}$、$\boldsymbol{P}$ 是在我们取 $\boldsymbol{Y}_{\mathrm{i}}(t) = c_1\boldsymbol{A}(t) + \bar{c}_1\boldsymbol{A}(t)^* + c_2\boldsymbol{\Lambda}(t)$ 的时间 t 处的输入测量 $\boldsymbol{Y}_{\mathrm{i}}(t)$ 的函数。我们假设这些是 $\boldsymbol{Y}_{\mathrm{i}}(t)$ 的多项式函数，其系数是系统希尔伯特空间 $\mathfrak{h}$ 中的算符，并且这些函数已经被选择，使得 $\boldsymbol{U}(t)$ 对于所有 $t \geqslant 0$ 都是幺正的，其中 $\boldsymbol{U}(t)$ 满足量子随机微分方程

$$\mathrm{d}\boldsymbol{U}(t)=(-(\mathrm{i}\boldsymbol{H}+\boldsymbol{P})\mathrm{d}t+\boldsymbol{L}_1\mathrm{d}\boldsymbol{A}(t)+\boldsymbol{L}_2\mathrm{d}\boldsymbol{A}(t)^*+\boldsymbol{S}\mathrm{d}\boldsymbol{\Lambda}(t))\boldsymbol{U}(t),\boldsymbol{U}(0)=\boldsymbol{I}$$

注意，算符族 $\boldsymbol{Y}_{\mathrm{i}}(.)$ 与 $\mathcal{B}(\mathfrak{h})$ 对易，因此我们可以得到

$$\boldsymbol{H}=F_1(\boldsymbol{H}_k,k=1,2,\cdots,p,\chi_t(\boldsymbol{Y}_{\mathrm{i}}(t))),\boldsymbol{P}=F_2(\boldsymbol{P}_k,k=1,2,\cdots,p,\chi_t(\boldsymbol{Y}_{\mathrm{i}}(t)))$$

$$\boldsymbol{L}_1=F_3(\boldsymbol{L}_{1k},k=1,2,\cdots,p,\chi_t(\boldsymbol{Y}_{\mathrm{i}}(t))),\boldsymbol{L}_2=F_4(\boldsymbol{L}_{2k},k=1,2,\cdots,p,\chi_t(\boldsymbol{Y}_{\mathrm{i}}(t)))$$

$$\boldsymbol{S}=F_5(\boldsymbol{S}_1,\cdots,\boldsymbol{S}_p,\chi_t(\boldsymbol{Y}_{\mathrm{i}}(t)))$$

其中，$\boldsymbol{H}_k$、$\boldsymbol{P}_k$、$\boldsymbol{L}_{1k}$、$\boldsymbol{L}_{2k}$、$\boldsymbol{S}_k$ 是所有的系统空间算符，即，在$\mathfrak{h}$中的算符，我们可以假设它们在 $\mathcal{B}(\mathfrak{h})$ 中，并且在时间 t 处的控制输入是 $u(t)=\chi_t(\boldsymbol{Y}_{\mathrm{o}}(t))$，其中 χ_t 是实变量的普通函数；$\boldsymbol{Y}_{\mathrm{o}}(t)=\boldsymbol{U}(t)^*\boldsymbol{Y}_{\mathrm{i}}(t)\boldsymbol{U}(t)$ 是输出测量过程。显然可以得到

$$\boldsymbol{Y}_{\mathrm{o}}(t)=\boldsymbol{U}(t)^*\boldsymbol{Y}_{\mathrm{i}}(t)\boldsymbol{U}(t)=\boldsymbol{U}(T)^*\boldsymbol{Y}_{\mathrm{i}}(t)\boldsymbol{U}(T),T\geqslant t$$

然后取右侧相对于下式的微分 T，并利用以下条件：$\boldsymbol{U}(T)$ 的幺正性仅依赖于所有与 $\boldsymbol{Y}_{\mathrm{i}}(t)$ 对易的算符 $\boldsymbol{H}_k$、$\boldsymbol{P}_k$、$\boldsymbol{L}_{1k}$、$\boldsymbol{L}_{2k}$、$\boldsymbol{S}_k$、$\boldsymbol{Y}_{\mathrm{i}}(T)$。定义任何系统 $\boldsymbol{X}$ 浴可观察量⊗，有

$$j_t(\boldsymbol{X})=-\boldsymbol{U}(t)^*\boldsymbol{X}\boldsymbol{U}(t)$$

如果 $\boldsymbol{X}$ 是一个系统可观察量，那么我们可以得到

$$\begin{aligned}\mathrm{d}j_t(\boldsymbol{X})&=\mathrm{d}\boldsymbol{U}(t)^*\boldsymbol{X}\boldsymbol{U}(t)+\boldsymbol{U}(t)^*\boldsymbol{X}\mathrm{d}\boldsymbol{U}(t)+\mathrm{d}\boldsymbol{U}(t)^*\boldsymbol{X}\mathrm{d}\boldsymbol{U}(t)\\&=j_t(\theta_0(w(t),\boldsymbol{X}))\mathrm{d}t+j_t(\theta_1(w(t),\boldsymbol{X}))\mathrm{d}\boldsymbol{A}(t)\\&\quad+j_t(\theta_2(w(t),\boldsymbol{X}))\mathrm{d}\boldsymbol{A}(t)^*+j_t(\theta_3(w(t),\boldsymbol{X}))\mathrm{d}\boldsymbol{\Lambda}(t)\end{aligned}$$

其中

$$w(t)=\chi_t(\boldsymbol{Y}_{\mathrm{i}}(t))$$

并且 $\theta_k(w(t),.)$ 是将系统可观测量带到系统⊗浴可观测量的线性映射。这些映射是 $w(t)$ 和系统算符 $\boldsymbol{L}_{1k}$、$\boldsymbol{L}_{2k}$、$\boldsymbol{S}_k$、$\boldsymbol{H}_k$、$\boldsymbol{P}_k$，$k=1,2,\cdots,p$ 的函数。我们将系统算符 $\boldsymbol{H}_k$、$\boldsymbol{P}_k$、$\boldsymbol{S}_k$、$\boldsymbol{L}_{1k}$、$\boldsymbol{L}_{2k}$，$k=1,2,\cdots,p$ 的集合表示为 F。那么，准确地说，我们必须把上面的量子随机微分方程写成

$$\begin{aligned}\mathrm{d}j_t(\boldsymbol{X})&=j_t(\theta_0(w(t),F,\boldsymbol{X}))\mathrm{d}t+j_t(\theta_1(w(t),F,\boldsymbol{X}))\mathrm{d}\boldsymbol{A}(t)\\&\quad+j_t(\theta_2(w(t),F,\boldsymbol{X}))\mathrm{d}\boldsymbol{A}(t)^*+j_t(\theta_3(w(t),F,\boldsymbol{X}))\mathrm{d}\boldsymbol{\Lambda}(t)\end{aligned}$$

利用 $\boldsymbol{U}(t)$ 的幺正性很容易看出

$$j_t(\theta_k(w(t),\boldsymbol{X}))=\theta_k(u(t),j_t(\boldsymbol{X})),u(t)=j_t(w(t))=\chi_t(\boldsymbol{Y}_{\mathrm{o}}(t))$$

所以，我们得到了量子随机微分方程，即

$$\begin{aligned}\mathrm{d}j_t(\boldsymbol{X})&=\theta_0(u(t),j_t(F),j_t(\boldsymbol{X}))\mathrm{d}t+\theta_1(u(t),j_t(F),j_t(\boldsymbol{X}))\mathrm{d}\boldsymbol{A}(t)\\&\quad+\theta_2(u(t),j_t(F),j_t(\boldsymbol{X}))\mathrm{d}\boldsymbol{A}(t)^*\\&\quad+\theta_3(u(t),j_t(F),j_t(\boldsymbol{X}))\mathrm{d}\boldsymbol{\Lambda}(t)\end{aligned}$$

我们还注意到这样一个事实，即 $j_t(\boldsymbol{X})$ 和 $j_t*(F)$ 都与 $u(t)$ 对易，且有

$$\mathbb{E}[\theta_k(u(t),j_t(F),j_t(\boldsymbol{X}))\mid\boldsymbol{\eta}_{\mathrm{o}}(t)]=\boldsymbol{\pi}_t(\theta_k(u(t),F,\boldsymbol{X}))$$

通过利用上述对易性和 j_t 是一个同态的事实，很容易看出这种关系。需要

注意的是,如果$f(u(t))$是$u(t)\in\eta_o(t)$的任何函数,并且$\boldsymbol{X}$是系统算符,那么我们通过$\pi_t(f(u(t))\boldsymbol{X})$想要表达的是

$$f(u(t))\pi_t(\boldsymbol{X})=f(u(t))\mathbb{E}[j_t(\boldsymbol{X})\mid\eta_o(t)]$$

而不是

$$\mathbb{E}[j_t(f(u(t))\boldsymbol{X})\mid\eta_o(t)]$$

现在,我们可以制定方法并解决最优控制问题,定义

$$V(t,\pi_t)=\min_{u(s),t\leqslant s\leqslant T}\mathbb{E}\left[\int_t^T\mathcal{L}(j_s(\boldsymbol{X}),u(s))\mathrm{d}s\mid\eta_o(t)\right]$$

其中

$$\begin{aligned}u(s)&=\chi_s(\boldsymbol{Y}_o(s))=j_s(\chi_s(\boldsymbol{Y}_i(s)))=\boldsymbol{U}(s)^*\chi_s(\boldsymbol{Y}_i(s))\boldsymbol{U}(s)\\&=\chi_s(\boldsymbol{U}(s)^*\boldsymbol{Y}_i(s)\boldsymbol{U}(s))\end{aligned}$$

我们可到

$$\begin{aligned}&V_{,t}(t,\pi_t)+\min_{u(t)}(\pi_t(\boldsymbol{L}(\boldsymbol{X},u(t)))\\&\quad+\mathrm{d}t^{-1}\sum_{n\geqslant1}Tr\left(\frac{\partial^n\mathcal{V}(t,\pi_t)}{\partial\pi_t^{\otimes n}}\mathbb{E}[(\mathrm{d}\pi_t)^{\otimes n}\mid\eta_o(t)]\right)=0\end{aligned}$$

其中,$\pi_t^{\otimes n}$是按字典顺序排列的元素$\pi_t(Z_{a_1})\cdots\pi_t(Z_{a_n})$的集合,其中$a_1,\cdots,a_n=1,2,\cdots$。利用贝拉夫金滤波方程,可以很容易计算上述条件期望,即

$$\mathrm{d}\pi_t(\boldsymbol{X})=F_t(\boldsymbol{X},u(t))\mathrm{d}t+\sum_{k\geqslant1}G_{t,k}(\boldsymbol{X},u(t))(\mathrm{d}\boldsymbol{Y}_o(t))^k$$

其中,函数F_t、$G_{k,t}$利用参考概率方法以通常的方式导出。

13.7 介质轻微非均匀性条件下计算具有任意横截面的腔体谐振器的振荡频率近似偏移

$\epsilon(\omega,x,y,z)$和$\mu(\omega,x,y,z)$是介电常数和磁导率,它们可以表示为

$$\epsilon(\omega,r)=\epsilon_0(1+\delta\chi_\epsilon(\omega,r))$$
$$\mu(\omega,r)=\mu_0(1+\delta\chi_m(\omega,r)),r=(x,y,z)$$

根据导电表面上的边界条件和麦克斯韦方程,我们可以得到以下事实:$\boldsymbol{H}_z$在$z=0,d$时消失,$\boldsymbol{E}_{z,z}$在$z=0,d$时消失,$\boldsymbol{E}_\perp$在$z=0,d$时消失,因此,这些场可以展开为

$$\boldsymbol{H}_z(\omega,x,y,z)=\sum_p\boldsymbol{H}_{zp}(\omega,x,y)\sin(p\pi z/d)$$
$$\boldsymbol{E}_z(\omega,x,y,z)=\sum_p\boldsymbol{E}_{zp}(\omega,x,y)\cos(p\pi z/d)$$
$$\boldsymbol{E}_\perp(\omega,x,y,z)=\sum_p\boldsymbol{E}_{\perp p}(\omega,x,y)\sin(p\pi z/d)$$

此外,根据麦克斯韦旋度方程,我们可以得出

$$\boldsymbol{E}_{z,y}-\boldsymbol{E}_{y,z}=-\mathrm{j}\omega\mu\boldsymbol{H}_x,\boldsymbol{E}_{x,z}-\boldsymbol{E}_{z,x}=-\mathrm{j}\omega\mu\boldsymbol{H}_y,\boldsymbol{E}_{y,x}-\boldsymbol{E}_{x,y}=-\mathrm{j}\omega\mu\boldsymbol{H}_z$$

$$\boldsymbol{H}_{z,y}-\boldsymbol{H}_{y,z}=\mathrm{j}\omega\epsilon\boldsymbol{E}_x,\boldsymbol{H}_{x,z}-\boldsymbol{H}_{z,x}=\mathrm{j}\omega\epsilon\boldsymbol{E}_y,\boldsymbol{H}_{y,x}-\boldsymbol{H}_{x,y}=\mathrm{j}\omega\epsilon\boldsymbol{E}_z$$

将这些与上述边界条件相结合，意味着当 $z=0,d$ 时，$\boldsymbol{H}_{\perp,z}$ 消失，因此我们可以得到以下展开式

$$\boldsymbol{H}_{\perp}(\omega,x,y,z)=\sum_p \boldsymbol{H}_{\perp,p}(\omega,x,y)\cos(p\pi z/d)$$

将这些展开式代入麦克斯韦旋度方程，方程的形式变为

$$\nabla_{\perp}\boldsymbol{E}_z\times\hat{z}+\hat{z}\times\boldsymbol{E}_{\perp,z}=-\mathrm{j}\omega\mu\boldsymbol{H}_{\perp}$$

$$\nabla_{\perp}\times\boldsymbol{E}_{\perp}=-\mathrm{j}\omega\mu\boldsymbol{H}_z\hat{z}$$

$$\nabla_{\perp}\times\boldsymbol{H}_{\perp}=\mathrm{j}\omega\epsilon\boldsymbol{E}_z\hat{z}$$

我们可以得到

$$\sum_p \nabla_{\perp}\boldsymbol{E}_{zp}(\omega,x,y)\times\hat{z}.\cos(p\pi z/d)+\sum_p(\pi p/d)\hat{z}\times\boldsymbol{E}_{\perp,p}(\omega,x,y)\cos(p\pi z/d)$$
$$-\mathrm{j}\omega\mu(\omega,r)\sum_p \boldsymbol{H}_{\perp,p}(\omega,x,y)\cos(p\pi z/d) \tag{13-3}$$

$$\sum_p \nabla_{\perp}\boldsymbol{H}_{zp}(\omega,x,y)\times\hat{z}.\sin(p\pi z/d)-\sum_p(\pi p/d)\hat{z}\times\boldsymbol{H}_{\perp,p}(\omega,x,y)\sin(p\pi z/d)$$
$$\mathrm{j}\omega\epsilon(\omega,r)\sum_p \boldsymbol{E}_{\perp,p}(\omega,x,y)\sin(p\pi z/d) \tag{13-4}$$

将式(13-3)以$(2/d)\cos(m\pi z/d)$，式(13-4)乘以$(2/d)\sin(m\pi z/d)$，并针对 z 在$[0,d]$上进行积分，我们可以得到

$$\nabla_{\perp}\boldsymbol{E}_{zm}(\omega,x,y)\times\hat{z}+(\pi m/d)\hat{z}\times\boldsymbol{E}_{\perp,m}(\omega,x,y)$$
$$=-\mathrm{j}\omega\sum_p\left(\int_0^d\mu(\omega,x,y,z)(2/d)\cos(p\pi z/d)\cos(m\pi z/d)dz\right)\boldsymbol{H}_{\perp,p}(\omega,x,y)$$

并且同样地有

$$\nabla_{\perp}\boldsymbol{H}_{zm}(\omega,x,y)\times\hat{z}-(\pi m/d)\hat{z}\times\boldsymbol{H}_{\perp,m}(\omega,x,y)$$
$$=\mathrm{j}\omega\sum_p\left(\int_0^d\epsilon(\omega,x,y,z)(2/d)\sin(p\pi z/d)\sin(m\pi z/d)\mathrm{d}z\right)E_{\perp,p}(\omega,x,y)$$

最后，根据麦克斯韦旋度方程的 z 分量可以得出

$$\sum_p\nabla_{\perp}\times\boldsymbol{E}_{\perp,p}(\omega,x,y)\sin(p\pi z/d)=-\mathrm{j}\omega\mu(\omega,r)\sum_p\boldsymbol{H}_{z,p}(\omega,x,y)\sin(p\pi z/d)\hat{z}$$

$$\sum_p\nabla_{\perp}\times\boldsymbol{H}_{\perp,p}(\omega,x,y)\cos(p\pi z/d)=\mathrm{j}\omega\epsilon(\omega,r)\sum_p\boldsymbol{E}_{z,p}(\omega,x,y)\cos(p\pi z/d)\hat{z}$$

用相同的方法有

$$\nabla_{\perp}\times\boldsymbol{E}_{\perp,m}(\omega,x,y)$$
$$=-\mathrm{j}\omega\sum_p\left(\int_0^d\mu(\omega,x,y,z)(2/d)\sin(p\pi z/d)\sin(m\pi z/d)\mathrm{d}z\right)H_{z,p}(\omega,x,y)\hat{z}$$

$$\nabla_{\perp}\times\boldsymbol{H}_{\perp,m}(\omega,x,y)$$

$$= j\omega \sum_p \left(\int_0^d \epsilon\,(\omega,x,y,z)(2/d)\cos(p\pi z/d)\cos(m\pi z/d)\,dz \right) E_{z,p}(\omega,x,y)\,]\hat{z}$$

到目前为止,这一切都是准确表达,没有进行近似计算。把这些方程写成微扰理论的形式,我们可以得到

$$\nabla_\perp \boldsymbol{E}_{zm}(\omega,x,y)\times\hat{z}+(\pi m/d)\hat{z}\times\boldsymbol{E}_{\perp,m}(\omega,x,y)+j\omega\mu_0\boldsymbol{H}_{\perp,m}(\omega,x,y)$$

$$=-j\omega\mu_0\sum_p\left(\int_0^d\delta\chi_m(\omega,x,y,z)(2/d)\cos(p\pi z/d)\cos(m\pi z/\mathrm{d})\,\mathrm{d}z\right)\boldsymbol{H}_{\perp,p}(\omega,x,y)$$

$$\nabla_\perp \boldsymbol{H}_{zm}(\omega,x,y)\times\hat{z}-(\pi m/d)\hat{z}\times\boldsymbol{H}_{\perp,m}(\omega,x,y)-j\omega\epsilon_0\boldsymbol{E}_{\perp,m}(\omega,x,y)$$

$$=j\omega\epsilon_0\sum_p\left(\int_0^d\delta\chi_e(\omega,x,y,z)(2/d)\sin(p\pi z/d)\sin(m\pi z/d)\,dz\right)\boldsymbol{E}_{\perp,p}(\omega,x,y)$$

$$\nabla_\perp\times\boldsymbol{E}_{\perp,m}(\omega,x,y)+j\omega\mu_0\boldsymbol{H}_{z,m}(\omega,x,y)$$

$$=-j\omega\mu_0\sum_p\left(\int_0^d\delta\chi_m(\omega,x,y,z)(2/d)\sin(p\pi z/d)\sin(m\pi z/d)\,\mathrm{d}z\right)\boldsymbol{H}_{z,p}(\omega,x,y)\hat{z}$$

$$\nabla_\perp\times\boldsymbol{H}_{\perp,m}(\omega,x,y)-j\omega\epsilon_0\boldsymbol{E}_{z,m}(\omega,x,y)$$

$$=j\omega\epsilon_0\sum_p\left(\int_0^d\chi_e(\omega,x,y,z)(2/d)\cos(p\pi z/d)\cos(m\pi z/d)\,\mathrm{d}z\right)E_{z,p}(\omega,x,y)\hat{z}$$

这些方程可以表示为

$$\nabla_\perp \boldsymbol{E}_{zm}(\omega,x,y)\times\hat{z}+(\pi m/d)\hat{z}\times\boldsymbol{E}_{\perp,m}(\omega,x,y)+j\omega\mu_0\boldsymbol{H}_{\perp,m}(\omega,x,y)$$

$$=\sum_p\delta F_1(\omega,x,y,m,p)\boldsymbol{H}_{\perp,p}(\omega,x,y)$$

$$\nabla_\perp \boldsymbol{H}_{zm}(\omega,x,y)\times\hat{z}-(\pi m/d)\hat{z}\times\boldsymbol{H}_{\perp,m}(\omega,x,y)-j\omega\epsilon_0\boldsymbol{E}_{\perp,m}(\omega,x,y)$$

$$=\sum_p\delta F_2(\omega,x,y,m,p)\boldsymbol{E}_{\perp,p}(\omega,x,y)$$

$$\nabla_\perp\times\boldsymbol{E}_{\perp,m}(\omega,x,y)+j\omega\mu_0\boldsymbol{H}_{z,m}(\omega,x,y)=\sum_p\delta G_1(\omega,x,y,m,p)H_{z,p}(\omega,x,y)\hat{z}$$

$$\nabla_\perp\times\boldsymbol{H}_{\perp,m}(\omega,x,y)-j\omega\epsilon_0\boldsymbol{E}_{z,m}(\omega,x,y)=\sum_p\delta G_2(\omega,x,y,m,p)E_{z,p}(\omega,x,y)\hat{z}$$

让我们把这些方程的近似解写为

$$\boldsymbol{E}_m=\boldsymbol{E}_m^{(0)}+\boldsymbol{E}_m^{(1)},\boldsymbol{H}_m=\boldsymbol{H}_m^{(0)}+\boldsymbol{H}_m^{(1)}$$

或者等效表达为

$$\boldsymbol{E}_{z,m}=\boldsymbol{E}_{z,m}^{(0)}+\boldsymbol{E}_{z,m}^{(1)},\boldsymbol{H}_{z,m}=\boldsymbol{H}_{z,m}^{(0)}+\boldsymbol{H}_{z,m}^{(1)}$$

$$\boldsymbol{E}_{\perp,m}=\boldsymbol{E}_{\perp,m}^{(0)}+\boldsymbol{E}_{\perp,m}^{(1)},\boldsymbol{H}_{\perp,m}=\boldsymbol{H}_{\perp,m}^{(0)}+\boldsymbol{H}_{\perp,m}^{(1)}$$

并且还假设振荡的特征频率受到从 ω 到 $\omega+\delta\omega$ 的扰动,然后应用微扰理论得到零阶微扰方程,即

$$\nabla_\perp \boldsymbol{E}_{zm}^{(0)}\times\hat{z}+(\pi m/d)\hat{z}\times\boldsymbol{E}_{\perp,m}^{(0)}+j\omega\mu_0\boldsymbol{H}_{\perp,m}^{(0)}=0$$

$$\nabla_\perp \boldsymbol{H}_{zm}^{(0)}\times\hat{z}-(\pi m/d)\hat{z}\times\boldsymbol{H}_{\perp,m}^{(0)}-j\omega\,\epsilon_0\boldsymbol{E}_{\perp,m}^{(0)}=0$$

$$\nabla_\perp\times\boldsymbol{E}_{\perp,m}^{(0)}+j\omega\mu_0\boldsymbol{H}_{z,m}^{(0)}\hat{z}=0$$

$$\nabla_{\perp}\times \boldsymbol{H}_{\perp,m}^{(0)}-\mathrm{j}\omega\epsilon_0\boldsymbol{E}_{z,m}^{(0)}\hat{z}=0$$

一阶扰动方程为

$$\nabla_{\perp}\boldsymbol{E}_{zm}^{(1)}\times\hat{z}+(\pi m/d)\hat{z}\times\boldsymbol{E}_{\perp,m}^{(1)}+\mathrm{j}\omega\mu_0\boldsymbol{H}_{\perp,m}^{(1)}+\mathrm{j}\mu_0\delta\omega\boldsymbol{H}_{\perp,m}^{(0)}=\sum_p\delta F_1(\omega,x,y,m,p)\boldsymbol{H}_{\perp,p}^{(0)}$$

$$\nabla_{\perp}\boldsymbol{H}_{zm}^{(1)}\times\hat{z}-(\pi m/d)\hat{z}\times\boldsymbol{H}_{\perp,m}^{(1)}-\mathrm{j}\omega\epsilon_0\boldsymbol{E}_{\perp,m}^{(1)}-\mathrm{j}\epsilon_0\delta\omega\boldsymbol{E}_{\perp,m}^{(0)}=\sum_p\delta F_2(\omega,x,y,m,p)\boldsymbol{E}_{\perp,p}^{(0)}$$

$$\nabla_{\perp}\times\boldsymbol{E}_{\perp,m}^{(1)}+\mathrm{j}\omega\mu_0\boldsymbol{H}_{z,m}^{(1)}\hat{z}+\mathrm{j}\mu_0\delta\omega\boldsymbol{H}_{z,m}^{(0)}\hat{z}=\sum_p\delta G_1(\omega,x,y,m,p)\boldsymbol{H}_{z,p}^{(0)}\hat{z}$$

$$\nabla_{\perp}\times\boldsymbol{H}_{\perp,m}^{(1)}-\mathrm{j}\omega\epsilon_0\boldsymbol{E}_{z,m}^{(1)}\hat{z}-\mathrm{j}\epsilon_0\delta\omega\boldsymbol{E}_{z,m}^{(0)}\hat{z}=\sum_p\delta G_2(\omega,x,y,m,p)\boldsymbol{E}_{z,p}^{(0)}\hat{z}$$

当在上述边界条件下求解零阶方程时，我们得到的结果如在标准空腔谐振器分析中一样，针对 ω 我们得到一组离散的频率值，例如 $\omega(m,n)^{(0)}$，$n=1,2,\cdots$，对于的 m 每个值和针对 $\boldsymbol{E}_m^{(0)}$、$\boldsymbol{H}_m^{(0)}$ 的相应归一化特征矢量，我们将这些特征矢量表示为$(\boldsymbol{E}_{mn}^{(0)},\boldsymbol{H}_{mn}^{(0)})$，$n=1,2,\cdots$。具体来说，我们可以将这些特征矢量分为横向分量和纵向分量：

$$\boldsymbol{E}_{mn}^{(0)}=\boldsymbol{E}_{\perp,mn}^{(0)}+\boldsymbol{E}_{zmn}^{(0)}\hat{z},\boldsymbol{H}_{mn}^{(0)}=\boldsymbol{H}_{\perp,mn}^{(0)}+\boldsymbol{H}_{zmn}^{(0)}\hat{z}$$

所有这些式子都只是(x,y)的函数，也可能存在这些特征矢量的退化。具体来说，对于未扰动的特征频率 $\omega(m,n)^{(0)}$，我们可以得到 $K(m,n)$ 特征矢量，比如 $\boldsymbol{\psi}_{mnk}^{(0)}=(\boldsymbol{E}_{mnk}^{(0)\mathrm{T}},\boldsymbol{H}_{mnk}^{(0)\mathrm{T}})^{\mathrm{T}}$，$k=1,2,\cdots,K(m,n)$。我们假设这些特征矢量在标准意义上都是归一化的，即

$$<\boldsymbol{\psi}_{mnk}^{(0)},\boldsymbol{\psi}_{mn'k'}^{(0)}>=\int_D\boldsymbol{\psi}_{mnk}^{(0)}(x,y)^*\boldsymbol{\psi}_{mn'k'}^{(0)}(x,y)\mathrm{d}x\mathrm{d}y=\delta_{mm'}\delta_{kk'}$$

其中，D 表示波导的横截面。根据一阶横向方程可以得出

$$\begin{aligned}\boldsymbol{E}_{\perp,m}^{(1)}=&(-\pi m/\mathrm{d}h(\omega,m)^2)\nabla_{\perp}\boldsymbol{E}_{zm}^{(1)}-(\mathrm{j}\mu_0\omega/h(\omega,m)^2)\nabla_{\perp}\boldsymbol{H}_{zm}^{(1)}\times\hat{z}\\&-(\mathrm{j}\mu_0\pi m\delta\omega/\mathrm{d}h(\omega,m)^2)\hat{z}\times\boldsymbol{H}_{\perp,m}^{(0)}\\&+(\pi m/\mathrm{d}h(\omega,m)^2\sum_p\delta F_1(\omega,x,y,m,p)\hat{z}\times\boldsymbol{H}_{\perp,p}^{(0)}\\&-(\omega\mu_0\epsilon_0\delta\omega/h(\omega,m)^2)\boldsymbol{E}_{\perp,m}^{(0)}\\&+(\mathrm{j}\mu_0\omega/h(\omega,m)^2)\sum_p\delta F_2(\omega,x,y,m,p)\boldsymbol{E}_{\perp,p}^{(0)}\end{aligned}$$

并且

$$\begin{aligned}\boldsymbol{H}_{\perp,m}^{(1)}=&(\pi m/\mathrm{d}h(\omega,m)^2)\nabla_{\perp}\boldsymbol{H}_{zm}^{(1)}+(\mathrm{j}\mu_0\omega/h(\omega,m)^2)\nabla_{\perp}\boldsymbol{E}_{zm}^{(1)}\times\hat{z}\\&-(\mathrm{j}\epsilon_0\pi m\delta\omega/\mathrm{d}h(\omega,m)^2)\hat{z}\times\boldsymbol{E}_{\perp,m}^{(0)}\\&-(\pi m/\mathrm{d}h(\omega,m)^2\sum_p\delta F_2(\omega,x,y,m,p)\hat{z}\times\boldsymbol{E}_{\perp,p}^{(0)}\\&-(\omega\mu_0\epsilon_0\delta\omega/h(\omega,m)^2)\boldsymbol{H}_{\perp,m}^{(0)}-(\mathrm{j}\epsilon_0\omega/h(\omega,m)^2)\end{aligned}$$

$$\sum_p \delta F_1(\omega,x,y,m,p)\boldsymbol{H}^{(0)}_{\perp,p}$$

其中

$$h(\omega,m)^2=\omega^2\mu_0\epsilon_0-(\pi m/d)^2$$

因此,我们可以得到

$$\begin{aligned}\hat{z}.\ \nabla_\perp\times\boldsymbol{E}^{(1)}_{\perp,m}=&(\mathrm{j}\mu_0\omega/h(\omega,m)^2)\nabla^2_\perp\boldsymbol{H}^{(1)}_{zm}\\&-(\mathrm{j}\mu_0\pi m\delta\omega/\mathrm{d}h(\omega,m)^2)(\nabla_\perp.\boldsymbol{H}^{(0)}_{\perp,m})\\&+(\pi m/\mathrm{d}h(\omega,m)^2)\sum_p\nabla_\perp.(\delta F_1(\omega,x,y,m,p)\hat{z}\times\boldsymbol{H}^{(0)}_{\perp,p}(x,y))\\&-(\mu_0\epsilon_0\omega\delta\omega/h(\omega,m)^2)\hat{z}.\ \nabla_\perp\times\boldsymbol{E}^{(0)}_{\perp,m}\\&+(\mathrm{j}\mu_0\omega/h(\omega,m)^2)\sum_p\hat{z}.\ \nabla_\perp\times(\delta F_2(\omega,x,y,m,p)\boldsymbol{E}^{(0)}_{\perp,p}(x,y)\\=&-\mathrm{j}\omega\mu_0\boldsymbol{H}^{(1)}_{z,m}-\mathrm{j}\mu_0\delta\omega\boldsymbol{H}^{(0)}_{z,m}+\sum_p\delta G_1(\omega,x,y,m,p)\boldsymbol{H}^{(0)}_{z,p}(x,y)\end{aligned}$$

这个方程可以用恒等式重新整理和简化,即

$$\nabla_\perp.\boldsymbol{H}^{(0)}_{\perp,m}(x,y)+(m\pi/d)\boldsymbol{H}^{(0)}_{z,m}=0$$

$$\hat{z}.\ \nabla_\perp\times\boldsymbol{E}^{(0)}_{\perp,m}=-\mathrm{j}\omega\mu_0\boldsymbol{H}^{(0)}_{z,m}$$

表示为

$$\begin{aligned}&(\nabla^2_\perp+h(\omega,m)^2)\boldsymbol{H}^{(1)}_{z,m}(x,y)\\&\quad+2\delta\omega.\ \omega\mu_0\epsilon_0\boldsymbol{H}^{(0)}_{z,m}+\sum_p\hat{z}.\ \nabla_\perp\times(\delta F_2(\omega,x,y,m,p)\boldsymbol{E}^{(0)}_{\perp,p})\\&\quad+(\mathrm{j}h(\omega,m)^2/\mu_0\omega)\sum_p\delta G_1(\omega,x,y,m,p)\boldsymbol{H}^{(0)}_{z,p}=0\end{aligned}$$

13.8 针对偏微分方程的最优控制

示例:

(1)在给定的时空范围内,通过控制电流密度源来控制盒子内的电磁场,使得受控的电磁场在距离上接近给定的电磁场。

(2)在广义相对论的爱因斯坦场方程中控制物质和辐射的能量－动量张量,使得受控的度规在给定的时空范围内接近给定的度规。这包括使用近似线性化的爱因斯坦场方程和完全非线性的爱因斯坦场方程。

(3)控制流体中的搅拌力,使得流体的速度模式在给定的时空间隔内匹配给定的模式。

(4)研究电磁源产生的引力波。

$$\boldsymbol{R}_{\mu\nu}-(1/2)\boldsymbol{R}g_{\mu\nu}=-8\pi G\boldsymbol{S}_{\mu\nu}$$

$$\boldsymbol{S}_{\mu\nu}=(-1/4)\boldsymbol{F}_{\alpha\beta}\boldsymbol{F}^{\alpha\beta}g_{\mu\nu}+\boldsymbol{F}_{\mu\alpha}\boldsymbol{F}^{\beta}_{\nu}$$

这是辐射场的能量－动量张量。

假设电磁四势为

$$A_{\mu}=A_{(0)}+\delta A_{\mu},g_{\mu\nu}=g_{(0)}+\delta g_{\mu\nu}=\eta_{\mu\nu}+h_{\mu\nu}(x)$$

其中，$A_{\mu}^{(0)}$ 满足平坦时空麦克斯韦方程，即如果

$$F_{\mu\nu}=F_{\mu\nu}^{(0)}+\delta F_{\mu\nu}$$

$$F_{\mu\nu}^{(0)}=A_{\nu,\mu}^{(0)}-A_{\mu,\nu}^{(0)}$$

$$\delta F_{\mu\nu}=\delta A_{\nu,\mu}-\delta A_{\mu,\nu}$$

那么

$$\delta S_{\mu\nu}=(-1/4)F_{\alpha\beta}^{(0)}F^{(0)\alpha\beta}h_{\mu\nu}+F_{\mu\alpha}^{(0)}F_{\nu\beta}^{(0)}h_{\alpha\beta}+2\eta_{\alpha\beta}(F_{\mu\alpha}^{(0)}\delta F_{\nu\beta}+F_{\nu\beta}^{(0)}\delta F_{\mu\alpha})$$

一般形式

$$\delta S_{\mu\nu}(x)=C_1(\mu\nu\alpha\beta,x)h_{\alpha\beta}(x)+C_2(\mu\nu\alpha\beta,x)\delta F_{\alpha\beta}(x)$$

其中，函数 C_1、C_2 完全由未扰动的电磁波 $F_{\mu\nu}^{(0)}(x)$决定。我们已经看到爱因斯坦张量的一阶微扰

$$G^{\mu\nu}=R^{\mu\nu}-(1/2)Rg^{\mu\nu}$$

具有以下形式

$$G^{(1)\mu\nu}=\delta G^{\mu\nu}=\delta R^{\mu\nu}-(1/2)\delta R.\ \eta^{\mu\nu}=C_3(\mu\nu\alpha\beta\rho\sigma)h_{\alpha\beta,\rho\sigma}$$

其普通的四个散度消失，即

$$C_3(\mu\nu\alpha\beta\rho\sigma)h_{\alpha\beta,\rho\sigma\nu}=0$$

然后根据一阶扰动的爱因斯坦－麦克斯韦场方程，可以得出

$$C_3(\mu\nu\alpha\beta\rho\sigma)h_{\alpha\beta,\rho\sigma}(x)=C_1(\mu\nu\alpha\beta,x)h_{\alpha\beta}(x)+C_2(\mu\nu\alpha\beta,x)\delta F_{\alpha\beta}(x)$$

麦克斯韦方程如下

$$(F^{\mu\nu}\sqrt{-g})_{,\nu}=0$$

其将与量规条件相结合

$$(A^{\mu}\sqrt{-g})_{,\mu}=0$$

或者采用等效表达式

$$(g^{\mu\nu}\sqrt{-g}A_{\nu})_{,\mu}=0$$

这些方程的未扰动的分量即平坦的时空分量如下

$$\eta_{\mu\alpha}\eta_{\nu\beta}F_{\alpha\beta,\nu}^{(0)}=0,\eta_{\mu\nu}A_{\nu,\mu}^{(0)}=0$$

替代

$$F_{\mu\nu}^{(0)}=A_{\nu,\mu}^{(0)}-A_{\mu,\nu}^{(0)}$$

由此可以得到平坦时空波动方程，即

$$\Box A_{\mu}^{(0)}=0,\Box=\partial_{\alpha}\partial^{\alpha}=\eta_{\alpha\beta}\partial_{\alpha}\partial_{\beta}$$

麦克斯韦方程和规范条件的一阶微扰形式为

$$(\delta(g^{\mu\alpha}g^{\nu\beta}\sqrt{-g})F_{\alpha\beta,\nu}^{(0)})+\eta_{\mu\alpha}\eta_{\nu\beta}\delta F_{\alpha\beta,\nu}=0$$

并且

$$\eta_{\mu\nu}\delta A_{\nu,\mu}+(\delta(g^{\mu\nu}\sqrt{-g})A_{\nu}^{(0)})_{,\mu}=0$$

第14章

具有非均匀介质腔场的量子化，等离子体玻耳兹曼－弗拉索夫(Boltzmann－Vlasov)方程的场相关介质参数，用于量子辐射图计算的量子玻耳兹曼方程，经典场的最优控制，以及经典非线性滤波的应用

14.1 计算由于重力效应和介质中的非均匀性效应引起的腔体谐振器中振荡特征频率的偏移

针对给定的 $p\in\mathbb{Z}_+$，首先假设未扰动频率是 $\omega_0[p,n]$，$n=1,2,\cdots$。p 决定了场的 Z 依赖性。例如，带有 $\boldsymbol{H}_z^{(0)}$ 的 z 的变体是 $\sin(\pi pz/d)$，而带有 z 的 $\boldsymbol{E}_z^{(0)}$ 的变体是 $\cos(\pi pz/d)$。带有 z 的 $\boldsymbol{E}_\perp^{(0)}$ 的变体是 $\sin(\pi pz/d)$，而带有 z 的 $\boldsymbol{H}_\perp^{(0)}$ 的变体是 $\cos(\pi pz/d)$。当 $z=0,d$ 时，这确保了 $\boldsymbol{H}_z^{(0)}$ 和 $\boldsymbol{E}_\perp^{(0)}$ 消失。定义

$$h(\omega,p)^2=\omega^2\mu_0\epsilon_0-(\pi p/d)^2$$

然后，场和特征频率的一阶扰动方程如下：

$$(\nabla_\perp^2+h(\omega_0[p,n],p)^2)[\boldsymbol{E}_z^{(1)},\boldsymbol{H}_z^{(1)}]^{\mathrm{T}}+2\mu_0\epsilon_0\omega_0[p,n]\delta\omega[\boldsymbol{E}_{z,p,n}^{(0)},\boldsymbol{H}_{z,p,n}^{(0)}]^{\mathrm{T}}$$
$$=[\delta\boldsymbol{F}_1(p,n,x,y),\delta\boldsymbol{F}_2(p,n,x,y)]^{\mathrm{T}}$$

其中

$$[\delta\boldsymbol{F}_1(p,n,x,y),\delta\boldsymbol{F}_2(p,n,x,y)]^{\mathrm{T}}$$

形式为

$$\delta\mathcal{L}(E_{z,p,n}^{(0)}(x,y),\boldsymbol{H}_{z,p,n}^{(0)}(x,y)]^{\mathrm{T}})$$

$\delta\mathcal{L}$ 是依赖于介电常数和磁导率扰动 $\epsilon_0\delta\chi_e(\omega,x,y)$、$\mu_0\delta\chi_m(\omega,x,y)$ 的线性一阶偏微分算符，其中 $\omega=\omega_0[p,n]$。我们可以假设未扰动模式 $\boldsymbol{\psi}_{p,n}(x,y)=[\boldsymbol{E}_{z,p,n}^{(0)}(x,y),\boldsymbol{H}_{z,p,n}^{(0)}(x,y)]^{\mathrm{T}}$，$p,n=1,2,\cdots$，对于 $\mathcal{L}^2(D)^2$ 形成完整的正交归一基，其

中 D 是谐振器在 XY 平面中的横截面积。这是因为这些是拉普拉斯算符 $\nabla_{\perp}^{2}$ 的本征函数,当我们应用联合狄利克雷和诺伊曼边界条件时,这个算符是厄米算符,即 $\boldsymbol{E}_z$ 和 $\frac{\partial \boldsymbol{H}_z}{\partial n}$ 在边界 ∂D 处消失。因此,我们推断特征频率 $\omega_0[p,n]\delta\omega$ 的偏移由下式给出:

$$\delta\omega = \delta\omega[p,n] = (-1/2\mu_0\epsilon_0\omega_0[p,n])\int_D(\overline{\boldsymbol{E}}_{z,p,n}^{(0)}(x,y).\delta\boldsymbol{F}_1(p,n,x,y) + \overline{\boldsymbol{H}}_{z,p,n}^{(0)}(x,y).\delta\boldsymbol{F}_2(p,n,x,y))\mathrm{d}x\mathrm{d}y$$

此外,由于具有所述边界条件的 $\nabla_{\perp}^{2}$ 的本征函数 $\boldsymbol{\psi}_{p,n}$ 是正交的,因此我们得到其一阶扰动如下式所示:

$$\delta\boldsymbol{\psi}_{p,n}(x,y) = \sum_{(p',n')=(p,n)}\boldsymbol{\psi}_{p',n'}(x,y)\int_D\boldsymbol{\psi}_{p',n'}(x,y)^*[\delta\boldsymbol{F}_1(p,n,x,y), \delta\boldsymbol{F}_2(p,n,x,y)]\mathrm{d}x\mathrm{d}y$$

这里,我们假设未扰动模式的非简并性。如果对于每个 (p,n) 我们都有一个简并度 $k(p,n)$,那么这意味着对应于未扰动的特征频率 $\omega_0[p,n]$ 或等价于未扰动的模态特征值 $h(\omega_0[p,n],p)^2$,我们可以得到一个未扰动本征函数的正交归一基,即

$$\boldsymbol{\psi}_{n,p,m}(x,y) = [\boldsymbol{E}_{z,p,n,m}^{(0)}(x,y),\boldsymbol{H}_{z,p,n,m}^{(0)}(x,y)]^{\mathrm{T}}, m=1,2,\cdots,k(p,n)$$

并且通过利用为解决量子力学问题而发展的与时间无关的微扰理论中的久期行列式理论,对频率 $\omega_0[p,n]$ 的微扰是 $\delta\omega[p,n,m]$,$m=1,2,\cdots,k(p,n)$,其中这些项是行列式方程的解

$$\det(2\mu_0\epsilon_0\omega_0[p,n]\delta\omega I_k + ((<\psi_{p,n,m},\delta\mathcal{L}\boldsymbol{\psi}_{p,n,m'}>))_{1\leq m,m'\leq k(p,n)}) = 0$$

14.2　具有非均匀介电常数和磁导率的腔体谐振器中的场量子化

我们已经推导出了一阶本征方程,这些方程确定了当介质的均匀性受到小扰动时腔体谐振器频率的偏移。我们发现这些方程具有如下的一般形式,即

$$(\nabla_{\perp}^{2} + h(p,n)^2)\delta\boldsymbol{\psi}(x,y) + a(p,n)\delta\omega\boldsymbol{\psi}_{p,n}(x,y) = \delta\boldsymbol{F}(p,n,x,y)$$

利用作用量泛函,这些方程可以从变分原理导出

$$S_{p,n}(\delta\boldsymbol{\psi}) = (1/2)\int(|\nabla_{\perp}\delta\boldsymbol{\psi}(x,y)|^2 - h(p,n)^2|\delta\boldsymbol{\psi}(x,y)|^2) + - a(p,n)\int(\delta\boldsymbol{\psi}(x,y)^{\mathrm{T}}\boldsymbol{\psi}_{p,n}(x,y))\mathrm{d}x\mathrm{d}y + \int\delta\boldsymbol{\psi}(x,y)^{\mathrm{T}}\delta\boldsymbol{F}(p,n,x,y)$$

我们假设未受微扰的系统是经典的,但受到微扰的系统具有量子涨落 $\delta\boldsymbol{\psi}$。尽管这种变分原理适用于应用有限元法,但由于没有明确涉及时间,因此不适

用于量子化。对此进行量子化的一种方法是替换 $h(p,n)^2$ 为 $\omega^2\mu_0\epsilon_0$，其中 $\omega = \mathrm{i}\partial/\partial t$，但我们无法根据时间给出对于 $\delta\omega$ 的任何物理解释。因此，唯一的解决办法是从基本的麦克斯韦方程开始，将磁化率 χ_e 和 χ_m 定义为 ω 的函数，形式如 $\chi_e(\mathrm{i}\omega,x,y)$ 和 $\chi_m(\mathrm{i}\omega,x,y)$，并在所有计算结束时用算符 $\partial/\partial t$ 代替 $\mathrm{i}\omega$。那么我们最终会得到一个对于 $\delta\boldsymbol{\psi}(\omega,x,y)$ 的方程，即

$$(\nabla_\perp^2 + \omega^2\mu_0\epsilon_0 - \pi^2p^2/d^2)\delta\boldsymbol{\psi}(\omega,x,y) = \sum_m \delta\boldsymbol{F}(\omega,p,m,x,y)\boldsymbol{\psi}_{p,m}(\omega,x,y)$$

在时域中，此方程可解释为

$$(\nabla_\perp^2 - \mu_0\epsilon_0\partial_t^2 - \pi^2p^2/d^2)\delta\boldsymbol{\psi}(t,x,y) = \sum_m \delta\boldsymbol{F}(\partial_t,p,m,x,y)\boldsymbol{\psi}_{p,m}(t,x,y)$$

其中，算符 $\boldsymbol{F}(\partial_t,p,m,x,y)$ 由 $\chi_e(\partial_t,x,y,z)$ 和 $\chi_m(\partial_t,x,y,z)$ 构建而成。上述方程可以根据作用量的变分原理导出。

14.3 传输线和波导中的相关问题

(1) 当线路的分布参数 R 受到小的非均匀项 $\delta R(z)$ 扰动时，利用偏微分方程的扰动理论计算线路电压和电流的近似变化，即线路方程为

$$v_{,z}(t,z) + (R+\delta R(z))i(t,z) + Li_{,t}(t,z) = 0$$

$$i_{,z}(t,z) + Gv(t,z) + Cv_{,t}(t,z) = 0$$

通过首先去除涉及 $R+\delta R$ 和 G 的耗散项，并在将线方程展开为空间变量 z 的傅里叶级数后，从适当的哈密顿量中导出所得到的线方程，然后引入使我们能够模拟耗散效应的林德布拉德(Lindblad)噪声项，从而实现这些线方程的量子化。

(2) 已知同轴电缆具有内半径 a 和外半径 b，且两个圆柱体之间的介质具有参数 (ϵ,μ,σ)，计算分布线参数。

(3) 传输线在给定频率下具有特性阻抗 $Z_0 = R_0 + \mathrm{j}X_0$，与其连接的负载在该频率下具有阻抗 $Z_\mathrm{L} = R_\mathrm{L} + \mathrm{j}X_\mathrm{L}$ 和传播常数 γ。在相对于负载的 d_1 距离处，连接具有特性阻抗 $Z_{01} = R_{01} + \mathrm{j}X_{01}$、长度 l_1 和传播常数 γ_1 的短截线。在相对于负载的 $d_2 > d_1$ 距离处，连接另一个具有特性阻抗 $Z_{02} = R_{02} + \mathrm{j}X_{02}$、长度 l_2 和传播常数 γ_2 的短截线。找出相对于负载的 $d_3 > d_2$ 距离处的线路的输入阻抗。如果此输入阻抗与在 d_3 处连接到其上的特性阻抗线 $Z'_0 = R'_0 + \mathrm{j}X'_0$ 的线路相匹配，那么计算 d_2 和 d_1 的值。解释如何利用史密斯圆图解决此问题。

(4) 从基本原理出发，解释当线路的负载 Z_L 和特性阻抗 R_0 已知时，如何根据传输线的负载端计算 n^{th} 电压最大值和电压最小值的位置。假设该线是无损的。同时计算线路的电压驻波比。最后，解释如何确定线路在负载端的反射系数(幅度和相位)以及给定 n^{th} 电压最大值位置的波长/传播常数、连续电压最大

值之间的距离和电压驻波比。

(5)根据反射系数的定义关系,在 $\mathrm{Re}(\Gamma)-\mathrm{Im}(\Gamma)$ 平面上画出常数 r 和常数 x 的圆。

$$\Gamma=\frac{r+\mathrm{j}x-1}{r+\mathrm{j}x+1}$$

14.4 最优化理论的相关问题

(1)陈述并证明在无限维希尔伯特空间 $\mathcal{H}$ 中的阿波罗尼奥斯(Appolonius)定理,并由此建立 $\mathcal{H}$ 的闭凸子集的正交投影定理:如果 W 是 $\mathcal{H}$ 的闭凸子集,那么对于每个 $\boldsymbol{x}\in\mathcal{H}$,存在唯一的矢量 $\boldsymbol{Px}\in W$,使得

$$\|\boldsymbol{x}-\boldsymbol{Px}\|=\inf_{\boldsymbol{w}\in \boldsymbol{W}}\|\boldsymbol{x}-\boldsymbol{w}\|$$

(2)设定 $\boldsymbol{X}=\boldsymbol{C}^2[0,1]$ 表示 $[0,1]$ 上所有二次连续可微函数的赋范线性空间。对于 $f:\boldsymbol{X}\to\mathbb{R}$ 和 $x\in\boldsymbol{X}$,我们说 $Df(x):\boldsymbol{X}\to\boldsymbol{X}^*$ 存在($\boldsymbol{X}^*$ 表示 $\boldsymbol{X}$ 上所有具备有界线性函数的巴拿赫(Banach)空间),如果存在一个 $y\in\boldsymbol{X}^*$,使得对于所有的 $z\in\boldsymbol{X}$,都可以得到

$$\lim_{\epsilon\to 0}|(f(\boldsymbol{x}+\epsilon z)-f(\boldsymbol{x}))/\epsilon-y(z)|=0$$

在这种情况下,我们设置 $Df(\boldsymbol{x})=y$。假设 f 由下式给出

$$f(x)=\int_0^1 L(\boldsymbol{x}(t),\boldsymbol{x}'(t))\mathrm{d}t,\boldsymbol{x}\in\boldsymbol{X}$$

其中,$L:\mathbb{R}\times R\to\mathbb{R}$ 是其自变量的二次连续可微函数。然后证明 $Df(\boldsymbol{x})$ 存在,并由下式给出

$$Df(\boldsymbol{x})(z)=\int_0^t z(t)\left(\frac{\partial L(\boldsymbol{x}(t),\boldsymbol{x}'(t))}{\partial \boldsymbol{x}}-\frac{\mathrm{d}}{\mathrm{d}t}\frac{\partial L(\boldsymbol{x}(t),\boldsymbol{x}'(t))}{\partial \boldsymbol{x}'}\right)\mathrm{d}t$$

证明对空间 $\boldsymbol{X}$ 和函数 L 施加的所有条件。

(3)写出最小化期望成本的最优贝尔曼－哈密顿－雅可比(Bellman－Hamilton－Jacobi)方程,即

$$C(u)=\mathbb{E}\int_0^T L(\boldsymbol{x}(t),\boldsymbol{x}'(t),\boldsymbol{u}(t))\mathrm{d}t$$

其中,$\boldsymbol{x}(t)$ 满足方程

$$\mathrm{d}\boldsymbol{x}(t)=\boldsymbol{x}'(t)\mathrm{d}t,\mathrm{d}\boldsymbol{x}'(t)=-\gamma\boldsymbol{x}'(t)\mathrm{d}t-K\boldsymbol{x}(t)+\boldsymbol{u}(t)+\sigma\mathrm{d}\boldsymbol{B}(t)$$

其中,$\boldsymbol{B}(\cdot)$ 是标准布朗运动,并且

$$L(\boldsymbol{x}(t),\boldsymbol{x}'(t),\boldsymbol{u}(t)=\boldsymbol{x}'^2(t)/2+\boldsymbol{x}^2(t)/2+u^2(t)/2$$

$u(t)$ 是控制函数,被约束为瞬时反馈类型,即 $\boldsymbol{u}(t)=\chi_t(\boldsymbol{x}(t),\boldsymbol{x}'(t))$。在解决这个问题之前,必须先证明二元过程 $(\boldsymbol{x}(t),\boldsymbol{x}'(t))^{\mathrm{T}}$ 是马尔可夫过程,并计算它的无穷小生成元。

(4)考虑通过旋转和平移给定图像 $f(\boldsymbol{x},y)$，并进一步向其添加具有自相关的加性高斯白噪声 $w(\boldsymbol{x},y)$ 而获得的 2-D 图像场 $g(\boldsymbol{x},y)$，即

$$\mathbb{E}(w(\boldsymbol{x},y)w(\boldsymbol{x}',y'))=\sigma_w^2\delta(\boldsymbol{x}-\boldsymbol{x}')\delta(y-y')$$

因此，变换的图像由下式给出：

$$g(\boldsymbol{x},y)=f((\boldsymbol{x}-a)\cos(\theta)+(y-b)\sin(\theta),-(\boldsymbol{x}-a)\sin(\theta)+(y-b)\cos(\theta))+w(\boldsymbol{x},y)$$

利用二维傅里叶变换和一维傅里叶级数，推导出利用最大似然法从整个平面的 $g(\boldsymbol{x},y)$ 和 $f(\boldsymbol{x},y)$ 测量中估算旋转角 θ 和平移矢量 $(\boldsymbol{a},\boldsymbol{b})$ 的算法。最后，计算估计误差的协方差矩阵，用 f、$\boldsymbol{a}$、$\boldsymbol{b}$、θ、σ_w 表示的近似公式为

$$\mathrm{Cov}((\hat{\theta}_{ML}-\theta,\hat{\boldsymbol{a}}_{ML}-\boldsymbol{a},\hat{\boldsymbol{b}}_{ML}-\boldsymbol{b}))$$

该近似仅涉及保留噪声场中的线性项。

(5)陈述彼得-外尔(Peter-Weyl)定理。设定 χ_1、χ_2 是紧群 G 的两个不等价的不可约表示的特征标，利用彼得-外尔定理证明

$$\int_G |\chi_1(g)|^2\mathrm{d}g=1,\int_G \bar{\chi}_1(g)\chi_2(g)\mathrm{d}g=0$$

14.5 基于标量波动方程的非均匀介质腔体谐振器中波模式的另一种量子化方法

波场 $\boldsymbol{\psi}(\boldsymbol{r})$ 满足

$$(\nabla^2+h(\omega,\boldsymbol{r})^2)\boldsymbol{\psi}(\boldsymbol{r})=0,\boldsymbol{r}\in B,\boldsymbol{\psi}(\boldsymbol{r})=0,\boldsymbol{r}\in\partial\boldsymbol{B}$$

我们将其表达为

$$h(\omega,\boldsymbol{r})=\omega^2/c^2+\delta\lambda(\omega,\boldsymbol{r})$$

并且

$$\boldsymbol{\psi}(\boldsymbol{r})=\boldsymbol{\psi}_0(\boldsymbol{r})+\delta\boldsymbol{\psi}(\boldsymbol{r}),\omega=\omega_0+\delta\omega$$

然后，应用标准的一阶微扰理论可以得出

$$(\nabla^2+\omega_0^2/c^2)\boldsymbol{\psi}_0(\boldsymbol{r})=0,\boldsymbol{r}\in\boldsymbol{B},\boldsymbol{\psi}(\boldsymbol{r})=0,\boldsymbol{r}\in\partial\boldsymbol{B}$$

$$(\nabla^2+\omega_0^2/c^2)\delta\boldsymbol{\psi}(\boldsymbol{r})+(2\omega_0\delta\omega/c^2)\boldsymbol{\psi}_0(\boldsymbol{r})+\delta\lambda(\omega_0,\boldsymbol{r})\boldsymbol{\psi}_0(\boldsymbol{r})=0,\boldsymbol{r}\in\boldsymbol{B}$$

$$\delta\boldsymbol{\psi}(\boldsymbol{r})=0,\boldsymbol{r}\in\partial\boldsymbol{B}$$

未受微扰的方程的解为

$$\omega_0=\omega_0[n],n=1,2,\cdots,\boldsymbol{\psi}_0(\boldsymbol{r})=\boldsymbol{\psi}_{0,n,k}(\boldsymbol{r}),k=1,2,\cdots,d(n),n=1,2,\cdots$$

即

$$(\nabla^2+\omega_0[n]^2/c^2)\boldsymbol{\psi}_{0,n,k}(\boldsymbol{r})=0,k=1,2,\cdots,d(n)$$

其中我们可以假设 $\{\boldsymbol{\psi}_{0,n,k},1\leqslant k\leqslant d(n),n\geqslant 1\}$ 形成对于 $L^2(\boldsymbol{B})$ 的一组正交归一基。因为 ∇^2 是自伴算符。换句话说，未受微扰模式 $\omega_0[n]$ 的简并度为 $d(n)$。

然后，我们可以得到

$$\boldsymbol{\psi}_0(\boldsymbol{r}) = \sum_{k=1}^{d(n)} c(n,k)\boldsymbol{\psi}_{0,n,k}(\boldsymbol{r}), \omega_0 = \omega_0[n]$$

以及

$$((\omega_0[n]^2 - \omega_0[m]^2)/c^2) < \boldsymbol{\psi}_{0,m,s}, \delta\boldsymbol{\psi} > + (2\omega_0[n]/c^2)\delta\omega \sum_k c(n,k) < \boldsymbol{\psi}_{0,m,s}, \boldsymbol{\psi}_{0,n,k} > + \sum_k c(n,k) < \boldsymbol{\psi}_{0,m,s}, \delta\lambda(\omega_0[n],\boldsymbol{r})\boldsymbol{\psi}_{0,n,k} > = 0$$

或者等效表达式

$$((\omega_0[n]^2 - \omega_0[m]^2)/c^2) < \boldsymbol{\psi}_{0,m,s}, \delta\boldsymbol{\psi} > + (2\omega_0[n]/c^2)\delta\omega c(n,s)\delta_{m,n} + \sum_k c(n,k) < \boldsymbol{\psi}_{0,m,s}, \delta\lambda(\omega_0[n],\boldsymbol{r})\boldsymbol{\psi}_{0,n,k} > = 0$$

特别是，分别考虑 $m = n$ 和 $m \neq n$ 的情况，我们可以得到

$$\det(2\omega_0[n]/c^2)\delta\omega \boldsymbol{I}_{d(n)} + ((< \boldsymbol{\psi}_{0,n,s}, \delta\boldsymbol{\lambda}(\omega)[n],\boldsymbol{r}))\boldsymbol{\psi}_{0,n,k} >))_{1\leqslant s,k\leqslant d(n)}) = 0$$

它的解如下

$$\delta\omega = \delta\omega[n,k], k = 1,2,\cdots,d(n)$$

以及相应的久期特征矢量 $((c_k(n,s)))_{s=1}^{d(n)}, k = 1,2,\cdots,d(n)$，并且对于 $m \neq n$，有

$$< \boldsymbol{\psi}_{0,m,s}, \delta\boldsymbol{\psi} > = (\omega_0[m]^2 - \omega_0[n]^2)^{-1} \sum_k c(n,k) < \boldsymbol{\psi}_{0,m,s}, \delta\boldsymbol{\lambda}(\omega)[n],\boldsymbol{r})\boldsymbol{\psi}_{0,n,k} >$$

其中，我们替换 $c(n,k) = c_l(n,k), l = 1,2,\cdots,d(n)$ 以获得针对 $\delta\boldsymbol{\psi}(\boldsymbol{r})$ 的 $d(n)$ 解。因此，对应于振荡频率 $\omega_0[n] + \delta\omega[n,k]$，波场为

$$\sum_{s=1}^{d(n)} c_k(n,s)\boldsymbol{\psi}_{0,n,s} + \delta\boldsymbol{\psi}(\boldsymbol{r})$$

其中

$$\delta\boldsymbol{\psi}(\boldsymbol{r}) = \sum_{m = \eta, 1\leqslant s\leqslant d(m)} \boldsymbol{\psi}_{0,m,s}(\boldsymbol{r})(\omega_0[m]^2 - \omega_0[n]^2)^{-1} \sum_l c_k(n,l) < \boldsymbol{\psi}_{0,m,s}, \delta\lambda(\omega_0[n],\boldsymbol{r})\boldsymbol{\psi}_{0,n,l} >$$

为了实现量子化，我们根据作用量原理推导出上述广义波动方程

$$\delta_\psi \boldsymbol{S}[\boldsymbol{\psi}] = 0$$

其中

$$\boldsymbol{S}[\boldsymbol{\psi}] = \int \boldsymbol{\psi}(t,\boldsymbol{r})(\nabla^2 + h(-\mathrm{i}\partial_t,\boldsymbol{r})^2)\boldsymbol{\psi}(t,\boldsymbol{r})\mathrm{d}t\mathrm{d}^3\boldsymbol{r} = 0$$

可以通过考虑对应于两个状态 $|i>$ 和 $|f>$ 之间的该作用的费曼路径积分来执行量子化：

$$< f | \boldsymbol{S} | i > = \int \exp(\mathrm{i}\boldsymbol{S}[\boldsymbol{\psi}]) D\boldsymbol{\psi}$$

为了利用海森堡(Heisinberg)算符对其进行量子化,我们在 jω 中将 $h(\omega,\boldsymbol{r})^2 = \omega^2/c^2 + \delta\lambda(\omega,\boldsymbol{r})$ 展开为幂级数:

$$h(\mathrm{i}\partial_t,\boldsymbol{r})^2 = (-1/c^2)\partial_t^2 + \sum_{m\geqslant 0}\delta\boldsymbol{\lambda}_m(\boldsymbol{r})\partial_t^m$$

如果我们在 $m=N$ 处截断这个级数,那么我们就得到了近似值($c=1$),即

$$h(\partial_t,\boldsymbol{r})^2 = -\partial_t^2 + \sum_{m=0}^{N}\delta\boldsymbol{\lambda}_m(\boldsymbol{r})\partial_t^m$$

我们在时间域中修改的波动方程变为

$$\left(\nabla^2 - \partial_t^2 + \sum_{m=0}^{N}\delta\boldsymbol{\lambda}_m(\boldsymbol{r})\partial_t^m\right)\boldsymbol{\psi}(t,\boldsymbol{r}) = 0$$

通过引入对偶场 $\boldsymbol{\phi}(t,\boldsymbol{r})$,可以方便地写出该方程的拉格朗日量:

$$\mathcal{L}(\boldsymbol{\phi},\partial_t^m\boldsymbol{\psi},0\leqslant m\leqslant N,\nabla\boldsymbol{\psi},\nabla^2\boldsymbol{\psi}) = (1/2)\boldsymbol{\phi}\left(\nabla^2 - \partial_t^2 + \sum_{m=0}^{N}\delta\boldsymbol{\lambda}_m(\boldsymbol{r})\partial_t^m\right)\boldsymbol{\psi}$$

它等价于(即相差一个偏导数)

$$(1/2)\left[\partial_t\phi.\,\partial_t\boldsymbol{\psi} - (\nabla\phi,\nabla\boldsymbol{\psi}) + \phi\sum_{m=0}^{N}\boldsymbol{\lambda}_m(\boldsymbol{r})\partial_t^m\boldsymbol{\psi}\right]$$

变分方程

$$\delta_\phi\int\mathcal{L}d^4x = 0,\delta_\psi\int\mathcal{L}d^4x = 0$$

我们可以得出广义波动方程及其对偶:

$$\left[\partial_t^2 - \nabla^2 - \sum_{m=0}^{N}\delta\boldsymbol{\lambda}(\boldsymbol{r})\partial_t^m\right]\boldsymbol{\psi}(t\boldsymbol{r},\boldsymbol{r}) = 0,$$

$$\left[\partial_t^2 - \nabla^2 - \sum_{m=0}^{N}\boldsymbol{\lambda}_m(\boldsymbol{r})(-1)^m\partial_t^m\right]\phi(t,\boldsymbol{r}) = 0$$

为了将这个拉格朗日量转换成一种可以导出哈密顿量的形式,我们必须只允许相对于时间的一阶偏导数出现在模型中。为此,我们定义了辅助场

$$\boldsymbol{\psi}_k = \partial_t^k\boldsymbol{\psi}, k=1,2,\cdots,N-1$$

然后场方程可以表示为一系列一阶时间方程:

$$\partial_t\boldsymbol{\psi}_k = \boldsymbol{\psi}_{k+1}, k=0,1,\cdots,N-2, \boldsymbol{\psi}_0 = \boldsymbol{\psi},$$

$$\boldsymbol{\lambda}_N(r)\partial_t\boldsymbol{\psi}_{N-1} + \sum_{m=0}^{N-1}\boldsymbol{\lambda}_m(\boldsymbol{r})\boldsymbol{\psi}_m(t,\boldsymbol{r}) + \nabla^2\boldsymbol{\psi}(t,\boldsymbol{r}) - \boldsymbol{\psi}_1 = 0$$

在引入对偶场 $\boldsymbol{\phi}_k, k=0,1,\cdots,N$ 之后,可以根据拉格朗日量推导出这些方程:

$$\mathcal{L}(\boldsymbol{\phi}_k,\boldsymbol{\psi}_k,\partial_t\boldsymbol{\psi}_k,k=0,1,\cdots,N-1) = \sum_{k=0}^{N-2}\boldsymbol{\phi}_k(\partial_t\boldsymbol{\psi}_k - \boldsymbol{\psi}_{k+1})$$

$$+\boldsymbol{\phi}_{N-1}\left(\boldsymbol{\lambda}_N(\boldsymbol{r})\partial_t\boldsymbol{\psi}_{N-1} + \sum_{m=0}^{N-1}\boldsymbol{\lambda}_m(r)\boldsymbol{\psi}_m(t,\boldsymbol{r}) + \nabla^2\boldsymbol{\psi}(t,\boldsymbol{r}) - \boldsymbol{\psi}_1\right)$$

问题:通过将勒让德变换应用于该拉格朗日量,写下相应的哈密顿量并讨论所涉及的约束。

14.6　等离子体的场相关介电常数和磁导率一般结构的推导

我们从粒子分布函数 $f(t,r,v)$ 的玻耳兹曼方程开始,用弛豫时间近似代替碰撞项:

$$f_{,t}(t,r,v) + (v,\nabla_r)f(t,r,v) + (q/m)(\boldsymbol{E}(t,r) + v\times\boldsymbol{B}(t,r),\nabla_v)f(t,r,v)$$
$$= (f_0(t,r,v) - f(t,r,v))/\tau(v)$$

我们将频域解表示为

$$\hat{\boldsymbol{f}}(\omega,r,v) = \tau(v)^{-1}[\mathrm{j}\omega + 1/\tau(v) + (v,\nabla_r) + (q/m)(\boldsymbol{E}(\mathrm{j}\partial/\partial\omega,r)$$
$$+ v\times\boldsymbol{B}(\mathrm{j}\partial/\partial\omega,r),\nabla_v)]^{-1}\hat{\boldsymbol{f}}_0(\omega,r,v)$$

频域中的电流密度由下式给出:

$$\hat{\boldsymbol{J}}(\omega,r) = q\int v\hat{\boldsymbol{f}}(\omega,r,v)\mathrm{d}^3v$$

而电荷密度为

$$\hat{\boldsymbol{\rho}}(\omega,r) = q\int\hat{\boldsymbol{f}}(\omega,r,v)\mathrm{d}^3v$$

麦克斯韦方程如下

$$\nabla.\hat{\boldsymbol{E}}(\omega,r) = \hat{\boldsymbol{\rho}}(\omega,r)/\epsilon_0,\ \nabla.\hat{\boldsymbol{B}}(\omega,r) = 0$$
$$\nabla\times\hat{\boldsymbol{E}}(\omega,r) = -\mathrm{j}\omega\hat{\boldsymbol{B}}(\omega,r),\ \nabla\times\hat{\boldsymbol{B}}(\omega,r) = \mu_0\hat{\boldsymbol{J}}(\omega,r) + \mathrm{j}\omega\mu_0\epsilon_0\hat{\boldsymbol{E}}(\omega,r)$$

通过解这些方程,我们得到了 $\hat{\boldsymbol{J}}(\omega,r)$,作为 $\hat{\boldsymbol{B}}$ 和 $\hat{\boldsymbol{E}}$ 的泛函。将 $\hat{\boldsymbol{J}}(\omega,r)$ 等于 $(\sigma+\mathrm{j}\omega\epsilon)\hat{\boldsymbol{E}}(\omega,r)$,我们可以得到 σ 和 ϵ,作为 $\hat{\boldsymbol{B}}$ 和 $\hat{\boldsymbol{E}}$ 的非线性泛函。

14.7　利用玻耳兹曼动力学传输方程计算等离子体的介电常数和磁导率的其他方法

设未扰动静电势为 $\Phi(r)$。相空间中相应的平衡粒子密度由下式给出:

$$f_0(r,v) = N.\exp(-\beta(mv^2/2 + q\Phi(r)))/Z(\beta)$$

其中,N 是粒子总数;$Z(\beta)$ 是经典配分函数,即

$$Z(\beta) = \int\exp(-\beta(mv^2/2 + q\Phi(r)))\mathrm{d}^3r\mathrm{d}^3v$$

它满足平衡动力学方程

$$[(v,\nabla_r)+(q/m)(-\nabla\Phi(r),\nabla_v)]f_0(r,v)=0$$

在应用假设为小强度的外部电磁场 $\boldsymbol{E}(t,r)$、$\boldsymbol{B}(t,r)$ 时，粒子分布函数受到扰动，从而得到

$$f(t,r,v)=f_0(r,v)+\delta f(t,r,v)$$

在一阶项精度范围内，它满足受到扰动的动力学方程，即

$$\begin{aligned}\mathrm{i}\delta f_{,t}(t,r,v)&+(v,\nabla_r)\delta f(t,r,v)-(q/m)(\nabla\Phi(r),\nabla_v)\delta f\\&+(q/m)(\boldsymbol{E}(t,r)+v\times\boldsymbol{B}(t,r),\nabla_v)f_0(r,v)\\&=-\delta f(t,r,v)/\tau(v)\end{aligned}$$

涉及磁场的项抵消，并且在 $\Phi=0$ 时，简化为

$$\mathrm{i}\delta f_{,t}+(v,\nabla_r)\delta f+(q/m)(\boldsymbol{E}(t,r),\nabla_v)f_0+\delta f/\tau(v)=0$$

其给出了傅里叶变换，即

$$[(\mathrm{i}\omega+1/\tau(v))+(v,\nabla_r)]\hat{\delta}f(\omega,r,v)=(q\beta)(\hat{\boldsymbol{E}}(\omega,r),v)f_0(r,v)$$

该方程的解由下式给出

$$\delta f(\omega,r,v)=\int\boldsymbol{K}(\omega,v,r-r')(\hat{\boldsymbol{E}}(\omega,r'),v)f_0(r',v)\mathrm{d}^3r'$$

其中

$$\boldsymbol{K}(\omega,v,r)=q\beta(2\pi)^{-3}\int\exp(\mathrm{i}k.r)[\mathrm{i}\omega+1/\tau(v)+\mathrm{i}(v,k)]^{-1}\mathrm{d}^3k$$

因此，等离子体介质中的电流密度由下式给出

$$q\int v\hat{\delta}f(\omega,r,v)\mathrm{d}^3v=\hat{\boldsymbol{J}}(\omega,r)=\mu_0^{-1}\nabla\times\hat{\boldsymbol{B}}(\omega,r)-\mathrm{i}\omega\epsilon_0\hat{\boldsymbol{E}}(\omega,r)$$

事实上，我们可以得到

$$\hat{\boldsymbol{J}}(\omega,r)=q\int v\boldsymbol{K}(\omega,v,r-r')(v,\hat{\boldsymbol{E}}(\omega,r'))f_0(r',v)\mathrm{d}^3r'\mathrm{d}^3v$$

因此，由下式定义的复各向异性介电常数矩阵 $\boldsymbol{\epsilon}(\omega,r)$，即

$$\hat{\boldsymbol{J}}(\omega,r)=\mathrm{j}\omega\int\boldsymbol{\epsilon}(\omega,r-r')\boldsymbol{E}(\omega,r')\mathrm{d}^3r'$$

可以立即读取，这就是介电常数的线性理论。应当注意，复介电常数包含等离子体电导率作为一个分量。

当 $\Phi\neq0$ 时，情况有点复杂。在形式上，我们可以将解表达为

$$\begin{aligned}\hat{\delta}f(\omega,r,v)=q\beta[&\mathrm{i}\omega+1/\tau(v)+(v,\nabla_r)-(q/m)(\nabla\Phi(r),\nabla_v)]^{-1}\\&((\hat{\boldsymbol{E}}(\omega,r),v)f_0(r,v))\end{aligned}$$

形式上，通过用 $\boldsymbol{K}=\boldsymbol{K}(\omega,v,r-r')$ 表示运算符 $(\mathrm{i}\omega+1/\tau(v)+(v,\nabla_r))^{-1}$ 的核，我们可以将运算符 $(q/m)[\mathrm{i}\omega+1/\tau(v)+(v,\nabla_r)-(q/m)(\nabla\Phi(r),\nabla_v)]^{-1}$ 的核表达为

$$(q\beta)\left[K+\sum_{n\geqslant1}(\boldsymbol{K}T)^n\boldsymbol{K}\right]$$

其中

$$T=(q/m)(\nabla\Phi(r),\nabla_v)$$

这样，频域中的电流密度为

$$\hat{\boldsymbol{J}}(\omega,r)=(q\beta)\int v\left[K+\sum_{n\geq 1}(\boldsymbol{K}T)^n\boldsymbol{K}\right](\hat{\boldsymbol{E}}(\omega,r),\nabla_v)f_0(r,v)\mathrm{d}^3v$$

从中我们很容易读出非均匀频率相关的介电常数。

考虑到非线性的因素。设定 $\boldsymbol{J}(\omega,r)$ 为电流密度。我们将玻耳兹曼方程按照微扰理论形式表达为

$$\delta f_{,t}+(v,\nabla_r)(f_0+\delta f)+(q/m)(-\nabla\Phi(r)+\delta\boldsymbol{E}(t,r),\nabla_v)(f_0+\delta f)$$
$$+(q/m)(\delta\boldsymbol{E}(t,r)+v\times\delta\boldsymbol{B}(t,r),\nabla_v)\delta f+\delta f/\tau(v)=0$$

扩展

$$\delta f=\sum_{n\geq 1}\delta_n f$$

在将方程两边的常数项等值化简后，我们得到

$$(v,\nabla_r)f_0-(q/m)(\nabla\Phi(r),\nabla_v)f_0=0$$

上述的吉布斯（Gibbsian）f_0 可以满足此式。

n^{th} 阶项等值化简后，我们得到

$$\delta_n f_{,t}+(v,\nabla_r)\delta_n f-(q/m)(\nabla\Phi(r),\nabla_v)\delta_n f$$
$$+(q/m)(\delta\boldsymbol{E}+v\times\delta\boldsymbol{B},\nabla_v)\delta_{n-1}f+\delta_n f/\tau(v)=0,n\geq 1$$

其中

$$\delta_0 f=f_0$$

其解可表示为

$$\delta_n f(t,r,v)=(q/m)[\mathrm{i}\partial/\partial t+1/\tau(v)+(v,\nabla_r)$$
$$-(q/m)(\nabla\Phi(r),\nabla_v)]^{-1}(\delta\boldsymbol{E}(t,r)$$
$$+v\times\delta\boldsymbol{B}(t,r),\nabla_v)\delta_{n-1}f(t,r,v)],n\geq 1$$

通过迭代该方程，我们可以将 $\delta f(t,r,v)=\sum_{n>1}\delta_n f(t,r,v)$ 表示为电场和磁场 $\delta\boldsymbol{E}(t,r)$、$\delta\boldsymbol{B}(t,r)$ 中的沃尔泰拉（Volterra）级数，从而将电流密度确定为电场和磁场中的类似沃尔泰拉级数：

14.8　利用量子统计推导介电常数和磁导率函数

针对存在外部电场和磁场的情况，考虑哈德逊－帕塔萨拉蒂理论的量子噪声，薛定谔演化方程为

$$\mathrm{d}\boldsymbol{U}(t)=(-(\mathrm{i}\boldsymbol{H}(t)+\boldsymbol{P})\mathrm{d}t+L_1\mathrm{d}\boldsymbol{A}(t)+L_2\mathrm{d}\boldsymbol{A}(t)^*+\boldsymbol{S}\mathrm{d}\boldsymbol{\Lambda}(t))\boldsymbol{U}(t)$$

其中

$$H(t)=(\alpha,P+eA(t,r))+\beta m-eV(t,r)$$

求解这个方程,我们可以得到系统在某一时刻 t 的状态,形式为

$$\rho_s(t)=\mathrm{Tr}_2(U(t)(\rho_s(0)\otimes\rho_{env}(0))U(t)^*)$$

因此,平均电偶极矩和磁偶极矩可以分别利用以下方程来计算

$$p(t)=-e\mathrm{Tr}(\rho_s(t)r),m(t)=(e/2m)\mathrm{Tr}(\rho_s(t)(L+g\sigma/2))$$

其中,$L=r\times P=-\mathrm{i}r\times\nabla$。

14.9 非高斯过程和测量噪声的近似离散时间非线性滤波(Rohit Singh 博士工作总结)

需要实时估计的过程是具有一步转移概率分布 $P_n(x,dy)=p_n(x,y)dy$ 的马尔可夫过程 $X(n),n\geqslant 0$,即

$$P_r(X(n+1)\in dy|X(n)=x)=p_n(x,y)dy$$

测量过程如下

$$y(n)=h_n(X(n)+v(n)$$

其中,$v(n)$是具有概率密度函数 p_v 的独立同分布噪声。到时间 n 的测量数据由下式给出:

$$Y_n=\sigma(y(m),m\leqslant n)$$

并且过程 X 在时间 n 处的最大后验概率估计为

$$\hat{X}(n)=\mathrm{argmax}_{X(n)}p(X(n)|Y_n)$$

我们希望通过递归方式计算 $\hat{X}(n)$,即实时地进行计算。利用贝叶斯法则和马尔可夫性质,我们得到

$$p(X(n+1)|Y_{n+1})=p(y(n+1),Y_n,X(n+1))/P(y(n+1),Y_n)=A/B$$

$$A=\int p(y(n+1)|X(n+1))p(X(n+1)|X(n))p(X(n)|Y_n)\mathrm{d}X(n)$$

$$B=\int A\mathrm{d}X(n+1)$$

因此,对于给定的 Y_{n+1},$X(n+1)$的最大后验概率估计由下式给出,即

$$\hat{X}(n+1)=-\mathrm{argmax}_{X(n+1)}A$$

我们可得到如下表达

$$X(n+1)=f_n(X(n))+W(n+1)$$

其中,W 是独立同分布过程。

因此,有

$$A=\int p_v(y(n+1)-h_{n+1}(X(n+1)))p_w(X(n+1)$$

$$-f_n(\boldsymbol{X}(n))p(\boldsymbol{X}(n) \mid Y_n)\mathrm{d}\boldsymbol{X}(n)$$

我们得到如下表达

$$\boldsymbol{X}(n+1)=f_n(\hat{\boldsymbol{X}}(n))+\delta\boldsymbol{X}$$

然后，我们可以得到如下近似

$$\begin{aligned}h_{n+1}(\boldsymbol{X}(n+1)) &= h_{n+1}(f_n(\hat{\boldsymbol{X}}(n))+\delta\boldsymbol{X}) = h_{n+1}(f_n(\hat{\boldsymbol{X}}(n)))\\ &\quad + h'_{n+1}(f_n(\hat{\boldsymbol{X}}(n))\delta\boldsymbol{X}+(1/2)h''_{n+1}(f_n(\hat{\boldsymbol{X}}(n))(\delta\boldsymbol{X}\otimes\delta\boldsymbol{X})\end{aligned}$$

并且可表达为

$$e(n+1)=y(n+1)-h_{n+1}(f_n(\hat{\boldsymbol{X}}(n)))$$

我们还可以得到以下近似

$$\begin{aligned}&p_v(y(n+1)-h_{n+1}(\boldsymbol{X}(n+1))\\ &\quad = p_v(e(n+1))+p'_v(e(n+1))h'_{n+1}(f_n(\hat{\boldsymbol{X}}(n)))\delta\boldsymbol{X}\\ &\quad + (1/2)\delta\boldsymbol{X}^{\mathrm{T}}[p'_v(e(n+1))h'_{n+1}(f_n(\hat{\boldsymbol{X}}(n)))\\ &\quad + h'_{n+1}(f_n(\hat{\boldsymbol{X}}(n))^{\mathrm{T}}p''_v(e(n+1))h'_{n+1}(f_n(\hat{\boldsymbol{X}}(n)))]\delta\boldsymbol{X}\end{aligned}$$

同样地，有

$$\begin{aligned}&p_w(\boldsymbol{X}(n+1)-f_n(\boldsymbol{X}(n))=p_w(f_n(\hat{\boldsymbol{X}}(n))+\delta\boldsymbol{X}-f_n(\boldsymbol{X}(n))\\ &\quad = p_w(f_n(\hat{\boldsymbol{X}}(n))-f_n(\boldsymbol{X}(n))+p'_w(f_n(\hat{\boldsymbol{X}}(n))-f_n(\boldsymbol{X}(n)))\delta\boldsymbol{X}\\ &\quad + (1/2)p''_w(f_n(\hat{\boldsymbol{X}}(n))-f_n(\boldsymbol{X}(n)))\delta\boldsymbol{X}\otimes\delta\boldsymbol{X}\end{aligned}$$

因此，直到 $O(|\delta\boldsymbol{X}|^2)$，我们可以得到

$$\boldsymbol{A} = \int \boldsymbol{A}(\boldsymbol{X}(n))p(\boldsymbol{X}(n) \mid Y_n)\mathrm{d}\boldsymbol{X}(n)$$

其中

$$\begin{aligned}\boldsymbol{A}(\boldsymbol{X}(n)) &= p_v(e(n+1))p_w(f_n(\hat{\boldsymbol{X}}(n))-f_n(\boldsymbol{X}(n)))\\ &\quad + [p'_v(e(n+1))h'_{n+1}(f_n(\hat{\boldsymbol{X}}(n))))+p'_w(f_n(\hat{\boldsymbol{X}}(n))\\ &\quad - f_n(\boldsymbol{X}(n)))]\delta\boldsymbol{X}+(1/2)\delta\boldsymbol{X}^{\mathrm{T}}[[p'_v(e(n+1))h''_{n+1}(f_n(\hat{\boldsymbol{X}}(n)))\\ &\quad + p''_w(f_n(\hat{\boldsymbol{X}}(n))-f_n(\boldsymbol{X}(n)))+2p'_w(f_n(\hat{\boldsymbol{X}}(n))\\ &\quad - f_n(\boldsymbol{X}(n)))^{\mathrm{T}}p'_v(e(n+1))h'_{n+1}(f_n(\hat{\boldsymbol{X}}(n))))]\delta\boldsymbol{X}\\ &= P_1(n,e(n+1),\hat{\boldsymbol{X}}(n),\boldsymbol{X}(n))^{\mathrm{T}}\delta\boldsymbol{X}\\ &\quad + (1/2)\delta\boldsymbol{X}^{\mathrm{T}}P_2(n,e(n+1),\hat{\boldsymbol{X}}(n),\boldsymbol{X}(n))\delta\boldsymbol{X}\end{aligned}$$

对于 $\delta\boldsymbol{X}$ 将上式最大化，我们可得到

$$\hat{\boldsymbol{X}}(n+1)=f_n(\hat{\boldsymbol{X}}(n))-P_2(n,e(n+1),\hat{\boldsymbol{X}}(n))^{-1}P_1(n,e(n+1),\hat{\boldsymbol{X}}(n))$$

其中

$$P_1(n,e(n+1),\hat{\boldsymbol{X}}(n)) = \int P_1(n,e(n+1),\hat{\boldsymbol{X}}(n),\boldsymbol{X}(n))p(\boldsymbol{X}(n) \mid Y_n)\mathrm{d}\boldsymbol{X}(n)$$

$$P_2(n,e(n+1),\hat{\boldsymbol{X}}(n)) = \int P_2(n,e(n+1),\hat{\boldsymbol{X}}(n),\boldsymbol{X}(n))p(\boldsymbol{X}(n) \mid Y_n)\mathrm{d}\boldsymbol{X}(n)$$

我们现在还可以计算误差协方差矩阵更新方程：

$$\boldsymbol{X}(n+1)-\hat{\boldsymbol{X}}(n+1)=f_n(\boldsymbol{X}(n))+w(n+1)-f_n(\hat{\boldsymbol{X}}(n))+\boldsymbol{\psi}(n,e(n+1),\hat{\boldsymbol{X}}(n))$$

其中

$$\boldsymbol{\psi}(n,e(n+1),\hat{\boldsymbol{X}}(n))=-P_2(n,e(n+1),\hat{\boldsymbol{X}}(n))^{-1}P_1(n,e(n+1),\hat{\boldsymbol{X}}(n))$$

然后我们可以得到以下近似

$$\boldsymbol{X}(n)-\hat{\boldsymbol{X}}(n)=\boldsymbol{E}(n)$$

$$\begin{aligned}\boldsymbol{E}(n+1)&=f_n'(\hat{\boldsymbol{X}}(n))\boldsymbol{E}(n)+w(n+1)+\boldsymbol{\psi}(n,y(n+1)-h_{n+1}(f_n(\hat{\boldsymbol{X}}(n))),\hat{\boldsymbol{X}}(n))\\&=f_n'(\hat{\boldsymbol{X}}(n))\boldsymbol{E}(n)+w(n+1)+\boldsymbol{\psi}(n,h_{n+1}(f_n(\boldsymbol{X}(n))+w(n+1))\\&\quad-h_{n+1}(f_n(\hat{\boldsymbol{X}}(n)))+v(n+1),\hat{\boldsymbol{X}}(n))\\&=f_n'(\hat{\boldsymbol{X}}(n))\boldsymbol{E}(n)+w(n+1)+\boldsymbol{\psi}(n,(h_{n+1}of_n)'(\hat{\boldsymbol{X}}(n)))\boldsymbol{E}(n)\\&\quad+h_{n+1}'(f_n(\boldsymbol{X}(n))w(n+1)+v(n+1),\hat{\boldsymbol{X}}(n))\\&=f'_n(\hat{\boldsymbol{X}}(n))\boldsymbol{E}(n)+w(n+1)+\boldsymbol{\psi}(n,0,\hat{\boldsymbol{X}}(n))\\&\quad+\boldsymbol{\psi}_{,2}(n,0,\hat{\boldsymbol{X}}(n))((h_{n+1}of_n)'(\hat{\boldsymbol{X}}(n))\boldsymbol{E}(n)\\&\quad+h_{n+1}'(f_n(\boldsymbol{X}(n))w(n+1)+v(n+1))\end{aligned}$$

如果我们假设 $\boldsymbol{E}(n)$ 与 Y_n 生成的 σ 代数正交，那么我们得到 $\boldsymbol{E}(n+1)$ 的协方差 $P(n+1)$ 的近似值，即

$$P(n+1)=Q_1\boldsymbol{n}P\boldsymbol{n}Q_1\boldsymbol{n}^{\mathrm{T}}+Q_2\boldsymbol{n}P_v\boldsymbol{n}Q_2\boldsymbol{n}^{\mathrm{T}}+Q_3\boldsymbol{n}P_w\boldsymbol{n}Q_3\boldsymbol{n}^{\mathrm{T}}$$

其中

$$Q_1\boldsymbol{n}=f_n'(\hat{\boldsymbol{X}}(n))+\boldsymbol{\psi}_{,2}(n,0,\hat{\boldsymbol{X}}(n))(h_{n+1}of_n)'(\hat{\boldsymbol{X}}(n))$$

14.10 多体系统量子理论及其在费米液体电流计算中的应用

费米算符场是 $\boldsymbol{\psi}_a(r)$，它们满足反对易关系，即

$$[\boldsymbol{\psi}_a(r),\boldsymbol{\psi}_b(r')^*]_+=\delta_{ab}\delta^3(r-r'),$$

$$[\boldsymbol{\psi}_a(r),\boldsymbol{\psi}_b(r')]_+=0,[\boldsymbol{\psi}_a(r)^*,\boldsymbol{\psi}_b(r')^*]_+=0$$

流体的哈特里－福克(Hartree－Fock)哈密顿量考虑了与外场的相互作用以及内部相互作用。

$$\begin{aligned}\boldsymbol{H}=&\sum_a\int\boldsymbol{\psi}_a(r)^*(-\nabla^2/2m)\boldsymbol{\psi}_a(r)\mathrm{d}^3r+\sum_{ab}\int\boldsymbol{V}_{ab}(r,r')\boldsymbol{\psi}_a(r)^*\boldsymbol{\psi}_b(r')\mathrm{d}^3r\mathrm{d}^3r'\\&+\sum_{abcd}\int\boldsymbol{V}_{abcd}(r_1,r_2,r_3,r_4)\boldsymbol{\psi}_a(r_1)^*\boldsymbol{\psi}_b(r_2)\boldsymbol{\psi}_c(r_3)^*\boldsymbol{\psi}_d(r_4)\mathrm{d}^3r_1\mathrm{d}^3r_2\mathrm{d}^3r_3\mathrm{d}^3r_4\end{aligned}$$

哈密顿量的一个特例如下

$$\boldsymbol{H} = \sum_a \int \boldsymbol{\psi}_a(r)^*(-\nabla^2/2m)\boldsymbol{\psi}_a(r)\mathrm{d}^3r + \sum_a \int \boldsymbol{V}_a(r)\boldsymbol{\psi}_a(r)^*\boldsymbol{\psi}_a(r)\mathrm{d}^3r$$

$$+ \sum_{a,b} \int \boldsymbol{V}_{ab}(r,r')\boldsymbol{\psi}_a(r)^*\boldsymbol{\psi}_a(r)\boldsymbol{\psi}_b(r')^*\boldsymbol{\psi}_b(r')\mathrm{d}^3r\mathrm{d}^3r'$$

在后一个哈密顿量中,与势能相关的项对应于 $\boldsymbol{\psi}(r)^*\boldsymbol{\psi}_a(r)\mathrm{d}^3r_a$ 个 a 类型的费米子与外部势 $\boldsymbol{V}_a(r)$ 相互作用,以及 $\boldsymbol{\psi}_a(r)^*\boldsymbol{\psi}_a(r)\mathrm{d}^3r$ 个位于 r 处的 a 类型粒子通过相互作用势 $\boldsymbol{V}_{ab}(r,r')$ 与 $\boldsymbol{\psi}_b(r')^*\boldsymbol{\psi}_b(r')\mathrm{d}^3r'$ 个位于 r' 处的 b 类型粒子相互作用。我们将利用后一个哈密顿量,因为它有一个很好的物理解释。根据上面的费米子反对易规则,我们可以得到

$$\boldsymbol{\psi}_a(t,r) = \exp(\mathrm{i}t\boldsymbol{H})\boldsymbol{\psi}_a(r).\exp(-\mathrm{i}t\boldsymbol{H})$$

对于固定时间 t 的含时场算符 $\boldsymbol{\psi}_a(t,r)$ 具有相同的反对易规则,并且 $\boldsymbol{H}$ 是运动的常数,即 $\exp(\mathrm{i}t\boldsymbol{H})\cdot\boldsymbol{H}\cdot\exp(-\mathrm{i}t\boldsymbol{H}) = \boldsymbol{H}$,因此,当 $\boldsymbol{\psi}_a(r)$ 被代替为 $\boldsymbol{\psi}_a(t,r)$ 等时,$\boldsymbol{H}$ 是不变的。在描述向费米液体或超导体施加时变电压的情况下,我们也可以允许电势 $\boldsymbol{V}_a$、$\boldsymbol{V}_{ab}$ 明确地依赖于时间。然而,在这种情况下,哈密顿量将不是一个常数,它将明确地依赖于时间,我们将其表示为 $\boldsymbol{H}(t)$。然而,场算符之间的反对易关系仍然保持不变,因为 $\boldsymbol{\psi}_a(t,r) = \boldsymbol{U}(t)^*\boldsymbol{\psi}_a(r)\boldsymbol{U}(t)$ $\forall a,r$,其中 $\boldsymbol{U}(t)$ 是由下式定义的幺正算符,即

$$\boldsymbol{U}(t) = T\{\exp(-\mathrm{i}\int_0^t \boldsymbol{H}(s)\mathrm{d}s)\}$$

我们目的是计算液体中的平均电流。为此,我们假设在开始时,液体处于吉布斯态 $\rho(0) = \exp(-\beta\boldsymbol{H}_0)/Z(\beta)$,$Z(\beta) = \mathrm{Tr}(\exp(-\beta\boldsymbol{H}_0))$,并且通过将 $\boldsymbol{V}_a(t,r)$ 替换为 $\boldsymbol{V}_{a0}(r)$ 以及将 $\boldsymbol{V}_{ab}(t,r,r')$ 替换为 $\boldsymbol{V}_{ab0}(r,r')$ 来获得 $\boldsymbol{H}_0$,其中 $\boldsymbol{V}_a(t,r) = \boldsymbol{V}_{a0}(r) + \delta\boldsymbol{V}_a(t,r)$,$\boldsymbol{V}_{ab}(t,r,r') = \boldsymbol{V}_{ab0}(r,r') + \delta\boldsymbol{V}_{ab}(t,r,r')$。我们把 $\delta\boldsymbol{V}_a(t,r)$ 和 $\delta\boldsymbol{V}_{ab}(t,r,r')$ 看作是施加在系统上的外部电势。在线性响应理论中,我们将平均电流计算为这些外部电势的线性泛函。因此哈密顿量可以表示为 $\boldsymbol{H}(t) = \boldsymbol{H}_0 + \delta\boldsymbol{H}(t)$,并且系统的状态可以表示为 $\rho_0(t) + \delta\rho(t)$,其中精度满足线性阶,即

$$\rho'_0(t) = -\mathrm{i}[\boldsymbol{H}_0,\rho_0(t)]$$

此式由 $\rho_0(t) = \rho(0)$ 满足,并且

$$\delta\rho'(t) = -\mathrm{i}[\boldsymbol{H}_0,\delta\rho(t)] - \mathrm{i}[\delta\boldsymbol{H}(t),\rho(0)]$$

其解为

$$\delta\rho(t) = -\mathrm{i}\int_0^t \exp(-\mathrm{i}(t-s)\boldsymbol{H}_0)[\delta\boldsymbol{H}(t),\rho(0)].\exp(\mathrm{i}(t-s)\boldsymbol{H}_0)\mathrm{d}s$$

海森堡(Heisenberg)场算符 $\boldsymbol{\psi}_a(t,r)$ 满足

$$\boldsymbol{\psi}_{a,t}(t,r) = \mathrm{i}[\boldsymbol{H}_0 + \delta\boldsymbol{H}(t),\boldsymbol{\psi}_a(t,r)]$$

我们也可以在其中应用一阶微扰理论,从而得到

$$\boldsymbol{\psi}_a(t,r)=\boldsymbol{\psi}_{a0}(t,r)+\delta\boldsymbol{\psi}_a(t,r)$$
$$\boldsymbol{\psi}_{a0,t}(t,r)=\mathrm{i}[H_0,\boldsymbol{\psi}_{a0}(t,r)]$$

那么

$$\boldsymbol{\psi}_{a0}(t,r)=\exp(\mathrm{i}t\boldsymbol{H}_0)\boldsymbol{\psi}_a(r).\exp(-\mathrm{i}t\boldsymbol{H}_0)$$
$$\delta\boldsymbol{\psi}_a(t,r)=\mathrm{i}[\boldsymbol{H}_0,\delta\boldsymbol{\psi}_a(t,r)]+\mathrm{i}[\delta\boldsymbol{H}(t),\boldsymbol{\psi}_{a0}(t,r)]$$

其解为

$$\delta\boldsymbol{\psi}_a(t,r)=\mathrm{i}\int_0^t\exp(\mathrm{i}(t-s)\boldsymbol{H}_0).[\delta H(s),\boldsymbol{\psi}_{a0}(s,r)].\exp(-\mathrm{i}(t-s)\boldsymbol{H}_0)\mathrm{d}s$$

在 t 时的电流密度算符为

$$\boldsymbol{J}(t,r)=(-\mathrm{i}e/2m)(\boldsymbol{\psi}_a(t,r)^*\nabla\boldsymbol{\psi}_a(t,r)-\boldsymbol{\psi}_a(t,r)\nabla\boldsymbol{\psi}_a(t,r)^*)$$

针对存在由磁矢量势 $\boldsymbol{A}(r)$ 描述的外部磁场的情况，这个电流被修改为

$$\begin{aligned}\boldsymbol{J}(t,r)=(e/2m)(&\boldsymbol{\psi}_a(t,r)^*(-\mathrm{i}\nabla+e\boldsymbol{A}(r))\boldsymbol{\psi}_a(t,r)\\&-\boldsymbol{\psi}_a(t,r)(-\mathrm{i}\nabla-e\boldsymbol{A}(r))\boldsymbol{\psi}_a(t,r)^*)\end{aligned}$$

其中，隐含对重复指数 a 的求和。在这种情况下所用的哈密顿量应修改为

$$\boldsymbol{H}(t)=T+\boldsymbol{V}_1(t)+\boldsymbol{V}_2(t)$$

其中

$$\begin{aligned}T=&\int\boldsymbol{\psi}_a(r)^*((-\mathrm{i}\nabla+e\boldsymbol{A}(r))^2/2m)\boldsymbol{\psi}_a(r)\mathrm{d}^3r\\&+\int\boldsymbol{V}_a(t,r)\boldsymbol{\psi}_a(r)^*\boldsymbol{\psi}_a(r)\mathrm{d}^3r+\int\boldsymbol{V}_{ab}(r,r')\boldsymbol{\psi}_a(r)^*\\&\boldsymbol{\psi}_a(r)\boldsymbol{\psi}_b(r')^*\boldsymbol{\psi}_b(r')\mathrm{d}^3r\mathrm{d}^3r'\end{aligned}$$

平均电流为

$$<\boldsymbol{J}>(t,r)=\mathrm{Tr}(\rho(0)\boldsymbol{J}(t,r))$$

此式可以利用上述线性响应理论来计算将海森堡方程用于

$$\boldsymbol{\psi}_a(t,r)=\boldsymbol{U}(t)^*\boldsymbol{\psi}_a(r)\boldsymbol{U}(t)$$

其中

$$\boldsymbol{U}(t)=T\{\exp(-\mathrm{i}\int_0^t\boldsymbol{H}(s)\mathrm{d}s)\}$$

得到

$$\begin{aligned}\boldsymbol{\psi}_{,t}(t,r)&=\boldsymbol{U}(t)^*\mathrm{i}[\boldsymbol{H}(t),\boldsymbol{\psi}_a(r)]\boldsymbol{U}(t)\\&=\mathrm{i}[\boldsymbol{U}(t)^*\boldsymbol{H}(t)\boldsymbol{U}(t),\boldsymbol{U}(t)^*\boldsymbol{\psi}_a(r)\boldsymbol{U}(t)]\\&=\mathrm{i}[\widetilde{\boldsymbol{H}}(t),\boldsymbol{\psi}_a(t,r)]\end{aligned}$$

其中，$\widetilde{\boldsymbol{H}}(t)$ 是通过将 $\boldsymbol{\psi}_a(r)$ 替换为 $\boldsymbol{\psi}_a(t,r)$ 获得的，且运算符 $\boldsymbol{\psi}_a(t,r)$、$\boldsymbol{\psi}_a(t,r)^*$ 之间的对易和反对易关系与将 $\boldsymbol{\psi}_a(r)$、$\boldsymbol{\psi}_a(r)$ 之间的对易和反对易关系相同。因此可计算出

$$[\boldsymbol{H}(t),\boldsymbol{\psi}_a(r)]=[T,\boldsymbol{\psi}_a(r)]+[\boldsymbol{V}_1(t),\boldsymbol{\psi}_a(r)]+[\boldsymbol{V}_2(t),\boldsymbol{\psi}_a(r)]$$

$$\begin{aligned}T\boldsymbol{\psi}_a(r)] &= (-1/2)\int\boldsymbol{\psi}_b(r')^*\nabla'^2\boldsymbol{\psi}_b(r')\mathrm{d}^3r'\boldsymbol{\psi}_a(r)\\&= (-1/2)\int\boldsymbol{\psi}_b(r')^*\nabla'^2\boldsymbol{\psi}_b(r')\boldsymbol{\psi}_a(r)\mathrm{d}^3r'\\&= (1/2)\int\boldsymbol{\psi}_b(r')^*\boldsymbol{\psi}_a(r)\nabla'^2\boldsymbol{\psi}_b(r')\mathrm{d}^3r'\\&= (1/2)\int(\delta_{ab}\delta^3(r-r')-\boldsymbol{\psi}_a(r)\boldsymbol{\psi}_b(r')^*)\nabla'^2\boldsymbol{\psi}_b(r')\mathrm{d}^3r'\\&= (1/2)\nabla^2\boldsymbol{\psi}_a(r)+\boldsymbol{\psi}_a(r)T\end{aligned}$$

等效表达式为

$$[T,\boldsymbol{\psi}_a(r)] = (1/2)\nabla^2\boldsymbol{\psi}_a(r)$$

接下来

$$\begin{aligned}\boldsymbol{V}_1(t)\boldsymbol{\psi}_a(r) &= (\int\boldsymbol{V}_b(t,r')\boldsymbol{\psi}_b(r')^*\boldsymbol{\psi}_b(r')\mathrm{d}^3r')\boldsymbol{\psi}_a(r) =\\&= -\int\boldsymbol{V}_b(t,r')\boldsymbol{\psi}_b(r')^*\boldsymbol{\psi}_a(r)\boldsymbol{\psi}_b(r')\mathrm{d}^3r'\\&= -\int\boldsymbol{V}_b(t,r')(\delta_{ab}\delta^3(r-r')-\boldsymbol{\psi}_a(r)\boldsymbol{\psi}_b(r')^*)\boldsymbol{\psi}_b(r')\mathrm{d}^3r'\\&= -\boldsymbol{V}_a(t,r)\boldsymbol{\psi}_a(r)+\boldsymbol{\psi}_a(r)\boldsymbol{V}_1(t)\end{aligned}$$

或者等效表达式

$$[\boldsymbol{V}_1(t),\boldsymbol{\psi}_a(r)] = -\boldsymbol{V}_a(t,r)\boldsymbol{\psi}_a(r)$$

因此

$$[T+\boldsymbol{V}_1(t),\boldsymbol{\psi}_a(r)] = ((1/2)\nabla^2-\boldsymbol{V}_a(t,r))\boldsymbol{\psi}_a(r)$$

最后

$$\boldsymbol{V}_2(t)\boldsymbol{\psi}_a(r) = \int\boldsymbol{V}_{bc}(t,r',r'')\boldsymbol{\psi}_b(r')^*\boldsymbol{\psi}_b(r')\boldsymbol{\psi}_c(r'')^*\boldsymbol{\psi}_c(r'')\boldsymbol{\psi}_a(r)\mathrm{d}^3r'\mathrm{d}^3r''$$

14.11　引力场、物质场和电磁场的最佳控制

受到扰动的爱因斯坦 - 麦克斯韦方程为

$$\delta R^{\mu\nu}-(1/2)\delta R.\,\eta^{\mu\nu} = -8\pi G(\delta T^{\mu\nu}+\delta S^{\mu\nu})$$

其中

$$g_{\mu\nu} = \eta_{\mu\nu}+\delta g_{\mu\nu}$$

是平坦时空度规的小扰动:

$$\begin{aligned}\delta T^{\mu\nu} = &(1+p'(\rho_0))\delta\rho.\,V^\mu V^\nu+(\rho_0+p(\rho_0))(V^\mu\delta v^\nu+V^\nu\delta v^\mu)\\&-p'(\rho_0)\delta\rho\eta^{\mu\nu}-p(\rho_0)\eta^{\mu\alpha}\eta^{\nu\beta}\delta g_{\alpha\beta}\end{aligned}$$

是物质场的能量动量张量的小扰动;

$$\delta S^{\mu\nu} = (1/4) F^{(0)\alpha\beta} F^{(0)}_{\alpha\beta} \eta^{\mu\rho} \eta^{\nu\sigma} \delta g_{\rho\sigma} - (1/2) \eta^{\mu\nu} F^{(0)\alpha\beta} \delta F_{\alpha\beta}$$

是电磁场的能量动量张量的小扰动。

我们可以得到以下表达式

$$G^{\mu\nu} = R^{\mu\nu} - (1/2) R g^{\mu\nu}$$

$$\delta G^{\mu\nu} = C_1(\mu\nu\alpha\beta\rho\sigma) \delta g_{\alpha\beta,\rho\sigma}$$

$$\delta S^{\mu\nu} = C_2(\mu\nu\alpha\beta, x) \delta g_{\alpha\beta}(x) + C_3(\mu\nu\alpha\beta, x) \delta F_{\alpha\beta}(x)$$

其中,C_2 和 C_3 是未受扰动的电磁场张量 $F^{(0)}_{\alpha\beta}(x)$ 的函数。

最后,我们可以得到

$$\delta T^{\mu\nu}(x) = C_4(\mu\nu\alpha, x) \delta v^{\alpha}(x) + C_5(\mu\nu, x) \delta\rho(x) + C_6(\mu\nu\alpha\beta, x) \delta g_{\alpha\beta}(x)$$

作为爱因斯坦场方程的结果,我们得到了受到扰动的磁流体动力学方程(MHD)。

$$\delta((T^{\mu\nu} + S^{\mu\nu})_{:\nu}) = 0$$

另外,受到扰动的麦克斯韦方程为

$$\delta(F^{\mu\nu}\sqrt{-g}))_{,\nu} = \delta(J^{\mu}\sqrt{-g})$$

可以表示为以下形式

$$(\delta(g^{\mu\alpha} g^{\nu\beta}\sqrt{-g})_{,\nu} F^{(0)}_{\alpha\beta} +$$

$$+ \delta(g^{\mu\alpha} g^{\nu\beta}\sqrt{-g}) F^{(0)}_{\alpha\beta,\nu} +$$

$$\eta^{\mu\alpha}\eta^{\nu\beta}\delta F_{\alpha\beta,\nu} = J^{(0)\mu}\delta\sqrt{-g} + \delta J^{\mu}$$

由于

$$S^{\mu\nu}_{i\nu} = F^{\mu\nu} J_{\nu}$$

我们可以把受到扰动的磁流体动力学方程写为

$$\delta(T^{\mu\nu}_{:\nu}) = \delta(F^{\mu\nu} J_{\nu})$$

此时

$$T^{\mu\nu}_{:\alpha} = T^{\mu\nu}_{,\alpha} + \Gamma^{\mu}_{\alpha\rho} T^{\nu\rho} + \Gamma^{\nu}_{\alpha\rho} T^{\mu\rho}$$

因此,由于未扰动的克里斯托弗尔(Christoffel)符号为零,我们得到

$$\delta(T^{\mu\nu}_{;\nu}) = (\delta T^{\mu\nu})_{,\nu} + T^{(0)\nu\rho}\delta\Gamma^{\mu}_{\alpha\rho} + T^{(0)\mu\rho}\delta\Gamma^{\nu}_{\alpha\rho}$$

我们注意到,如果背景时空即未受扰动的时空是弯曲的,那么必须修改这些方程。我们还注意到

$$\delta\Gamma^{\mu}_{\alpha\beta} = \delta(g^{\mu\nu}\Gamma_{\nu\alpha\beta}) = \eta^{\mu\nu}\delta\Gamma_{\nu\alpha\beta} - \eta^{\mu\rho}\eta^{\nu\sigma}\Gamma^{(0)}_{\nu\alpha\beta}\delta g_{\rho\sigma} = (1/2)\delta g^{\mu}_{\alpha,\beta} + \delta g^{\mu}_{\beta,\alpha} - \delta g^{,\mu}_{\alpha\beta})$$

由于

$$\Gamma^{(0)}_{\nu\alpha\beta} = 0$$

所以未受扰动的时空是平坦的。我们注意到

$$\delta F_{\alpha\beta} = \delta A_{\beta,\alpha} - \delta A_{\alpha,\beta}$$

现在,用符号 $\phi_k(x)$ 表示场 $\delta g_{\mu\nu}(x)$、$\delta A_{\mu}(x)$、$\delta v^{\mu}(x)$、$\delta\rho(x)$ 的集合,用符号

$s_m(x)$表示控制电流源$\delta J^\mu(x)$，上述线性化的场方程具有以下一般结构，即

$$C_1(r,k,\mu\nu,x)\phi_{k,\mu\nu}(x)+C_2(r,k,\mu,x)\phi_{k,\mu}(x)+C_3(r,k,x)\phi_k(x)=s_r(x),r=1,2,\cdots,p$$

在得到这个一般形式的过程中，我们选择了一个特定的坐标系，使得 10 个度规系数$\delta g_{\mu\nu}(x)$中只有 6 个是独立的，并且 4 个度规系数$\delta v^\mu(x)$中只有 3 个是独立的，它们之间的关系如下

$$0=\delta(g_{\mu\nu}v^\mu v^\nu)=2\eta_{\mu\nu}V^\mu\delta v^\nu+V^\mu V^\nu\delta g_{\mu\nu}$$

根据这些运动方程，我们希望选择控制输入场$s_r(x)$，使得响应场函数ϕ_k在距离上尽可能接近给定场。因此，利用拉格朗日乘子场$\lambda_r(x)$，我们可以考虑最小化问题

$$\begin{aligned}L(\phi_k,s_k,\lambda_k)=&\sum_k\int w_k(x)(\phi_k(x)-\phi_k^d(x))^2\mathrm{d}^4x\\&-\sum_k\int(C_1(r,k,\mu\nu,x)\phi_{k,\mu\nu}(x)+C_2(r,k,\mu,x)\phi_{k,\mu}(x)\\&+C_3(r,k,x)\phi_k(x)-s_r(x))\lambda_r(x)\mathrm{d}^4x\end{aligned}$$

其中隐含了对重复指数的求和。

14.12　中间有隔板的圆柱形腔体谐振器的模式计算

圆柱体的长度为$0\leqslant z\leqslant d=d_1+d_2$，隔板位于$z=d_1$。圆柱半径为$R$，介质对于$0\leqslant z\leqslant d_1$的参数为$(\epsilon_1,\mu_1)$，介质对于$d_1<z<d_1+d_2$的参数为$(\epsilon_2,\mu_2)$。在$\rho=R$处的侧壁以及在$z=0,d$处的顶壁和底壁是理想导体。将电场和磁场的横向分量与纵向分量联系起来的标准公式为

$$\boldsymbol{E}_{k\perp}=(1/h_k^2)\partial/\partial z(\nabla_\perp\boldsymbol{E}_{kz})-(\mathrm{j}\omega\mu_k/h^2)\nabla_\perp\boldsymbol{H}_{kz}\times\hat{z}$$
$$\boldsymbol{H}_{k\perp}=(1/h_k^2)\partial/\partial z(\nabla_\perp\boldsymbol{H}_{kz})+(\mathrm{j}\omega\epsilon_k/h_k^2)\nabla_\perp\boldsymbol{E}_{kz}\times\hat{z}$$

$k=1,2$。$k=1$代表底部介质，$k=2$代表顶部介质。边界条件为：$\boldsymbol{H}_z$和$\boldsymbol{E}_\perp$在$z=0,d$处消失，$\mu\boldsymbol{H}_z$、$\epsilon\boldsymbol{E}_z$、$\boldsymbol{H}_\perp$、$\boldsymbol{E}_\perp$在$z=d_1$处连续，且$\boldsymbol{E}_z$、$\boldsymbol{H}_\rho$在$\rho=R$处消失。由此我们得到

$$(\nabla_\perp^2+h_k^2)(\boldsymbol{E}_{kz},\boldsymbol{H}_{kz})=0,k=1,2$$

电场和磁场具有不同$h'_k s$。符合这些边界条件的解为

$$\boldsymbol{E}_{1z}=A_1J_m(h_1\rho)(P_1\cos(m\phi)+P_2\sin(m\phi))\cos(\alpha_1 z)$$
$$\boldsymbol{E}_{2z}=A_2J_m(h_2\rho)(P_1\cos(m\phi)+P_2\sin(m\phi))\cos(\alpha_2(d-z))$$
$$\boldsymbol{H}_{1z}=B_1J_m(h'_1\rho)(Q_1\cos(m\phi)+Q_2\sin(m\phi))\sin(\beta_1 z),$$
$$\boldsymbol{H}_{2z}=B_2J_m(h'_2\rho)(Q_1\cos(m\phi)+Q_2\sin(m\phi))\sin(\beta_2(d-z))$$

其中

$$\epsilon_1 A_1 \cos(\alpha_1 d_1) = \epsilon_2 A_2 \cos(\alpha_2 d_2)$$

$$h_k = \alpha_m[n], h'_k = \beta_m[n], k = 1,2$$

其中,$\alpha_m[n]$是$J_m(x)$的根;$\beta_m[n]$是$J'_m(x)$的根。

由于$z = d_1$处$\boldsymbol{E}_\perp$的匹配,我们可以得到

$$\alpha_1 A_1 \sin(\alpha_1 d_1) = -\alpha_2 A_2 \sin(\alpha_2 d_2)$$

所以我们得到

$$\alpha_2 \epsilon_1 \cos(\alpha_1 d_1)\sin(\alpha_2 d_2) + \alpha_1 \epsilon_2 \sin(\alpha_1 d_1)\cos(\alpha_2 d_2) = 0$$

另外

$$\mu_1 B_1 \sin(\beta_1 d_1) = \mu_2 B_2 \sin(\beta_2 d_2)$$

$$\beta_1 \mu_1 B_1 \cos(\beta_1 d_1) = -\beta_2 \mu_2 B_2 \cos(\beta_2 d_2)$$

从而得到

$$\beta_2 \mu_1 \sin(\beta_1 d_1)\cos(\beta_2 d_2) + \beta_1 \mu_2 \cos(\beta_1 d_1)\sin(\beta_2 d_2) = 0$$

因此,如果我们知道α_1、β_1,那么我们可以确定α_2、β_2。但是保证振荡的α_1、β_1可能值是多少呢? 对于横向磁场模式,我们针对$\boldsymbol{E}_z$利用波动方程,有

$$\omega^2 \mu_1 \epsilon_1 - \alpha_1^2 = \alpha_m[n]^2$$

$$\omega^2 \mu_2 \epsilon_2 - \alpha_2^2 = \alpha_m[n]^2$$

注意,对于给定的模式,h_1和h_2是相同的,因为界面$z = d_1$处场$\epsilon \boldsymbol{E}_z$的径向部分,即$J_m(h_1\rho) = J_m(h_2\rho)$,$0 \leqslant \rho \leqslant R$意味着$h_1 = h_2 = \alpha_m[n]$。同样,考虑横向电场模式,我们可以得到

$$\omega^2 \mu_1 \epsilon_1 - \beta_1^2 = \beta_m[n]^2$$

$$\omega^2 \mu_2 \epsilon_2 - \beta_2^2 = \beta_m[n]^2$$

这些方程意味着我们有两个额外的关于α_k、β_k,$k = 1,2$的方程,可以求解这两个方程来确定横向电场模式和横向磁场模式的振荡特征频率:

$$(\alpha_1^2 + \alpha_m[n]^2)/\mu_1 \epsilon_1 = (\alpha_2^2 + \alpha_m[n]^2)/\mu_2 \epsilon_2$$

$$(\beta_1^2 + \beta_m[n]^2)/\mu_1 \epsilon_1 = (\beta_2^2 + \beta_m[n]^2)/\mu_2 \epsilon_2$$

练习:利用上述公式,写下圆柱形介质谐振天线中横向电场模式和横向磁场模式的时域中电场和磁场的完整展开式。

具有两个分区的圆柱形介质谐振天线内的场的量子化。我们可以得到以下表达式,即

$$\begin{aligned}\boldsymbol{E}_{1z}(t,r) &= \mathrm{Re}\sum_{nmp} J_m(\alpha_m[n]\rho/R)(C_1(n,m,p)\cos(m\phi) \\ &\quad + D_1(n,m,p)\sin(m\phi))\sin(\alpha_1[n,m,p]z)\exp(\mathrm{j}\omega[n,m,p]t) \\ &= \sum_{n,m,p}\psi_{1nmp}(t,r), 0 < z < d_1\end{aligned}$$

以及

$$\begin{aligned}\boldsymbol{E}_{2z}^{+}(t,r) &= \mathrm{Re}\sum_{nmp} J_m(\alpha_m[n]\rho/R)(C_2(n,m,p)\cos(m\phi) \\ &\quad + D_2(n,m,p)\sin(m\phi))\sin(\alpha_2[n,m,p](d-z))\exp(\mathrm{j}\omega[n,m,p]t) \\ &= \sum_{nmp}\psi_{2nmp}(t,r),\ d_1 < z < d\end{aligned}$$

需要注意的是

$$C_1(n,m,p):D_1(n:m,p) = C_2(n,m,p):D_2(n,m,p)$$

假设横向磁场模式仅由谐振器维持。那么,电场和磁场的横向分量由下式给出:

$$\boldsymbol{E}_{k\perp}(t,r) = \sum_{nmp}\alpha_m[n]^{-2}\nabla_\perp\partial\psi_{k,nmp}(t,r)/\partial z,k = 1,2$$

$$\boldsymbol{H}_{k,\perp}(t,r) = \sum_{nmp}\alpha_m[n]^{-2}\epsilon_k\nabla_\perp\partial\psi_{k,nmp}(t,r)/\partial t\times\hat{z},k = 1,2$$

存储在谐振器内的平均能量为

$$\begin{aligned}\boldsymbol{H}(C_1,D_1,C_2) &= (\epsilon_1/2T)\int_0^T\mathrm{d}t\int_{0<z<d_1,(\rho,\phi)\in S}(\boldsymbol{E}_{1z}(t,r)^2 + |\boldsymbol{E}_{1\perp}(t,r)|^2)\mathrm{d}^3r \\ &\quad + (\epsilon_2/2T)\int_0^T\mathrm{d}t\int_{d_1<z<d,(\rho,\phi)\in S}(\boldsymbol{E}_{2z}(t,r)^2 + |\boldsymbol{E}_{2\perp}(t,r)|^2)\mathrm{d}^3r \\ &\quad + (1/2\mu T)\int_0^T\mathrm{d}t\int_{d_1<z<d,(\rho,\phi)\in S}(\boldsymbol{H}_{2\perp}(t,r)|^2\mathrm{d}^3r\end{aligned}$$

条件为取极限 $T\to\infty$。我们可以通过以下方法来计算时间平均值。如果频率 $\omega[n],n=1,2,\cdots$都各不相同,那么

$$T^{-1}\int_0^T\mathrm{d}t\int_B\left|\sum_n C(n)Phi_n(r)\exp(\mathrm{j}\omega[n]t)\right|^2\mathrm{d}^3r$$

随着 $T\to\infty$,收敛于

$$\sum_n|C(n)|^2\int_B|\boldsymbol{\Phi}_n(r)|^2\mathrm{d}^3r$$

在第二量子化模型中,我们将 $C(n)$、$\overline{C}(n)$视为湮灭和产生算符。

14.13　应用于风扇旋转角度估计的离散时间非线性滤波算法的总结

状态模型:

$$x[n+1] = f_n(x[n]) + w[n+1]$$

测量模型:

$$z[n] = h_n(x[n]) + v[n]$$

其中,w、v 分别是具有概率密度函数 p_w 和 p_v 的独立同分布非高斯过程。截至时间 n 收集的测量数据由下式给出:

$$Z_n = \{z[k]:k \leqslant n\}$$

我们利用马尔可夫性质,有

$$p(x[n+1] \mid Z_{n+1}) = \int p(z[n+1] \mid x[n+1])p(x[n+1] \mid x[n])$$
$$p(x[n] \mid Z_n)\mathrm{d}x[n]/p(z[n+1] \mid Z_n)$$

因此,给定 Z_{n+1} 的 $x[n+1]$ 的最大后验概率估计由下式给出

$$\hat{\boldsymbol{x}}[n+1] = \operatorname{argmax}_{x[n+1]} p(x[n+1] \mid Z_{n+1})$$
$$= \operatorname{argmax}_{x[n+1]} \int p(z[n+1] \mid x[n+1]p(x[n+1]$$
$$\mid x[n])p(x[n] \mid Z_n)\mathrm{d}x[n]$$

此时

$$\int p(z[n+1] \mid x[n+1]p(x[n+1] \mid x[n])p(x[n] \mid Z_n)\mathrm{d}x[n]$$
$$= \int p_v(z[n+1] - h_{n+1}(x[n+1]))p_w(x[n+1]$$
$$-f_n(x[n]))p([n] \mid Z_n)\mathrm{d}x[n]$$

我们得到如下表达

$$e[n] = x[n] - \hat{\boldsymbol{x}}[n]$$

如果我们假设最大后验概率估计与最小均方误差估计近似一致,那么我们可以得到

$$\int e[n]p(x[n] \mid Z_n)\mathrm{d}x[n] = 0$$

现在,我们得到以下近似,即

$$f_n(x[n]) = f_n(\hat{\boldsymbol{x}}[n]) + f'_n(\hat{\boldsymbol{x}}[n])e[n] + (1/2)f''_n(\hat{\boldsymbol{x}}[n])(e[n] \otimes e[n])$$

故此有以下近似

$$p_w(x[n+1] - f_n(x[n])) = p_w(x[n+1] - f_n(\hat{\boldsymbol{x}}[n])) - p'_w(x[n+1]$$
$$-f_n(\hat{\boldsymbol{x}}[n]))f'_n(\hat{\boldsymbol{x}}[n])e[n] - (1/2)p''_w(x[n+1]$$
$$-f_n(\hat{\boldsymbol{x}}[n]))(f'_n(\hat{\boldsymbol{x}}[n]) \otimes f'_n(\hat{\boldsymbol{x}}[n]))(e[n] \otimes e[n])$$
$$-(1/2)p'_w(x[n+1] - f_n(\hat{\boldsymbol{x}}[n]))f''_n(\hat{\boldsymbol{x}}[n])(e[n] \otimes e[n])$$

由此可以得到

$$p[n] = \int e[n] \otimes e[n]p(x[n] \mid Z_n)\mathrm{d}x[n]$$

我们还可以得到

$$\int p_w(x[n+1] - f_n(x[n]))p(x[n] \mid Z_n)\mathrm{d}x[n]$$
$$= p_w(x[n+1] - f_n(\hat{\boldsymbol{x}}[n])) - (1/2)[p''_w(x[n+1]$$
$$-f_n(\hat{\boldsymbol{x}}[n]))(f'_n(\hat{\boldsymbol{x}}[n]) \otimes f'_n(\hat{\boldsymbol{x}}[n])) + p'_w(x[n+1]$$

$$-f_n(\hat{\boldsymbol{x}}[n]))f''_n(\hat{\boldsymbol{x}}[n])]p[n]$$

根据这个近似表达,我们得到

$$\hat{\boldsymbol{x}}[n+1]=\operatorname{argmax}_{x[n+1]}[p_v(z[n+1]-h_{n+1}(x[n+1]))(p_w(x[n+1]-f_n(\hat{\boldsymbol{x}}[n]))-(1/2)[p''_w(x[n+1]-f_n(\hat{\boldsymbol{x}}[n]))(f'_n(\hat{\boldsymbol{x}}[n])\otimes f'_n(\hat{\boldsymbol{x}}[n]))+p'_w(x[n+1]-f_n(\hat{\boldsymbol{x}}[n]))f''_n(\hat{\boldsymbol{x}}[n])]p[n])]$$

这个计算可以得到以下进一步近似表达

$$\hat{\boldsymbol{x}}[n+1]=f_n(\hat{\boldsymbol{x}}[n])+\delta x$$

并将上述要进行最大化的表达式展开到 δx 的二次阶,然后进行最大化。

14.14　应用于莱维过程和高斯测量噪声的经典滤波理论,为此类问题开发扩展卡尔曼滤波器

(Rohit Singh 博士工作总结)

$X(t)$状态是具有生成元 $\boldsymbol{K}_t$ 的马尔可夫(Markov)过程。例如,对于随机微分方程

$$\mathrm{d}\boldsymbol{X}(t)=f_t(\boldsymbol{X}(t))\mathrm{d}t+\int g(t,\boldsymbol{X}(t),x)_{x\in E}\mathrm{d}\boldsymbol{N}(t,x)$$

其中,$\boldsymbol{N}$ 是具有速率测度 $\lambda(t,\mathrm{d}x)$的泊松场。

$$\boldsymbol{K}_t\phi(x)=\boldsymbol{f}_t(x)^{\mathrm{T}}\nabla\phi(x)+\int_E(\phi(x+g(t,x,y))-\phi(x))\lambda(t,\mathrm{d}y)$$

测量过程如下

$$\mathrm{d}z(t)=h_t(\boldsymbol{X}(t))\mathrm{d}t+\sigma_v\boldsymbol{V}(t)$$

其中,V 是矢量值标准布朗运动。

针对系统空间上的可观察量 $\psi(x)$,我们进行如下定义,即

$$\boldsymbol{\pi}_t(\psi)=\mathbb{E}(\psi(\boldsymbol{X}(t))\mid Z_t),Z_t=\sigma(z(s):s\leqslant t)$$

然后,我们可以得到库什纳－卡利安普尔(Kushner－Kallianpur)过滤器,即

$$\mathrm{d}\boldsymbol{\pi}_t(\phi)=\boldsymbol{\pi}_t(\boldsymbol{K}_t\phi)\mathrm{d}t+\sigma_v^{-2}(\boldsymbol{\pi}_t(h_t\phi)-\boldsymbol{\pi}_t(h_t)\boldsymbol{\pi}_t(\phi))^{\mathrm{T}}(\mathrm{d}z(t)-\boldsymbol{\pi}_t(h_t)\mathrm{d}t)$$

我们希望对这个无穷维随机微分方程作一个类似于扩展卡尔曼滤波器的近似。设定

$$\boldsymbol{\pi}_t(x)=\hat{\boldsymbol{X}}(t)$$

$$\boldsymbol{P}(t)=\operatorname{cov}(\boldsymbol{X}(t)-\hat{\boldsymbol{X}}(t)\mid Z_t)$$

然后,我们可以得到以下近似,即

$$\mathrm{d}\hat{\boldsymbol{X}}(t)=(\boldsymbol{K}_t\boldsymbol{x})\mathrm{d}t+\sigma_v^{-2}(\boldsymbol{\pi}_t(h_t\boldsymbol{x}))-\boldsymbol{\pi}_t(h_t)\hat{\boldsymbol{X}}(t))^{\mathrm{T}}(\mathrm{d}z(t)-h_t(\hat{\boldsymbol{X}}(t))\mathrm{d}t)$$

积分式为

$$\boldsymbol{K}_t\phi(x) = \int \boldsymbol{K}_t(x,y)\phi(y)\mathrm{d}y$$

则有

$$\boldsymbol{K}_t\boldsymbol{x} = \int \boldsymbol{K}_t(x,y)y\mathrm{d}y$$

进而得到

$$\hat{\boldsymbol{K}}_t\boldsymbol{x} \approx \int \boldsymbol{K}_t(\hat{\boldsymbol{X}}(t),y)y\mathrm{d}y + (1/2)\int Tr(\nabla_x\nabla_x^{\mathrm{T}}\boldsymbol{K}_t(\hat{\boldsymbol{X}}(t),y)\boldsymbol{P}(t))y\mathrm{d}y$$

$$\begin{aligned} h_t(\boldsymbol{X}(t))\boldsymbol{X}(t) \approx{}& h_t(\hat{\boldsymbol{X}}(t))\hat{\boldsymbol{X}}(t) + h_t(\hat{\boldsymbol{X}}(t))(\boldsymbol{X}(t) - \hat{\boldsymbol{X}}(t)) \\ &+ h'_t(\hat{\boldsymbol{X}}(t))(\boldsymbol{X}(t) - \hat{\boldsymbol{X}}(t))\hat{\boldsymbol{X}}(t) + h'_t(\hat{\boldsymbol{X}}(t))(\boldsymbol{X}(t) \\ &- \hat{\boldsymbol{X}}(t))(\boldsymbol{X}(t) - \hat{\boldsymbol{X}}(t)) \\ &+ (1/2)h_t''(\hat{\boldsymbol{X}}(t))((\boldsymbol{X}(t) - \hat{\boldsymbol{X}}(t)) \otimes (\boldsymbol{X}(t) - \hat{\boldsymbol{X}}(t)))\hat{\boldsymbol{X}}(t) \end{aligned}$$

那么

$$\begin{aligned} \boldsymbol{\pi}_t(h_t\boldsymbol{x}) \approx{}& h_t(\hat{\boldsymbol{X}}(t))\hat{\boldsymbol{X}}(t) + \boldsymbol{P}(t)h'_t(\hat{\boldsymbol{X}}(t))^{\mathrm{T}} \\ &+ (1/2)h''_t(\hat{\boldsymbol{X}}(t)) < (\boldsymbol{X}(t) - \hat{\boldsymbol{X}}(t)) \otimes (\boldsymbol{X}(t) \otimes \hat{\boldsymbol{X}}(t))\hat{\boldsymbol{X}}(t) \end{aligned}$$

另一方面

$$\begin{aligned} \boldsymbol{\pi}_t(h_t)\hat{\boldsymbol{X}}(t) \approx{}& h_t(\hat{\boldsymbol{X}}(t))\hat{\boldsymbol{X}}(t) + (1/2)h_t''(\hat{\boldsymbol{X}}(t)) < (\boldsymbol{X}(t) \\ &- \hat{\boldsymbol{X}}(t)) \otimes (\boldsymbol{X}(t) - \hat{\boldsymbol{X}}(t)) > \hat{\boldsymbol{X}}(t) \end{aligned}$$

通过取差值,可以得到

$$\boldsymbol{\pi}_t(h_t\boldsymbol{x}) - \boldsymbol{\pi}_t(h_t)\hat{\boldsymbol{X}}(t) \approx \boldsymbol{P}(t)\boldsymbol{H}_t^{\mathrm{T}}$$

其中

$$\boldsymbol{H}_t = h'_t(\hat{\boldsymbol{X}}(t))$$

由此我们可以得出扩展卡尔曼滤波器的第一部分,即

$$\begin{aligned} \mathrm{d}\hat{\boldsymbol{X}}(t) &\approx \boldsymbol{\pi}_t(\boldsymbol{K}_t\boldsymbol{x})\mathrm{d}t + \sigma_v^{-2}\boldsymbol{P}(t)\boldsymbol{H}_t^{\mathrm{T}}(\mathrm{d}z(t) - h_t(\hat{\boldsymbol{X}}(t))\mathrm{d}t) \\ &\approx \mathrm{d}t\int \boldsymbol{K}_t(\hat{\boldsymbol{X}}(t),y)y\mathrm{d}y + \sigma_v^{-2}\boldsymbol{P}(t)\boldsymbol{H}_t^{\mathrm{T}}(\mathrm{d}z(t) - h_t(\hat{\boldsymbol{X}}(t))\mathrm{d}t) \end{aligned}$$

对于第二部分,我们需要针对 $\boldsymbol{P}(t)$ 的一个微分方程进行设定,即

$$e(t) = \boldsymbol{X}(t) - \hat{\boldsymbol{X}}(t), \int \boldsymbol{K}_t(x,y)y\mathrm{d}y = F_t(x)$$

我们可以得到以下表达式

$$\boldsymbol{P}(t) = \mathrm{cov}(\boldsymbol{e}(t) \mid Z_t)$$

此时

$$\mathrm{d}\boldsymbol{e}(t) = \mathrm{d}\boldsymbol{X}(t) - \mathrm{d}\hat{\boldsymbol{X}}(t)$$

$$\mathrm{d}(\boldsymbol{e}(t)\boldsymbol{e}(t)^{\mathrm{T}}) = \mathrm{d}\boldsymbol{e}(t).\boldsymbol{e}(t)^{\mathrm{T}} + \boldsymbol{e}(t)\mathrm{d}\boldsymbol{e}(t)^{\mathrm{T}} + \mathrm{d}\boldsymbol{e}(t)\mathrm{d}\boldsymbol{e}(t)^{\mathrm{T}}$$

此时

$$\mathbb{E}(\mathrm{d}\boldsymbol{e}(t).\boldsymbol{e}(t)^{\mathrm{T}} \mid Z_t) = \mathbb{E}[(\mathrm{d}\boldsymbol{X}(t) - \boldsymbol{F}_t(\hat{\boldsymbol{X}}(t))\mathrm{d}t - \sigma_v^{-2}\boldsymbol{P}(t)\boldsymbol{H}_t^{\mathrm{T}}(h_t(\boldsymbol{X}(t))\mathrm{d}t$$

$$+\sigma_v \mathrm{d}\boldsymbol{V}(t)-h_t(\hat{\boldsymbol{X}}(t))\mathrm{d}t))\boldsymbol{e}(t)^{\mathrm{T}}]$$

$$=\mathbb{E}[\mathrm{d}\boldsymbol{X}(t)(\boldsymbol{X}(t)-\hat{\boldsymbol{X}}(t))^{\mathrm{T}}|Z_t]$$

$$-\sigma_v^{-2}\boldsymbol{P}(t)\boldsymbol{H}_t^{\mathrm{T}}\boldsymbol{H}_t\,\mathbb{E}[\boldsymbol{e}(t)\boldsymbol{e}(t)^{\mathrm{T}}|Z_t]\mathrm{d}t$$

$$(\boldsymbol{\pi}_t((\boldsymbol{K}_t\boldsymbol{x})\boldsymbol{x}^{\mathrm{T}})-\boldsymbol{\pi}_t(\boldsymbol{K}_t\boldsymbol{x})\hat{\boldsymbol{X}}(t)^{\mathrm{T}})\mathrm{d}t-\sigma_v^{-2}\boldsymbol{P}(t)\boldsymbol{H}_t^{\mathrm{T}}\boldsymbol{H}_t\boldsymbol{P}(t)\mathrm{d}t$$

第二项$\mathbb{E}[\boldsymbol{e}(t)\mathrm{d}\boldsymbol{e}(t)^{\mathrm{T}}|Z_t]$是此式的转置。

最后,通过伊藤公式，即

$$\mathbb{E}[\mathrm{d}\boldsymbol{e}(t).\mathrm{d}\boldsymbol{e}(t)^{\mathrm{T}}|Z_t]=\mathbb{E}[(\mathrm{d}\boldsymbol{X}(t)-\boldsymbol{\pi}_t(\boldsymbol{K}_t\boldsymbol{x})\mathrm{d}t+\sigma_v^{-2}\boldsymbol{P}(t)\boldsymbol{H}_t^{\mathrm{T}}(\mathrm{d}z(t)-h_t(\hat{\boldsymbol{X}}(t))\mathrm{d}t)).$$

$$.(\mathrm{d}\boldsymbol{X}(t)-\boldsymbol{\pi}_t(\boldsymbol{K}_t\boldsymbol{x})\mathrm{d}t+\sigma_v^{-2}\boldsymbol{P}(t)\boldsymbol{H}_t^{\mathrm{T}}(\mathrm{d}z(t)-h_t(\hat{\boldsymbol{X}}(t))\mathrm{d}t))^{\mathrm{T}}|Z_t]$$

$$=\mathbb{E}[\mathrm{d}\boldsymbol{X}(t)\mathrm{d}\boldsymbol{X}(t)^{\mathrm{T}}|Z_t]+\sigma_v^{-2}\boldsymbol{P}(t)\boldsymbol{H}_t^{\mathrm{T}}\boldsymbol{H}_t\boldsymbol{P}(t)\mathrm{d}t$$

综合起来,我们最终得到了广义黎卡提(Riccati)方程,即

$$\mathrm{d}\boldsymbol{P}(t)/\mathrm{d}t=\boldsymbol{\pi}_t((\boldsymbol{K}_t\boldsymbol{x})(\boldsymbol{x}-\hat{\boldsymbol{X}}(t))^{\mathrm{T}}+(\boldsymbol{x}-\hat{\boldsymbol{X}}(t))(\boldsymbol{K}_t\boldsymbol{x})^{\mathrm{T}})$$

$$-\sigma_v^{-2}\boldsymbol{P}(t)\boldsymbol{H}_t^{\mathrm{T}}\boldsymbol{H}_t\boldsymbol{P}(t)+\mathrm{d}t^{-1}\mathbb{E}[\mathrm{d}\boldsymbol{X}(t).\mathrm{d}\boldsymbol{X}(t)^{\mathrm{T}}|Z_t]$$

现在,根据表达式$\boldsymbol{F}_t(x)=\boldsymbol{K}_t\boldsymbol{x}$,我们可以得到

$$\boldsymbol{\pi}_t((\boldsymbol{K}_t\boldsymbol{x})(\boldsymbol{x}-\hat{\boldsymbol{X}}(t))^{\mathrm{T}})=\boldsymbol{\pi}_t(\boldsymbol{F}_t(x)(\boldsymbol{x}-\hat{\boldsymbol{X}}(t))^{\mathrm{T}})$$

$$\approx\boldsymbol{F}'_t(\hat{\boldsymbol{X}}(t))\boldsymbol{P}(t)$$

因此,我们的广义黎卡提方程进一步近似为

$$\mathrm{d}\boldsymbol{P}(t)/\mathrm{d}t=\boldsymbol{F}'_t(\hat{\boldsymbol{X}}(t))\boldsymbol{P}(t)+\boldsymbol{P}(t)\boldsymbol{F}'_t(\hat{\boldsymbol{X}}(t))^{\mathrm{T}}+\mathrm{d}t^{-1}\mathbb{E}[\mathrm{d}\boldsymbol{X}(t).\mathrm{d}\boldsymbol{X}(t)^{\mathrm{T}}|Z_t]$$

$$-\sigma_v^{-2}\boldsymbol{P}(t)\boldsymbol{H}_t^{\mathrm{T}}\boldsymbol{H}_t\boldsymbol{P}(t)$$

现在,我们观察到

$$\mathbb{E}(\mathrm{d}\boldsymbol{X}(t)\mathrm{d}\boldsymbol{X}(t)^{\mathrm{T}}|\boldsymbol{X}(t)=x)=\mathbb{E}(\boldsymbol{X}(t+\mathrm{d}t)\boldsymbol{X}(t+\mathrm{d}t)^{\mathrm{T}}+\boldsymbol{x}\boldsymbol{x}^{\mathrm{T}}-\boldsymbol{x}\boldsymbol{X}(t+\mathrm{d}t)^{\mathrm{T}}$$

$$-\boldsymbol{X}(t+\mathrm{d}t)\boldsymbol{x}^{\mathrm{T}}|\boldsymbol{X}(t)=\boldsymbol{x})$$

$$=\mathbb{E}(\boldsymbol{X}(t+\mathrm{d}t)\boldsymbol{X}(t+\mathrm{d}t)^{\mathrm{T}}-\boldsymbol{x}\boldsymbol{x}^{\mathrm{T}}-\boldsymbol{x}(\boldsymbol{X}(t+\mathrm{d}t)-\boldsymbol{x})^{\mathrm{T}}$$

$$-(\boldsymbol{X}(t+\mathrm{d}t)-\boldsymbol{x})\boldsymbol{x}^{\mathrm{T}}|\boldsymbol{X}(t)=\boldsymbol{x})$$

$$=\mathrm{d}t(\boldsymbol{K}_t(\boldsymbol{x}\boldsymbol{x}^{\mathrm{T}})-\boldsymbol{x}(K_t\boldsymbol{x})^{\mathrm{T}}-(K_t\boldsymbol{x})\boldsymbol{x}^{\mathrm{T}})$$

那么

$$\mathbb{E}(\mathrm{d}\boldsymbol{X}(t).\mathrm{d}\boldsymbol{X}(t)^{\mathrm{T}}|Z_t)=\mathrm{d}t\boldsymbol{\pi}_t(\boldsymbol{K}_t(\boldsymbol{x}\boldsymbol{x}^{\mathrm{T}})-\boldsymbol{x}(\boldsymbol{K}_t\boldsymbol{x})^{\mathrm{T}}-(\boldsymbol{K}_t\boldsymbol{x})\boldsymbol{x}^{\mathrm{T}})$$

现在我们已经定义了

$$\boldsymbol{F}_t(x)=\boldsymbol{K}_t\boldsymbol{x}=\int\boldsymbol{K}_t(x,y)y\mathrm{d}y$$

我们还要定义

$$\boldsymbol{C}_t(x)=\boldsymbol{K}_t(\boldsymbol{x}\boldsymbol{x}^{\mathrm{T}})=\int\boldsymbol{K}_t(x,y)\boldsymbol{y}\boldsymbol{y}^{\mathrm{T}}\mathrm{d}y$$

然后,我们可以得出以下表达式

$$\mathbb{E}(\mathrm{d}\boldsymbol{X}(t)\mathrm{d}\boldsymbol{X}(t)^{\mathrm{T}}|Z_t)=\mathrm{d}t\boldsymbol{\pi}_t(C_t(x)-\boldsymbol{x}\boldsymbol{F}_t(x)^{\mathrm{T}}-\boldsymbol{F}_t(x)\boldsymbol{x}^{\mathrm{T}})$$

这可以得出以下近似

$$\mathrm{d}t[\boldsymbol{C}_t(\hat{\boldsymbol{X}}(t))-\hat{\boldsymbol{X}}(t).\boldsymbol{F}_t(\hat{\boldsymbol{X}}(t))^{\mathrm{T}}-\boldsymbol{F}_t(\hat{\boldsymbol{X}}(t))\hat{\boldsymbol{X}}(t)^{\mathrm{T}}]$$

所以我们的近似扩展卡尔曼滤波器变为

$$\begin{aligned}\mathrm{d}\boldsymbol{P}(t)/\mathrm{d}t &= \boldsymbol{F}'_t(\hat{\boldsymbol{X}}(t))\boldsymbol{P}(t)+\boldsymbol{P}(t)\boldsymbol{F}'_t(\hat{\boldsymbol{X}}(t))^{\mathrm{T}}\\ &\quad+[\boldsymbol{C}_t(\hat{\boldsymbol{X}}(t))-\hat{\boldsymbol{X}}(t).\boldsymbol{F}_t(\hat{\boldsymbol{X}}(t))^{\mathrm{T}}\\ &\quad-\boldsymbol{F}_t(\hat{\boldsymbol{X}}(t))\hat{\boldsymbol{X}}(t)^{\mathrm{T}}]-\sigma_v^{-2}\boldsymbol{P}(t)\boldsymbol{H}_t^{\mathrm{T}}\boldsymbol{H}_t\boldsymbol{P}(t)\end{aligned}$$

14.15 计算等离子体所产生辐射场的量子玻耳兹曼方程

考虑一个由 N 个全同粒子组成的系综，其哈密顿量为

$$\boldsymbol{H}=\sum_{a=1}^{N}\boldsymbol{H}_a+\sum_{1\leqslant a<b\leqslant N}\boldsymbol{V}_{ab}$$

其中，$\boldsymbol{H}'_a$ 是作用在希尔伯特空间 $\mathcal{H}_a$ 上的相同的单粒子哈密顿量；$\boldsymbol{V}_{ab}$ 是作用在张量积空间上 $\mathcal{H}_a\otimes\mathcal{H}_b$ 的相同的双粒子哈密顿量。对于 N 粒子密度算符 ρ，薛定谔-刘维尔-冯诺伊曼(Schrodinger - Liouville - von - Neumann)方程如下

$$\mathrm{i}\rho'=[\boldsymbol{H},\rho]=\sum_a[\boldsymbol{H}_a,\rho]+\sum_{a<b}[\boldsymbol{V}_{ab},\rho]$$

因此，假设任意已知顺序下的所有边缘密度都是相同的，通过偏迹运算我们可以得到

$$\mathrm{i}\rho'_1=\mathrm{i}Tr_{23\cdots N}\rho'=[H_1,\rho_1]+(N-1)Tr_2[V_{12},\rho_{12}]$$

并且

$$\mathrm{i}\rho'_{12}=\mathrm{i}Tr_{34\cdots N}\rho'=[H_1+H_2+V_{12},\rho_{12}]+(N-2)Tr_3[V_{13}+V_{23},\rho_{123}]$$

我们将其表达为

$$\rho_{12}=\rho_1\otimes\rho_1+g_{12}$$

其中，g_{12} 很小，同样地，有

$$\rho_{123}=\rho_1\otimes\rho_1\otimes\rho_1+g_{123}$$

其中，g_{123} 很小。

然后，我们近似地假设 $\boldsymbol{V}_{ab}$ 很小，即与 g_{12} 同阶，利用微扰理论得到以下方程：

$$\mathrm{i}\rho'_{12}=[H_1+H_2,\rho_{12}]+(N-1)Tr_2[V_{12},\rho_1\otimes\rho_1]$$

那么

$$\begin{aligned}\rho_{12}(t)&=\exp(-\mathrm{i}t\,ad(H_1+H_2))(\rho_1(0)\otimes\rho_1(0))-\mathrm{i}(N-1)\\ &\quad\int_0^t\exp(-\mathrm{i}(t-s)ad(H_1+H_2))(Tr_2[V_{12},\rho_1(s),\rho_1(s)])\mathrm{d}s\end{aligned}$$

这个表达式可以代入 ρ_1 的方程。或者，由于$[V_{12},g_{12}]$是二阶小量，我们在保留 ρ_1 的演化方程中的一阶小量项时，得到以下的量子玻耳兹曼方程：

$$\mathrm{i}\rho'_1(t)=[H_1,\rho_1(t)]+(N-1)\mathrm{Tr}_2[V_{12},\rho_1(t)\otimes\rho_1(t)]$$

通过微扰理论求解这个方程，我们可以得出

$$\rho_1(t)=\exp(-\mathrm{i}tad(H_1))(\rho_1(0))-\mathrm{i}(N-1)\int_0^t\exp(-\mathrm{i}(t-s)ad(H_1))$$
$$.(\mathrm{Tr}_2[V_{12},\exp(-\mathrm{i}sad(H_1))\otimes\exp(-\mathrm{i}sad(H_1))(\rho_1(0)\otimes\rho_1(0))])\mathrm{d}s$$

同样，利用一阶微扰理论，我们得到

$$\mathrm{i}g'_{12}=[H_1+H_2,g_{12}]+(N-1)\mathrm{Tr}_2[V_{12},\rho_1(t)\otimes\rho_1(t)]$$

从中，我们得到

$$g_{12}(t)=-\mathrm{i}(N-1)\int_0^t\exp(-\mathrm{i}(t-s)(H_1+H_2))$$
$$(\mathrm{Tr}_2[V_{12},\rho_1(s)\otimes\rho_1(s)])\mathrm{d}s$$

并且我们得到

$$\rho_{12}(t)=\rho_1(t)\otimes\rho_1(t)+g_{12}(t)$$

同样，利用高阶微扰理论，我们可以求解所有的边缘密度 $\rho_{12\cdots r}(t)$，$r=1,2,\cdots,N$。我们将其表达为

$$\rho(t)=\rho_{12\cdots N}(t)$$

我们现在希望描述由这种相互作用的带电量子粒子系统产生的电流。设定 m 表示任何一个粒子的质量，并且 $p_1,\cdots,p_N$ 表示其三个动量。设定 $-e$ 表示任何一个粒子上的电荷。那么总电荷密度算符为

$$-e\sum_{k=1}^N\delta^3(r-r_k)$$

总电流密度算符为

$$(-e/2m)\sum_{k=1}^N(p_k\delta^3(r-r_k)+\delta^3(r-r_k)p_k$$
$$=(-e/m)\sum_k((\mathrm{i}\nabla\delta^3(r-r_k))/2+\delta^3(r-r_k)p_k)$$

其中，$(r_k,p_k=-\mathrm{i}\nabla_{r_k})$分别是第 k^{th} 个粒子的位置和动量算符。设定

$$\rho_t(r_1,\cdots,r_N|r'_1,\cdots,r'_N)$$

表示密度算符 $\rho(t)$ 在位置空间中的核。那么，在时间 t 处的量子平均电荷密度为

$$\sigma(t,r)=-e\sum_{k=1}^N\mathrm{Tr}(\rho.\delta^3(r-r_k))$$
$$=-e\sum_{k=1}^N\int\rho_t(r_1,\cdots,r_N\mid r_1,\cdots,r_k,\cdots,r_N)\delta^3(r-r_k)\mathrm{d}^3r_1\cdots\mathrm{d}^3r_N$$

$$= -e \sum_{k=1}^{N} \rho_t(r_1,\cdots,r\cdots,r_N \mid r_1,\cdots,r,\cdots,r_N)\,d^3r_1\cdots d^3\hat{r}_k\cdots d^3r_N$$

其中,r_k 上面的尖帽表示在积分中省略该变量。同样,在时间 t 处的量子平均电荷密度为

$$J(t,r) = -(e/m)\sum_{k=1}^{N}\mathrm{Tr}(\rho((-\mathrm{i}\,\nabla\delta^3(r-r_k))/2 - \mathrm{i}\delta^3(r-r_k)\,\nabla_k))$$

$$= (\mathrm{i}e/m)\sum_{k}\int[\nabla^{(2)}\rho(r_1,\cdots,r,\cdots,r_N \mid r_1,\cdots,r,\cdots,r_N)/2$$

$$+\nabla_k^{(1)}\rho(r_1,\cdots,r,\cdots,r_N \mid r_1,\cdots,r,\cdots,r_N)]\,d^3r_1\cdots d^3\hat{r}_k\cdots d^3r_N$$

根据这些量子平均电荷和电流密度的表达式,可以计算远场平均辐射图。在更一般的情况下,假设我们希望计算远场辐射图的高阶矩。

第15章 经典无人机和量子无人机设计

15.1 农场害虫清除无人机设计的项目建议书

这个项目将涉及以下内容:首先,我们需要设计一种像微型飞机一样的飞行无人机,无人机的飞行和移动将由螺旋桨控制,其角速度 $\omega_k(t)$,$k=1,2,\cdots, d$ 可以通过电磁波和发射接收天线由远程基站控制。无人机在任何给定时间 t 的状态由六个变量指定:三个质心位置变量 $r=(x,y,z)$ 和三个欧拉角旋转变量 $\xi=(\varphi,\theta,\psi)$。无人机的运动方程为

$$r''(t)=\boldsymbol{F}(r(t),r'(t),\xi(t),\xi'(t),\omega(t))+w(t)$$

$$\xi''(t)=\boldsymbol{G}(r(t),r'(t),\xi(t),\xi'(t),\omega(t))+v(t)$$

其中,第一个方程是牛顿第二运动定律的形式,即力等于质量乘以加速度;第二个方程也是从牛顿第二定律推导出来的,即角动量的变化率等于扭矩。

无人机上的外力和扭矩来自重力场和螺旋桨的角速度。无人机的升力来自伯努利原理,即机翼的上表面比下表面的线长更长。因此,如果螺旋桨为无人机提供向前的推力,那么在固定的时间内,机翼上表面的空气将比机翼下表面的空气覆盖更长的距离。这意味着上表面的空气速度大于下表面的空气速度。根据伯努利原理,机翼下表面的空气压力将大于上表面的空气压力,从而使无人机产生升力。假设我们希望无人机在一段时间 $[0,T]$ 内沿着预定的轨迹 $r_{\mathrm{d}}(t)$ 飞行。然后,我们根据估计的轨迹和预定的轨迹之间的差异,对螺旋桨的角速度 $\omega(t)$ 进行即时反馈,以使得某些成本函数

$$\mathbb{E}\int_0^T \boldsymbol{E}(r(t),r_d(t),\omega(t))\,\mathrm{d}t$$

实现最小化。

因此,当无人机被控制沿着给定的轨迹移动时,它将在沿着其轨迹的作物上喷洒杀虫剂以清除昆虫。另一个问题是,在无人机的运动过程中,可能会遇到一些障碍物,如树木和柱子,无人机需要通过摄像头读取这些障碍物,然后我们必须提供一个反馈力,该反馈力取决于障碍物的位置和无人机的当前位置,

以防止碰撞。因此,无人机设计以及基站控制器的问题是一个复杂的问题,涉及随机最优控制理论、扩展卡尔曼观测器/滤波器和反馈控制律的概念。

我们还可以设计量子无人机,这是一种尺寸为埃级别的微型量子飞机。这种抛射体的动力学将仍然由可观察量 $r=(x,y,z)$ 和 $\xi=(\phi,\theta,\psi)$ 来描述。我们需要将这种量子无人机的哈密顿量写成以下形式

$$\boldsymbol{H}(t)=(1/2m)\boldsymbol{P}^{\mathrm{T}}\boldsymbol{P}+mgz+(1/2)\boldsymbol{P}_{\xi}^{\mathrm{T}}J(\xi)\boldsymbol{P}_{\xi}+\boldsymbol{H}_{\mathrm{I}}(\boldsymbol{r},\xi,\omega(t))$$

其中,$\boldsymbol{H}_{\mathrm{I}}$ 是螺旋桨角速度伪矢量与无人机的位置和角度变量之间的相互作用哈密顿量。无人机波函数 $\psi(t,r,\xi)$ 满足薛定谔方程,即

$$\mathrm{i}\psi_{,t}(t,r,\xi)=\boldsymbol{H}(t)\psi(t,r,\xi)$$

其中,$\boldsymbol{H}(t)$ 是通过将 $\boldsymbol{P}$ 替换为 $-\mathrm{i}\nabla_r$ 并且将 $\boldsymbol{P}_{\xi}$ 替换为 $-\mathrm{i}\nabla_{\xi}$ 得到的。

在时间 t 处,无人机的位置和角度变量 (r,ξ) 的概率密度由 $|\psi(t,r,\xi)|^2$ 给出,并且目标是这个概率密度函数应该跟踪由期望的概率密度函数 $f_{\mathrm{d}}(t,r,\xi)$ 所明确的给定模糊轨迹,例如

$$\int_0^T\int_{\mathbb{R}^3\times[0,2\pi)^3}(|\psi(t,r,\xi)|^2-f_{\mathrm{d}}(t,r,\xi))^2\mathrm{d}^3r\mathrm{d}^3\xi\mathrm{d}t$$

相对于 $\omega(t)$,$0\leqslant t\leqslant T$ 可以实现最小化。

15.2 基于狄拉克相对论波动方程的量子无人机

在由电磁四势 $A_{\mu}(x)$ 描述的外部电磁场中,具有电荷 $-e$ 的量子无人机的运动由狄拉克方程($\psi(x)\in\mathbb{C}^4$,$x\in\mathbb{R}^4$)描述,即

$$[\gamma^{\mu}(\mathrm{i}\partial_{\mu}+e\boldsymbol{A}_{\mu}(x))-m]\psi(x)=0$$

上式可以重新排列为

$$\mathrm{i}\partial_0\psi(x)=[-e\boldsymbol{A}_0(x)+(\alpha,-\mathrm{i}\nabla+e\boldsymbol{A}(x))+\beta m]\psi(x)$$

考虑量子噪声,上式可以等效为

$$\begin{aligned}\mathrm{id}\boldsymbol{U}(t)=(&-e\boldsymbol{A}_0(t,r)\mathrm{d}t+c_b^a(r)\otimes\mathrm{d}\boldsymbol{\Lambda}_a^b(t)\\&+(\alpha,-\mathrm{i}\nabla+e\boldsymbol{A}(t,r))\mathrm{d}t-\beta m\mathrm{d}t)\boldsymbol{U}(t)\end{aligned}$$

其中

$$\alpha^r=\gamma^0\gamma^r,\beta=\gamma^0$$

自由抛射体的未受扰动的哈密顿量为

$$\boldsymbol{H}_0=(\alpha,-\mathrm{i}\nabla)+\beta m$$

白噪声微积分意义下受到扰动的哈密顿量为

$$\boldsymbol{H}(t)=\boldsymbol{H}_0+\boldsymbol{V}(t,r)$$

其中,相互作用势为

$$\boldsymbol{V}(t,r)=-e\boldsymbol{A}_0(t,r)+c_b^a(r)\otimes\mathrm{d}\boldsymbol{\Lambda}_a^b(t)/\mathrm{d}t+e(\alpha,\boldsymbol{A}(t,r))-\beta m$$

未受扰动的演化算符为

$$\boldsymbol{U}_0(t)=\exp(-\mathrm{i}t\boldsymbol{H}_0)$$

而受到扰动的演化算符为

$$\boldsymbol{U}(t)=\boldsymbol{U}_0(t)\boldsymbol{W}(t)$$

其中

$$\boldsymbol{W}(t)=\boldsymbol{I}+\sum_{n\geqslant 1}(-\mathrm{i})^n\int_{0<t_n<\cdots<t_1<t}\widetilde{\boldsymbol{V}}(t_1)\cdots\boldsymbol{V}(t_n)\mathrm{d}t_1\cdots\mathrm{d}t_n$$

其中

$$\begin{aligned}\widetilde{\boldsymbol{V}}(t)&=\boldsymbol{U}_0(-t)\boldsymbol{V}(t)\boldsymbol{U}_0(t)=-e\boldsymbol{U}_0(-t)\boldsymbol{A}_0(t,r)\boldsymbol{U}_0(t)\\&+\boldsymbol{U}_0(-t)c_b^a(r)\boldsymbol{U}_0(t)\otimes\mathrm{d}\boldsymbol{\Lambda}_a^b(t)/\mathrm{d}t\\&+e\boldsymbol{U}_0(-t)(\alpha,\boldsymbol{A}(t,r))\boldsymbol{U}_0(t)-\beta m\end{aligned}$$

我们的目的是计算当噪声浴处于给定的相干态 $|\phi(u)>$ 时的平均散射矩阵。散射矩阵将告诉我们当抛射体的初始状态是给定的波时，抛射体在给定的立体角内被散射的概率。基于一阶微扰理论的计算实例如下：

$$\psi(x)=\psi_0(x)+\psi_{\mathrm{s}}(x)$$

其中，入射波 $\psi_0(x)$ 满足自由狄拉克方程：

$$\mathrm{i}\partial_0\psi_0(x)=\boldsymbol{H}_0\psi_0(x)$$

这让我们假设

$$\psi_0(x)=u(P)\exp(-\mathrm{i}p.x),p=(p^0,P),p^0=E(P)=\sqrt{m^2+P^2}$$

代数自由狄拉克方程为

$$E(P)u(P)=[(\alpha,P)+\beta m]u(P)$$

对于固定 P 的，该方程有两个线性无关的解，可以假设它们是正交的：$u(P,\sigma)$，$\sigma=1,2$。一阶相对论噪声玻恩散射理论的散射波 $\psi_{\mathrm{s}}(x)$ 由下式给出：

$$(\mathrm{i}\partial_0-\boldsymbol{H}_0)\psi_{\mathrm{s}}(x)=-\boldsymbol{V}(x)\psi_0(x)$$

我们得到以下表达式

$$S(x)=(2\pi)^{-4}\int(q^0-(\alpha,Q)-\beta m)^{-1}\exp(\mathrm{i}q.x)\mathrm{d}^4q$$

其中

$$q=(q^0,Q)$$

我们可以得到

$$\psi_{\mathrm{s}}(x)=-\int S(x-x')\boldsymbol{V}(x')\psi_0(x')\mathrm{d}^4x'$$

二阶修正 $\psi_{2\mathrm{s}}(x)$ 满足

$$(\mathrm{i}\partial_0-\boldsymbol{H}_0)\psi_{2\mathrm{s}}(x)=-\boldsymbol{V}(x)\psi_{\mathrm{s}}(x)$$

那么

$$\psi_{2s}(x) = -\int S(x-x')V(x')\psi_s(x')\mathrm{d}^4x'$$

$$= \int S(x-x')\boldsymbol{V}(x')S(x'-x'')\boldsymbol{V}(x'')\psi_0(x'')\mathrm{d}^4x'\mathrm{d}^4x''$$

那么,从初始状态 $\psi_0(x)$ 到最终状态 $\psi_f(x)$ 的噪声平均散射振幅为

$$<\psi_f \otimes \phi(u) \mid (\psi_s + \psi_{2s}) \otimes]phi(u)>$$

$$= <\phi(u) \mid -\int \psi_f(x)^*(S(x-x')\boldsymbol{V}(x')\psi_0(x')\mathrm{d}^4x\mathrm{d}^4x'$$

$$+ \int \psi_f(x)^* S(x-x')\boldsymbol{V}(x')S(x'-x'')\boldsymbol{V}(x'')\psi_0(x'')\mathrm{d}^4x\mathrm{d}^4x'\mathrm{d}^4x'' \mid \phi(u)>$$

第16章 量子天线中的电流

16.1 利用哈特里-福克(Hartree-Fock)方程计算相互作用电子系统产生的近似电流密度

$$\boldsymbol{H} = \sum_{a=1}^{N} \boldsymbol{H}_a + \sum_{a<b} \boldsymbol{V}_{ab}$$

其中,$\boldsymbol{H}_a, a=1,2,\cdots,N$ 是在不同的希尔伯特空间中起作用的单粒子哈密顿量的相同副本;$\boldsymbol{V}_{ab}, a<b$ 是两个粒子之间的相互作用哈密顿量的相同副本。

我们尝试使用一个波函数

$$|\psi_t> = \otimes_{k=1}^{N} |\psi_{kt}>$$

将其代入薛定谔方程,我们得到

$$\begin{aligned}\sum_k \psi_{1t} \otimes \cdots \otimes (\mathrm{i}\mathrm{d}\psi_{kt}/\mathrm{d}t) \otimes \cdots \otimes \psi_{nt} = \\ = \sum_k \psi_{1t} \otimes \cdots \otimes \boldsymbol{H}_k \psi_{kt} \otimes \cdots \otimes \psi_{nt} + \\ + \sum_{a<b} \psi_{1t} \otimes \cdots \otimes \boldsymbol{V}_{ab} \psi_{at} \cdots \otimes \psi_{bt} \otimes \cdots \otimes \psi_{nt}\end{aligned}$$

在 $\psi_{1t} \otimes \cdots \hat{\psi}_{kt} \otimes \cdots \otimes \psi_{nt}$ 两边取内积,其中符号上方的尖帽表示省略该符号,从而得到以下近似方程

$$\mathrm{i}\mathrm{d} | \psi_{kt} > /\mathrm{d}t = \boldsymbol{H}_k | \psi_{kt} > + \sum_{m \neq k} < \boldsymbol{I} \otimes \psi_{mt} | \boldsymbol{V}_{km} | \psi_{kt} \otimes \psi_{mt} >$$

根据内核函数,我们可以将其表示为

$$\mathrm{i}\mathrm{d}\psi_{kt}(r)/\mathrm{d}t = \boldsymbol{H}_k \psi_{kt}(r) + (\sum_{m \neq k} \int \boldsymbol{V}(r,r') |\psi_{mt}(r')|^2 \mathrm{d}^3 r') \psi_{kt}(r)$$

然而,这个方程没有考虑到泡利不相容原理。为了考虑这一点,我们必须尝试使用一个反对称化的波函数,即

$$| \psi_t > = \sum_{\sigma \in S_n} | \psi_{\sigma 1,t} > \otimes \cdots \otimes | \psi_{\sigma n,t} >$$

将上式代入方程,并在假设分量波函数的正交性后取内积,我们得到

$$\mathrm{id}|\psi_{kt}>/\mathrm{d}t = \boldsymbol{H}_k|\psi_{kt}> + \sum_{m\neq k} <\boldsymbol{I}\otimes\psi_{mt}|\boldsymbol{V}|\psi_{kt}\otimes\psi_{mt}> - \sum_{m\neq k} <\psi_{mt}\otimes\boldsymbol{I}|\boldsymbol{V}|\psi_{kt}\otimes\psi_{mt}>$$

其在坐标形式下可以表示为

$$\mathrm{id}\psi_{kt}(r)/\mathrm{d}t = \boldsymbol{H}_k\psi_{kt}(r) + \sum_{m\neq k}\left(\int \boldsymbol{V}(r,r')|\psi_{mt}(r')|^2\mathrm{d}^3r'\right)\psi_{kt}(r) - \sum_{m\neq k}\left(\int \boldsymbol{V}(r,r')\bar{\psi}_{mt}(r')\psi_{kt}(r')\mathrm{d}^3r'\right)\psi_{mt}(r) = 0$$

这些方程是以下形式的非线性薛定谔方程的特例:

$$\mathrm{id}\psi_{kt}(r)/\mathrm{d}t = -\nabla^2\psi_{kt}(r)/2m + \boldsymbol{V}_0(r)\psi_{kt}(r) + \sum_m V_{km}(r,\psi_{1t},\cdots,\psi_{Nt})\psi_{mt}(r), k = 1,2,\cdots,N$$

电荷密度为

$$\rho(t,r) = -e\sum_k|\psi_{kt}(r)|^2$$

其增长率由下式给出:

$$\begin{aligned}\rho_{,t}(r) &= -e\sum_k(\bar{\psi}_{kt,t}(r).\psi_{kt}(r) + \bar{\psi}_{kt}(r).\psi_{kt,t}(r)\\ &= (\mathrm{i}e/2m)\sum_k[\psi_{kt}(r)\nabla^2\bar{\psi}_{kt}(r) - \bar{\psi}_{kt}(r)\nabla^2\psi_{kt}(r)]\\ &= \mathrm{div}((\mathrm{i}e/2m)\sum_k[\psi_{kt}(r)\nabla\bar{\psi}_{kt}(r) - \bar{\psi}_{kt}(r)\nabla\psi_{kt}(r)])\\ &= -\mathrm{div}\boldsymbol{J}(t,r)\end{aligned}$$

其中,电流密度 $\boldsymbol{J}(t,r)$ 由下式给出:

$$\boldsymbol{J}(t,r) = (-\mathrm{i}e/2m)\sum_k[\psi_{kt}(r)\nabla\bar{\psi}_{kt}(r) - \bar{\psi}_{kt}(r)\nabla\psi_{kt}(r)]$$

应当注意,这个电流密度的表达式与使用线性薛定谔方程导出的表达式相同,但波函数 ψ_{kt} 是通过求解非线性薛定谔方程来计算的。应当注意,在推导上述电流密度公式时,我们使用了以下关系

$$\bar{\boldsymbol{V}}_{km}(r,\psi_1,\cdots,\psi_N) = \boldsymbol{V}_{mk}(r,\psi_1,\cdots,\psi_N)$$

这是可以轻易验证的。

16.2 控制由单个量子带电粒子量子天线产生的电流

波函数为 $\psi(t,r)$,外部磁矢量势为 $\boldsymbol{A}(t,r)$,外部电势为 $V(t,r)$。电子与外部电磁场相互作用后的哈密顿量由下式给出

$$\boldsymbol{H}(t)=(1/2m)(\nabla+\mathrm{i}e\boldsymbol{A}(t,r))^2\psi(t,r)+(V_0(r)-eV(t,r))$$

薛定谔方程形式如下

$$\mathrm{i}\psi_{,t}(t,r)=\boldsymbol{H}(t)\psi(t,r)$$

并计算散射电荷密度的变化率

$$\begin{aligned}\rho(t,r)&=-e|\psi(t,r)|^2\\ \rho_{,t}&=-e\overline{\psi}'\psi-e\overline{\psi}\psi'\\ &=\mathrm{i}e(\overline{\psi}\psi\boldsymbol{H}\psi-\psi(\overline{\boldsymbol{H}\psi}))=-\mathrm{div}\boldsymbol{J}\end{aligned}$$

我们可以得到

$$\begin{aligned}\boldsymbol{J}(t,r)&=(-\mathrm{i}e/2m)(\overline{\psi}(\nabla+\mathrm{i}e\boldsymbol{A})\psi-\psi(\nabla-\mathrm{i}e\boldsymbol{A})\overline{\psi})\\ &=(-\mathrm{i}e/2m)(\overline{\psi}\,\nabla\psi-\psi\,\nabla\overline{\psi})+(e^2/2m)\boldsymbol{A}|\psi|^2\end{aligned}$$

外部电磁场电位 $\boldsymbol{A}(t,r)$、$V(t,r)$ 由外部电流源 $\boldsymbol{J}_c(t,r)$ 控制。除了这个外部电流源，还有带电粒子在量子散射后产生的电流 $\boldsymbol{J}$。因此，电磁四势的麦克斯韦方程为

$$\begin{aligned}\nabla^2\boldsymbol{A}-(1/c^2)\boldsymbol{A}_{,tt}&=-\mu_0(\boldsymbol{J}+\boldsymbol{J}_c)\\ \nabla^2V-(1/c^2)V_{,tt}&=-(\rho+\rho_c)/\epsilon_0\end{aligned}$$

其中

$$\rho_c=-\int_0^t\mathrm{div}\boldsymbol{J}_c\mathrm{d}t$$

这些方程的解由推迟势公式得到

$$\begin{aligned}\boldsymbol{A}(t,r)&=(\mu_0/4\pi)\int(\boldsymbol{J}(t-|r-r'|/c,r')\\ &\quad+\boldsymbol{J}_c(t-|r-r'|/c,r'))\mathrm{d}^3r'/|r-r'|\\ V(t,r)&=(1/4\pi\epsilon_0)\int(\rho(t-|r-r'|/c,r')\\ &\quad+\rho_c(t-|r-r'|/c,r'))\mathrm{d}^3r'/|r-r'|\end{aligned}$$

目标如下：在一个给定的时间范围 $t\in[0,T]$ 内，在一个盒子中设计控制电流密度 $\boldsymbol{J}_c(t,r)$，使得产生的量子电流密度 $\boldsymbol{J}(t,r)$ 在以下意义上跟踪期望的电流密度 $\boldsymbol{J}_d(t,r)$，即

$$\int_{[0,T]\times[0,L]^3}|\boldsymbol{J}_d(t,r)-\boldsymbol{J}(t,r)|^2\mathrm{d}^3r\mathrm{d}t$$

达到最小值。

第二量子化模型：

假设存在两种费米子，由满足正则反对易关系的费米子算符波场 $\boldsymbol{\psi}_a(t,r)$，$a=1,2$ 描述，即

$$[\boldsymbol{\psi}_a(t,r),\boldsymbol{\psi}_b(t,r')^*]_+=\delta_{ab}\delta^3(r-r')$$

这个费米场的无扰哈密顿算符为

$$\boldsymbol{H}_0 = (-1/2m)\int \boldsymbol{\psi}_a(r)^* \nabla^2 \boldsymbol{\psi}_a(r)\mathrm{d}^3 r$$
$$+\int \boldsymbol{V}_{ab}(r,r')\boldsymbol{\psi}_a(r)^*\boldsymbol{\psi}_b(r')\mathrm{d}^3 r\mathrm{d}^3 r'$$

然后量子统计吉布斯密度算符为

$$\boldsymbol{\rho}_G = \exp(-\beta\boldsymbol{H}_0)/Z(\beta), Z(\beta) = \mathrm{Tr}(\exp(-\beta\boldsymbol{H}_0))$$

在存在由磁矢量势 $\boldsymbol{A}(t,r)$ 和标量电势 $V(t,r)$ 描述的外部电磁场的情况下，费米液体的第二量子化哈密顿量具有以下形式

$$\boldsymbol{H}(t) = (-1/2m)\int \boldsymbol{\psi}_a(r)^*(\nabla + \mathrm{i}e\boldsymbol{A}(t,r))^2\boldsymbol{\psi}_a(r)\mathrm{d}^3 r$$
$$-e\int V(t,r)\boldsymbol{\psi}_a(r)^*\boldsymbol{\psi}_a(r)\mathrm{d}^3 r$$
$$+\int V_{ab}(r,r')\boldsymbol{\psi}_a(r)^*\boldsymbol{\psi}_b(r')\mathrm{d}^3 r\mathrm{d}^3 r'$$

我们还可以加上一个“库珀对”项，即

$$\int \boldsymbol{U}_{ab}(r,r')\boldsymbol{\psi}_a(r)^*\boldsymbol{\psi}_a(r)\boldsymbol{\psi}_b(r')^*\boldsymbol{\psi}_b(r')\mathrm{d}^3 r\mathrm{d}^3 r'$$

这项来自在 $\mathrm{d}^3 r$ 处的 $\boldsymbol{\psi}_a(r)^*\boldsymbol{\psi}_a(r)\mathrm{d}^3 r$ 费米子(数算符)与在 $\mathrm{d}^3 r'$ 处的 $\boldsymbol{\psi}_b(r')^*\boldsymbol{\psi}_b(r')\mathrm{d}^3 r'$ 费米子之间的相互作用。在这种情况下，费米场的无扰哈密顿量将被视为

$$\boldsymbol{H}_0 = (-1/2m)\int \boldsymbol{\psi}_a(r)^*\nabla^2\boldsymbol{\psi}_a(r)\mathrm{d}^3 r + \int V_{ab}(r,r')\boldsymbol{\psi}_a(r)^*\boldsymbol{\psi}_b(r')\mathrm{d}^3 r\mathrm{d}^3 r'$$
$$\int \boldsymbol{U}_{ab}(r,r')\boldsymbol{\psi}_a(r)^*\boldsymbol{\psi}_a(r)\boldsymbol{\psi}_b(r')^*\boldsymbol{\psi}_b(r')\mathrm{d}^3 r\mathrm{d}^3 r'$$

费米场与外部电磁场之间的相互作用哈密顿量为

$$\boldsymbol{H}_\mathrm{I}(t) = (-\mathrm{i}e/2m)\int \boldsymbol{\psi}_a(r)^*(2(\boldsymbol{A}(t,r),\nabla) + \mathrm{div}\boldsymbol{A}(t,r))\boldsymbol{\psi}_a(r)\mathrm{d}^3 r$$
$$-e\int V(t,r)\boldsymbol{\psi}_a(r)^*\boldsymbol{\psi}_a(r)\mathrm{d}^3 r$$

其中费米场算符满足正则反对易关系：

$$[\boldsymbol{\psi}_a(r),\boldsymbol{\psi}_b(r')^*]_+ = \delta_{ab}\delta^3(r-r')$$
$$[\boldsymbol{\psi}_a(r),\boldsymbol{\psi}_b(r')]_+ = 0, [\boldsymbol{\psi}_a(r)^*,\boldsymbol{\psi}_b(r')^*]_+ = 0$$

费米场满足海森堡运动方程：

$$\boldsymbol{\psi}_{a,t}(t,r) = \mathrm{i}[\boldsymbol{H}(t),\boldsymbol{\psi}_a(t,r)]$$

其中，$\boldsymbol{H}(t)$ 是从公式 $\boldsymbol{H}(t) = \boldsymbol{H}_0 + \boldsymbol{H}_\mathrm{I}(t)$ 得到的，方式为分别替换 $\boldsymbol{\psi}_a(r)$，$\boldsymbol{\psi}_a(r)^*$ 为 $\boldsymbol{\psi}_a(t,r)$，$\boldsymbol{\psi}_a(t,r)^*$，并利用与时间相关的场算符的相同反对易关系。费米子电流密度算符是

$$\boldsymbol{J}(t,r) = (-\mathrm{i}e/2m)\int[\boldsymbol{\psi}_a(t,r)^*(\nabla + \mathrm{i}e\boldsymbol{A}(t,r))\boldsymbol{\psi}_a(t,r)$$

$$-\boldsymbol{\psi}_a(t,r)^*(\nabla-\mathrm{i}e\boldsymbol{A}(t,r))\boldsymbol{\psi}_a(t,r)\,\mathrm{d}^3r]$$

然后平均电流密度为

$$\boldsymbol{J}_{av}(t,r)=Tr(\rho_G\boldsymbol{J}(t,r))$$

我们的费米液体量子天线的目标,是通过控制外部电磁场矢势 $\boldsymbol{A}$ 和标量势 V 使这个电流密度跟踪期望的电流密度 $\boldsymbol{J}_d(t,r)$。

第 17 章

引力场中的光子与门设计应用，以及电磁学中的图像处理

17.1 关于量子黑洞物理学的若干评述

时间总是向前流动，黑洞的熵总是增加，黑洞的质量也总是增加，因为任何粒子总是被黑洞所吸引，并被黑洞的大质量引力场吸收，这就是为什么计算黑洞的熵变得越来越重要。在时间 $t=0$ 处，假设黑洞附近的粒子系统处于纯态 $|\psi_m>$。我们假设在位置空间中的 $|\psi_m>$ 集中在黑洞的临界半径内。设定 $\boldsymbol{H}_m$ 表示粒子系统的哈密顿量，$\boldsymbol{H}_G$ 表示黑洞引力场的哈密顿量，而 $\boldsymbol{H}_\mathrm{I}$ 表示粒子与黑洞引力场之间的相互作用哈密顿量。$\boldsymbol{H}_m$ 起作用的系统希尔伯特空间为 $\mathcal{H}_m$，$\boldsymbol{H}_G$ 起作用的引力场希尔伯特空间为 $\mathcal{H}_G$，而 $\boldsymbol{H}_\mathrm{I}$ 起作用的张量积空间为 $\mathcal{H}_m\otimes\mathcal{H}_G$。黑洞引力场和系统粒子的初始状态是纯态 $|\psi(0)>=|\psi_m(0)\otimes\psi_G(0)>$。经过时间 t，它演变为状态

$$|\psi(t)>=\exp(-\mathrm{i}t(\boldsymbol{H}_m+\boldsymbol{H}_G+\boldsymbol{H}_\mathrm{I}))|\psi(0)>$$

粒子系统和黑洞引力场在时间 t 之后的状态都是混合的，分别由下式给出：

$$\rho_m(t)=\mathrm{Tr}_2(|\psi(t)><\psi(t)|),\rho_G(t)=\mathrm{Tr}_1(|\psi(t)><\psi(t)|)$$

系统的初始熵为零，黑洞的初始引力场也是如此，因为这两种状态都是纯的，它们的最终熵通常不为零，分别由下式给出：

$$S_m(t)=-\mathrm{Tr}(\rho_m(t)\log(\rho_m(t))),S_G(t)=-\mathrm{Tr}(\rho_G(t)\log(\rho_G(t)))$$

具体而言，这表明通过与物质粒子相互作用，黑洞的熵会增加。我们也可以通过量子力学中的隧穿现象来理解霍金辐射。考虑施瓦茨柴尔德(Schwarzchild)黑洞的情况。在经典物理中，位于这个黑洞的临界半径 $m=2GM/c^2$ 内的粒子不能在有限的坐标时间内逃逸到外面。但在量子力学中，这种逃逸发生的概率很小。这可以如下计算。在度规 $g_{\mu\nu}$ 中，粒子的 KG 方程由下式给出

$$(g^{\mu\nu}\psi_{,\nu}))_{:\mu}+(2\pi mc^2/h)^2\psi=0$$

或者表示为

$$\beta = 2\pi mc^2/h$$

这个等式变成

$$(g^{\mu\nu}\sqrt{-g}\psi_{,\nu})_{,\mu} + \beta^2\sqrt{-g}\psi = 0$$

在施瓦茨柴尔德度规的情况下，当波函数仅依赖于径向坐标 r 时，该方程简化为

$$g^{00}\sqrt{-g}\psi_{,00} + (g^{11}\sqrt{-g}\psi_{,1})_{,1} + \beta^2\sqrt{-g}\psi = 0$$

或者等效表达式

$$\alpha(r)^{-1}r^2\psi_{,00}(t,r) - (\alpha(r)r^2\psi_{,1}(t,r))_{,1} + \beta^2 r^2\psi(t,r) = 0$$

利用分离变量法求解该方程。如果我们取初始波 KG 函数为 $\psi(0,r) = K\chi_{r<r_c}$，其中 $r_c = 2m$ 并且 $4\pi r_c^3 K^2/3 = 1$，这对应于最初 KG 粒子在施瓦茨柴尔德半径内均匀分布的情况，那么在时间 t 之后，对于 $r > r_c$ 有 $\psi(t,r) \neq 0$。这一结果意味着，尽管在经典意义上，粒子不能隧穿临界半径，但在量子力学上，这种情况发生的概率很小。除了 KG 粒子，我们还可以利用光子，这些光子由弯曲时空中的麦克斯韦方程控制。设定 $\boldsymbol{A}_\mu(x)$ 表示光子的四势。假设在时间 $t=0$ 处所有的光子都包含在施瓦茨柴尔德半径内。例如，我们可以取下式

$$\boldsymbol{A}_\mu(0,r) = \psi_\mu(r), \boldsymbol{A}_{\mu,0}(0,r) = \phi_\mu(r)$$

则 $\boldsymbol{A}_\mu(t,r)$ 满足施瓦茨柴尔德度规中的麦克斯韦方程

$$(g^{\mu\alpha}g^{\nu\beta}\sqrt{-g}F_{\alpha\beta})_{,\nu} = 0$$

其中规范条件为

$$(A^\mu\sqrt{-g})_{,\mu} = 0$$

因此，我们发现 $\boldsymbol{A}_\mu$ 在时空变量中满足二阶偏微分方程，并且两个指定的初始条件足以针对 $\boldsymbol{A}_\mu$ 求解所有的时空值。重新排列后，通过麦克斯韦方程，我们可以得到

$$(g^{\mu\alpha}g^{\nu\beta}\sqrt{-g})_{,\nu}F_{\alpha\beta} + g^{\mu\alpha}g^{\nu\beta}\sqrt{-g}F_{\alpha\beta,\nu} = 0$$

根据规范条件，我们可以得到

$$(g^{\mu\alpha}\sqrt{-g})_{,\mu}\boldsymbol{A}_\alpha + g^{\mu\alpha}\sqrt{-g}\boldsymbol{A}_{\alpha,\mu} = 0$$

解决这个问题的一个更好的方法是直接处理协变导数，即

$$F^{\mu\nu}_{:\nu} = 0, \boldsymbol{A}^\mu_{:\mu} = 0$$

然后得到

$$\boldsymbol{A}^{\nu:\mu}_{:\nu} - \boldsymbol{A}^{\mu:\nu}_{:\nu} = 0$$

此时

$$\boldsymbol{A}^{\nu:\mu}_{:\nu} = g^{\mu\alpha}\boldsymbol{A}^\nu_{:\alpha:\nu} =$$
$$g^{\mu\alpha}(\boldsymbol{A}^\nu_{:\alpha:\nu} - \boldsymbol{A}^\nu_{:\nu;\alpha})$$

（考虑到规范条件 $\boldsymbol{A}^\nu_{:\nu} = 0$）

$$= g^{\mu\alpha} g^{\nu\beta} R^{\rho}_{\beta\alpha\nu} \boldsymbol{A}_{\rho}$$

因此,麦克斯韦方程简化为

$$\Box \boldsymbol{A}^{\mu} = g^{\mu\alpha} g^{\nu\beta} R^{\rho}_{\beta\alpha\nu} \boldsymbol{A}_{\rho}$$

其中,□表示弯曲时空作用于四矢量场的拉普拉斯 - 贝尔特拉米(Laplace - Beltrami)波算符。

17.2 旋转和平移天线产生的电磁场方向图(图像去噪)

发射天线完全由其在特定频率 ω 下的电流密度 $\boldsymbol{J}(\omega,r)$ 定义。如果天线经过 $(R,a) \in SO(3) \times \mathbb{R}^3$ 旋转并平移,那么产生的电流密度为 $\boldsymbol{J}_1(\omega,r) = \boldsymbol{J}(\omega, R^{-1}(r-a))$。

由原始天线和变换后的天线产生的空间电场方向图分别由下式给出:

$$\boldsymbol{F}(\omega,r) = \int \boldsymbol{K}(\omega,r-r')\boldsymbol{J}(\omega,r')\mathrm{d}^3r'$$

并且

$$\boldsymbol{F}_1(\omega,r) = \int \boldsymbol{K}(\omega,r-r')\boldsymbol{J}_1(\omega,r')\mathrm{d}^3r' + w(r)$$

其中,$\boldsymbol{K}$ 是由下式定义的矢量值格林函数,即

$$\boldsymbol{F}(\omega,r) = \nabla \times \nabla \times \boldsymbol{A}(\omega,r)/\mathrm{j}\omega\mu\epsilon$$

其中

$$\boldsymbol{A}(\omega,r) = (mu/4\pi)\int \boldsymbol{J}(\omega,r')\exp(-\mathrm{j}\omega \mid r - r' \mid /c)\mathrm{d}^3r'/\mid r-r'\mid, c = (\mu\epsilon)^{-1/2}$$

这里,我们假设介质是线性的、均匀的和各向同性的。目的是根据 $\boldsymbol{F}_1$ 和 $\boldsymbol{F}$ 上的测量来估计旋转 - 平移对 (R,a)。在更一般的情况下,如果介质是非线性的、非均匀的和各向异性的,那么通过让 $\boldsymbol{J}$、$\boldsymbol{J}_1$、$\boldsymbol{F}$、$\boldsymbol{F}_1$ 作为 3×1 矢量场,我们可以得到

$$\boldsymbol{F}(\omega,r) = \sum_{n\geqslant 1}\int \boldsymbol{K}_n(\omega,\omega_1,\cdots,\omega_n,r,r_1,\cdots,r_n)(\otimes_{k=1}^{n}\boldsymbol{J}(\omega_k,r_k)\mathrm{d}^3r_1\cdots\mathrm{d}^3r_n$$

$$\begin{aligned}\boldsymbol{F}_1(\omega,r) &= \sum_{n\geqslant 1}\int \boldsymbol{K}_n(\omega,\omega_1,\cdots,\omega_N,r,r_1,\cdots,r_n)(\otimes_{k=1}^{n}\boldsymbol{J}_1(\omega_k,r_k))\mathrm{d}^3r_1\cdots\mathrm{d}^3r_n \\ &= \sum_{n\geqslant 1}\int \boldsymbol{K}_n(\omega,\omega_1,\cdots,\omega_n,r,r_1,\cdots,r_n)(\otimes_{k=1}^{n}\boldsymbol{J}(\omega_k,R^{-1}(r_k-a))\mathrm{d}^3r_1\cdots\mathrm{d}^3r_n \\ &= \sum_{n\geqslant 1}\int \boldsymbol{K}_n(\omega,\omega_1,\cdots,\omega_n,r,Rr_1+a,\cdots,Rr_n+a)\otimes_{k=1}^{n}\boldsymbol{J}(\omega_k,r_k))\mathrm{d}^3r_1\cdots\mathrm{d}^3r_n\end{aligned}$$

在这些表达式中,$\boldsymbol{K}_n$ 是大小为 3×3^n, $n\geqslant1$ 的矩阵值复函数。通过在不同

频率和不同空间位置测量未变换的电磁场 $\boldsymbol{F}$,我们可以估计核 $\boldsymbol{K}_n(\omega,\omega_1,\cdots,\omega_n,r,r_1,\cdots,r_n)$,并且通过在不同频率和不同空间位置测量变换后的电磁场 $\boldsymbol{F}$,我们可以估计核

$$\boldsymbol{K}'_n(\omega,\omega_1,\cdots,\omega_n,r,r_1,\cdots,r_n) = \\ = \boldsymbol{K}_n(\omega,\omega_1,\cdots,\omega_n,r,Rr_1+a,\cdots,Rr_n+a)$$

从这两个核的知识出发,可以通过应用 3D 空间傅里叶变换和对 $SO(3)$ 基于球谐展开的彼得 – 外尔(Peter – Weyl)理论的组合来确定旋转平移对$(\boldsymbol{R},a)$。

17.3 利用电磁场测量估计天线的 3D 旋转和平移矢量

原始天线电流密度:

$$\boldsymbol{J}(\omega,r)$$

旋转和平移后的天线电流密度:

$$\boldsymbol{J}_1(\omega,r) = \boldsymbol{J}(\omega,\boldsymbol{R}^{-1}(r-a))$$

原始电磁场:

$$\boldsymbol{F}(\omega,r) = \int G_1(\omega,r-r_1)\boldsymbol{J}(\omega,r_1)\mathrm{d}^3r_1 \\ + \int G_2(\omega_1,\omega-\omega_1,r-r_1,r-r_2)\boldsymbol{J}(\omega_1,r_1)\boldsymbol{J}(\omega-\omega_1,r_2)\mathrm{d}^3r_1\mathrm{d}^3r_2$$

旋转和平移天线后的电磁场:

$$\boldsymbol{F}_1(\omega,r) = \int G_1(\omega,r-r_1)\boldsymbol{J}_1(\omega,r_1)\mathrm{d}^3r_1 \\ + \int G_2(\omega_1,\omega-\omega_1,r-r_1,r-r_2)\boldsymbol{J}_1(\omega_1,r_1)\boldsymbol{J}_1(\omega-\omega_1,r_2)\mathrm{d}^3r_1\mathrm{d}^3r_2 \\ = \int G_1(\omega,r-a-Rr_1)\boldsymbol{J}_1(\omega,r_1)\mathrm{d}^3r_1 \\ + \int G_2(\omega_1,\omega-\omega_1,r-a-Rr_1)G_2(\omega_1,\omega-\omega_1,r-a-Rr_2) \\ \boldsymbol{J}_1(\omega_1,r_1)\boldsymbol{J}_1(\omega-\omega_1,r_2)\mathrm{d}^3r_1\mathrm{d}^3r_2$$

假设 G_1,G_2 仅通过$|r|$依赖于 r,那么在考虑噪声后得到

$$\boldsymbol{F}_1(\omega,r) = \boldsymbol{F}(\omega,\boldsymbol{R}^{-1}(r-a)) + \boldsymbol{w}(\omega,r)$$

其中,$\boldsymbol{w}$ 是噪声场。因此,可以通过在$\mathbb{R}^3$和对于 $SO(3)$ 的彼得 – 外尔理论使用傅里叶变换,从原始和最终的电磁场方向图的测量中识别出$(\boldsymbol{R},a)$。

在更一般的情况下,考虑具有电流密度 $\boldsymbol{J}_k(\omega,r)$,$k=1,2,\cdots,N$ 的一组 N 个天线。这些天线被排列、旋转和平移,使得结果的电流密度序列变为 $\boldsymbol{J}_{\sigma k}(\omega,R^{-1}(r-a))$,$k=1,2,\cdots,N$。

在应用这组变换(R,a,σ)之前产生的电磁场方向图为

$$F(\omega,r)=F(\omega,r|r_1,\cdots,r_N)$$

应用旋转、平移和排列变换后的电磁场方向图由下式给出：

$$F_1(\omega,r|r_1,\cdots,r_N)=F(\omega,R^{-1}(r-a)|r_{\sigma1},\cdots,r_{\sigma N})+w(\omega,r)$$

我们希望在不同 $r's$ 处从对 F_1 和 F_2 的不同测量中估计群元素(R,a,σ)。设定 π_1 表示 n 对象的 n 置换群的酉表示，并且 π_2 表示 $SO(3)$的酉表示。我们假设噪声为零，有

$$\int F_1(\omega,r\mid r_1,\cdots,r_N).\exp(-\mathrm{j}k.r)\mathrm{d}^3r$$

$$=\int F(\omega,r\mid r_{\sigma1},\cdots,r_{\sigma N})\exp(-\mathrm{j}k.(Rr+a))\mathrm{d}^3r$$

$$=\exp(-\mathrm{j}k.a)\int F(\omega,r\mid r_{\sigma1},\cdots,r_{\sigma N})\exp(-\mathrm{j}(R^{\mathrm{T}}k).r)\mathrm{d}^3r$$

我们将此等式表达为

$$\hat{F}_1(\omega,k\mid r_1,\cdots,r_N)=\exp(-\mathrm{j}k.a)\hat{F}(\omega,R^{\mathrm{T}}k\mid r_{\sigma1},\cdots,r_{\sigma N})$$

由此，我们推断

$$|\hat{F}_1(\omega,k|r_1,\cdots,r_N)=|\hat{F}(\omega,R^{\mathrm{T}}k|r_{\sigma1},\cdots,r_{\sigma N})|$$

在球面 $k\in k_0S^2$ 上计算两边的球谐系数，我们得到

$$\int|\hat{F}_1(\omega,k_0\hat{n}\mid r_1,\cdots,r_N)\bar{Y}_{lm}(\hat{n})\mathrm{d}\Omega(\hat{n})$$

$$=\int|\hat{F}(\omega,k_0\hat{n}\mid r_{\sigma1},\cdots,r_{\sigma N})|\bar{Y}_{lm}(R\hat{n})\mathrm{d}\Omega(\hat{n})$$

$$=\int|\hat{F}(\omega,k_0\hat{n}\mid r_{\sigma1},\cdots,r_{\sigma N})|\sum_{m'}(\bar{\pi}_l)_{m',m}(R^{-1})\bar{Y}_{lm'}(\hat{n})\mathrm{d}\Omega(\hat{n})$$

注意：$\pi_l(R^{-1})=(\pi_l(R))^*$后，该方程可以表示为矩阵形式

$$|\hat{F}_1(\omega,k_0|r_1,\cdots,r_N)|_l=\pi_l(R)|\hat{F}(\omega,k_0|r_{\sigma1},\cdots,r_{\sigma N})|_l$$

17.4 麦基(Mackey)诱导表示理论应用于通过图像对估计庞加莱群元素

庞加莱群是$\mathbb{R}^4$(时空平移)与适当的正时洛伦兹群(空间旋转和推进)的半直积。本质上，这个群可以表示为

$$\mathcal{P}=\mathbb{R}^4\otimes_s SL(2,\mathbb{C})$$

其中，我们通过映射 $X\to gXg^*$，将 $SL(2,\mathbb{C})$识别为适当的正时洛伦兹群的双覆盖，其中 $X\to gXg^*$ 是表示时空坐标和 $g\in SL(2,\mathbb{C})$的一个厄米矩阵。对于给定的$\mathbb{R}^4$特征标χ_0，以及相应的 H_0 的具有给定的不可约表示 L 的 $SL(2,\mathbb{C})$稳定子群 H_0，我们希望确定通过从$\mathbb{R}^4\otimes_s H_0$ 到 $\mathcal{P}=\mathbb{R}^4\times_s SL(2,\mathbb{C})$诱导$\chi_0\times L$ 得到 $\mathcal{P}$

的不可约表示。很容易看出，如果 $n\in\mathbb{R}^4$ 并且 $h\in \boldsymbol{SL}(2,\mathbb{C})$，那么由 χ_0 和 $\boldsymbol{L}$ 诱导的 $\mathcal{P}$ 的表示 $\boldsymbol{U}$ 由下式定义

$$\boldsymbol{U}(nh)f(\chi)=\chi(n)\boldsymbol{L}(\gamma(\chi)^{-1}h\gamma(h^{-1}\chi))f(h^{-1}\chi),\chi\in O_{\chi 0}$$

其中，$\boldsymbol{U}$ 的表示空间由定义在 $\boldsymbol{SL}(2,\mathbb{C})$ 下的 χ_0 的轨道 $O_{\chi 0}$ 上的所有函数 f 组成，这些函数的值在 $\boldsymbol{L}$ 的表示空间 $\boldsymbol{V}$ 中。这里，γ 是一个截面映射，其意义为：对于每个 $\chi\in O_{\chi 0}$，$\gamma(\chi)\in \boldsymbol{SL}(2,\mathbb{C})$，都存在一个 $\gamma(\chi)\chi_0=\chi$，并且如果 χ，χ' 是 $O_{\chi 0}$ 的两个不同元素，那么 $\gamma(\chi)\neq\gamma(\chi')$。表示的属性很容易进行检查：对于 h_1、$h_2\in \boldsymbol{SL}(2,\mathbb{C})$，有

$$\begin{aligned}
&(\boldsymbol{U}(h_1)(\boldsymbol{U}(h_2)f))(\chi)\\
&=\boldsymbol{L}(\gamma(\chi)^{-1}h_1\gamma(h_1^{-1}\chi))(\boldsymbol{U}(h_2)f)(h_1^{-1}\chi)\\
&=\boldsymbol{L}(\gamma(\chi)^{-1}h_1\gamma(h_1^{-1}\chi))\boldsymbol{L}(\gamma(h_1^{-1}\chi)^{-1}h_2\gamma(h_2^{-1}h_1^{-1}\chi))f(h_2^{-1}h_1^{-1}\chi)\\
&=\boldsymbol{L}(\gamma(\chi)^{-1}h_1h_2\gamma((h_1h_2)^{-1}\chi)f((h_1h_2)^{-1}\chi)\\
&=\boldsymbol{U}(h_1h_2)f(\chi)
\end{aligned}$$

我们现在取一个定义在流形 $x\in\mathcal{M}$ 上的像场 $f_1(x)$，群 $\mathcal{P}$ 作用于其上。其中，$\mathcal{M}=\mathbb{R}^4$。变换后的像场为 $f_2(x)=f_1(\boldsymbol{g}^{-1}x)+w(x)$，其中 $\boldsymbol{g}=nh\in\mathcal{P}$。$\mathcal{P}$ 上的左不变哈尔（Haar）测度是 $\mathrm{d}n\mathrm{d}h$，其中 $\mathrm{d}n$ 是 $\mathbb{R}^4$ 上的标准勒贝格（Lebesgue）测度，而 $\mathrm{d}h$ 是 $\boldsymbol{SL}(2,\mathbb{C})$ 上的左不变哈尔测度。我们的目标是根据 f_2 和 f_1 的测量值对 $\boldsymbol{g}=nh$ 进行估计。在没有噪声的情况下，我们得到

$$\begin{aligned}
\int f_2(\boldsymbol{g}'x_0)\boldsymbol{U}(\boldsymbol{g}')\mathrm{d}\boldsymbol{g}' &= \int f_1(\boldsymbol{g}^{-1}\boldsymbol{g}'x_0)\boldsymbol{U}(\boldsymbol{g}')\mathrm{d}\boldsymbol{g}' = \int f_1(\boldsymbol{g}'x_0)\boldsymbol{U}(\boldsymbol{g}\boldsymbol{g}')\mathrm{d}\boldsymbol{g}'\\
&=\boldsymbol{U}(\boldsymbol{g})\int f_1(\boldsymbol{g}'x_0)\boldsymbol{U}(\boldsymbol{g}')\mathrm{d}\boldsymbol{g}'
\end{aligned}$$

用群论傅里叶变换的形式，可以将此式写为

$$\hat{f}_2(\boldsymbol{U})=\boldsymbol{U}(\boldsymbol{g})\hat{f}_1(\boldsymbol{U})$$

根据这个方程，可以利用线性最小二乘算法精确地估计 $\boldsymbol{U}(\boldsymbol{g})$，前提条件是我们有足够多的图像场对 (f_1,f_2)，所有图像场对通过 $\boldsymbol{U}$ 相关联。我们现在观察到，对于定义在 $\boldsymbol{SL}(2,\mathbb{C})$ 下方 χ_0 的轨道 $O_{\chi 0}$ 上的 ψ，我们可以得到

$$\begin{aligned}
\hat{f}_1(\boldsymbol{U})\psi(\chi) &= \int f_1(\boldsymbol{g}x_0)\boldsymbol{U}(\boldsymbol{g})\psi(\chi)\mathrm{d}\boldsymbol{g}\\
&=\int_{\mathbb{R}^4\times \boldsymbol{SL}(2,C)} f_1(nhx_0)\chi(n)\boldsymbol{L}(\gamma(\chi)^{-1}h\gamma(h^{-1}\chi))\psi(h^{-1}\chi)\mathrm{d}n\mathrm{d}h
\end{aligned}$$

其中，$\chi\in O_{\chi 0}$ 是任意的。通过在 $\boldsymbol{SL}(2,\mathbb{C})$ 上测度 $\mathrm{d}h$ 的左不变性，这个表达式可以等价地通过变量 $h\to\gamma(\chi)h$ 的变化表示为

$$\int f_1(n\gamma(\chi)hx_0)\chi(n)\boldsymbol{L}(h\gamma(h^{-1}\chi_0))\psi(h^{-1}\chi_0)\mathrm{d}h$$

因此，我们有以下关系来确定算符 $\boldsymbol{U}(\boldsymbol{g})$，我们将其表达为

$$\psi_{1k}(\chi)=\hat{f}_1(\boldsymbol{U})\psi_k(\chi),\psi_{2k}(\chi)=\hat{f}_2(\boldsymbol{U})\psi_k(\chi),k=1,2,\cdots,n$$

则

$$\boldsymbol{U}(\boldsymbol{g})\psi_{1k}(\chi)=\psi_{2k}(\chi),k=1,2,\cdots,n$$

或者采用等效形式,其中

$$\boldsymbol{g}=nh$$

$$\psi_{2k}(\chi)=\chi(n)\boldsymbol{L}(\gamma(\chi)^{-1}h\gamma(h^{-1}\chi))\psi_{1k}(h^{-1}\chi),k=1,2,\cdots,n \quad (17-1)$$

这给出了在表示空间 V 中取范数的方法,在该表示空间中,χ_0 的稳定群 $\boldsymbol{H}_0$ 的酉不可约表示 $\boldsymbol{L}$ 起作用,即

$$\|\psi_{2k}(\chi)\|=\|\psi_{1k}(h^{-1}\chi)\|,k=1,2,\cdots,n$$

可以通过在 $\boldsymbol{SL}(2,\mathbb{C})$ 上取普通的群论傅里叶变换来确定 h。假设 h 已经如此确定,对于不同的 $\chi\in O_{\chi_0}$,用式(17-1)可以容易地确定 n。

关于 $\boldsymbol{SL}(2,\mathbb{C})$ 作用的 $\mathbb{R}^4$ 中不同轨道的注记如下。

(1)对应于 $(1,0,0,0)^{\mathrm{T}}$(质量 $m=1$),通过伴随作用 $\boldsymbol{SL}(2,\mathbb{C})$ 所作用的 2×2 厄米矩阵空间 $\mathcal{H}$ 中的相应表示矩阵为

$$\boldsymbol{X}_0=\boldsymbol{I}_2$$

对于 $\boldsymbol{X}_0$ 的稳定子群 $\boldsymbol{H}_0$ 是所有 $\boldsymbol{g}\in\boldsymbol{SL}(2,\mathbb{C})$ 的集合,其中 $\boldsymbol{g}\boldsymbol{X}_0\boldsymbol{g}^*=\boldsymbol{X}_0$,即 $\boldsymbol{g}\boldsymbol{g}^*=\boldsymbol{I}_2$。这意味着 $\boldsymbol{g}\in\boldsymbol{SU}(2)$,即 $\boldsymbol{H}_0=\boldsymbol{SU}(2)$。

(2)对应于 $(0,0,0,1)^{\mathrm{T}}$(虚质量 $m=i$),$\mathcal{H}$ 的元素为

$$\boldsymbol{X}_1=\begin{pmatrix}1 & 0\\ 0 & -1\end{pmatrix}$$

$\boldsymbol{X}_1$ 的稳定群由以下所有 $\boldsymbol{g}\in\boldsymbol{SL}(2,\mathbb{C})$ 组成,其中

$$\boldsymbol{g}\boldsymbol{X}_1\boldsymbol{g}^*=\boldsymbol{X}_1$$

或者等效表达式

$$\boldsymbol{g}\boldsymbol{X}_1=\boldsymbol{X}_1\boldsymbol{g}^{*-1},\boldsymbol{g}\in\boldsymbol{SL}(2,\mathbb{C})$$

我们得到以下表达式

$$\boldsymbol{g}=\begin{pmatrix}a & b\\ c & d\end{pmatrix},ad-bc=1$$

我们可以得到

$$\boldsymbol{g}^{-1}=\begin{pmatrix}d & -b\\ -c & a\end{pmatrix}$$

$$\boldsymbol{g}^{*-1}=\begin{pmatrix}\bar{d} & -\bar{c}\\ -\bar{b} & \bar{a}\end{pmatrix}$$

因此

$$\boldsymbol{g}\boldsymbol{X}_1=\begin{pmatrix}a & -b\\ c & -d\end{pmatrix}$$

$$X_1 g^{*-1} = \begin{pmatrix} \bar{d} & -\bar{c} \\ \bar{b} & -\bar{a} \end{pmatrix}$$

所以,X_1 的稳定群 H_0 是所有 $g \in SL(2,\mathbb{C})$ 的集合,其中

$$d = \bar{a}, c = \bar{b}$$

因此,H_0 由以下形式的所有矩阵组成

$$\begin{pmatrix} a & b \\ \bar{b} & \bar{a} \end{pmatrix}, |a|^2 - |b|^2 = 1$$

我们现在考虑(1,0,0,1)(零质量)的稳定群 H_0,与此对应 $\mathcal{H}$ 的元素 X_2 是

$$X_2 = 2\begin{pmatrix} 1 & 0 \\ 0 & 0 \end{pmatrix}$$

因此,条件针对

$$g = \begin{pmatrix} a & b \\ c & d \end{pmatrix} \in SL(2,\mathbb{C})$$

保持此元素固定,即 $gX_2g^* = X_2$,其中 g 具有以下形式的元素

$$g = \begin{pmatrix} \exp(\mathrm{i}\theta) & z \\ 0 & \exp(-\mathrm{i}\theta) \end{pmatrix}, \theta \in [0, 2\pi), z \in \mathbb{C}$$

通过 $g(z,\theta)$ 表示这个元素,我们看到

$$g(z,\theta).\, g(z',\theta') = g(z'.\exp(\mathrm{i}\theta) + z.\exp(-\mathrm{i}\theta'), \theta + \theta')$$

群 H_0 同构于半直积$\mathbb{C} \otimes_s \mathbb{T}$,其中同构性将 $g(z,\theta)$ 作用于元素$(z.\exp(\mathrm{i}\theta),\theta)$,其中$\mathbb{T}$对$\mathbb{C}$的作用由下式定义

$$\theta[z] = \exp(2\mathrm{i}\theta).\, z$$

实际上,我们可以得到以下半直积

$$\begin{aligned}(z.\exp(\mathrm{i}\theta),\theta) \cdot (z'.\exp(\mathrm{i}\theta'),\theta') = \\ (z'.\exp(\mathrm{i}(\theta' + 2\theta)) + z.\exp(\mathrm{i}\theta), \theta + \theta') = \\ (z'.\exp(\mathrm{i}\theta) + z.\exp(-i\theta')).\exp(\mathrm{i}(\theta + \theta')), \theta + \theta')\end{aligned}$$

其对应于矩阵 $g(z'.\exp(\mathrm{i}\theta) + z.\exp(-\mathrm{i}\theta'), \theta + \theta')$,从而证明了所需的群同构。

注意:我们希望证明一个阿贝尔(Abelian)群 N 与另一个使得 H 归一化 N 的群 H 的半直积的诱导表示的两个定义是等价的。第一个定义是基于以下构造:选择一个 $\chi_0 \in \hat{N}$,并设定 H_0 为在 H 中的稳定子群。设定 O_{χ_0}为 H 下的χ_0 的轨道。设定 L 是在矢量空间 V 中的 H_0 的不可约表示。很容易看出,$\tilde{L}: nh \rightarrow \chi_0(n)L(h)$ 是 V 中的 $G_0 = N \otimes_s H_0$ 不可约表示,其中 $n \in N, h \in H_0$。构造 $U = Ind_{G_0}^{G} \tilde{L}$ 的传统方法是将 U 的表示空间 Y 定义为所有映射 $f: G \rightarrow V$ 的集合,其中对于所有 $g \in G, g_0 \in G_0$ 存在 $f(gg_0) = \tilde{L}(g_0)^{-1} f(g)$,然后定义

$$U(g)f(x) = f(g^{-1}x), g, x \in G, g \in Y$$

我们现在给出另一种构造,并证明构造诱导表示的两种方法是同构的。对于$\boldsymbol{f} \in \boldsymbol{Y}$,由$\psi_f(\chi) = f(\boldsymbol{\gamma}(\chi))$定义$\psi_f: O_{\chi_0} \to \boldsymbol{V}$,其中$\boldsymbol{\gamma}(\chi) \in \boldsymbol{H}$使得$\boldsymbol{\gamma}(\chi)\chi_0 = \chi$对于每个$\chi \in \hat{N}$。现在,定义

$$\boldsymbol{W}(n\boldsymbol{h})\psi_f(\chi) = \chi(n)\boldsymbol{L}(\boldsymbol{\gamma}(\chi)^{-1}\boldsymbol{h}\boldsymbol{\gamma}(\boldsymbol{h}^{-1}\chi))\psi_f(\boldsymbol{h}^{-1}\chi), n \in N, \boldsymbol{h} \in \boldsymbol{H}$$

我们观察到对于$\boldsymbol{f}_1$、$\boldsymbol{f}_2 \in \boldsymbol{Y}$的$\psi_{f_1} = \psi_{f_2}$意味着对于所有$\chi \in O_{\chi_0}$的$\boldsymbol{f}(\boldsymbol{\gamma}(\chi)) = 0$,其中。这又意味着

$$0 = \widetilde{\boldsymbol{L}}(n\boldsymbol{h})^{-1}\boldsymbol{f}(\boldsymbol{\gamma}(\chi)) = \boldsymbol{f}(\boldsymbol{\gamma}(\chi)n\boldsymbol{h}), n \in N, \boldsymbol{h} \in \boldsymbol{H}_0, \chi \in O_{\chi_0}$$

这反过来又意味着$\boldsymbol{f}(\boldsymbol{g}) = 0$,对应于所有的$\boldsymbol{g} \in \boldsymbol{G}$,因为$\boldsymbol{\gamma}(\chi)$在$\boldsymbol{G}/\boldsymbol{G}_0 = \boldsymbol{H}/\boldsymbol{H}_0$的每个陪集的一个元素上运行,如同$\chi$在$O_{\chi_0}$上运行,因此,映射$\boldsymbol{f} \to \psi_f$是从$\boldsymbol{Y}$到$O_{\chi_0}$上所有函数的集合的双射。注意,如果$\psi: O_{\chi_0} \to \boldsymbol{V}$是一个映射,那么我们定义$\boldsymbol{f}(n\boldsymbol{h}) = \psi(\boldsymbol{h}.\chi_0), n \in N, \boldsymbol{h} \in \boldsymbol{H}$。然后我们得到

$$\psi_f(\chi) = \boldsymbol{f}(\boldsymbol{\gamma}(\chi)) = \psi(\boldsymbol{\gamma}(\chi)\chi_0) = \psi(\chi)$$

这证明了双射,一旦我们观察到对于$n \in N, \boldsymbol{h} \in \boldsymbol{H}, \boldsymbol{h}_0 \in \boldsymbol{H}_0$,我们可以得到

$$\boldsymbol{f}(n\boldsymbol{h}(n_0\boldsymbol{h}_0)^{-1}) = \psi(\boldsymbol{h}\boldsymbol{h}_0^{-1}\chi_0) = \psi(\boldsymbol{h}\chi_0) = \boldsymbol{f}(n\boldsymbol{h})$$

暗示着$\boldsymbol{f} \in \boldsymbol{Y}$。

如果$\psi: O_{\chi_0} \to \mathbb{C}$,那么通过下式定义$\boldsymbol{T}\psi: \boldsymbol{G} \to \mathbb{C}$

$$(\boldsymbol{T}\psi)(n\boldsymbol{h}) = \boldsymbol{A}(n, \boldsymbol{h}).\psi(\boldsymbol{h}.\chi_0), n \in N, \boldsymbol{h} \in \boldsymbol{H}$$

很容易看出,$\boldsymbol{T}\psi = 0$当且仅当$\psi = 0$。此外,对于$n_0, n \in N, \boldsymbol{h}_0 \in \boldsymbol{H}_0, \boldsymbol{h} \in \boldsymbol{H}$,我们可以得到

$$\begin{aligned}(\boldsymbol{T}\psi)(n\boldsymbol{h}n_0\boldsymbol{h}_0) &= (T\psi)(n\boldsymbol{h}n_0\boldsymbol{h}_0) \\ &= (\boldsymbol{T}\psi)(n\boldsymbol{h}n_0\boldsymbol{h}^{-1}\boldsymbol{h}\boldsymbol{h}_0) = \boldsymbol{A}(n\boldsymbol{h}n_0\boldsymbol{h}^{-1}, \boldsymbol{h}\boldsymbol{h}_0)\psi(\boldsymbol{h}.\chi_0)\end{aligned}$$

为了使得$\boldsymbol{T}\psi \in \boldsymbol{Y}$,我们要求

$$\boldsymbol{A}(n\boldsymbol{h}n_0\boldsymbol{h}^{-1}, \boldsymbol{h}\boldsymbol{h}_0) = \bar{\chi}_0(n_0).\boldsymbol{L}(\boldsymbol{h}_0^{-1})\boldsymbol{A}(n, \boldsymbol{h})$$

发生这种情况的条件如下

$$\boldsymbol{A}(n, \boldsymbol{h}) = \bar{\boldsymbol{h}}[\chi_0](n)\boldsymbol{L}(\boldsymbol{h}^{-1}\boldsymbol{\gamma}(\boldsymbol{h}\chi_0))$$

因为那时

$$\begin{aligned}\boldsymbol{A}(n\boldsymbol{h}n_0\boldsymbol{h}^{-1}, \boldsymbol{h}\boldsymbol{h}_0) &= \overline{\boldsymbol{h}\boldsymbol{h}_0}[\chi_0](n\boldsymbol{h}[n_0])\boldsymbol{L}(\boldsymbol{h}_0^{-1}\boldsymbol{h}^{-1}\boldsymbol{\gamma}(\boldsymbol{h}[\chi_0])) \\ &= \bar{\boldsymbol{h}}[\chi_0](n\boldsymbol{h}[n_0])\boldsymbol{L}(\boldsymbol{h}_0^{-1})\boldsymbol{L}(\boldsymbol{h}^{-1}(\boldsymbol{\gamma}(\boldsymbol{h}[\chi_0]) \\ &= \bar{\chi}_0(n_0)\boldsymbol{L}(\boldsymbol{h}_0^{-1})\boldsymbol{A}(n, \boldsymbol{h})\end{aligned}$$

我们进一步注意到,任意$\boldsymbol{f} \in \boldsymbol{Y}$都是$O_{\chi_0}$上某个函数$\psi$的形式$\boldsymbol{T}\psi$,原因是如果$\boldsymbol{f} \in \boldsymbol{Y}$,那么我们定义$\psi(\chi) = \boldsymbol{f}(\boldsymbol{\gamma}(\chi))$。因此,

$$\begin{aligned}\boldsymbol{T}\psi(n\boldsymbol{h}) &= \boldsymbol{A}(n, \boldsymbol{h})\boldsymbol{f}(\boldsymbol{\gamma}(n\boldsymbol{h}\chi_0)) = \boldsymbol{A}(n, \boldsymbol{h})\boldsymbol{f}(\boldsymbol{\gamma}(\boldsymbol{h}\boldsymbol{h}^{-1}n\boldsymbol{h}\chi_0)) \\ &= \boldsymbol{A}(n, \boldsymbol{h})\boldsymbol{f}(\boldsymbol{\gamma}(\boldsymbol{h}\chi_0)) = \boldsymbol{A}(n, \boldsymbol{h})\boldsymbol{f}(\boldsymbol{h}.\boldsymbol{\gamma}(\chi_0)\boldsymbol{\gamma}(\chi_0)^{-1}.\boldsymbol{h}^{-1}\boldsymbol{\gamma}(\boldsymbol{h}\chi_0)) \\ &= \boldsymbol{A}(n, \boldsymbol{h})\boldsymbol{L}(\boldsymbol{\gamma}(\boldsymbol{h}\chi_0)^{-1}\boldsymbol{h})\boldsymbol{f}(\boldsymbol{h}.\boldsymbol{\gamma}(\chi_0))\end{aligned}$$

$$=\bar{\boldsymbol{h}}[\chi_0](n)\boldsymbol{L}(\boldsymbol{h}^{-1}\boldsymbol{\gamma}(\boldsymbol{h}\chi_0))\boldsymbol{L}(\boldsymbol{\gamma}(\boldsymbol{h}\chi_0)^{-1}\boldsymbol{h})\boldsymbol{f}(h)$$
$$=\bar{\boldsymbol{h}}[\chi_0](n)\boldsymbol{f}(\boldsymbol{h})=\chi_0(\boldsymbol{h}^{-1}n^{-1}\boldsymbol{h})\boldsymbol{f}(h)=\boldsymbol{f}(nh)$$

最后，我们证明了诱导表示的两个定义是等价的。为此，我们注意到

$$\begin{aligned}\boldsymbol{U}(n_1\boldsymbol{h}_1)\boldsymbol{T}\psi(n\boldsymbol{h}) &= \boldsymbol{T}\psi(\boldsymbol{h}_1^{-1}n_1^{-1}n\boldsymbol{h})=\boldsymbol{T}\psi(\boldsymbol{h}_1^{-1}n_1^{-1}n\boldsymbol{h}_1\boldsymbol{h}_1^{-1}\boldsymbol{h})\\&=\boldsymbol{A}(\boldsymbol{h}_1^{-1}n_1^{-1}n\boldsymbol{h}_1,\boldsymbol{h}_1^{-1}\boldsymbol{h})\psi(\boldsymbol{h}_1^{-1}\boldsymbol{h}\chi_0)\\&=\boldsymbol{h}_1^{-1}\boldsymbol{h}[\chi_0](\boldsymbol{h}_1^{-1}n^{-1}n_1\boldsymbol{h}_1)\boldsymbol{L}(\boldsymbol{h}^{-1}\boldsymbol{h}_1\boldsymbol{\gamma}(\boldsymbol{h}_1^{-1}\boldsymbol{h}\chi_0))\psi(\boldsymbol{h}_1^{-1}\boldsymbol{h}\chi_0)\\&=\boldsymbol{h}_1^{-1}\boldsymbol{h}[\chi_0](\boldsymbol{h}_1^{-1}[n^{-1}n_1])\boldsymbol{L}(\boldsymbol{h}^{-1}\boldsymbol{h}_1\boldsymbol{\gamma}(\boldsymbol{h}_1^{-1}\boldsymbol{h}\chi_0))\psi(\boldsymbol{h}_1^{-1}\boldsymbol{h}\chi_0)\\&=\boldsymbol{h}[\chi_0](n^{-1}n_1)\boldsymbol{L}(\boldsymbol{h}^{-1}\boldsymbol{h}_1\boldsymbol{\gamma}(\boldsymbol{h}_1^{-1}\boldsymbol{h}\chi_0))\psi(\boldsymbol{h}_1^{-1}\boldsymbol{h}\chi_0)\end{aligned}$$

而另一方面

$$\boldsymbol{W}(n_1\boldsymbol{h}_1)\psi(\chi)=\chi(n_1)\boldsymbol{L}(\boldsymbol{\gamma}(\chi)^{-1}\boldsymbol{h}_1\boldsymbol{\gamma}(\boldsymbol{h}_1^{-1}\chi))\psi(\boldsymbol{h}_1^{-1}\chi)$$

且因此

$$\begin{aligned}&\boldsymbol{TW}(n_1\boldsymbol{h}_1)\psi(n\boldsymbol{h})=\boldsymbol{A}(n,\boldsymbol{h})(\boldsymbol{W}(n_1\boldsymbol{h}_1)\psi)(\boldsymbol{h}.\chi_0)\\&=\boldsymbol{A}(n,\boldsymbol{h})\boldsymbol{h}[\chi_0](n_1)\boldsymbol{L}(\boldsymbol{\gamma}(\boldsymbol{h}[\chi_0])^{-1}\boldsymbol{h}_1\boldsymbol{\gamma}(\boldsymbol{h}_1^{-1}\boldsymbol{h}[\chi_0]))\psi(\boldsymbol{h}_1^{-1}\boldsymbol{h}[\chi_0])\\&=\bar{\boldsymbol{h}}[\chi_0](n)\boldsymbol{L}(\boldsymbol{h}^{-1}\boldsymbol{\gamma}(\boldsymbol{h}\chi_0))\boldsymbol{h}[\chi_0](n_1)\boldsymbol{L}(\boldsymbol{\gamma}(\boldsymbol{h}[\chi_0])^{-1}\boldsymbol{h}_1\boldsymbol{\gamma}(\boldsymbol{h}_1^{-1}\boldsymbol{h}[\chi_0]))\\&\quad\psi(\boldsymbol{h}_1^{-1}\boldsymbol{h}[\chi_0])\\&=\boldsymbol{h}[\chi_0](n^{-1}n_1)\boldsymbol{L}(\boldsymbol{h}^{-1}\boldsymbol{h}_1\boldsymbol{\gamma}(\boldsymbol{h}_1^{-1}\boldsymbol{h}[\chi_0]))\psi(\boldsymbol{h}_1^{-1}\boldsymbol{h}.\chi_0)\end{aligned}$$

从而证明

$$\boldsymbol{U}(n_1\boldsymbol{h}_1)\boldsymbol{T}=\boldsymbol{TW}(n_1\boldsymbol{h}_1),n_1\in N,\boldsymbol{h}_1\in\boldsymbol{H}$$

即

$$\boldsymbol{U}(\boldsymbol{g})=\boldsymbol{TW}(\boldsymbol{g})\boldsymbol{T}^{-1}$$

因此建立了半直积的诱导表示的两个定义的等价性。

17.5　电磁辐射对膨胀宇宙的影响

首先，通过在罗伯逊－沃克(Robertson－Walker)度规中求解麦克斯韦方程来计算未受扰动的电磁场：

$$g_{00}=1,g_{11}=-\boldsymbol{S}^2(t)f(r),f(r)=1/(1-kr^2)$$
$$g_{22}=-\boldsymbol{S}^2(t)r^2,g_{33}=-\boldsymbol{S}^2(t)r^2\sin^2(\theta)$$

在这个度规中，麦克斯韦方程的解将导致未受扰动电磁四势 $\boldsymbol{A}_\mu(x)$ 的广义波动方程。这个波动方程的系数将依赖于 t、r、θ，其对于 t 的依赖性来自 $S(t)$ 项。该波动方程将是关于空间和时间变量中的二阶偏微分方程。因此，如果我们知道电磁四势 $\boldsymbol{A}_\mu$ 以及它在时间 $t=0$ 处的时间导数 $\boldsymbol{A}_{\mu,0}$，那么我们原则上可以得到所有 $t\geqslant0$ 的唯一解。我们现在假设在时间 $t=0$ 处，$\boldsymbol{A}_\mu$ 和 $\boldsymbol{A}_{\mu,0}$ 是空间变量的随机函数，并且我们计算系综平均能量－动量张量

$$S_{\mu\nu}(t,r,\theta,\phi)=(-1/4)<F_{\alpha\beta}F^{\alpha\beta}>g_{\mu\nu}+g^{\alpha\beta}<F_{\mu\alpha}F_{\nu\beta}>$$

针对下式的概率分布

$$A_{\mu}(0,r,\theta,\phi),A_{\mu,0}(0,r,\theta,\phi),\mu=0,1,2,3$$

必须以这样一种方式来选择:使得(0,2)为一个齐次且各向同性的(0,2)张量。这个步骤一旦完成,我们通过如下方式来求解受到扰动的爱因斯坦场方程:考虑背景为罗伯逊-沃克度规和由 $\delta g_{\mu\nu}(x)$ 满足电磁扰动的爱因斯坦场方程给出的对该度规的小扰动:

$$\delta R_{\mu\nu}-(1/2)R\delta g_{\mu\nu}-(1/2)g_{\mu\nu}\delta R=-8\pi GS_{\mu\nu}$$

因此,这就引发了一个问题:为了使 $S_{\mu\nu}$ 被视为一个齐次和各向同性的张量,其一般形式即其关于时空的依赖性,应该是什么样的? 很容易看出,为了满足这个条件,$S_{\mu\nu}$ 必须具有形式 $F(t,r)g_{\mu\nu}$,其中 $F(t,r)$ 是仅依赖于时间和随动径向坐标的标量。然后条件 $g^{\nu\alpha}S_{\mu\nu:\alpha}=0$ 暗示

$$F_{,0}(t,r)g_{\mu0}+F(t,r)g_{\mu0:0}+F(t,r)g^{km}g_{\mu k:m}+g^{11}F_{,1}(t,r)g_{\mu1}$$

因为 $g_{\mu\nu:\alpha}=0$,由此可以得出以下方程

$$F(t,r)=F_{0}=\mathrm{const}t.$$

这样的解没有多大价值,因为这相当于在爱因斯坦场方程中增加了一个宇宙常数项。所以我们放弃了未扰动电磁场具有一个是齐次且各向同性的平均能量-动量张量的条件。

在更一般的情况下,通过在罗伯逊-沃克时空中求解麦克斯韦方程,可以得出上述初始条件,

$$A_{\mu}(t,r)=\int K_{\mu}^{\nu}(t,r,r')A_{\nu}(0,r')\mathrm{d}^{3}r'+\int L_{\mu}^{\nu}(t,r,r')A_{\nu,0}(0,r')\mathrm{d}^{3}r'$$

其中,K 和 L 是唯一确定的核,可用 $S(t)$ 和 k 表示。现在假设

$$<A_{\mu}(0,r)A_{\nu}(0,r')>=P_{\mu\nu}(r,r')$$

$$<A_{\mu}(0,r)A_{\nu,0}(0,r')>=Q_{\mu\nu}(r,r')$$

$$<A_{\mu,0}(0,r)A_{\nu,0}(0,r')>=M_{\mu\nu}(r,r')$$

我们可以得到以下表达式

$$<A_{\mu}(t,r)A_{\nu}(t',r')>=\mathrm{int}K_{\mu}^{\alpha}(t,r,r_{1})K_{\nu}^{\beta}(t',r',r'_{1})P_{\alpha\beta}(r_{1},r'_{1})\mathrm{d}^{3}r_{1}2\mathrm{d}^{3}r'_{1}$$
$$=N_{\mu\nu}^{(1)}(t,r,t',r')$$

接下来

$$<A_{\mu,\nu}(t,r)A_{\alpha,\beta}(t',r')>=\frac{\partial^{2}}{\partial x^{\nu}\partial x^{\beta\prime}}(<A_{\mu}(x).A_{\alpha}(x')>$$
$$=\frac{\partial^{2}}{\partial x^{\nu}\partial x^{\beta\prime}}N_{\mu\alpha}^{(1)}(x,x')$$
$$=N_{\mu\alpha\nu\beta}^{(2)}(x,x')$$

其中

$$x=(t,r),x'=(t',r')$$

现在，未受扰动的电磁场的系综平均能量 - 动量张量由下式给出：

$$\begin{aligned}S_{\mu\nu}(x)=&(-1/4)g^{\alpha\rho}(x)g^{\beta\sigma}(x)g_{\mu\nu}(x)<F_{\alpha\beta}(x)F_{\rho\sigma}(x)>\\&+<F_{\mu\alpha(x)}F_{\nu\beta}(x)>g^{\alpha\beta}(x)\end{aligned}$$

17.6 腔体内的光子

假设存在 N 个光子，例如，使得盒内的电磁场的状态可以为 $|k_1,s_1,\cdots,k_N,s_N>$，对应于第 l^{th} 个光子具有四动量 k_l 和自旋/螺旋性 s_l 的事实。该光子场与来自插入腔内的探针的电子 - 正电子场相互作用。然后，盒子内的电子 - 正电子场的状态由 $|p_1,\sigma_1,\cdots,p_M,\sigma_M,p'_1,\sigma'_1,\cdots,p'_K,\sigma'_K>$ 描述，对应于以下事实：存在 M 个电子具有四动量 p_k 和自旋 $\boldsymbol{\sigma}_k,k=1,2,\cdots,M$ 的电子，以及 K 个具有四动量 p'_k 和自旋 $\boldsymbol{\sigma}'_ks,k=1,2,\cdots,K$ 的正电子。那么，光子场和电子 - 正电子场之间的相互作用哈密顿量为

$$\boldsymbol{H}_I(t)=\int\boldsymbol{J}^\mu\boldsymbol{A}_\mu\mathrm{d}^3r=-e\int\psi(x)^*\alpha^\mu\boldsymbol{\psi}(x)\boldsymbol{A}_\mu(x)\mathrm{d}^3r$$

其中，$x=(t,r)$。在相互作用之后，我们希望描述电子、正电子和光子在时间 T 之后的最终状态，这个状态在相互作用模型中由下式给出：

$$|\phi(T)>=T\{\exp(-\mathrm{i}\int_0^T\boldsymbol{H}_I(t)\mathrm{d}t)\}|\phi(0)>$$

其中

$$|\phi(0)>=|k_j,s_j,j=1,2,\cdots,N,p_j,\sigma_j,j=1,2,\cdots,M,p'_j,\sigma'_j,j=1,2,\cdots,K>$$

是光子、电子和正电子的初始状态。我们注意到展开式

$$\psi(x)=\int(u(\boldsymbol{P},\sigma)a(\boldsymbol{P},\sigma)\exp(-\mathrm{i}p.x)+\bar{v}(\boldsymbol{P},\sigma)b(P,\sigma)^*\exp(\mathrm{i}p.x))\mathrm{d}^3\boldsymbol{P}$$

$$\begin{aligned}\boldsymbol{A}_\mu(x)=&\int(2|\boldsymbol{K}|)^{-1/2}[e_\mu(\boldsymbol{K},s)c(\boldsymbol{K},s).\exp(-\mathrm{i}k.x)\\&+\bar{e}_\mu(\boldsymbol{K},s)c(\boldsymbol{K},s)^*\exp(\mathrm{i}k.x)]\mathrm{d}^3\boldsymbol{K}\end{aligned}$$

经过时间 T 后，盒内相互作用模型中的电流算符为

$$\boldsymbol{J}^\mu(T,r)=-e\boldsymbol{\psi}(T,r)^*\alpha^\mu\boldsymbol{\psi}(T,r)$$

其中

$$\boldsymbol{\psi}(T,r)=\exp(-\mathrm{i}\boldsymbol{H}_DT)\boldsymbol{\psi}(0,r)\exp(\mathrm{i}\boldsymbol{H}_DT)$$

其中

$$\boldsymbol{H}_D=\int\boldsymbol{\psi}(0,r)^*((\alpha,-\mathrm{i}\nabla)+\beta m)\boldsymbol{\psi}(0,r)\mathrm{d}^3r$$

$$\psi(0,r) = \int(u(\boldsymbol{P},\boldsymbol{\sigma})a(\boldsymbol{P},\boldsymbol{\sigma})\exp(\mathrm{i}\boldsymbol{P}.r) + \bar{v}(\boldsymbol{P},\boldsymbol{\sigma})b(\boldsymbol{P},\boldsymbol{\sigma})^{*}\exp(-\mathrm{i}\boldsymbol{P}.r))\mathrm{d}^3\boldsymbol{P}$$

在远场区域中，由盒子外的电流密度产生的辐射场由下式给出：

$$\boldsymbol{A}_1^{\mu}(t,r) = (\mu_0/4\pi r)\int \boldsymbol{J}^{\mu}(t - r/c + \hat{r}.r'/c, r')\mathrm{d}^3 r'$$

除此之外，在腔体谐振器的壁上存在表面电流密度算符。这个表面电流密度算符是 $\boldsymbol{J}_S = -\hat{n}\times\boldsymbol{H}$，其中 $\boldsymbol{H}$ 是边界上的磁场。这是由相互作用模型中的盒内的电磁四势确定的：

$$\boldsymbol{A}_{\mu}(T,r) = \exp(\mathrm{i}T\boldsymbol{H}_{em})\boldsymbol{A}_{\mu}(0,r).\exp(-\mathrm{i}T\boldsymbol{H}_{em})$$

其中

$$\boldsymbol{A}_{\mu}(0,r) = \int(2|\boldsymbol{K}|)^{-1/2}[e_{\mu}(\boldsymbol{K},s)c(\boldsymbol{K},s).\exp(\mathrm{i}\boldsymbol{K}.r) + \bar{e}_{\mu}(\boldsymbol{K},s)c(\boldsymbol{K},s)^{*}\exp(-\mathrm{i}\boldsymbol{K}.r)]\mathrm{d}^3\boldsymbol{K}$$

并且

$$\boldsymbol{H}_{em} = \int|\boldsymbol{K}|\,c(\boldsymbol{K},s)^{*}c(\boldsymbol{K},s)\mathrm{d}^3\boldsymbol{K}$$

由谐振器边界上的表面电流密度产生的远场电磁四势算符通过下式给出：

$$\boldsymbol{A}_2\mu(T,r) = (\mu/4\pi r)\int \boldsymbol{J}_S(t - r/c + \hat{r}.r'/c, r')\mathrm{d}^3 r'$$

因此，远场电磁四势算符$(\boldsymbol{A}_1^{\mu}+\boldsymbol{A}_2^{\mu})T,r)$可以用电子、正电子和光子的产生和湮灭算符来表示。用$\boldsymbol{A}_3^{\mu}(t,r)$来表示这个算符，我们可以根据相互作用图像中的电子－正电子－光子产生和湮灭算符来计算远场坡印廷矢量算符 $\boldsymbol{S}(t,r)$。因此，我们通过 $\boldsymbol{F}(A_3^{\mu},\boldsymbol{r})$ 表示的远场坡印廷矢量或更一般的远场电磁场的平均值、均方值和更一般的任何高阶矩可以被评估为

$$<\phi(T)|\boldsymbol{F}(A_3^{\mu},\boldsymbol{r})|\phi(T)>$$

我们还可以考虑光子场的其他初始状态，如相干态，并计算这种状态下远场电磁势的高阶矩。

注意：当我们用谐振腔壁所需的边界条件求解麦克斯韦方程时，四势的解将不会表示为 $\exp(\mathrm{i}k.x)$的线性组合，而是表示为满足边界条件的某些本征函数 $\boldsymbol{\eta}_k(t,r)=\boldsymbol{\eta}_k(x)$，$k=1,2,\cdots$。同样，波函数在边界上为零的自由狄拉克方程的解，将导致该受限狄拉克方程的解可根据某些矢量值本征函数$\chi_{1k}(x)$，$\chi_{2k}(x)$，$k=1,2,\cdots$展开。因此，理想地说，我们应该将电磁四势算符场场 $\boldsymbol{A}_{\mu}(x)$和狄拉克电子－正电子矢量算符场表示为

$$\boldsymbol{A}_{\mu}(x) = \sum_k c(k)\boldsymbol{\eta}_k(x) + c(k)^{*}\bar{\boldsymbol{\eta}}_k(x)$$

$$\psi(x) = \sum_k a(k)\chi_{1k}(x) + b(k)^{*}\chi_{2k}(x)$$

其中

$$[c(k),c(m)^*]=\delta[k-m],[c(k),c(m)]=0$$

$$[a(k),a(m)^*]_+=\delta[k-m],[a(k),a(m)]_+=0$$

$$[b(k),b(m)^*]_+=\delta[k-m],[a(k),b(m)]_+=0$$

$$[a(k),b(m)^*]_+=0,[c(k),a(m)]=0,[c(k),a(m)^*]=0$$

$$[c(k),b(m)]=0,[c(k),b(m)^*]=0$$

因此，在时间 t 处腔内的狄拉克电流密度场算符由下式给出：

$$\boldsymbol{J}^{\mu}(x)=-e\boldsymbol{\psi}(x)^*\alpha^{\mu}\boldsymbol{\psi}(x)$$

这可以用 $a(k)$、$a(k)^*$、$b(k)$、$b(k)^*$，$k=1,2,\cdots$来表示。我们可以根据这些算符利用标准推迟势公式来计算远场电磁四势算符。此外，壁上的磁场算符 $\boldsymbol{J}_s$ 以及因此壁上的表面电流密度场算符可以计算为 $\hat{n}\times\boldsymbol{H}$，其中磁场计算为 $\boldsymbol{A}_{r,s}-\boldsymbol{A}_{s,r}$的分量。因此，在壁上 $\boldsymbol{J}_s$ 可以用 $c(k)$、$c(k)^*$来表示，并且因此由表面电流密度产生的远场四势算符可以利用标准推迟势方法来计算。在时间 T 之后以及根据相互作用哈密顿量 $\boldsymbol{H}_I(t)=-e\int\boldsymbol{\psi}(x)^*\alpha^{\mu}\boldsymbol{\psi}(x)\boldsymbol{A}_{\mu}(x)\mathrm{d}^3r$ 发生的相互作用模型的演化，腔内的电子－正电子－光子场的状态由下式给出：

$$\boldsymbol{\rho}(t)=T\{\exp(-\mathrm{i}\int_0^t\boldsymbol{H}_I(s)\mathrm{d}s)\}.\boldsymbol{\rho}(0).T\{\exp(-\mathrm{i}\int_0^t\boldsymbol{H}_I(s)\mathrm{d}s)\})^*$$

因此我们可以计算出力矩

$$\mathrm{Tr}(\boldsymbol{\rho}(T).\boldsymbol{F}(\boldsymbol{A}_{3\mu}))$$

其中，$\boldsymbol{A}_{3\mu}$是由腔内的电流密度和腔壁上的表面电流密度产生的远场电磁四势，并且 $\boldsymbol{F}$ 是该远场电磁四势的某个函数。

17.7　利用二阶量子力学微扰理论验证哈特里－福克哈密顿量

首先考虑具有未受扰动哈密顿量 $\boldsymbol{H}_0$ 和扰动 $\boldsymbol{V}$ 的第一量子化系统。设定 $\boldsymbol{E}_n^{(0)}$，$n=1,2,\cdots$表示未受扰动的能级，而$|\boldsymbol{\psi}_n^{(0)}>$表示相应的未受扰动的本征函数。这些能级和本征函数精确到 $\boldsymbol{V}$ 中二阶项的扰动由下式给出：

$$\boldsymbol{E}_n=\boldsymbol{E}_n^{(0)}+\boldsymbol{E}_n^{(1)}+\boldsymbol{E}_n^{(2)},|\boldsymbol{\psi}_n>=|\boldsymbol{\psi}_n^{(0)}>+|\boldsymbol{\psi}_n^{(1)}>+|\boldsymbol{\psi}_n^{(2)}>$$

将上述表达式代入定态薛定谔方程

$$(\boldsymbol{H}+\boldsymbol{V})(|\boldsymbol{\psi}_n>=\boldsymbol{E}_n|\boldsymbol{\psi}_n>$$

把相同数量级的项等值化简，我们可以得到

$$(\boldsymbol{H}_0-\boldsymbol{E}_n^{(0)})|\boldsymbol{\psi}_n^{(0)}>=0$$

$$(\boldsymbol{H}_0-\boldsymbol{E}_n^{(0)})|\boldsymbol{\psi}_n^{(1)}>+\boldsymbol{V}|\boldsymbol{\psi}_n^{(0)}>-\boldsymbol{E}_n^{(1)}|\boldsymbol{\psi}_n^{(0)}>=0$$

$$(\boldsymbol{H}_0 - \boldsymbol{E}_n^{(0)})|\boldsymbol{\psi}_n^{(2)}> + \boldsymbol{V}|\boldsymbol{\psi}_n^{(1)}> - \boldsymbol{E}_n^{(1)}|\boldsymbol{\psi}_n^{(1)}> - \boldsymbol{E}_n^{(2)}|\boldsymbol{\psi}_n^{(0)}> = 0$$

利用的 $\boldsymbol{\psi}_n^{(0)}, n=1,2,\cdots$ 正交性,我们得到

$$\boldsymbol{E}_n^{(1)} = <\boldsymbol{\psi}_n^{(0)}|\boldsymbol{V}|\boldsymbol{\psi}_n^{(0)}>$$

$$|\boldsymbol{\psi}_n^{(1)}> = \sum_{m\neq n} |\boldsymbol{\psi}_m^{(0)}> \frac{<\boldsymbol{\psi}_m^{(0)}|\boldsymbol{V}|\boldsymbol{\psi}_n^{(0)}>}{\boldsymbol{E}_n^{(0)} - \boldsymbol{E}_m^{(0)}}$$

并且

$$\begin{aligned}\boldsymbol{E}_n^{(2)} &= \boldsymbol{E}_n^{(1)} <\boldsymbol{\psi}_n^{(0)}|\boldsymbol{\psi}_n^{(1)}> - <\boldsymbol{\psi}_n^{(0)}|\boldsymbol{V}|\boldsymbol{\psi}_n^{(1)}> \\ &= \sum_{m\neq n} \frac{|<\boldsymbol{\psi}_n^{(0)}|\boldsymbol{V}|\boldsymbol{\psi}_m^{(0)}>|^2}{\boldsymbol{E}_m^{(0)} - \boldsymbol{E}_n^{(0)}}\end{aligned}$$

因此,$\boldsymbol{E}_n^{(1)}$ 是波函数 $\boldsymbol{\psi}_n^{(0)}$ 及其复共轭的二次函数,而 $\boldsymbol{E}_n^{(2)}$ 是相同波函数及其复共轭的四次函数。这意味着在第二次量子化过程中,$\boldsymbol{E}_n^{(0)}$ 将被替换为

$$<\boldsymbol{\psi}_n^{(0)}|\boldsymbol{H}_0|\boldsymbol{\psi}_n^{(0)}> = \int \boldsymbol{\psi}_n^{(0)*}(r)\boldsymbol{H}_0\boldsymbol{\psi}_n^{(0)}(r)\mathrm{d}^3r$$

其中,$\boldsymbol{\psi}_n^{(0)}(r)'s$ 现在是量子场,$\boldsymbol{E}_n^{(1)}$ 将被替换为算符

$$\int \boldsymbol{\psi}_n^{(0)*}(r)\boldsymbol{V}(r)\boldsymbol{\psi}_n^{(0)}(r)\mathrm{d}^3r$$

最后,在算符波场及其共轭中,$\boldsymbol{E}_n^{(2)}$ 将由四次多项式函数代替

17.8 爱因斯坦-麦克斯韦场方程的四元数形式

四元数:$e_a^{\mu}(x)$ 度规为

$$g = \eta_{ab}\omega^a \otimes \omega^b, \omega^a = e_{\mu}^a \mathrm{d}x^{\mu}$$

其中

$$(\eta_{ab})) = \mathrm{diag}[1,-1,-1,-1]$$

因此

$$\mathrm{d}x^{\mu} = e_a^{\mu}\omega^a$$

设定∇表示度规连接,那么它的挠率为零,我们将其表达为

$$\nabla_X e_a = \omega_a^b(X)e_b$$

对于任何矢量场 $\boldsymbol{X}$,ω_b^a 都是一种形式,我们有

$$\nabla_{e_a} g = 0$$

因为挠率为零,我们可以得到

$$\nabla_{e_a} e_b - \nabla_{e_b} e_a - [e_a, e_b] = 0$$

由此,我们可以很容易地推导出嘉当(Cartan)的第一个结构方程:

$$\mathrm{d}\omega^a + \omega_b^a \wedge \omega^b = 0$$

同样,曲率张量 R 具有由下式给出的四元数 R_{bcd}^a,即

$$R_{bcd}^{a}e_{a}=[\nabla_{e_b},\nabla_{e_c}]e_{d}-\nabla_{[e_b,e_c]}e_{d}$$

利用这个嘉当第二结构方程，我们很容易推导出：

$$R_{bcd}^{a}e^{c}\wedge e_{d}=\mathrm{d}\omega_{b}^{a}+\omega_{c}^{a}\wedge\omega_{b}^{c}$$

所以为了确定 R_{bcd}^{a}，我们必须首先用 $\{\omega^{a}\}$ 来表示 $\{\omega_{b}^{a}\}$ 形式。根据方程 $\nabla_{X}g=0$ 可以得出

$$\boldsymbol{X}(g(e_b,e_c))+g(\nabla_{\boldsymbol{X}}e_b,e_c)-g(e_b,\nabla_{\boldsymbol{X}}e_c)=0$$

对于任何矢量场 $\boldsymbol{X}$，由于 $\eta_{bc}=g(e_b,e_c)$ 是常数（根据四元数的定义），$\boldsymbol{X}(g(e_b,e_c))=0$，因此，我们可以得到

$$g(\omega_{b}^{d}(\boldsymbol{X})e_{d},e_{c})+g(e_{b},\omega_{c}^{d}(\boldsymbol{X})e_{d})=0$$

或者等效表达式

$$\omega_{b}^{d}(\boldsymbol{X})\eta_{dc}+\omega_{c}^{d}(\boldsymbol{X})\eta_{bd}=0$$

表示为

$$\omega_{cb}+\omega_{bc}=0$$

其中，ω_{ab} 是由下式定义的一种形式

$$\omega_{ab}=\eta_{ac}\omega_{b}^{c}$$

现在得出以下表达式

$$\omega^{a}=e^{a}\mu\mathrm{d}x^{\mu}$$

我们可以得到

$$\mathrm{d}\omega^{a}=e_{\mu,\nu}^{a}\mathrm{d}x^{\nu}\wedge\mathrm{d}x^{\mu}=e_{\mu,\nu}^{a}e_{b}^{\nu}e_{c}^{\mu}\omega^{b}\wedge\omega^{c}$$

因此，根据第一个结构方程可以得出

$$e_{\mu,\nu}^{a}e_{b}^{\nu}e_{c}^{\mu}\omega^{b}\wedge\omega^{c}+\omega_{c}^{a}\wedge\omega^{c}=0$$

比较两边 ω^{c} 的系数，我们得到

$$\omega_{c}^{a}=-e_{\mu,\nu}^{a}e_{b}^{\nu}e_{c}^{\mu}\omega^{b}+\lambda_{c}^{a}\omega^{c}$$

在最后一项中，没有对于 c 的求和。利用 η 度规降低指标 a，然后我们得到

$$\omega_{ac}=-e_{a\mu,\nu}e_{b}^{\nu}e_{c}^{\mu}\omega^{b}+\lambda_{ac}\omega^{c}$$

由此可见，等式右侧在指数 (a,c) 上必须是斜对称的。换句话说

$$\begin{aligned}\lambda_{ac}\omega^{c}+\lambda_{ca}\omega^{a}&=e_{c\mu,\nu}e_{b}^{\nu}e_{a}^{\mu}\omega^{b}\\&\quad+e_{a\mu,\nu}e_{b}^{\nu}e_{c}^{\mu}\omega^{b}\\&=(e_{c\mu,\nu}e_{a}^{\mu}+e_{a\mu,\nu}e_{c}^{\mu})e_{b}^{\nu}\omega^{b}\end{aligned}$$

此时

$$\begin{aligned}e_{a\mu,\nu}e_{c}^{\mu}&=-e_{a\mu}e_{c,\nu}^{\mu}\\&=-e_{a}^{\rho}g_{\mu\rho}e_{c,\nu}^{\mu}\\&=-e_{a}^{\rho}(e_{c\rho,\nu}-e_{c}^{\mu}g_{\mu\rho,\nu})\end{aligned}$$

因此，我们可以得到

$$\lambda_{ac}\omega^c+\lambda_{ca}\omega^a=g_{\mu\rho,\nu}e_a^\rho e_c^\mu e_b^\nu\omega^b$$

对应于所有 a、c，等效表达式为

$$\begin{aligned}\lambda_{ac}\omega^c+\lambda_{ca}\omega^a &= -g_{\mu\rho}(e_a^\rho e_c^\mu)_{,\nu}e_b^\nu\omega^b\\ &= -g_{\mu\rho}(e_{a,\nu}^\rho e_c^\mu+e_a^\rho e_{c,\nu}^\mu)e_b^\nu\omega^b\\ &= -(e_{a,\nu}^\rho e_{c\rho}+e_{a\mu}e_{c,\nu}^\mu)e_b^\nu\omega^b\\ &\quad -2e_{a\mu}e_{c,\nu}^\mu e_b^\nu\omega^b\end{aligned}$$

这些方程可用于根据形式 ω^a 计算形式 ω_b^a。利用嘉当的第二个结构方程，相同的逻辑可以应用于确定曲率张量的四元数分量：

$$R_{bcd}^a\omega^c\wedge\omega^d=d\omega_b^a+\omega_c^a\wedge\omega_d^c$$

我们已经看到

$$\omega_b^a=f(a,b,c,x)\omega^c$$

$$\mathrm{d}\omega^a=g(a,b,c,x)\omega^b\wedge\omega^c$$

用于由四元数确定的一些适当的函数 f、g，因此

$$\begin{aligned}\mathrm{d}\omega_b^a &= f_{,mu}(a,b,c,x)\mathrm{d}x^\mu\wedge\omega^c+f(a,b,c,x)\mathrm{d}\omega^c\\ &= f_{,\mu}(a,b,c,x)e_d^\mu\omega^d\wedge\omega^c\\ &\quad +f(a,b,c,x)g(c,k,m,x)\omega^k\wedge\omega^m\\ &= h(a,b,c,d,x)\omega^c\wedge\omega^d\end{aligned}$$

其中，函数 h 很容易根据 f、g 进行确定，从而得出

$$\begin{aligned}R_{bcd}^a\omega^c\wedge\omega^d &= h(a,b,c,x)\omega^c\wedge\omega^d+\omega_c^a\wedge\omega_b^c\\ &= h(a,b,c,x)\omega^c\wedge\omega^d+f(a,c,k,x)f(c,b,m,x)\omega^k\wedge\omega^m\\ &= P(a,b,c,d,x)\omega^c\wedge\omega^d\end{aligned}$$

其中，函数 P 很容易根据 h、f 进行确定，根据这个恒等式，很容易得出

$$R_{bcd}^a=(\boldsymbol{P}(a,b,c,d,x)-P(a,b,d,c,x))/2$$

练习：计算由下式定义的广义克尔(Kerr)度规的曲率张量的四元数分量：

$$g=\eta_{ab}\omega^a\wedge\omega^b$$

其中

$$\omega^0=f_0(x)\mathrm{d}x^0,\omega^1=f_1(x)(\mathrm{d}x^1-a_0(x)\mathrm{d}x^0-a_2(x)\mathrm{d}x^2-a_3(x)\mathrm{d}x^3)$$

$$\omega^2=f_2(x)\mathrm{d}x^2,\omega^3=f_3(x)\mathrm{d}x^3$$

17.9 克尔(Kerr)度规中存在传播电磁场时的最优量子门设计

克尔度规的形式为

$$\mathrm{d}\tau^2=a_0(r,\theta)\mathrm{d}t^2-a_1(r,\theta)\mathrm{d}r^2-a_2(r,\theta)\mathrm{d}r^2-a_3(r,\theta)(\mathrm{d}\phi-\omega(r,\theta)\mathrm{d}t)^2$$

那么

$$g_{00}=a_0-a_3\omega^2,g_{11}=-a_1,g_{22}=-a_2,g_{33}=-a_3,g_{03}=g_{30}=a_3\omega$$

我们首先在这个度规中写下麦克斯韦方程的四元数形式:

$$\boldsymbol{A}^\mu e_a^\mu=\boldsymbol{A}_a,\boldsymbol{A}^\mu=\boldsymbol{A}_a e_\mu^a$$

$$\begin{aligned}e_\mu^a e_b^\nu \boldsymbol{A}^\mu_{:\nu} &= e_\mu^a e_b^\nu\,(e_c^\mu \boldsymbol{A}^c)_{:\nu}\\ &= e_\mu^a e_b^\nu(e_c^\mu \boldsymbol{A}^c_{,\nu}+e^\mu_{c:\nu}\boldsymbol{A}^c)\\ &= e_b^\nu A^a_{,\nu}+e_\mu^a e^\mu_{c:\nu}e_b^\nu \boldsymbol{A}^c\\ &= A^a_{,b}+\gamma^a_{cb}\boldsymbol{A}^c\end{aligned}$$

其中,γ^a_{cb}是自旋系数。

注意,$\boldsymbol{A}^a$ 是标量。现在以四元数为基础,我们写下麦克斯韦方程。这里的 $\boldsymbol{X}_{,b}$表示 $e_b^\mu \boldsymbol{X}_{,\mu}$。

$$\boldsymbol{F}_{ab}=e_a^\mu e_b^\nu \boldsymbol{F}_{\mu\nu}$$

是麦克斯韦标量。我们可以得到以下表达式

$$\boldsymbol{F}^{\mu\nu}_{:\nu}=0$$

对于麦克斯韦方程可以得出

$$(\boldsymbol{F}^{ab}e_a^\mu e_b^\nu)_{:\nu}=0$$

或者等效表达式

$$\boldsymbol{F}^{ab}_{,\nu}e_a^\mu e_b^\nu+\boldsymbol{F}^{ab}e^\mu_{a:\nu}e_b^\nu+\boldsymbol{F}^{ab}e_a^\mu e^\nu_{b:\nu}=0$$

或

$$\boldsymbol{F}^{ab}_{,b}e_a^\mu+\boldsymbol{F}^{ab}e^\mu_{a:\nu}e_b^\nu+\boldsymbol{F}^{ab}e_a^\mu e^\nu_{b:\nu}=0$$

因此

$$\boldsymbol{F}^{ab}_{,b}+\boldsymbol{F}^{cb}e_\mu^a e^\mu_{c:\nu}e_b^\nu+\boldsymbol{F}^{ab}e^\nu_{b:\nu}=0$$

或者根据自旋系数

$$\boldsymbol{F}^{ab}_{,b}+\boldsymbol{F}^{cb}\gamma^a_{cb}+\boldsymbol{F}^{ab}e_\nu^d e^\nu_{c:\rho}e_d^\rho=0$$

或

$$\boldsymbol{F}^{ab}_{,b}+\boldsymbol{F}^{cb}\gamma^a_{cb}+\boldsymbol{F}^{ab}\gamma^d_{cd}$$

这是四元数形式麦克斯韦方程组的第一部分。第二部分将麦克斯韦方程表达为

$$\boldsymbol{F}_{\mu\nu,\rho}+\boldsymbol{F}_{\nu\rho,\mu}+\boldsymbol{F}_{\rho\mu,\nu}=0$$

此式为四元数形式。麦克斯韦方程如下

$$\boldsymbol{F}_{\mu\nu,\rho}+\boldsymbol{F}_{\nu\rho,\mu}+\boldsymbol{F}_{\rho\mu,\nu}=0$$

相当于

$$\boldsymbol{F}_{\mu\nu:\rho}+\boldsymbol{F}_{\nu\rho:\mu}+\boldsymbol{F}_{\rho\mu:\nu}=0$$

我们可以得到以下表达式

$$F_{\mu\nu:\rho}=(F_{ab}e^a_\mu e^b_\nu)_{:\rho}=F_{ab,\rho}e^a_\mu e^b_\nu+F_{ab}(e^a_{\mu:\rho}e^b_\nu+e^a_\mu e^b_{\nu:\rho})$$

因此

$$\begin{aligned}e^\mu_a e^\nu_b e^\rho_c F_{\mu\nu:\rho}&=F_{ab,c}+F_{nm}e^\mu_a e^\nu_b e^\rho_c(e^n_{\mu:\rho}e^m_\nu+e^n_\mu e^m_{\nu:\rho})\\&=F_{ab,c}+F_{nb}e^\mu_a e^n_{\mu:\rho}e^\rho_c+F_{am}e^\nu_b e^m_{\nu:\rho}e^\rho_c\\&=F_{ab,c}+F_{nb}\gamma^n_{ac}+F_{am}\gamma^m_{bc}\end{aligned}$$

或者更准确地说,此式可以写为

$$F_{ab,c}+F_{nb}\eta^{nm}\gamma_{amc}+F_{am}\eta^{mn}\gamma_{bnc}=F_{ab,c}+\eta^{nm}(\gamma_{amc}F_{nb}+\gamma_{bnc}F_{am})$$

其中自旋系数由下式定义:

$$\gamma_{abc}=e^\mu_a e_{b\mu:\nu}e^\nu_c$$

因此,麦克斯韦方程的齐次分量可以用四元符号表示为

$$\begin{aligned}&F_{ab,c}+F_{bc,a}+F_{ca,b}+\eta^{nm}(\gamma_{amc}F_{nb}+\gamma_{bnc}F_{am}+\gamma_{bma}F_{nc}\\&+\gamma_{cna}F_{bm}+\gamma_{cmb}F_{na}+\gamma_{anb}F_{cm})=0\end{aligned}$$

计算施瓦茨柴尔德(Schwarzchild)度规和克尔度规下引力场的旋量连接。设定 $V_{a\mu}$ 为四元数,且

$$J^{ab}=(1/4)[\gamma^a,\gamma^b]$$

引力场的旋量联络为

$$\Gamma_\mu=(1/2)J^{ab}V^a_\nu V^b_{\nu;\mu}$$

一个简单的计算表明,通过取局部洛伦兹矩阵 $\Lambda(x)$ 为无穷小,即 $I+\omega(x)$,其中 $\omega_{ab}=-\omega_{ba}$,我们得到

$$D(\Lambda)=I+\mathrm{d}D(\omega)=I+\omega_{ab}J^{ab}$$

然后,如果我们要求 Γ_μ 和 Γ'_μ 分别是原始标架和局部洛伦兹变换标架中的旋量联络,那么我们必须要求

$$\begin{aligned}D(\Lambda)\gamma^a V^\mu_a(\partial_\mu+\Gamma_\mu)D(\Lambda)^{-1}&=V^\mu_a D(\Lambda)\gamma^a D(\Lambda)^{-1}D(\Lambda)(\partial_\mu+\Gamma_\mu)D(\Lambda)^{-1}\\&=V^\mu_a\Lambda^a_b\gamma^b(D(\Lambda)(\partial_\mu D(\Lambda)^{-1})\\&+D(\Lambda)\Gamma_\mu D(\Lambda)^{-1}+\partial_\mu)\\&=\Lambda^a_b V^\mu_a\gamma^b(\partial_\mu+\Gamma'_\mu)\end{aligned}$$

其中

$$\Gamma'_\mu=D(\Lambda)(\partial_\mu D(\Lambda)^{-1})+D(\Lambda).\Gamma_\mu.D(\Lambda)^{-1}$$

或者采用等价形式,在 $\Lambda=I+\omega$ 为无限小的情况下,我们必须要求

$$\Gamma'_\mu-\Gamma_\mu=-\omega_{ab,\mu}J^{ab}+\omega_{ab}[J^{ab},\Gamma_\mu]$$

满足这一条件的方式为:如上所示选择 Γ_μ,并利用在局部洛伦兹变换下的四元数变换,形式如下

$$V^\mu_a\to V^\mu_a+\omega_{ab}V^{\mu b}$$

我们把这个任务作为练习留给读者去证明。现在我们计算克尔度规的连

接，形式如下

$$\mathrm{d}\tau^2 = a_0(x^1,x^2)^2\mathrm{d}x^{02} - a_1(x_1,x_2)^2\mathrm{d}x^{12} - a_2(x^1,x^2)^2\mathrm{d}x^{22} - a_3(x^1,x^2)^2(\mathrm{d}x^3 - \omega(x^1,x^2)\mathrm{d}x^0)^2$$

其中

$$x^0 = t, x^1 = r, x^2 = \theta, x^3 = \phi$$

这个问题的闵可夫斯基度规$((\eta_{ab})) = \mathrm{diag}[1, -1, -1, -1]$的四元数基由下式给出

$$\omega^0 = V^0_\mu \mathrm{d}x^\mu = a_0\mathrm{d}x^0$$

$$\omega^1 = V^1_\mu \mathrm{d}x^\mu = a_1\mathrm{d}x^1$$

$$\omega^2 = V^2_\mu \mathrm{d}x^\mu = a_2\mathrm{d}x^2$$

$$\omega^3 = V^3_\mu \mathrm{d}x^\mu = a_3(\mathrm{d}x^3 - \omega\mathrm{d}x^0)$$

因此，根据以下分量

$$V^0_0 = a_0, V^0_r = 0, r = 1,2,3,$$

$$V^1_1 = a_1, V^1_\mu = 0, \mu = 0,2,3,$$

$$V^2_2 = a_2, V^2_\mu = 0, \mu = 0,1,3,$$

$$V^3_0 = -\omega a_3, V^3_3 = a_3, V^3_\mu = 0, \mu = 1,2$$

$$V_{a\nu;\mu} = V_{a\nu,\mu} - \Gamma^\rho_{\nu\mu} V_{a\rho}$$

将引力场和电磁场视为狄拉克方程的扰动，并注意到狄拉克方程可以表示为

$$[\gamma^a V^\mu_a(\mathrm{i}\partial_\mu + \mathrm{i}\Gamma_\mu + eA_\mu) - m]\psi = 0$$

我们得到以下扰动方程：

$$\psi = \psi_0 + \psi_1 + \cdots + \psi_n + \cdots$$

其中

$$\gamma^\mu(\mathrm{i}\partial_\mu - m)\psi_0 = 0$$

$$[\mathrm{i}\gamma^\mu\partial_\mu - m]\psi_1 + \mathrm{i}\gamma^a(V^\mu_a - \delta^\mu_a)\partial_\mu + \mathrm{i}\gamma^\mu\Gamma_\mu + e\gamma^\mu A_\mu]\psi_0 = 0$$

精确到一阶项。一般来说，如果考虑到高阶项，那么我们可以得到

$$[\mathrm{i}\gamma^\mu\partial_\mu - m]\psi_{n+1} + \mathrm{i}\gamma^a(V^\mu_a - \delta^\mu_a)\partial_\mu + \mathrm{i}\gamma^\mu\Gamma_\mu + e\gamma^\mu A_\mu]\psi_n = 0, n \geqslant 0$$

或者采用等价形式，如果

$$S(x) = (2\pi)^{-4}\int[\mathrm{i}\gamma^\mu p_\mu - m]^{-1}\exp(\mathrm{i}p.x)\mathrm{d}^4p$$

是电子传播子，那么我们得到如下表达

$$\psi_{n+1}(x) = -\int S(x-x')[\mathrm{i}\gamma^a(V^\mu_a(x') - \delta^\mu_a)\partial'_\mu + \mathrm{i}\gamma^\mu\Gamma_\mu(x') + e\gamma^\mu A_\mu(x')]\psi_n(x')\mathrm{d}^4x'$$

我们假设电磁四势 $\boldsymbol{A}_\mu$ 满足弯曲时空中的麦克斯韦方程，其中度规 $g_{\mu\nu}(x)$ 是平直时空的弱扰动。所以考虑到规范条件，我们可以得到

$$(g^{\mu\nu}\boldsymbol{A}_\nu\sqrt{-g})_{,\nu}=0,(g^{\mu\alpha}g^{\nu\beta}\sqrt{-g}\boldsymbol{F}_{\alpha\beta})_{,\nu}=0$$

我们将其表达为

$$g_{\mu\nu}=\eta_{\mu\nu}+h_{\mu\nu}(x)$$

其中，$h_{\mu\nu}$是小的一阶项，并且同样可以将 $\boldsymbol{A}_\mu$ 扩展为

$$\boldsymbol{A}_\mu=\boldsymbol{A}_\mu^{(0)}+\boldsymbol{A}_\mu^{(1)}$$

那么，由于精确到一阶项

$$\sqrt{-g}=1+h/2,h=h_\mu^\mu=\eta_{\mu\nu}h_{\mu\nu}$$

$$g^{\mu\nu}=\eta_{\mu\nu}-h^{\mu\nu},h^{\mu\nu}=\eta_{\mu\alpha}\eta_{\nu\beta}h_{\alpha\beta}$$

我们得到精确到一阶项的麦克斯韦方程：

$$(\eta_{\mu\alpha}\eta_{\nu\beta}\boldsymbol{F}_{\alpha\beta}^{(0)})_{,\nu}=0$$

$$[(-h^{\mu\alpha}\eta_{\nu\beta}-h^{\nu\beta}\eta_{\mu\alpha}+h\eta^{\mu\alpha}\eta^{\nu\beta}/2)\boldsymbol{F}_{\alpha\beta}^{(0)}]_{,\nu}+$$

$$(\eta_{\mu\alpha}\eta_{\nu\beta}\boldsymbol{F}_{\alpha\beta}^{(1)})_{,\nu}=0$$

通过利用精确到一阶项的规范条件，该方程得到了相当大的简化：

$$((\eta_{\mu\nu}-h^{\mu\nu})(1+h/2)(\boldsymbol{A}_\nu^{(0)}+\boldsymbol{A}_\nu^{(1)})_{,\mu}=0$$

对零阶项和小的一阶项进行等值化简，根据这个规范条件可以得出

$$(\eta_{\mu\nu}\boldsymbol{A}_\nu^{(0)})_{,\mu}=0$$

$$(\eta_{\mu\nu}\boldsymbol{A}_\nu^{(1)})_{,\mu}+((h\eta_{\mu\nu}/2-h^{\mu\nu})_\nu^{(0)})_{,\mu}=0$$

此时

$$\boldsymbol{F}_{\mu\nu}=\boldsymbol{F}_{\mu\nu}^{(0)}+\boldsymbol{F}_{\mu\nu}^{(1)}$$

其中

$$\boldsymbol{F}_{\mu\nu}^{(0)}=\boldsymbol{A}_{\nu,\mu}^{(0)}-\boldsymbol{A}_{\mu,\nu}^{(0)}$$

$$\boldsymbol{F}_{\mu\nu}^{(1)}=\boldsymbol{A}_{\nu,\mu}^{(1)}-\boldsymbol{A}_{\mu,\nu}^{(1)}$$

现在利用一阶规范条件

$$(\eta_{\mu\alpha}\eta_{\nu\beta}\boldsymbol{F}_{\alpha\beta}^{(1)})_{,\nu}=[\eta_{\mu\alpha}\eta_{\nu\beta}(\boldsymbol{A}_{\beta,\alpha}^{(1)}-\boldsymbol{A}_{\alpha,\beta}^{(1)})]_{,\nu}=$$

$$-\eta_{\mu\alpha}\eta_{\nu\beta}\boldsymbol{A}_{\alpha,\beta\nu}^{(1)}$$

$$-\eta_{\mu\alpha}((h\eta_{\nu\beta}/2-h^{\nu\beta})\boldsymbol{A}_\nu^{(0)})_{,\alpha\beta}$$

对于施瓦茨柴尔德时空，四元数可以选择为

$$\boldsymbol{V}_\mu^0\mathrm{d}x^\mu=\sqrt{\alpha(r)}\,\mathrm{d}t,\alpha(r)=1-2m/r$$

$$\boldsymbol{V}_\mu^1\mathrm{d}x^\mu=\alpha\ (r)^{-1/2}\mathrm{d}r$$

$$\boldsymbol{V}_\mu^2\mathrm{d}x^\mu=r\mathrm{d}\theta$$

$$\boldsymbol{V}_\mu^3\mathrm{d}x^\mu=r.\sin(\theta)\mathrm{d}\phi$$

为了计算旋量引力联系，我们需要计算四元数的协变导数，具体如下。

首先，我们计算连接分量 $\boldsymbol{\Gamma}^{\mu}_{\alpha\beta}$：

$$\boldsymbol{\Gamma}^0_{00}=0,\boldsymbol{\Gamma}^0_{10}=\boldsymbol{\Gamma}^0_{01}=(1/2)g^{00}g_{00,1}=\alpha'(r)/2\alpha(r)=(1/2)(1/(r-2m)-1/r)$$

$$\boldsymbol{\Gamma}^0_{11}=0,\boldsymbol{\Gamma}^0_{22}=0,\boldsymbol{\Gamma}^0_{33}=0$$

$$\boldsymbol{\Gamma}^0_{rs}=0,r,s=1,2,3$$

$$\boldsymbol{\Gamma}^0_{02}=\boldsymbol{\Gamma}^0_{20}=(1/2\alpha(r))g_{00,2}=0$$

$$\boldsymbol{\Gamma}^0_{03}=\boldsymbol{\Gamma}^0_{30}=0$$

$$\boldsymbol{\Gamma}^1_{10}=\boldsymbol{\Gamma}^1_{01}=(1/2)g^{11}g_{11,0}=0$$

$$\boldsymbol{\Gamma}^2_{20}=\boldsymbol{\Gamma}^2_{02}=0$$

$$\boldsymbol{\Gamma}^1_{00}=(-\alpha(r))g_{00,1}=-\alpha'(r)\alpha(r)$$

17.10 克尔度规中麦克斯韦方程的四元数形式

克尔度规的四元数为

$$\omega^0=a_0(r,\theta)\mathrm{d}t=e^0_\mu\mathrm{d}x^\mu,\omega^1=a_1(r,\theta)\mathrm{d}r=e^1_\mu\mathrm{d}x^\mu$$

$$\omega^2=a_2(r,\theta)\mathrm{d}\theta=e^2_\mu\mathrm{d}x^\mu$$

$$\omega^3=a_3(r,\theta)(\mathrm{d}\phi-\omega(r,\theta)\mathrm{d}t)=e^3_\mu\mathrm{d}x^\mu$$

所以，度规为

$$(\omega^0)^2-(\omega^1)^2-(\omega^2)^2-(\omega^3)^2=\eta_{ab}\omega^a\otimes\omega^b$$

我们可以得到以下表达式

$$e^a_\mu e^\mu_b=\delta^a_b$$

或者采用等效形式，如果顶部索引表示行索引并且底部索引表示列索引，那么

$$((e^a_\mu))=((e^\mu_a))^{-1}$$

为了避免混淆，我们将分别采用符号 $e^\mu_{(a)}$ 和 $e^{(a)}_\mu$ 来代替 e^μ_a 和 e^a_μ，则我们可以得到

$$a_0e^0_{(b)}=\delta^0_b,a_1e^1_{(b)}=\delta^1_b,a_2e^2_{(b)}=\delta^2_b$$

$$a_3e^3_{(b)}-a_3\omega e^0_{(b)}=\delta^3_b$$

由此，我们推断

$$(e^0_{(0)},e^0_{(1)},e^0_{(2)},e^0_{(3)})=(1/a_0,0,0,0)$$

$$(e^1_{(0)},e^1_{(1)},e^1_{(2)},e^1_{(3)})=(0,1/a_1,0,0)$$

$$(e^2_{(0)},e^2_{(1)},e^2_{(2)},e^2_{(3)})=(0,0,1/a_2,0)$$

$$(e^3_{(0)},e^3_{(1)},e^3_{(2)},e^3_{(3)})=(\omega/a_0,0,0,1/a_3)$$

麦克斯韦标量 $F_{(a)(b)}$ 与麦克斯韦张量 $\boldsymbol{F}_{\mu\nu}$ 的关系如下

$$F_{(a)(b)}=e^\mu_a e^\mu_b\boldsymbol{F}_{\mu\nu}$$

因此，我们计算：

$$F_{(0)(1)}=e^{\mu}_{(0)}e^{\nu}_{(1)}\boldsymbol{F}_{\mu\nu}=(1/a_0a_1)F_{01}$$
$$F_{(0)(2)}=e^{\mu}_{(0)}e^{\nu}_{(2)}\boldsymbol{F}_{\mu\nu}=(1/a_0a_2)F_{02}$$
$$F_{(0)(3)}=e^{\mu}_{(0)}e^{\nu}_{(3)}\boldsymbol{F}_{\mu\nu}=(1/a_0a_3)F_{03}$$
$$F_{(1)(2)}=e^{\mu}_{(1)}e^{\nu}_{(2)}\boldsymbol{F}_{\mu\nu}=(1/a_1a_2)F_{12}$$
$$F_{(1)(3)}=e^{\mu}_{(1)}e^{\nu}_{(3)}\boldsymbol{F}_{\mu\nu}=(1/a_1a_3)F_{13}+(\omega_1/a_1a_0)F_{10}$$
$$F_{(2)(3)}=e^{\mu}_{(2)}e^{\nu}_{(3)}\boldsymbol{F}_{\mu\nu}=(1/a_2a_3)F_{23}+(\omega_1/a_2a_0)F_{20}$$

纽曼 – 彭罗斯(Newman – Penrose)形式的麦克斯韦(Maxwell)复标量。

零测地线 l、n、m、$\overline{m}$ 的纽曼 – 彭罗斯四元数满足

$$l\cdot n=1,m.\overline{m}=-1,l.\,l=n.\,n=m.\,m=\overline{m}.\,\overline{m}=l.\,m=l.\,\overline{m}=0$$

其中,这里 $a.\,b$,是指 $g_{\mu\nu}a^{\mu}b^{\nu}$。

我们定义复麦克斯韦标量为

$$\phi_1=\boldsymbol{F}_{\mu\nu}l^{\mu}m^{\mu},\varphi_2=\boldsymbol{F}_{\mu\nu}l^{\mu}\overline{m}^{\mu}$$

$$\phi_3=\boldsymbol{F}_{\mu\nu}(l^{\mu}n^{\nu}+m^{\mu}\bar{m}^{\nu})$$

其中,$\boldsymbol{F}_{\mu\nu}$的六个分量可以从这三个复标量及其复共轭中恢复。

通过克尔度规时的电磁场:基于这个想法的量子门设计,电磁四势为

$$\boldsymbol{A}_{\mu}=\boldsymbol{A}_{\mu}^{(0)}(x)+\boldsymbol{A}_{\mu}^{(1)}(x)$$

度规为

$$g_{\mu\nu}(x)=\eta_{\mu\nu}+h_{\mu\nu}(x)$$

在考虑了未扰动势的洛伦兹规范条件后,零阶麦克斯韦方程如下

$$\Box\boldsymbol{A}_{\mu}^{(0)}=0,\Box=\partial_{\alpha}\partial^{\alpha}$$

在考虑了一阶微扰规范条件后,一阶麦克斯韦方程从以下形式中推导出

$$(g^{\mu\nu}\sqrt{-g}\boldsymbol{A}_{\mu})_{,\nu}=0$$

在此式中

$$\begin{aligned}\Box\boldsymbol{A}_{\mu}^{(1)}&=C_1(\mu\nu\rho\sigma\alpha\beta)\boldsymbol{A}_{\nu}^{(0)}h_{\rho\sigma,\alpha\beta}\\&\quad+C_2(\mu\nu\rho\sigma\alpha\beta)\boldsymbol{A}_{\nu,\alpha\beta}^{(0)}h_{\rho\sigma}\\&\quad+C_3(\mu\nu\rho\sigma\alpha\beta)\boldsymbol{A}_{\nu,\alpha}^{(0)}h_{\rho\sigma,\beta}\end{aligned}$$

如果将狄拉克电流场

$$\boldsymbol{J}^{\mu}=-e\boldsymbol{\psi}(x)^{*}\alpha^{\mu}\boldsymbol{\psi}(x)$$

作为一阶扰动考虑,那么上述方程可以修改为

$$\begin{aligned}\Box\boldsymbol{A}_{\mu}^{(1)}&=C_1(\mu\nu\rho\sigma\alpha\beta)\boldsymbol{A}_{\nu}^{(0)}h_{\rho\sigma,\alpha\beta}\\&\quad+C_2(\mu\nu\rho\sigma\alpha\beta)\boldsymbol{A}_{\nu,\alpha\beta}^{(0)}h_{\rho\sigma}\\&\quad+C_3(\mu\nu\rho\sigma\alpha\beta)\boldsymbol{A}_{\nu,\alpha}^{(0)}h_{\rho\sigma,\beta}\\&\quad+\mu_0e\psi(x)^{*}\alpha^{\mu}\boldsymbol{\psi}(x)\end{aligned}$$

考虑引力和电磁相互作用的狄拉克场满足一阶微扰方程:

$$V_a^\mu(x)=\delta_a^\mu+f_a^\mu(x)$$

其中

$$(\eta_{\mu\nu}+h_{\mu\nu})=\eta_{ab}(\delta_\mu^a+f_\mu^a)(\delta_\nu^b+f_\nu^b)$$

那么

$$h_{\mu\nu}=\eta_{\mu b}f_\nu^b+\eta_{\nu a}f_\mu^a=f_{\mu\nu}+f_{\nu\mu}$$

所以在精确到一阶项的情况下,我们可以取

$$f_{\mu\nu}=h_{\mu\nu}/2$$

或者等效表达式

$$f_a^\mu=h_a^\mu/2$$

同样,在精确到一阶项的情况下,旋量引力联系为

$$\begin{aligned}\boldsymbol{\Gamma}_\mu &=(1/2)\boldsymbol{V}_a^\nu\boldsymbol{V}_{b\nu:\mu}\boldsymbol{J}^{ab}\\ &=(1/2)(\delta_a^\nu+f_a^\nu)(\eta_{b\nu}+f_{b\nu})_{:\mu}\boldsymbol{J}^{ab}\\ &=(1/2)(\delta_a^\nu+f_a^\nu)(-\boldsymbol{\Gamma}_{\nu\mu}^\alpha\eta_{b\alpha}+f_{b\nu,\mu})\boldsymbol{J}^{ab}\\ &=(1/2)(-\boldsymbol{\Gamma}_{ba\mu}+f_{ba,\mu})\boldsymbol{J}^{ab}\\ &=(1/2)((-1/2)(h_{ba,\mu}+h_{b\mu,a}-h_{a\mu,b})+f_{ba,\mu})\boldsymbol{J}^{ab}\\ &=(1/2)(-f_{b\mu,a}+f_{a\mu,b})\boldsymbol{J}^{ab}\end{aligned}$$

因此,在忽略度规扰动 $h_{\mu\nu}$ 中的非线性项后,考虑电磁场相互作用和引力场相互作用的狄拉克方程如下

$$[\gamma^a(\delta_a^\mu+f_a^\mu)(\mathrm{i}\partial_\mu+e\boldsymbol{A}_\mu+(\mathrm{i}/2)\boldsymbol{J}^{ab}(f_{a\mu,b}-f_{b\mu,a}))-m]\boldsymbol{\psi}=0$$

忽略 $f'_{a\mu}s$ 中的二次项后,此式进一步简化为

$$[\gamma^\mu(\mathrm{i}\partial_\mu+e\boldsymbol{A}_\mu+(\mathrm{i}/2)\boldsymbol{J}^{ab}(f_{a\mu,b}-f_{b\mu,a}))+\mathrm{i}\gamma^a f_a^\mu\partial_\mu-m]\boldsymbol{\psi}=0$$

或者采用等效形式,写成一阶微扰理论的形式,

$$(\gamma^\mu(\mathrm{i}\partial_\mu-m)\boldsymbol{\psi}=-[\gamma^\mu(e\boldsymbol{A}_\mu+(\mathrm{i}/2)\boldsymbol{J}^{ab}(f_{a\mu,b}-f_{b\mu,a}))+\mathrm{i}\gamma^a f_a^\mu\partial_\mu]\boldsymbol{\psi}$$

第18章

与介质相互作用的量子流体天线

18.1 量子引力场中的量子磁流体天线

我们使用以下公式推导出广义相对论弯曲时空中的磁流体动力学(MHD)方程,即

$$(\boldsymbol{T}^{\mu\nu})_{:\nu}=\boldsymbol{F}^{\mu\nu}\boldsymbol{J}_{\nu}-\Delta\boldsymbol{T}^{\mu\nu}_{:\nu}=\sigma\boldsymbol{F}^{\mu\nu}\boldsymbol{F}_{\nu\alpha}\boldsymbol{v}^{\alpha}-\Delta\boldsymbol{T}^{\mu\nu}_{:\nu}$$

其中,$\Delta\boldsymbol{T}^{\mu\nu}$是由黏性和热效应引起的流体物质对能量-动量张量的贡献,$\boldsymbol{T}^{\mu\nu}$为

$$\boldsymbol{T}^{\mu\nu}=(\rho+p)\boldsymbol{v}^{\mu}\boldsymbol{v}^{\nu}-p\boldsymbol{g}^{\mu\nu}$$

是流体物质的能量-动量张量(未考虑黏性和热效应)。

这些方程也可以根据爱因斯坦-麦克斯韦场方程导出:

$$\boldsymbol{R}^{\mu\nu}-(1/2)\boldsymbol{R}\boldsymbol{g}^{\mu\nu}=-8\pi\boldsymbol{G}(\boldsymbol{T}^{\mu\nu}+\boldsymbol{S}^{\mu\nu})$$

$$\boldsymbol{S}^{\mu\nu}=(-1/4)\boldsymbol{F}^{\alpha\beta}\boldsymbol{F}_{\alpha\beta}\boldsymbol{g}^{\mu\nu}+\boldsymbol{g}_{\alpha\beta}\boldsymbol{F}^{\mu\alpha}\boldsymbol{F}^{\nu\beta}$$

$$\boldsymbol{F}^{\mu\nu}_{:\nu}=-\mu_0\boldsymbol{J}^{\mu},\boldsymbol{J}^{\mu}=\sigma\boldsymbol{F}^{\mu\nu}\boldsymbol{v}_{\nu}$$

练习:在背景弯曲时空中,根据场作用量的变化系数$\sqrt{-g}\delta g_{\mu\nu}$,可以得出场的能量-动量张量。对于在背景弯曲时空中带有电磁场的狄拉克场,作用量由以下公式给出

$$\boldsymbol{S\psi}=\int\mathrm{Re}[\boldsymbol{\psi}(x)^{*}[\boldsymbol{V}^{\mu}_{a}(x)\boldsymbol{\gamma}^{0}\boldsymbol{\gamma}^{a}(\mathrm{i}\partial_{\mu}+\mathrm{i}\boldsymbol{\Gamma}_{\mu}+e\boldsymbol{A}_{\mu})-m\gamma^{0}]\boldsymbol{\psi}(x)]\sqrt{-g}\,\mathrm{d}^4x$$

其中,$\boldsymbol{V}^{\mu}_{a}(x)$是度规$g_{\mu\nu}$的一个四元数;$\boldsymbol{\Gamma}_{\mu}$是引力场的旋量连接,即

$$\boldsymbol{\Gamma}_{\mu}=(1/2)\boldsymbol{J}^{ab}\boldsymbol{V}^{a}_{\nu}\boldsymbol{V}^{b\nu}_{:\mu},\boldsymbol{J}^{ab}=(1/4)[\gamma^{a},\gamma^{b}]$$

利用上面的讨论,计算狄拉克场的能量-动量张量,并表示为$T_{\mu\nu}$。因此建立了爱因斯坦-麦克斯韦-狄拉克场方程:

$$\boldsymbol{R}_{\mu\nu}-(1/2)\boldsymbol{R}\boldsymbol{g}_{\mu\nu}=-8\pi\boldsymbol{G}(\boldsymbol{T}_{\mu\nu}+\boldsymbol{S}_{\mu\nu})$$

其中

$$\boldsymbol{S}_{\mu\nu}=(-1/4)\boldsymbol{F}_{\alpha\beta}\boldsymbol{F}^{\alpha\beta}\boldsymbol{g}_{\mu\nu}+g^{\alpha\beta}\boldsymbol{F}_{\mu\alpha}\boldsymbol{F}_{\nu\beta}$$

是电磁场的能量-动量张量。

爱因斯坦张量的四维散度为零意味着场方程

$$(\boldsymbol{T}^{\mu\nu}+\boldsymbol{S}^{\mu\nu})_{:\nu}=0$$

上式可以从具有狄拉克电流的麦克斯韦方程导出：

$$\boldsymbol{F}^{\mu\nu}_{:\nu}=-\mu_0\boldsymbol{J}^{\mu}$$

其中，$\boldsymbol{J}^{\mu}$ 是在上述狄拉克作用量泛函对于 $\boldsymbol{A}_{\mu}$ 变化中的 $\delta\boldsymbol{A}_{\mu}$ 的系数，即，

$$\boldsymbol{J}^{\mu}(x)=\boldsymbol{V}^{\mu}_{a}(x)\boldsymbol{\psi}(x)^{*}\gamma^{0}\gamma^{a}\boldsymbol{\psi}(x)$$

我们现在解释如何对这些方程进行微扰理论分析，以获得微扰量的色散关系，即我们在这些场的固定值附近线性化爱因斯坦－麦克斯韦－狄拉克方程，并研究这些微扰量的振荡。

18.2　散射理论在量子天线中的应用

本节的基本思想如下。我们有一个来自时间 $t=-\infty$ 处距离散射体无限远的抛射体，其能量在非相对论情况下为 $\boldsymbol{H}_0=(\alpha,P)+\beta m$，或在相对论情况下为 $\boldsymbol{H}_0=P^2/2m=-\nabla^2/2m$。这个抛射体与散射体相互作用，其相互作用势为 $\boldsymbol{V}$，使得在相互作用期间抛射体的总能量变为 $\boldsymbol{H}=\boldsymbol{H}_0+\boldsymbol{V}$。在相互作用之后，抛射体在时间 $t=\infty$ 处达到无穷大。根据一阶玻恩散射理论，稳态抛射体电流的抛射体入射状态由下式给出：

$$\boldsymbol{\psi}_i(r)=\boldsymbol{C}.\exp(-\mathrm{i}k.r)$$

那么

$$\boldsymbol{H}_0\boldsymbol{\psi}_i=E(k)\boldsymbol{\psi}_i,E(k)=k^2/2m$$

在非相对论情况下和在相对论情况下，$\boldsymbol{C}=\boldsymbol{C}(k)$ 成为 4×1 复矢量，满足

$$((\alpha,k)+\beta m)\boldsymbol{C}(k)=E(k)\boldsymbol{C}(k)$$

其中，$E(k)=\sqrt{k^2+m^2}$。

设定 $\boldsymbol{\psi}_f(r)$ 表示抛射体被散射后的最终状态。根据一阶微扰理论，由于抛射体的能量守恒，这个最终状态将满足精确方程

$$(\boldsymbol{H}_0+\boldsymbol{V})\boldsymbol{\psi}_f=E(k)\boldsymbol{\psi}_f(r)$$

此式可以近似为

$$\boldsymbol{H}_0(\boldsymbol{\psi}_f-\boldsymbol{\psi}_i)+\boldsymbol{V}\boldsymbol{\psi}_i=E(k)(\boldsymbol{\psi}_f-\boldsymbol{\psi}_i)$$

或者等效表达式

$$(\boldsymbol{H}_0-E(k))(\boldsymbol{\psi}_f-\boldsymbol{\psi}_i)=-\boldsymbol{V}\boldsymbol{\psi}_i$$

在非相对论情况下，这个方程等价于

$$(\nabla^2+k^2)(\boldsymbol{\psi}_f-\boldsymbol{\psi}_i)=2m\boldsymbol{V}(r)\boldsymbol{\psi}_i(r)$$

这个方程的解为

$$\boldsymbol{\psi}_f(r)=\boldsymbol{\psi}_i(r)-(m.\exp(\mathrm{i}kr)/4\pi r)\int\boldsymbol{V}(r')\boldsymbol{\psi}_i((r')\exp(-\mathrm{i}k\hat{r}.r')\mathrm{d}^3r'$$

采用等效形式,定义

$$F(\hat{r}) = F(\theta,\phi) = (-m/4\pi)\int V(r')\exp(-\mathrm{i}k.r)\exp(-\mathrm{i}k\hat{r}.r')\mathrm{d}^3r'$$

在非相对论情况下,我们可以写出近似值

$$\psi_f(r) = C(\exp(-\mathrm{i}k.r) + F(\hat{r})\exp(\mathrm{i}kr)/r)$$

假设粒子的入射通量平行于 z 轴,并指向从 $z=-\infty$ 到 $z=0$,在这种情况下 $k.r=-kz=-kr\cos(\theta)$,我们可以得到

$$F(\hat{r}) = (-m/4\pi)\int V(r',\theta',\phi')\exp(\mathrm{i}k(r\cos(\theta)-\hat{r}.r')r^2\sin(\theta)\mathrm{d}r\mathrm{d}\theta\mathrm{d}\phi$$

因此,每单位立体角在∞处散射粒子数与$|F(\hat{r})|^2=|F(\theta,\phi)|^2$成正比,平滑处理后的散射电荷密度与$\rho(r,\hat{r})=(q/r^2)|F(\hat{r})|^2$成正比,并且对应于散射粒子的平滑处理后的电流密度与下式成正比

$$J(r,\hat{r}) = q|F(\hat{r})|^2\hat{k}r/mr^2$$

注意,对应于波函数 $\psi(r)$ 的平滑处理后的电荷和电流密度分别由下式给出:

$$\rho(r) = q|\psi(r)|^2$$

$$J(r) = (-\mathrm{i}/2m)(\psi(r)^*(\nabla+\mathrm{i}eA(r))\psi(r) - \psi(r)(\nabla-\mathrm{i}eA(r))\psi(r)^*)$$

散射电荷产生的磁矢势和电标势分别由下式给出:

$$A(t,r) = (\mu/4\pi)\int\cos(\omega(t-|r-r'|/c))J(r')\mathrm{d}^3r'/|r-r'|$$

并且

$$\Phi(t,r) = (1/4\pi\epsilon)\int\cos(\omega(t-|r-r'|/c))\rho(r')\mathrm{d}^3r'/|r-r'|$$

现在的问题是如何控制受约束的散射势 V,使得由散射的带电粒子产生的电磁场方向图尽可能接近期望的方向图。在更一般的情况下,我们可以提出以下问题:用哈密顿量 $H(Q,P)$ 控制落在带电量子粒子上的电磁场 $A_\mu(x)$,使得如果 $\psi(t,Q)$ 表示薛定谔波函数,满足

$$\mathrm{i}\psi_{,t}(t,Q) = [H(Q,-\mathrm{i}\nabla-qA(t,Q)) + q\Phi(t,Q)]\psi(t,Q)$$

然后,我们需要对应于这个波函数的平滑处理后的电荷和电流密度,以产生尽可能接近所需的电磁场方向图。

18.3 量子场的波函数及其在推导膨胀宇宙薛定谔方程中的应用

本节主要思想:假设我们有一组场 $\phi_n(x)$, $n=1,2,\cdots,N$,其经典动力学由拉格朗日量描述

$$L(x,\phi_n,\phi_{n,\mu},n=1,2,\cdots,N,\mu=0,1,2,3)$$

我们将其表达为

$$\phi_n(x)=\phi_{n0}(x)+\delta\phi_n(x)$$

其中，$\phi_{n0}(x)$是未受扰动的经典场；$\delta\phi_n(x)$是受到扰动的量子场涨落。我们围绕 ϕ_{n0}展开 $\boldsymbol{L}$，并由此得到拉格朗日量的无穷级数：

$$L=L_0(x)+\sum_n a_1(n,x)\delta\phi_n(x)+\sum_{n,\mu}b_1(n,\mu,x)\delta\phi_{n,\mu}(x)$$
$$+\cdots+\sum_{n_1,\cdots,n_k,r_1,\cdots,r_m,\mu_1,\cdots,\mu_m}a_{km}(n_1,n_2,\cdots,n_k,r_1,\mu_1,\cdots,r_m,\mu_m,x)\delta\phi_{n_1}(x)$$
$$\cdots\delta\phi_{n_k}(x)\delta\phi_{n_1,\mu_1}(x)\cdots\delta\phi_{n_k,\mu_k}(x)+\cdots$$

如果我们围绕拉格朗日函数的稳定值展开，那么一阶项就不会出现，即 $a_1=0,b_1=0$，然后我们可以精确到三阶项。

$$L=L_0(x)+\sum_{n_1,n_2}a_{20}(n_1,n_2,x)\delta\phi_{n_1}(x)\delta\phi_{n_2}(x)+a_{11}(n_1,r_1,\mu_1,x)\delta\phi_{n_1}(x)\delta\phi_{r_1,\mu_1}(x)$$
$$+a_{02}(r_1,\mu_1,r_2mu_2)\delta\phi_{r_1,\mu_1}(x)\delta\phi_{r_2,\mu_2}(x)$$
$$+\sum_{n_1,n_2,n_3}a_{30}(n_1,n_2,n_3,x)\delta\phi_{n_1}(x)\delta\phi_{n_2}(x)\delta\phi_{n_3}(x)$$
$$+\sum_{n_1,n_2,r_1,\mu_1}a_{21}(n_1,n_2,r_1,\mu_1,x)\delta\phi_{n_1}(x)\delta\phi_{n_2}(x)\delta\phi_{r_1,\mu_1}(x)$$
$$+\sum_{n_1,r_1,\mu_1,r_2,\mu_2}a_{12}(n_1,r_1,\mu_1,r_2,\mu_2,x)\delta\phi_{n_1}(x)\delta\phi_{r_1,\mu_1}(x)\delta\phi_{r_2,\mu_2}(x)$$
$$+\sum_{r_1,\mu_1,r_2,\mu_2,r_3,\mu_3}a_{03}(r_1,mu_1,r_2,\mu_2,r_3,\mu_3,x)\delta\phi_{r_1,\mu_1}(x)\delta\phi_{r_2,\mu_2}(x)\delta\phi_{r_3,\mu_3}(x)$$

对应于这个拉格朗日量的哈密顿量，可以通过执行勒让德变换得到。仅保留联合位置和动量场中的立方项，我们对哈密顿量有以下近似：

$$H=\sum_{n_1,n_2}b_{20}(n_1,n_2)\delta\phi_{n_1}(x)\delta\phi_{n_2}(x)+$$
$$+\sum_{n_1,r_1,\mu_1}b_{11}(n_1,r_1)\delta\phi_{n_1}(x)\delta\pi_{r_1}(x)$$
$$+\sum_{n_1,k_1,n_2}c_{11}(n_1,k_1,n_2)\delta\phi_{n_1,k_1}(x)\delta\phi_{n_2}(x)$$
$$+\sum_{n_1,k_1,n_2,k_2}d_{11}(n_1,k_1,n_2,k_2)\delta\phi_{n_1,k_1}(x)\delta\phi_{n_2,k_2}(x)$$
$$+\sum_{r_1,r_2}f_{11}(r_1,r_2)\delta\pi_{r_1}(x)\delta\pi_{r_2}(x)$$
$$+\sum_{n_1,k_1,r_1}g_{11}(n_1,k_1,r_1)\delta\phi_{n_1,k_1}(x)\delta\pi_{r_1}(x)$$

涉及乘积的立方项

$$\delta\phi_{n_1}\delta\phi_{n_2}\delta\phi_{n_3},\delta\phi_{n_1}\delta\phi_{n_2}\delta\phi_{n_3,k_3}$$
$$\delta\phi_{n_1}\delta\phi_{n_2,k_2}\delta\phi_{n_3,k_3},\delta\phi_{n_1}\delta\phi_{n_2}\delta\pi_{r_3}$$

$$\delta\phi_{n_1}\delta\phi_{n_2,k_2}\delta\pi_{r_3},\delta\phi_{n_1,k_1}\delta\phi_{n_2,k_2}\delta\pi_{r_3}$$
$$\delta\phi_{n_1}\delta\pi_{r_2}\delta\pi_{r_3},\delta\phi_{n_1,k_1}\delta\pi_{r_2}\delta\pi_{r_3}$$
$$\delta\pi_{r_1}\delta\pi_{r_2}\delta\pi_{r_3}$$

然后,我们将 $\delta\pi_r(x)$ 替换为哈密顿量 $\int \boldsymbol{H}d^3x$ 中的变分微分,并将量子场涨落的薛定谔方程表达为

$$[\int \boldsymbol{H}(t,r\delta\phi_n(r),\delta\phi_{n,k}(r),-\mathrm{i}\delta/\delta(\delta\phi_n(r))\mathrm{d}^3r]\boldsymbol{\psi}(t,\delta\phi_n())$$
$$=\mathrm{i}\partial\psi(t,\delta\phi_n(.))/\partial t$$

通过将这一思想应用于用量子场 $\delta\boldsymbol{g}_{\mu\nu}(x)$、$\delta\boldsymbol{A}_\mu(x)$、$\delta\boldsymbol{\psi}_l(x)$ 描述的爱因斯坦-希尔伯特-麦克斯韦-狄拉克-拉格朗日量,我们可以得到宇宙的薛定谔方程。霍金提出了对这个思想进行轻微改变的另一种形式(见霍金和彭罗斯的《时空本性》,牛津出版社,1996)。霍金和彭罗斯利用的思想是将所有度规张量系数展开为张量谐波的线性组合,将坐标(可以任意选择)或者更具体地,将指定坐标系的规范函数、物质的速度场和电磁势展开为矢量谐波的线性组合,最后将密度场展开为标量谐波的线性组合。这些展开式中的系数将仅是时间的函数,而谐波函数将仅是空间坐标的函数。在将这些展开式代入与物质场和电磁场相互作用的引力场的拉格朗日量的整体空间积分之后,我们得到了作为线性组合系数及其时间导数的非线性函数的该总场的拉格朗日量。从这个表达式出发,通过执行勒让德变换,我们可以得到作为线性组合系数和相应的正则动量的非线性函数的总场的哈密顿量,它们仅仅是拉格朗日函数相对于线性组合系数的时间导数的偏导数。一旦建立了这种离散形式的哈密顿量,就可以立即建立宇宙的薛定谔方程。

18.4 简单排除过程和天线理论

简单排除过程 $\eta_t:\mathbb{Z}_N^3\to\{0,1\}$ 的生成元由下式给出

$$Lf(\eta)=\sum_{x\neq y}\eta(x)(1-\eta(y))(f(\eta^{(x,y)})-f(\eta))$$

当粒子在时间 $\mathrm{d}t$ 内跳到 y 时,粒子在位置 x 上的速度可以定义为 $(y-x)/\mathrm{d}t\in\mathbb{R}^3$。此式成立的条件为 $\eta_t(x)=1,\eta_t(y)=0$,并且在时间 $[t,t+\mathrm{d}t]$ 内发生跳跃,其中 $p(x,y)\mathrm{d}t$ 是发生跳跃的概率。因此,与从位置 x 跳跃相关的平均速度为

$$v(t,x)=\sum_{y:y\neq x}\mathbb{E}(\eta_t(x)(1-\eta_t(y)))p(x,y)(y-x)$$

如果 q 表示在此过程中放置在每个粒子上的电荷,那么平均电流密度与 qv

(t,x)成正比,并且原则上可以计算由排除过程场产生的电磁场。在更一般的情况下,以在时间 t 处的状态 η_t 为条件,粒子在位置 x 的速度过程为

$$V(t,x)=\eta_t(x)(1-\eta_t(y))p(x,y)(y-x)$$

我们可以计算由相关的随机电流 $qV(t,x)$ 产生的电磁场,然后计算该电磁场的矩,如平均电磁场和由此产生的电磁场的时空相关性。

18.5　磁流体动力学和量子天线理论

导电流体的基本磁流体动力学方程,是麦克斯韦方程和带有电磁力项的纳维尔－斯托克斯(Navier－Stokes)方程。假设流体不可压缩,这些方程为

$$\mathrm{div}\boldsymbol{J}+\rho_{q,t}=0,\mathrm{div}v=0$$

$$\boldsymbol{J}=\sigma(\boldsymbol{E}+v\times\boldsymbol{B}),$$

$$v_{,t}+(v,\nabla)v=-\nabla p/\rho+\nu\nabla^2 v+\boldsymbol{J}\times\boldsymbol{B}/\rho$$

$$\mathrm{div}\boldsymbol{B}=0,\mathrm{curl}\boldsymbol{E}=-\boldsymbol{B}_{,t},\mathrm{curl}\boldsymbol{B}=\mu\boldsymbol{J}+\mu\epsilon\boldsymbol{E}_{,t},\mathrm{div}\boldsymbol{E}=\rho_q/\epsilon$$

这些方程不能从场论拉格朗日量或哈密顿量中推导出来,因为涉及导致阻尼的电导率 σ 的项。然而,考虑到电导率的耗散效应,可以利用适当的哈密顿量结合林德布拉德阻尼项对这些项进行量子化。

考虑特殊情况,即给定电磁场,使用不可压缩性方程和磁流体动力学－纳维尔－斯托克斯方程确定速度场和压力场。出于量子化的目的,我们首先分析如何从拉格朗日量和然后从哈密顿量推导出一阶状态变量系统,即

$$\boldsymbol{X}'(t)=\boldsymbol{F}(t,\boldsymbol{X}(t)),\boldsymbol{X}(t)\in\mathbb{R}^n$$

拉格朗日量很简单,只需引入拉格朗日乘子 $\boldsymbol{\lambda}(t)\in\mathbb{R}^n$和拉格朗日量

$$\boldsymbol{L}(\boldsymbol{X},\boldsymbol{X}',\boldsymbol{\lambda},\boldsymbol{\lambda}')=\boldsymbol{\lambda}(t)^{\mathrm{T}}(\boldsymbol{X}'(t)-\boldsymbol{F}(t,\boldsymbol{X}(t)))$$

然后欧拉－拉格朗日方程可以表示为

$$\boldsymbol{\lambda}'(t)+\boldsymbol{F}(t,\boldsymbol{X}(t))=0,\boldsymbol{X}'(t)-\boldsymbol{F}(t,\boldsymbol{X}(t))=0$$

这些项分别是共态和状态方程。然而,如果我们试图通过定义以下正则动量来引入哈密顿量

$$\boldsymbol{p}_{\boldsymbol{\lambda}}=\frac{\partial\boldsymbol{L}}{\partial\boldsymbol{\lambda}'}=0$$

$$\boldsymbol{p}_X=\frac{\partial\boldsymbol{L}}{\partial\boldsymbol{X}'}=\lambda$$

那么我们就不能构造勒让德(Legendre)变换

$$H=\boldsymbol{p}_{\boldsymbol{\lambda}}^{\mathrm{T}}\boldsymbol{\lambda}'-\boldsymbol{L}$$

因为没有办法根据 $\boldsymbol{X}$、$\boldsymbol{p}_X$、$\boldsymbol{p}_{\boldsymbol{\lambda}}$ 来求解 $\boldsymbol{\lambda}'$。然而,我们注意到,通过引入小扰动参数 δ 并修改拉格朗日量为

$$L(X,X',\lambda,\lambda') = \lambda^{\mathrm{T}}(X' - F(t,X)) + \delta.\ \lambda'^{\mathrm{T}}X'$$

我们可以得到

$$p_X = \lambda' + \delta X',\ p_\lambda = \delta X'$$

那么

$$X' = \delta^{-1}p_\lambda,\ \lambda' = (p_X - p_\lambda)$$

我们可以将哈密顿量表示为

$$\begin{aligned} H(X,\lambda,p_X,p_\lambda) &= p_X^{\mathrm{T}}X' + p_\lambda^{\mathrm{T}}\lambda' - L \\ &= p_X^{\mathrm{T}}X' + p_\lambda^{\mathrm{T}}\lambda' - \lambda^{\mathrm{T}}(X - F) - \delta\lambda'^{\mathrm{T}}X' \\ &= \delta^{-1}p_X^{\mathrm{T}}p_\lambda - \lambda^{\mathrm{T}}X + \lambda^{\mathrm{T}}F(t,X) \end{aligned}$$

这个哈密顿量可以立即进行量子化,并在所有计算结束时将 δ 设置为零。

通过采用相同的方法,我们将速度场和压力场的拉格朗日量表示为

$$\begin{aligned} L_v &= \lambda^{\mathrm{T}}(v_{,t} + (v,\nabla)v + \nabla p/\rho + \nu\,\nabla^2 v - \alpha(E + v \times B) \times B) \\ &\quad + \delta(\lambda_{,t}^{\mathrm{T}}v_{,t} + \mu_{,t}p_{,t}) + \mu.\ \mathrm{div}v \end{aligned}$$

其中,$v=v(t,r)$,$p=p(t,r)$,$\lambda=\lambda(t,r)$,$\mu=\mu(t,r)$是场。对此,我们加上与电流密度相互作用的电磁场的标准拉格朗日量:

$$L_{\mathrm{EM}} = (\epsilon/2)|E|^2 - (1/2\mu)|B|^2 - \rho_q\Phi + J.\ A$$

其中,我们定义

$$J = \sigma(E + v \times B),\ \rho_q = -\int_0^t \mathrm{div}J\mathrm{d}t$$

和

$$E = -\nabla\Phi - A_{,t},\ B = \nabla \times A$$

总拉格朗日量必须取为两个拉格朗日量的和,而位置场为 v、p、λ、μ、A、Φ。在所产生的作用中进行变化,并观察所产生的场方程与耦合到麦克斯韦方程的基本磁流体力学方程有何不同,这是有益的。一旦我们将流体场和电磁场量子化,我们就可以将电场、磁场和流体速度场视为场算符,并计算远场天线坡印廷矢量方向图及其期望值、相关性和更一般的流体和电磁场初始状态下的高阶矩。这将是看待量子磁流体天线的另一种方式。

18.6 扩散方程的近似哈密顿公式及其在量子天线理论中的应用

我们所用理论的拉格朗日量为

$$L(u,u_{,t},u_{,x},\lambda,\lambda_{,t}) = \lambda(u_{,t} - Du_{,xx}) + \delta\lambda_{,t}u_{,t}$$

这等价于

$$L = \lambda u_{,t} + D\lambda_{,x}u_{,x} + \delta\lambda_{,t}u_{,t}$$

其中正则动量为

$$p_u = \frac{\partial \boldsymbol{L}}{\partial u_{,t}} = \lambda + \delta\lambda_{,t}$$

$$p_\lambda = \frac{\partial \boldsymbol{L}}{\partial \lambda_{,t}} = \delta u_{,t}$$

因此,哈密顿量由下式给出

$$\begin{aligned} \boldsymbol{H}(u,\lambda,p_u,p_\lambda) &= p_u u_{,t} + p_\lambda \lambda_{,t} - \boldsymbol{L} \\ &= \delta^{-1} p_u p_\lambda + \delta u_{,t}\lambda_{,t} - \lambda u_{,t} - \boldsymbol{D}\lambda_{,x}u_{,x} - \delta\lambda_{,t}u_{,t} \\ &= \delta^{-1} p_\lambda (p_u - \lambda) - \boldsymbol{D}\lambda_{,x}u_{,x} \end{aligned}$$

正则哈密顿方程为

$$u_{,t} = \delta \boldsymbol{H}/\delta p_u = \delta^{-1} p_\lambda$$

$$\lambda_{,t} = \delta \boldsymbol{H}/\delta p_\lambda = \delta^{-1}(p_u - \lambda)$$

$$p_{u,t} = -\delta \boldsymbol{H}/\delta u = \partial_x(\partial \boldsymbol{H}/\partial u_{,x}) = -\boldsymbol{D}\lambda_{,xx}$$

$$p_{\lambda,t} = -\delta \boldsymbol{H}/\delta\lambda = -\partial \boldsymbol{H}/\partial\lambda + \partial_x(\partial \boldsymbol{H}/\partial \lambda_{,x}) = \delta^{-1} p_\lambda - \boldsymbol{D}u_{,xx}$$

根据这些方程,我们可以得出修正的热方程:

$$u_{,t} = \delta^{-1} p_\lambda = p_{\lambda,t} + \boldsymbol{D}u_{,xx} = \delta u_{,tt} + \boldsymbol{D}u_{,xx}$$

在 $\delta \to 0$ 的极限下,这个方程变为热方程。

$$u_{,t} = \boldsymbol{D}u_{,xx}$$

18.7 利用林德布拉德公式推导量子力学中导电介质电磁场的阻尼波动方程

首先考虑一维阻尼波动方程

$$u_{,tt} + \gamma u_{,t} - c^2 u_{,xx} = 0$$

针对 $u(t,x)$ 的这个方程对 $x \in [0,L]$ 有效,为了对其进行量子化,我们将解展开为 x 中的傅里叶级数:

$$u(t,x) = \sum_{n \in \mathbb{Z}} c_n(t)\exp(2\pi \mathrm{i} nx/L)$$

将其代入阻尼波动方程,得到一系列常微分方程

$$c''_n(t) + (2\pi \mathrm{i} n\gamma/L)c'_n(t) + (2n\pi c/L)^2 c_n(t) = 0, n \in \mathbb{Z}$$

我们希望根据量子力学形式推导出这些方程,为此

$$c_n(t) = a_n(t) + \mathrm{i} b_n(t)$$

并将上述表示为两个实数方程:

$$a''_n(t) + \omega_n^2 a_n(t) - \gamma\omega_n b'_n(t) = 0$$

$$b''_n(t) + \omega_n^2 b_n(t) + \gamma\omega_n a'_n(t) = 0$$

我们取未受扰动的哈密顿量

$$\boldsymbol{H}=(p_n^2+\omega_n^2 q_n^2)/2$$

并选择林德布拉德算符为

$$\boldsymbol{L}_n=\alpha_n q_n+\beta_{+}\beta_n p_n$$

其中

$$[q_n,p_m]=\mathrm{i}\delta_{nm}$$

然后将海森堡(Heisenberg)形式应用于任何可观测量 $\boldsymbol{X}$ 的林德布拉德方程：

$$\begin{aligned}\mathrm{d}\boldsymbol{X}/\mathrm{d}t&=\mathrm{i}[\boldsymbol{H},\boldsymbol{X}]-(1/2)\sum_n(\boldsymbol{L}_n^*\boldsymbol{L}_n\boldsymbol{X}+\boldsymbol{X}\boldsymbol{L}_n^*\boldsymbol{L}_n-2\boldsymbol{L}_n^*\boldsymbol{X}\boldsymbol{L}_n)\\&=\mathrm{i}[\boldsymbol{H},\boldsymbol{X}]-(1/2)\sum_n(\boldsymbol{L}_n^*[\boldsymbol{L}_n,\boldsymbol{X}]+[\boldsymbol{X},\boldsymbol{L}_n^*]\boldsymbol{L}_n)\end{aligned}$$

取 $\boldsymbol{X}=q_n$，可以得到

$$\begin{aligned}\mathrm{d}q_n/\mathrm{d}t&=p_n-(1/2)(-\mathrm{i}\beta_n\boldsymbol{L}_n^*+\mathrm{i}\bar{\beta}_n\boldsymbol{L}_n)\\&=p_n-(\mathrm{i}/2)(\bar{\beta}_n(\alpha_n q_n+\beta_n p_n)-\beta_n(\bar{\alpha}_n q_n+\bar{\beta}_n p_n))\\&=p_n+\mathrm{Im}(\alpha_n\bar{\beta}_n)q_n\end{aligned}$$

取 $\boldsymbol{X}=p_n$，可以得到

$$\begin{aligned}\mathrm{d}p_n/\mathrm{d}t&=-\omega_n^2 q_n-(1/2)(\mathrm{i}\alpha_n\boldsymbol{L}_n^*-\mathrm{i}\bar{\alpha}_n\boldsymbol{L}_n)\\&=-\omega_n^2 q_n-(\mathrm{i}/2)(\alpha_n(\bar{\alpha}_n q_n+\bar{\beta}_n p_n)-\bar{\alpha}_n(\alpha_n q_n+\beta_n p_n))\\&=-\omega_n^2 q_n-(\mathrm{i}/2)(\alpha_n\bar{\beta}_n-\beta_n\bar{\alpha}_n)p_n\\&=-\omega_n^2 q_n+\mathrm{Im}(\alpha_n\bar{\beta}_n)p_n\end{aligned}$$

通过表达 $\gamma_n=\mathrm{Im}(\bar{\alpha}_n\beta_n)$，我们可以将上述方程表示为

$$p'_n=-\omega_n^2 q_n-\gamma_n p_n,\ q'_n=p_n-\gamma_n q_n$$

那么

$$\begin{aligned}q''_n&=p'_n-\gamma_n q'_n=-\omega_n^2 q_n-\gamma_n p_n-\gamma_n q'_n\\&=-\omega_n^2 q_n-\gamma_n(q'_n+\gamma_n q_n)-\gamma_n q'_n\\&=-(\omega_n^2+\gamma_n^2)q_n-2\gamma_n q'_n\end{aligned}$$

这就是阻尼谐振子方程。

我们注意到，在较大 γ_n 的极限下，这个微分方程在时间上与类似于热方程的一阶微分方程近似：

$$q'_n\approx-(\gamma_n/2)q_n$$

通过考虑具有阻尼的波动方程的傅里叶级数展开，可以得到更一般类型的阻尼振子方程，其中涉及上面考虑的时间矢量算符值函数

$$\boldsymbol{q}(t)=(q_1(t),\cdots,q_N(t))^{\mathrm{T}},\boldsymbol{p}(t)=(p_1(t),\cdots,p_n(t))^{\mathrm{T}}$$

其中

$$[q_i,p_j]=\delta_{ij}$$

并使用哈密顿量

$$\boldsymbol{H} = (\boldsymbol{p}^{\mathrm{T}}\boldsymbol{p} + \boldsymbol{q}^{\mathrm{T}}\boldsymbol{K}\boldsymbol{q})/2 = (1/2)\left(\sum_{k=1}^{n} p_k^2 + \sum_{r,s=1}^{n} \boldsymbol{K}(r,s)q_r q_s\right)$$

与林德布拉德算符

$$\boldsymbol{L}_n = \boldsymbol{\alpha}_n^{\mathrm{T}}\boldsymbol{q} + \boldsymbol{\beta}_n^{\mathrm{T}}\boldsymbol{p}$$

我们发现

$$\mathrm{d}q_n/\mathrm{d}t = \mathrm{i}[\boldsymbol{H}, q_n] - (1/2)\sum_m (\boldsymbol{L}_m^* \boldsymbol{L}_m q_n + q_n \boldsymbol{L}_m^* \boldsymbol{L}_m - 2\boldsymbol{L}_m^* q_n \boldsymbol{L}_m)$$

$$\mathrm{d}p_n/\mathrm{d}t = \mathrm{i}[\boldsymbol{H}, p_n] - (1/2)\sum_m (\boldsymbol{L}_m^* \boldsymbol{L}_m p_n + p_n \boldsymbol{L}_m^* \boldsymbol{L}_m - 2\boldsymbol{L}_m^* p_n \boldsymbol{L}_m)$$

我们发现

$$[\boldsymbol{L}_m, q_n] = [\boldsymbol{\beta}_m^{\mathrm{T}} p, q_n] = -\mathrm{i}\boldsymbol{\beta}_m[n]$$

$$[q_n, \boldsymbol{L}_m^*] = [q_n, \bar{\boldsymbol{\beta}}_m^{\mathrm{T}} p] = \mathrm{i}\bar{\boldsymbol{\beta}}_m[n]$$

$$[\boldsymbol{L}_m, p_n] = \mathrm{i}\alpha_m[n]$$

$$[p_n, \boldsymbol{L}_m^*] = -\mathrm{i}\bar{\alpha}_m[n]$$

另外

$$[\boldsymbol{H}, q_n] = -\mathrm{i}p_n, [\boldsymbol{H}, p_n] = \mathrm{i}\sum_r \boldsymbol{K}(n,r)q_r$$

所以我们得到了噪声海森堡动力学方程，即

$$\mathrm{d}q_n/\mathrm{d}t = p_n - (1/2)\sum_m (-\mathrm{i}\boldsymbol{\beta}_m[n]\boldsymbol{L}_m^* + \mathrm{i}\bar{\boldsymbol{\beta}}_m[n]\boldsymbol{L}_m)$$

$$\mathrm{d}p_n/\mathrm{d}t = -(\boldsymbol{K}\boldsymbol{p})_n - (1/2)\sum_m (\mathrm{i}\boldsymbol{\alpha}_m[n]\boldsymbol{L}_m^* - \mathrm{i}\bar{\boldsymbol{\alpha}}_m[n]\boldsymbol{L}_m)$$

等效表达式为

$$\mathrm{d}q_n/\mathrm{d}t = p_n - (1/2)\sum_m [(-\mathrm{i}\boldsymbol{\beta}_m[n](\boldsymbol{\alpha}_m^* \boldsymbol{q} + \boldsymbol{\beta}_m^* \boldsymbol{p}) + \mathrm{i}\bar{\boldsymbol{\beta}}_m[n](\boldsymbol{\alpha}_m^{\mathrm{T}}\boldsymbol{q} + \boldsymbol{\beta}_m^{\mathrm{T}}\boldsymbol{p})]$$

$$= p_n - \sum_m (\mathrm{Im}(\boldsymbol{\beta}_m[n]\boldsymbol{\alpha}_m^*)\boldsymbol{q} - \mathrm{Im}(\bar{\boldsymbol{\beta}}_m[n]\boldsymbol{\beta}_m^{\mathrm{T}})\boldsymbol{p})$$

或者采用等效形式，用矢量运算符表示，即

$$\mathrm{d}\boldsymbol{q}/\mathrm{d}t = \boldsymbol{p} + \sum_m (\mathrm{Im}(\bar{\boldsymbol{\beta}}_m \boldsymbol{\beta}_m^{\mathrm{T}})p - \mathrm{Im}(\boldsymbol{\beta}_m \boldsymbol{\alpha}_m^*)\boldsymbol{q})$$

并且同样地，有

$$\mathrm{d}\boldsymbol{p}/\mathrm{d}t = -K\boldsymbol{p} + \sum_m (\mathrm{Im}(\boldsymbol{\alpha}_m \boldsymbol{\alpha}_m^*)\boldsymbol{q} - \mathrm{Im}(\bar{\boldsymbol{\alpha}}_m \boldsymbol{\beta}_m^{\mathrm{T}})\boldsymbol{p})$$

定义矩阵

$$\boldsymbol{A}_{11} = -\sum_m \mathrm{Im}(\boldsymbol{\beta}_m \boldsymbol{\alpha}_m^*), \boldsymbol{A}_{12} = \sum_m \mathrm{Im}(\bar{\boldsymbol{\beta}}_m \boldsymbol{\beta}_m^{\mathrm{T}}) = -\sum_m \mathrm{Im}(\boldsymbol{\beta}_m \boldsymbol{\beta}_m^*)$$

$$\boldsymbol{A}_{21} = \sum_m \mathrm{Im}(\boldsymbol{\alpha}_m \boldsymbol{\alpha}_m^*), \boldsymbol{A}_{22} = -\sum_m \mathrm{Im}(\bar{\boldsymbol{\alpha}}_m \boldsymbol{\beta}_m^{\mathrm{T}}) = \sum_m \mathrm{Im}(\boldsymbol{\alpha}_m \boldsymbol{\beta}_m^*)$$

那么，上述噪声海森堡动力学方程可以表示为

$$dq/dt = A_{11}q + (A_{12} + I)p, dp/dt = A_{21}q + (A_{22} - K)p$$

现在考虑 n 带电量子粒子的一个系统,其中$(q_1, \cdots, q_n)$描述它们的位置和$(p_1, \cdots, p_n)$动量。我们假设每一个 $\boldsymbol{q}_k$ 和每一个 $\boldsymbol{p}_k$ 都是一个 3 - 矢量算符,其值是可观察量,并且 e_k 是 k^{th}粒子上的电荷。这些粒子的运动方程由上述阻尼谐振子系统的噪声海森堡模型描述。我们希望计算由这些粒子产生的辐射场的统计数据,此时粒子的初始波函数是 $\boldsymbol{\psi}_0(q_1, \cdots, q_n)$,或在更一般的情况下,粒子的这个系统的初始状态是具有 $\boldsymbol{q} = (q_1, \cdots, q_n)$ 和 $\boldsymbol{q}' = (q'_1, \cdots, q'_n)$ 的核 $\rho_0(\boldsymbol{q} | \boldsymbol{q}')$的混合态。这些粒子产生的电磁场可以通过四势进行描述,即

$$A(t,r) = \sum_k (\mu e_k / 4\pi) \int J_k(t - | r - r' | /c, r') \mathrm{d}^3 r' / | r - r' |$$

$$\Phi(t,r) = \sum_k (e_k / 4\pi\epsilon) \int \rho_k(t - | r - r' | /c, r') \mathrm{d}^3 r' / | r - r' |$$

其中,$\boldsymbol{J}_k(t,r)$和$\rho_k(t,r)$是由下式定义的海森堡算符场,即

$$\boldsymbol{J}_k(t,r) = (e_k/2)(\boldsymbol{q}'_k(t)\delta^3(r - \boldsymbol{q}_k(t)) + \delta^3(r - \boldsymbol{q}_k(t))\boldsymbol{q}'_k(t))$$

$$\rho_k(t,r) = e_k \delta^3(r - \boldsymbol{q}_k(t))$$

18.8 量子随机微积分中的玻色子 - 费米子统一

设定 $\boldsymbol{A}_t$、$\boldsymbol{A}_t^*$、$\boldsymbol{\Lambda}_t$ 表示哈德逊 - 帕塔萨拉蒂量子随机微积分中的正则噪声过程。设定 $W(u,U), u \in L^2(\mathbb{R}_+), U \in \mathcal{U}(L^2(\mathbb{R}_+))$表示 $\boldsymbol{\Gamma}_s(L^2(\mathbb{R}_+))$中的外尔(Weyl)算符。定义

$$\mathrm{d}\boldsymbol{B}_t = (-1)^{\Lambda_t} \mathrm{d}\boldsymbol{A}_t, \mathrm{d}\boldsymbol{B}_t^* = (-1)^{\Lambda_t} \mathrm{d}\boldsymbol{A}_t^*$$

我们可以得到以下表达式

$$\begin{aligned}(-1)^{\Lambda_t} &= \exp(\mathrm{i}\pi\boldsymbol{\Lambda}_t) = \exp(\mathrm{i}\pi\lambda(\chi_{[0,t]}\boldsymbol{I}) \\ &= W(0, \exp(\mathrm{i}\pi\chi_{[0,t]}\boldsymbol{I}))\end{aligned}$$

那么

$$\begin{aligned}\mathrm{d}\boldsymbol{B}_t | e(f) > &= f(t)\mathrm{d}t(-1)^{\lambda_t} | e(f) > = f(t)\mathrm{d}t | e(\exp(\mathrm{i}\pi\chi_{[0,t]})f > \\ &= f(t)\mathrm{d}t | e(-\chi_{[0,t]}f + \chi_{(t,\infty)}f) >\end{aligned}$$

$$\begin{aligned}\mathrm{d}\boldsymbol{B}_s\mathrm{d}\boldsymbol{B}_t | e(f) > &= f(t)\mathrm{d}t.(-\chi_{[0,t]}(s)f(s) + \chi_{(t,\infty)}(s)f(s))\mathrm{d}s \\ &\quad \times | e((-\chi_{[0,s]} + \chi_{(s,\infty)})(-\chi_{[0,t]} + \chi_{(t,\infty)})f) >\end{aligned}$$

因此,对于任何 s、t,我们都可以得到

$$\begin{aligned}(\mathrm{d}\boldsymbol{B}_s\mathrm{d}\boldsymbol{B}_t + \mathrm{d}\boldsymbol{B}_t\mathrm{d}\boldsymbol{B}_s) | e(f) > &= (f(t)\mathrm{d}t.(-\chi_{[0,t]}(s)f(s) + \chi_{(t,\infty)}(s)f(s))\mathrm{d}s \\ &\quad + f(s)\mathrm{d}s(-\chi_{[0,s]}(t)f(t) + \chi_{(s,\infty)}(t)f(t))\mathrm{d}t \\ &\quad \times | e((-\chi_{[0,s]} + \chi_{(s,\infty)})(-\chi_{[0,t]} + \chi_{(t,\infty)})f) > \\ &= 0\end{aligned}$$

由于

$$\chi_{[0,t]}(s)+\chi_{[0,s]}(t)=1a.\ s.$$

$$\chi_{(t,\infty)}(s)+\chi_{(s,\infty)}(t)=1,a.\ s.$$

对所有 s、t 来说，这证明

$$\boldsymbol{B}_s\boldsymbol{B}_t+\boldsymbol{B}_t\boldsymbol{B}_s=0$$

取伴随，可以得出

$$\boldsymbol{B}_s^*\boldsymbol{B}_t^*+\boldsymbol{B}_t^*\boldsymbol{B}_s^*=0$$

对所有 $s\leqslant t$ 有

$$<e(g)|\mathrm{d}\boldsymbol{B}_s^*\mathrm{d}\boldsymbol{B}_t|e(f)>=<\mathrm{d}\boldsymbol{B}_s e(g),\mathrm{d}\boldsymbol{B}_t|e(f)>$$

$$=\bar{g}(s)f(t)\mathrm{d}s\mathrm{d}t<e(-\chi_{[0,s]}g+\chi_{(s,\infty)}g),e(-\chi_{[0,t]}f+\chi_{(t,\infty)}f)>$$

并且

$$<e(g)|\mathrm{d}\boldsymbol{B}_t\mathrm{d}\boldsymbol{B}_s^*|e(f)>=<e(g)|(-1)^{A_t}(-1)^{A_s}\mathrm{d}\boldsymbol{A}_t\mathrm{d}\boldsymbol{A}_s^*|e(f)>$$

在 $s=t$ 的情况下，根据量子伊藤公式，此式等价于

$$<e(g),e(f)>\mathrm{d}t$$

在 $s<t$ 的情况下，此式等价于

$$=f(t)\mathrm{d}t<e(g)|(-1)^{A_t}(-1)^{A_s}\mathrm{d}\boldsymbol{A}_s^*|e(f)>$$

$$=f(t)\mathrm{d}t<(-1)^{A_t}e(g),(-1)^{A_s}\mathrm{d}\boldsymbol{A}_s^*|e(f)>$$

$$=f(t)\mathrm{d}t<\mathrm{d}\boldsymbol{A}_s(e(-\chi_{[0,t]}g+\chi_{(t,\infty)}g)),(-1)^{A_s}|e(f)>$$

$$=f(t)\mathrm{d}t(-\bar{g}(s)\mathrm{d}s)<e(-\chi_{[0,t]}g+\chi_{(t,\infty)}g)),|e(-\chi_{[0,s]}f+\chi_{(s,\infty)}f)>$$

因此，对于 $s<t$，有

$$<e(g)|\mathrm{d}\boldsymbol{B}_s^*\mathrm{d}\boldsymbol{B}_t+\mathrm{d}\boldsymbol{B}_t\mathrm{d}\boldsymbol{B}_s^*|e(f)>=0$$

并且

$$<e(g)|\mathrm{d}\boldsymbol{B}_t^*\mathrm{d}\boldsymbol{B}_t+\mathrm{d}\boldsymbol{B}_t\mathrm{d}\boldsymbol{B}_t^*|e(f)>=\mathrm{d}t<e(g),e(f)>$$

从这些关系出发，通过量子随机积分，我们很容易推导出正则反对易关系：对所有 $t,s\in\mathbb{R}_+$ 来说，我们可以得到

$$[\boldsymbol{B}_t,\boldsymbol{B}_s]_+=0,[\boldsymbol{B}_t^*,\boldsymbol{B}_s^*]_+=0,[\boldsymbol{B}_t,\boldsymbol{B}_s^*]_+=\min(t,s)$$

参考文献

[1] Steven Weinberg, "The quantum theory of fields, vols. I,II,III. Cambridge University Press.

[2] Steven Weinberg, "Gravitation and Cosmology: Principles and applications of the general theory of relativity, Wiley.

[3] H. Parthasarathy, "General relativity and its engineering applications", Manakin press.

[4] K. R. Parthasarathy, "An introduction to quantum stochastic calculus, Birkhauser, 1992.

[5] Constantine Balanis, "Antenna theory", Wiley.

[6] P. A. M. Dirac, "Principles of quantum mechanics", Oxford University Press.

[7] V. S. Varadarajan "Harmonic analysis on semisimple Lie groups, Cambridge University Press.

[8] Naman Garg and H. Parthasarathy, "Belavkin filter applied to estimating the atomic observables from non - demolition quantum electromagnetic field measurements", Technical report, NSIT, 2017.

[9] Mark Wilde, "Quantum Information Theory".

[10] K. R. Parthasarathy, "Coding theorems of classical and quantum information theory", Hindustan Book Agency.

[11] M. Hayashi, "Quantum Information".

[12] D. Revuz and M. Yor, "Continuous Martingales and Brownian Motion", Springer.

[13] A. V. Skorohod, "Controlled Stochastic Processes", Springer.

[14] D. Stroock and S. R. S. Varadhan, "Multidimensional Diffusion Processes", Springer.

[15] Pushkar Kumar, Kumar Gautam, Navneet Sharma, Naman Garg and Harish Parthasarathy, "Design of quantum gates using the quantum stochastic calculus of Hudson and Parthasarathy", Technical report, NSIT, 2018.

[16] Vijay Mohan and Harish Parthasarathy, "Some versions of quantum stochastic optimal control", Technical report, NSIT, 2018.

[17] K. R. Parthasarathy, "An introduction to quantum stochastic calculus", Birkhauser, 1992.